自分の声をリアルタイム加工！
PCとヘッドホンで始める

プログラム101付き
音声信号処理

●川村 新 著

CQ出版社

はじめに

本書は，皆さんに音声信号処理に慣れ親しんでいただくことを目的としています．実際に音を聞いて楽しみながら，信号処理の効果を確認し，また，その動作を理解していただきたいと思います．

プログラムはできるだけ簡潔にするように心がけ，プログラムの一部を改造するだけで，別の処理が実現できるようにしています．

本書では，主にwavファイルを扱います．入力wavファイルを処理して，出力wavファイルを生成するという形です．一方で，同じ音声処理をリアルタイムで実現するプログラムも提供しています．自分の声で，直接的に音声信号処理を体感することにより，その効果をより深く理解できると思います．

本書による解説と実験が読者の音声信号処理に対する理解をより深め，さらに日々の活動のお役に立つことを心からお祈りしています．

2020年12月　川村 新

プログラム101の入手先
https://www.cqpub.co.jp/interface/download/onsei.htm

目次

本書は月刊誌「Interface」の 2016年6月号特集「体感！ CD付き 音声信号処理」と2016年10月号～2017年10月号の連載「適応時代のノイズ・キャンセル実験室」を基に，加筆・修正を加えたものです．

第1章

音声信号処理の実験方法

最初に音声信号処理で広がる世界についてお話しします．本書で紹介する音声信号処理は基礎的なものですが，その先にある近未来の音の世界を少しでもイメージしていただければ幸いです．

本書のプログラムでは，音声ファイルを対象とした実験に加えて自分の声を使ったリアルタイム実験が可能となっています．まずはパソコン周辺の実験環境を構築し，プログラムのコンパイル方法と実行ファイルの使い方を学びます．ここで解説する内容は，ほとんどのプログラムに共通していますので，目を通しておいてください．

1-1 音声信号処理で広がる世界

音声の信号処理は基本的かつ重要な技術です．しかし，人間のコミュニケーションに普段から利用されているためか，重要度やポテンシャルについては，まだまだ知られていない気がします．

ここでは，音声信号処理が大活躍すると思われる分野について紹介します．

●その1：音声認識

音声認識技術は文字通り人間が話した言葉を認識します．新しいユーザ・インターフェースだけでなく，リアルタイム翻訳マシンなどにも使えそうです（図1.1）．

iPhoneなどで使える音声認識ソフトウェアSiriの登場で，一気に知名度が上がった感があります．

図1.1
音声認識の可能性！ マイク×音声認識×イヤホン一体型デバイス「ほんやくこんにゃく」

●その２：音源分離＆ノイズ除去

劣悪なノイズ環境下や，大勢の話し声の中では，音声認識率は低くならざるを得ません．そこで重要となる技術が，ノイズ除去と音源分離です．進化を続ける音声認識技術において，ノイズ除去や音源分離は，縁の下の力持ちとして大活躍しています（**図1.2**）．

●その３：音声分析

人間の声の自然性とは何かという問いに答えるには，音声を詳細に分析する必要があります．

音声分析を利用した，運転手の疲労解析や，脳いっ血の症状検知などは，音声信号処理の重要な研究対象です（**図1.3**）．

防犯カメラから見えない位置での悲鳴検出も早急に確立したい技術の1つです．さらに，ささやき声を通常音声に変換する技術では，静かにすべき空間でも緊急の通話が可能となります．リスクを回避するための，さまざまな音声信号処理技術の確立が望まれています．

●その４：音声合成

分析結果の逆をたどれば，所望の音声を合成することができます．音声の本質を見つけるためのさまざまな分析手法が，現在も提案され続けています．

自然に発話できるロボットも登場しつつあります．

●その５：補聴システム

一般に補聴器は，難聴者向けと理解されています．しかし，今後，健常者にも有用なデバイスとして広がるのではないかと考えられます．例えば，補聴デバイスに，ノイズ除去機能や音源分離機能を持たせ，

図1.2　音源分離ができれば希望する音だけ聞ける

図1.3　音声分析すれば病気や疲労検知ができるかも

・目的の音源だけを強調する
・補聴デバイスで車の接近を検知して，ユーザに危険を知らせる（**図1.4**）
・自動翻訳システムを導入し，海外で円滑なコミュニケーションを行う

などが，音の信号処理によって実現できるはずです．

●その6：映像との融合＆立体音響

映像に音声を後から加える場合，実は，風景と音の印象が一致せずに違和感が生じることがあります．

音声信号処理の基礎として，環境のインパルス応答と録音した音声とを畳み込み演算することで，所望の環境の発話を再現できます．よりリアル感を与えられる音声信号処理技術が，まだまだ生かせます．

3D映像技術が進化を続けています．これに対し3D音響，あるいは立体音響と呼ばれる技術として，バイノーラル録音再生方式や，トランスオーラル・システムがあります．これらの技術を立体映像と組み合わせることで，かなりの臨場感を持たせることが可能です（**図1.5**）．

実用化のためには，音声信号処理技術のさらなる発展が必要です．

●その7：音環境の構築

居心地の良い空間を作るには，まず環境ノイズの除去が必要です．これには，逆位相音で音を消すアクティブ・ノイズ・コントロールが有用です．

一方，ノイズを消すのではなく，別の音で目立たなくさせる，快音化という方法もあります．また，子供の教育現場においては，ノイズ除去の他，教員の声が全員に届くようにすること，音の教材を高品質で各自の耳に等しく届けることなど，音の処理技術で解決すべきさまざまな課題があります．

図1.4　2チャネルのマイクを使うと音の到来方向を検出できるので「クルマ接近!」などの警告を発することも可能

図1.5　一度聞いてみたらスゴイ! 超臨場感がある立体音響の世界

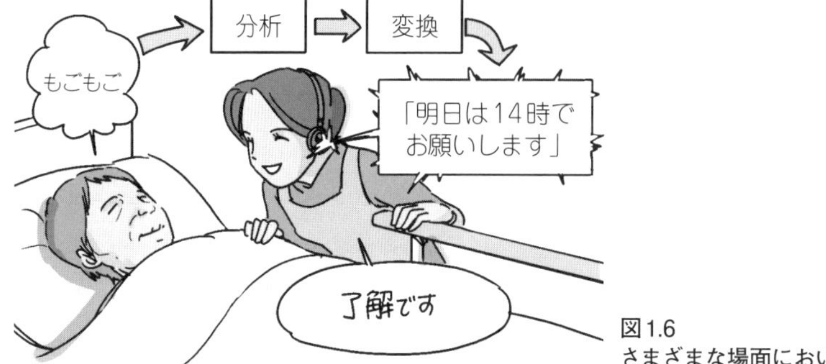

図1.6
さまざまな場面において通話品質の向上が求められている

●その8：通話品質の向上

携帯電話をテレビ電話として使うことが可能となり，インターネット回線によるテレビ会議も実現しました．しかし，音声のやりとりについては，途切れなどが発生し，まだまだ品質が低いといわざるをえません．これには，優秀な音声の圧縮技術が必要です．技術の発展とともに進化する人間の要求に応えるため，音の本質を探る作業はまだまだ続いています（**図1.6**）．

1-2 実験環境の準備

本書は音を聞きながら，信号処理技術を理解いただくことを目的としています．従って音を聞くための環境構築が必要です．

●音声入出力のためのハードウェア

本書を利用する際に，推奨される幾つかの構成を**図1.7**に示します．プログラムによっては，構成を変えなければならないものもありますが，最も有用な構成は，イヤホン構成です．つまり，イヤホン（あるいはヘッドホン）だけをパソコンに接続して，処理結果の音を確認します．また，リアルタイム処理では，パソコンに内蔵されているマイクを利用し，出力をイヤホンで確認します．内蔵マイクがなければ外付けマイクを利用してください．

イヤホン構成でなく，スピーカ構成で処理音を確認することもできます．この場合，処理音がスピーカから空間に放射されますので，周囲の人にも処理音を聞かせることが可能です．ただし，リアルタイム処理では，出力が急激に増幅するハウリングと呼ばれる共振現象に注意してください．ハウリングは，スピーカからの出力音がマイクに再び入力される場合に生じます．ハウリングが生じた場合は，プログラムを強制終了することが手っ取り早いですが，マイクをスピーカから遠ざける，マイクの向きを変える（マイクとスピーカを向かい合わせにしない），マイクかスピーカの音量を下げるという手段でも回避できます．

耳の器官で特に重要な有毛細胞は，損傷すると，自発的な再生がほとんど期待できないと言われ

図1.7　実験のためのハードウェア構成の例

ています．くれぐれも大音量での聴取は避け，耳を大切にしながら，各種実験に取り組んでください．

●ソフトウェアの改造で使うコンパイラ

ダウンロード・データはhttps://www.cqpub.co.jp/interface/download/onsei.htmから提供します．中には，実行用のexeファイルを収録済みです．また，Cソースコードを収録しているので，いろいろと改造しながら，好きなように実験できます．

Cソースコードから実行用のexeファイルを生成するためには，Cコンパイラが必要です．本書では，無償で使用できるBorland C++を使用するものとして説明を行います[注1]．

▶手順1．コンパイラのダウンロード

プログラム環境構築のため，以下のウェブ・ページ(**図1.8**)にアクセスし，無料版のEmbarcadero C++コンパイラをダウンロードします．

　https://www.embarcadero.com/jp/free-tools/ccompiler

図1.9の画面が現れるので，アカウントがなければ登録してダウンロードします(アカウントがあればメール・アドレスとパスワードを入力してダウンロード)．

「こちらから登録してください」をクリックした場合，**図1.10**の登録画面が現れます．必要事項を記入してコンパイラをダウンロードします．

注1：Borland C++以外のCコンパイラを使用する場合は，コンパイル手順などが異なる．また，ライブラリ関数の違いなどにより，ダウンロード・データに収録のソースコードのままではエラーになったり，正常に動作しなかったりする可能性がある．ソースコード内に記載のコメントを参考に，適切に書き換えて使用してほしい．

図1.8　無料版のEmbarcadero C++コンパイラをダウンロード

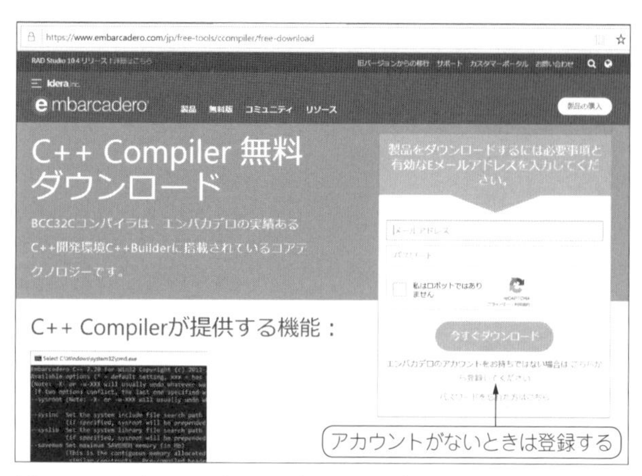

図1.9　アカウントがなければ登録してダウンロードする

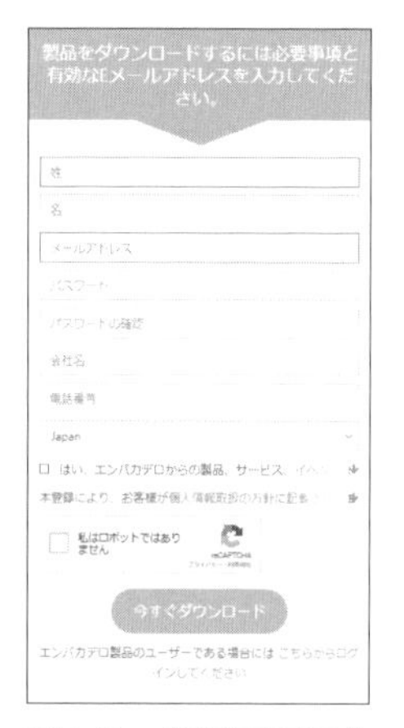

図1.10　登録画面に必要事項を記入する

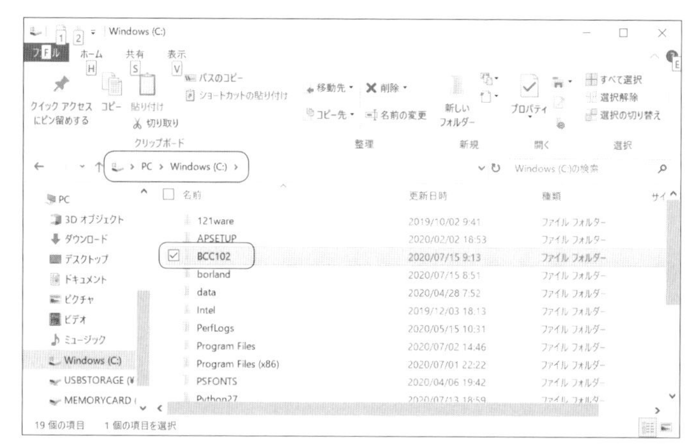

図1.11　解凍して生成されたBCC102フォルダを任意の場所に置く

登録するとBCC102.zipという圧縮ファイルがダウンロードできます（メール・アドレスにも，ダウンロードのリンクが送られてくる）．BCC102.zipを解凍します．これで，コンパイラのダウンロードが完了です．

▶手順2．パスを通す

解凍して生成されたBCC102フォルダを任意の場所に置きます．**図1.11**はCドライブ直下に置いた例です．次に，「BCC102」をダブルクリックします．すると，**図1.12**の画面となります．さらに「bin」をダブルクリックします．

アドレス・バーを右クリックして，「アドレスをテキストとしてコピー」を選択します（**図1.13**）．これでアドレスがコピーされた状態になります（後の手順でこのアドレスを貼り付ける）．

画面左下のWindowsマーク（スタート）の横にある（またはWindowsマークを右クリックして「検索」を選択すると表示される）検索欄（「ここに入力して検索」と表示されている）に「システム」

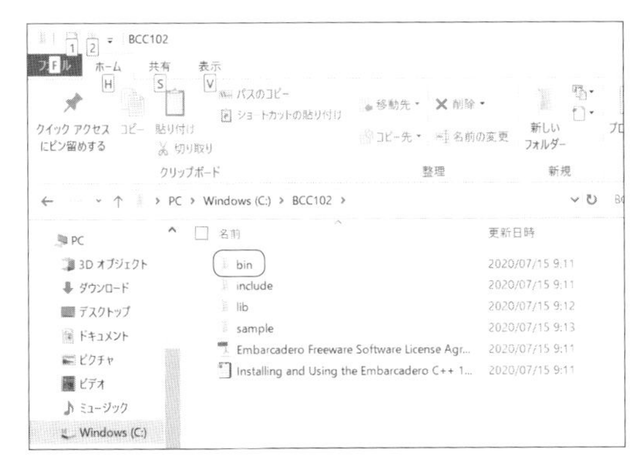

図1.12　BCC102フォルダの中身

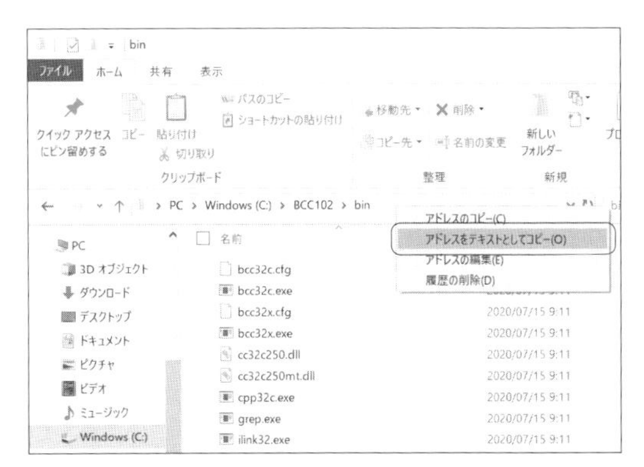

図1.13　「アドレスをテキストとしてコピー」を選択する

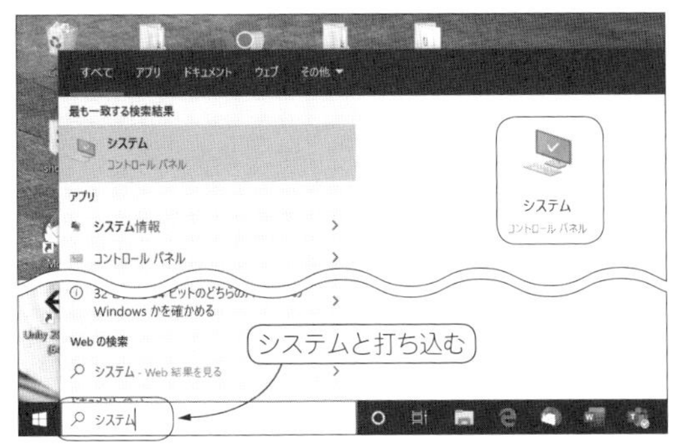

図1.14　Windowsマーク横にある検索欄に「システム」と打ち込む

図1.15　「システムの詳細設定」をクリックする

と打ち込み(**図1.14**)，コントロール・パネルのシステムを開きます(「Windowsキー」+「Pause/Break」キーでも開ける)．

「システムの詳細設定」をクリックします(**図1.15**)．

システムのプロパティ画面の詳細設定タブが開くので「環境変数」をクリックします(**図1.16**)．

システム環境変数の「Path」を選択して「編集」をクリックします(**図1.17**，上のユーザ環境変数のPathでも大丈夫)．

「新規」をクリックしてパスを入力できる状態にします(**図1.18**)．先ほどコピーしたアドレスを貼り付けます(**図1.19**，右クリックして「貼り付け」を選択)．あるいは，直接アドレスを打ち込んでも構いません．Cドライブ直下に置いた場合は，「`C:¥BCC102¥bin`」となります(**図1.20**)．「OK」をクリックするとパスが通ります．

▶手順3．パスが通ったかどうかを確認する

Windowsマーク横の検索欄に「cmd」と打ち込み(**図1.21**)，コマンドプロンプトを選択して立ち上げます．

コマンドプロンプトが立ち上がったら，「bcc32c」と打ち込んで，[Enter]キーを押します．パス

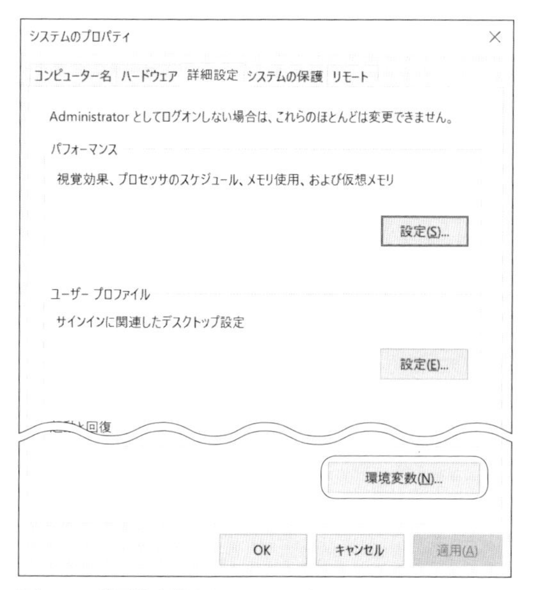

図1.16 「環境変数」をクリックする

図1.17 システム環境変数のPathを編集する

図1.18 「新規」をクリックしてパスを入力できる状態にする

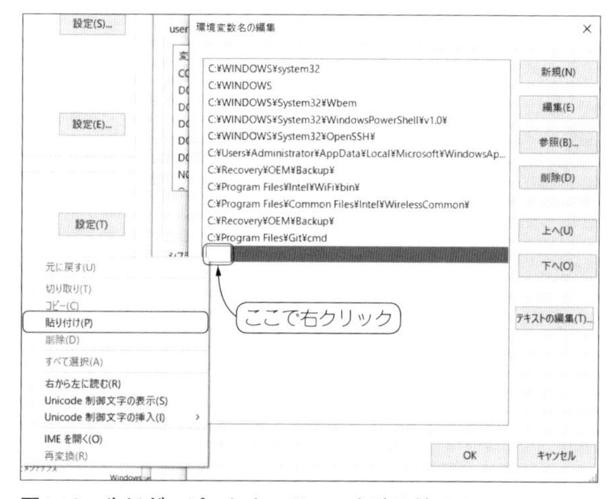

図1.19 先ほどコピーしたアドレスを貼り付ける

図1.20　環境変数名を「C:¥BCC102¥bin」とする

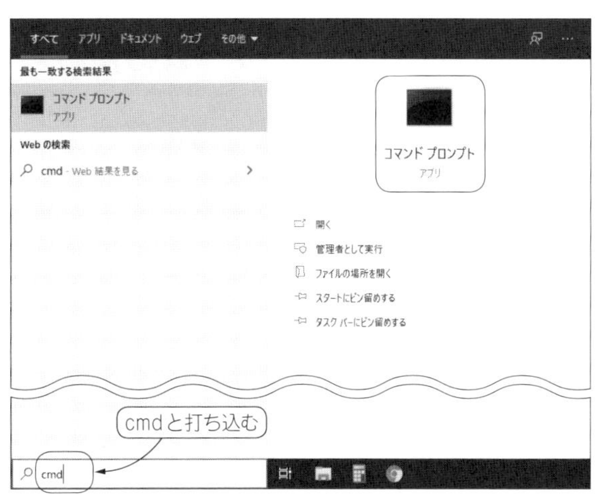

図1.21　パスが通ったかどうかを確認する…cmdと入力

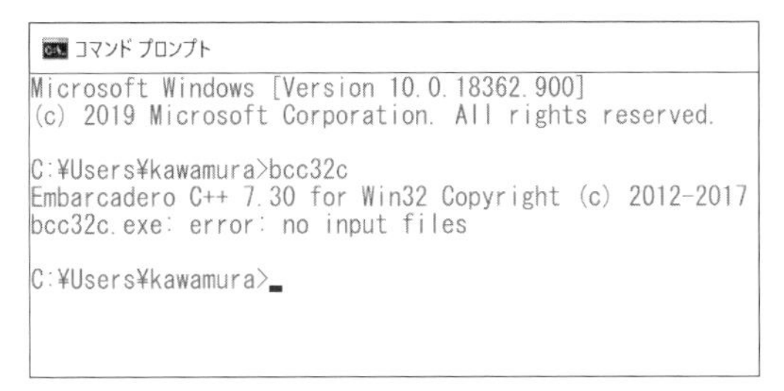

図1.22　パスが通ったときの画面
コマンドプロンプトにて「bcc32c」[Enter]とした

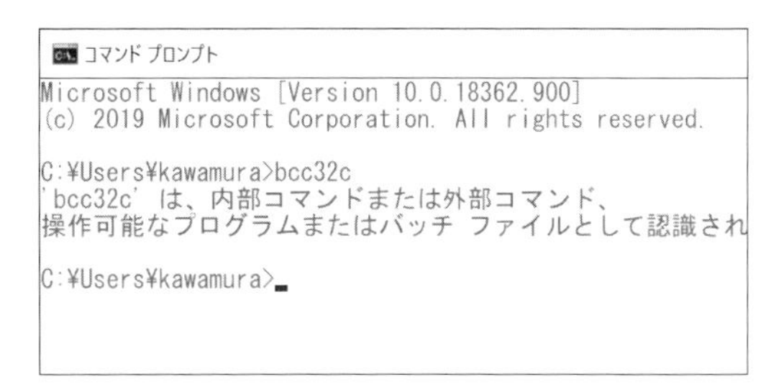

図1.23　パスが通らなかったときの画面

が通っていれば**図1.22**の画面となります．これで，本書のプログラムを実行できる状態になります．

もし，パスが通っていなければ，**図1.23**の画面が表示されます．この場合は手順2に戻ってもう一度やり直してください．

なお，パスを通した後に，コマンドプロンプトを立ち上げる必要があります．

●処理結果を波形で表示するためのツール

処理前後の音声を波形やスペクトログラムで表示したい場合には，音声信号処理用のツールが必要になります．筆者は，フリー・ソフトウェアのAudacityを使用しています．

```
https://www.audacityteam.org/
```

1-3 実行プログラムの使い方

●DDプログラム

ファイル名がDDで始まるプログラムは，基本的に入力音声ファイルを読み込み，音声信号処理を行って出力音声ファイルを書き出すものです．

コマンド・プロンプトやWindows PowerShellなどから実行する場合は，実行ファイルのあるフォルダまで移動して，

```
> DD_ファイル名.exe 入力音声ファイル.wav
```

とすることで，同じフォルダ内に出力wavファイルが生成されます．出力ファイル名は，入力ファイル名に_outputが追加されたものになります．

実行時の「.exe」は省略可能です．

●RTプログラム

ファイル名がRTで始まるプログラムは，リアルタイム処理を行います．マイクから音声を入力し，音声信号処理を行って，スピーカなどで出力します．

実行ファイルをダブルクリックすることで動作します．

コマンド・プロンプトから実行する場合は，実行ファイルのあるフォルダまで移動して，以下を実行します．

```
>RT_ファイル名.exe
```

実行直後から，マイクから取り込んだ音に対する処理音がリアルタイムで出力されます．大音量から耳を保護するため，できるだけイヤホンかヘッドホンをパソコンに接続し，かつ耳には装着せずに実行してください．そして，大音量でないことを確かめてから，イヤホン，ヘッドホンを耳に装着してください．

RTプログラムではスペース・キーにより，素通しと信号処理出力を切り替えることができます．また，Enterキーでプログラムが強制終了します．

●再生と波形表示

入力したwavファイルや処理後の出力結果は，Windowsに標準のWindows Media Playerなどで再生できます．また，音声処理用ソフトウェア[注2]を使えば，波形やスペクトログラムを表示できます．

注2：市販品のみならず，無償で使用できるものも多い．著者はオープンソース・ソフトウェアのAudacityを使用している．
https://www.audacityteam.org/

1-4 独自プログラムの作成方法

●入力&出力信号

ほとんどのプログラムでは，入力信号s[t]から出力信号y[t]を生成する作りになっています．独自のプログラムを作成したい場合は，s[t]に何らかの処理を加えて，y[t]に代入します．

リスト1.1　本書で紹介するプログラムの基本構造

```
//  Borland C++ ドラッグ&ドロップ信号処理プログラム  //
//  処理内容

//  冒頭の宣言部でグローバル変数を定義する                //  処理に応じて変更

int main(int argc, char **argv){
    //  ファイル読み書き用変数                           //  そのまま使用

    //      信号処理用変数
    処理で使用する変数を定義する                         //  処理に応じて変更

    //      変数の初期設定
    処理で使用する変数を初期化する                       //  処理に応じて変更

    // 実行ファイルの使い方に関する警告                  //  そのまま使用

    //  入力waveファイルのヘッダ情報読み込み             //  そのまま使用

    //     出力waveファイルの準備                        //  そのまま使用

    //     出力ヘッダ情報書き込み                        //  そのまま使用

    //          メイン・ループ
    while(1){
        音声データの読み出し

        //            Signal Processing
        現在時刻tの入力s[t]から出力y[t]を作る処理         //  処理に応じて変更
    }
    ファイルを閉じてメイン関数を終了
}
```

●プログラムの構造

入力ファイルの読み込みや出力ファイルの書き出しなど，共通する部分は同じ形式で記述しています(**リスト1.1**).

各プログラムで変更する部分は，主に「冒頭の宣言部」，「信号処理用変数の初期設定」，「メイン・ループ」です.

なお，本書に説明用として掲載しているリストは一部分のみですが，`https://www.cqpub.co.jp/interface/download/onsei.htm`から提供するデータに全てのソース・ファイルを収録しています.

●重要な変数

wavファイルから読み込んだ入力信号`s[t]`はdouble型で，$-1 \leq$ `s[t]` < 1に正規化されています．また，出力信号`y[t]`もdouble型で，$-1 \leq$ `y[t]` < 1の値をとります.

表1.1　音声処理で利用できる共通関数

用　途	関数名	説　明
高速フーリエ変換FFT	fft()	xin[0] ～ xin[FFT_SIZE-1]に対してFFT(高速フーリエ変換)を実行する．結果として，実部はXr[0] ～ Xr[FFT_SIZE-1]，虚部はXi[0] ～ Xi[FFT_SIZE-1]，振幅スペクトルはXamp[0] ～ Xamp[FFT_SIZE-1]に生成される．なお，FFT_SIZEはFFTに用いるサンプルの数であり，プログラム冒頭で宣言する(#define FFT_SIZE 512など)
逆高速フーリエ変換IFFT	ifft()	実部Xr[0] ～ Xr[FFT_SIZE-1]，虚部Xi[0] ～ Xi[FFT_SIZE-1]に対して，IFFT(逆高速フーリエ変換)を実行する．結果として，z[0] ～ z[FFT_SIZE-1]が生成される．ただし，zの値は，FFT_SIZEで除算して利用する.
ゼロ位相変換	zps()	xin[0] ～ xin[FFT_SIZE-1]に対してゼロ位相変換を実行する．結果として，ゼロ位相信号s0[0] ～ s0[FFT_SIZE-1]が生成される
逆ゼロ位相変換	izps()	s0[0] ～ s0[FFT_SIZE-1]に対して逆ゼロ位相変換を実行する．結果としてz[0] ～ z[FFT_SIZE-1]が生成される．zの値は，FFT_SIZEで除算して利用する
ケプストラム変換	cep()	xin[0] ～ xin[FFT_SIZE-1]に対してケプストラム変換を実行する．結果として，ケプストラムc[0] ～ c[FFT_SIZE-1]が生成される
逆ケプストラム変換	icep()	c[0] ～ c[FFT_SIZE-1]に対して逆ケプストラム変換を実行する．結果としてz[0] ～ z[FFT_SIZE-1]が生成される．zの値は，FFT_SIZEで除算して利用する
微細構造&スペクトル包絡生成	cep_FE()	xin[0] ～ xin[FFT_SIZE-1]に対するケプストラム変換の結果から，微細構造XFin[0] ～ XFin[FFT_SIZE-1]と，スペクトル包絡XEnv[0] ～ XEnv[FFT_SIZE-1]を生成する．ここで，両者は，対数スペクトルとして得られる
微細構造&スペクトル包絡逆変換	icep_FE()	微細構造XFin[0] ～ XFin[FFT_SIZE-1]とスペクトル包絡XEnv[0] ～ XEnv[FFT_SIZE-1]から振幅スペクトル，xin[0] ～ xin[FFT_SIZE-1]から位相スペクトルを計算し，逆ケプストラム変換を実行する．結果としてz[0] ～ z[FFT_SIZE-1]が生成される．zの値は，FFT_SIZEで除算して利用する

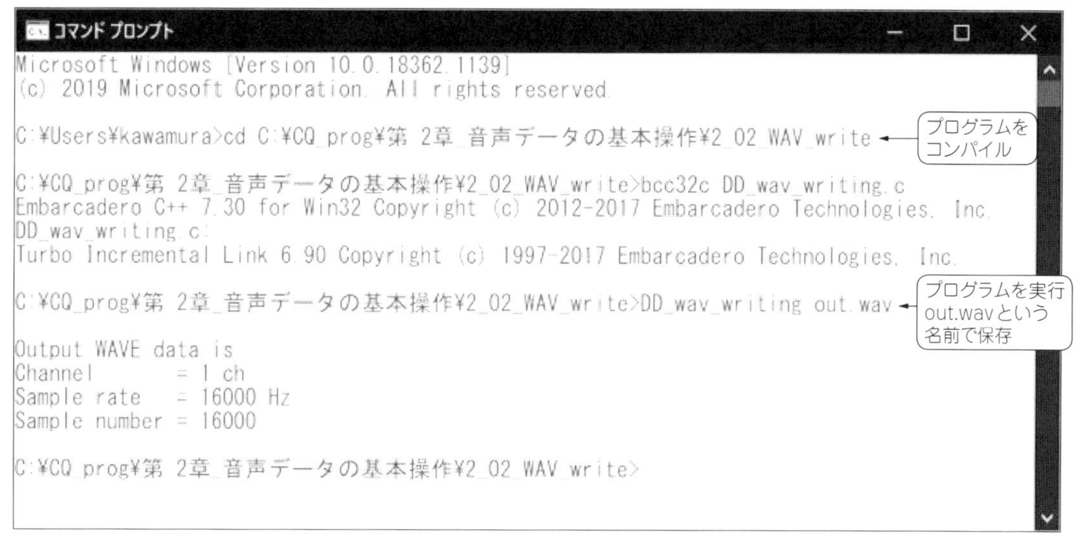

図1.24　コンパイルと実行の様子
作業フォルダC:¥CQ_prog¥第2章_音声データの基本操作¥2_02_WAV_writeでDD_wav_writing.cというソース・ファイルをコンパイルし，生成された実行ファイルDD_wav_writing.exeを実行した様子を示す．

変数tは，現在時刻を表しており，s[t]を読み込むたびに，1ずつ増加します．tは0～MEM_SIZE－1の値をループします．MEM_SIZEはプログラムの冒頭で定義しています(#define MEM_SIZE　16000など)．

●使用している関数

一部のプログラムでは，メイン・プログラムとは別に，信号を変換する関数を定義して使用しています．しかし，説明の煩雑さを避けるために，関数の中身について紙面には掲載していません．

利用価値の高い関数について，使い方を**表1.1**にまとめます．

●コンパイル

作業用フォルダを作成して使用するソース・ファイル類をコピーしておきます．

Windowsのスタートから，「アクセサリ」→「コマンド プロンプト」を開いて，

```
> cd 作業フォルダ
```

でソース・ファイル(***.c)のある作業フォルダに移動し，

```
> bcc32c ソース・ファイル名
```

としてコンパイルすれば，実行ファイル(.exe)ができます．

コンパイルと実行の様子を**図1.24**に示します．

第2章

音声データの基本操作

本章では，音声データの基本的な取り扱いに関するプログラムを紹介します．wav ファイルを対象としていますので，まずは，wav ファイルの構成について説明します．wav ファイルの先頭にはヘッダ情報と呼ばれる部分があり，ここにサンプリング周波数，チャネル数，データの長さなどが書かれています．そして，ヘッダ情報の後に音のデータが並んでいます．ヘッダ情報を読み込む，あるいは書き出すことで，wav ファイルを音のデータとして正確に取り扱うことができます．本章の最後では，マイクからの録音にも挑戦してみましょう．

2-1 wavファイルの読み込み

音声処理でよく利用されるwavファイル（拡張子が .wavのファイル）を読み込み，音声データをテキスト・データとして表示するプログラムです．

wavファイルは，最初にサンプリング周波数やデータの数などのヘッダ情報が書かれています．その次に，音のデータが並んでいます．これらは全てバイナリ・データ（0か1）で表現されています．バイナリ・データは規則に基づいて並んでいますが，ざっと眺めただけでは，何が書かれているのか，さっぱり分かりません．

ここでは，ヘッダ情報を読み出して，音データの主要な情報をテキスト・データに変換して表示します．次に，バイナリ・データで書かれた音声データを読み出し，テキスト・データとして表示します．

●原 理

本書で扱う音声ファイルは，拡張子が「.wav」で表現されるwavファイルとします．wavファイルの全体構成を**図2.1**に示します．

音声データは，一般的な16ビット（2バイト）[注1]に統一して，データの読み書きを行います．つまり，0か1の値をとるビットが16個並んで1つの値を表現します．符号付き16ビットの場合，表現できる数は，$-2^{15} \sim +2^{15}-1$（$-32768 \sim +32767$）の2^{16}（$=65536$）種類となります．正の数が1つ少ないのは，0～32767の32768個の値を表現しているためです．

4ビットの符号付き2進数の例を**図2.2**に示します．この場合は，$-8 \sim +7$の16種類の数値が表現できます．また，2進数から10進数に変換した整数値を，絶対値の最大値8で割れば，全て1以下の値となり（正規化と呼ぶ），より扱いやすい形に変換できます．本書のプログラムでは，得られた音声データを$2^{15}=32768$で正規化して利用しています．

注1：8ビット（1バイト）で表現される場合もある．

wavファイル

ヘッダ情報

データ

開始アドレス	サイズ[バイト]	項　目	説　明
0	4	識別子	RIFF(4文字：0x52 0x49 0x46 0x46)
4	4	サイズ	ファイル・サイズから8バイトを引いた数
8	4	フォーマット	WAVE(4文字：0x57 0x41 0x56 0x45)
12	4	フォーマット識別子	fmt(3文字＋スペース：0x66 0x6D 0x74 0x20)
16	4	フォーマット・サイズ	リニアPCMは16
20	2	音声フォーマット	PCMは1
22	2	チャネル数	モノラルなら1，ステレオなら2
24	4	サンプリング周波数	Hzで指定
28	4	1秒当たりのバイト数	サンプリング周波数×チャネル数
32	2	ブロック・サイズ	ステレオ16ビットなら4 (16×2＝32ビット＝4バイト)
34	2	1サンプルに必要なビット数	16ビットなら16
36	4	データ識別子	data(4文字)
40	4	音声データのサイズ	データのバイト数
44	n	データ	

図2.1　本書で扱うwavファイルの構成

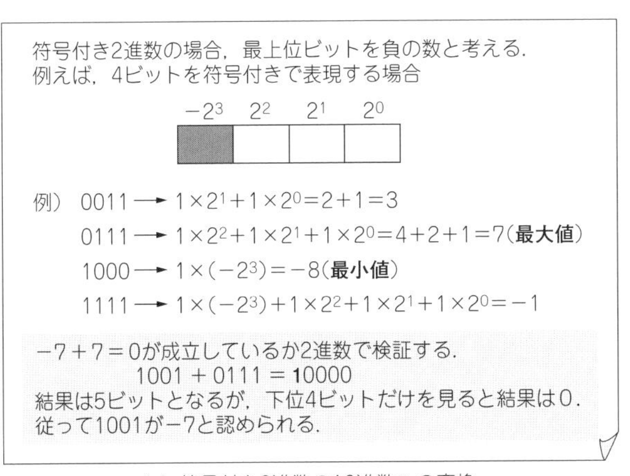

(a) 符号付き2進数の10進数への変換

1．絶対値を2進数で作る
2．ビットを反転する(1の補数)
3．1を足す(2の補数)

例) 4ビットで−3を作る

1．絶対値は3 ⇒ 0011
2．ビット反転 ⇒ 1100
3．1を足す　 ⇒ 1101

検証) 3+(−3)＝0?
0011+1101＝10000
下位4ビットは0なので成立

(b) 2進数で負の数を作る方法(2の補数表現)

図2.2　4ビットの符号付き2進数の例

●プログラム

wavファイルを読み込むためのプログラムを**リスト2.1**に示します．

wavファイルのヘッダは，2バイト(1バイト＝8ビット)で書かれている部分と4バイトで書かれている部分があります．それらに対応するため，読み込み用変数として，2バイト変数のtmp1と，4バイト変数のtmp2を準備しています．

リスト2.1　wavファイルのヘッダ情報を読み込むプログラム(抜粋)

```
●wavファイル読み込み用変数の宣言部
unsigned short tmp1;                          // 2バイト変数
unsigned long  tmp2;                          // 4バイト変数

●wavヘッダ・ファイルの表示部
printf("Wave data is\n");
fseek(f1, 22L, SEEK_SET);                     // チャネル情報位置に移動
fread ( &tmp1, sizeof(unsigned short), 1, f1);
                                    // チャネル情報読み込み 2バイト
ch=tmp1;                                      // 入力チャネル数の記録
fread ( &tmp2, sizeof(unsigned long), 1, f1);
                                    // サンプリング周波数の読み込み 4バイト
Fs = tmp2;                                    // サンプリング周波数の記録
fseek(f1, 40L, SEEK_SET);                     // サンプル数情報位置に移動
fread ( &tmp2, sizeof(unsigned long), 1, f1);
                                    // データのサンプル数取得 4バイト
len=tmp2/2/ch;                      // 音声の長さの記録(2バイトで1サンプル)

printf("Channel       = %d ch\n",  ch);     // 入力チャネル数の表示
printf("Sample rate   = %d Hz \n", Fs);
                                    // 入力サンプリング周波数の表示
printf("Sample number = %d\n",     len);    // 入力信号の長さの表示
printf("\nPush Enter key\n");
getchar();
fseek(f1, 44L, SEEK_SET);                     // 音声データ開始位置に移動

●メイン・ループ内 Signal Processing部
y[t]=s[t];                                    // 出力=入力
printf("16bit= %d\t Normalized= %f\n",input,s[t]);
                                              // 観測信号を表示
```

表2.1　wavファイルのヘッダ情報を読み込むプログラムのコンパイルと実行の方法

収録フォルダ		2_01_WAV_read
DDプログラム	コンパイル方法	bcc32c DD_wav_read.c
	実行方法	DD_wav_read speech.wav
備考：speech.wavは入力音声ファイル．任意のwavファイルを指定可能		

注：第2章のデータはhttps://www.cqpub.co.jp/interface/download/onsei.htmから入手できます．

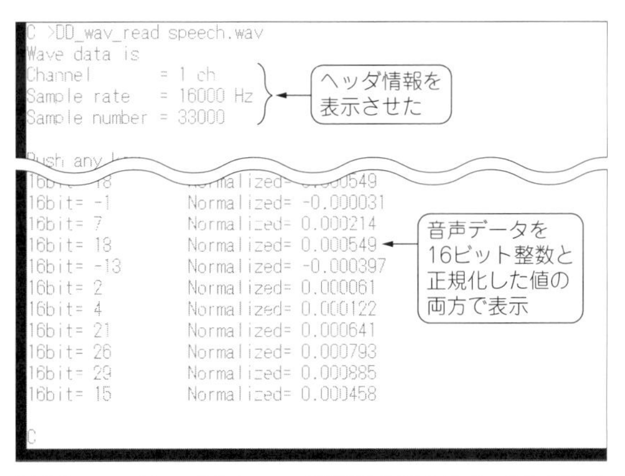

図2.3　wavファイルのヘッダ情報を読み込むプログラムの実行
音声データは16ビット(2バイト)の音声データを符号付き10進数に変換した値と，最大値を1に正規化した値を並列に表示している．

ヘッダ情報が書かれている位置は，規格で決まっているので，fseek関数で該当位置に移動し，データを読み込んで表示します．メインの音声データ部も，データの開始位置が決まっているので，そこから読み込みを開始します．

●入出力の確認

コンパイルと実行の方法を**表2.1**に示します．

音声のサンプル・ファイルspeech.wavを指定した場合の実行結果を**図2.3**に示します．

ヘッダ情報から，音声データが1チャネル(1ch)，サンプリング周波数が16000Hz，ファイルに収録されているサンプルの数が33000個であることが分かります．サンプリング周波数は，1秒間のサンプルの数で，収録されている音声信号の長さは，33000/16000 = 2.0625秒であることが分かります．

音声データについては，16ビットの符号付き整数値(－32768～32767)と，絶対値の最大値を1に正規化した場合の小数値(double精度)の両方を並列に表示しています．

2-2 作成した音をwavファイルで書き出し

音のデータを自分で作成し，wavファイル形式で保存するプログラムです．

●原 理

wavファイルは，最初にサンプリング周波数やデータの数などのヘッダ情報が書かれています．その次に，音のデータが並んでいます．これらは全てバイナリ・データ（0か1）で表現されています．

リスト2.2 作成した音をwavファイルとして保存するプログラム（抜粋）

```
●wavファイル書き出し用変数の宣言部
int       t       = 0;                  // 時刻の変数
long int t_out    = 0;                  // 終了時刻計測用の変数
int       add_len= 0;                   // 出力信号を延長するサンプル数
short     input, output;                // 読み込み変数と書き出し変数
double    s[MEM_SIZE+1]={0};            // 入力データ格納用変数
double    y[MEM_SIZE+1]={0};            // 出力データ格納用変数
int Fs;                                 // 入力サンプリング周波数
int ch;                                 // 入力チャネル数
int len;                                // 入力信号の長さ
double    f;                            // 正弦波の周波数

●wavファイル書き出し用変数の初期設定部
（略）
Fs     = 16000;                         // サンプリング周波数
len    = 16000;                         // 作成するデータの長さ
ch     = 1;                             // チャネル数
f      = 1000.0;                        // 正弦波の周波数

●メイン・ループ部
while(t_out<len){                       // メイン・ループ
    s[t]=0.5*sin(2.0*M_PI*f/Fs_out*t_out);          // 正弦波の発生
    y[t]=s[t];                          // 出力y[t]=s[t]とする
    output = y[t]*32768;                // 出力を整数化
    fwrite(&output, sizeof(short), 1, f2);          // 結果の書き出し
    if(ch==2){                          // ステレオ(2ch)の場合
        fwrite(&output, sizeof(short), 1, f2);
                                        // Rch書き込み(=Lch)
    }
    t=(t+1)%MEM_SIZE;                   // 時刻 t の更新
    t_out++;                            // ループ終了時刻の計測
}
```

表2.2　作成した音をwavファイルとして保存するプログラムのコンパイルと実行の方法

収録フォルダ		2_02_WAV_write
DDプログラム	コンパイル方法	bcc32c DD_wav_writing.c
	実行方法	DD_wav_writing out.wav
備考：out.wavは出力ファイル名．任意のwavファイル名を指定可能		

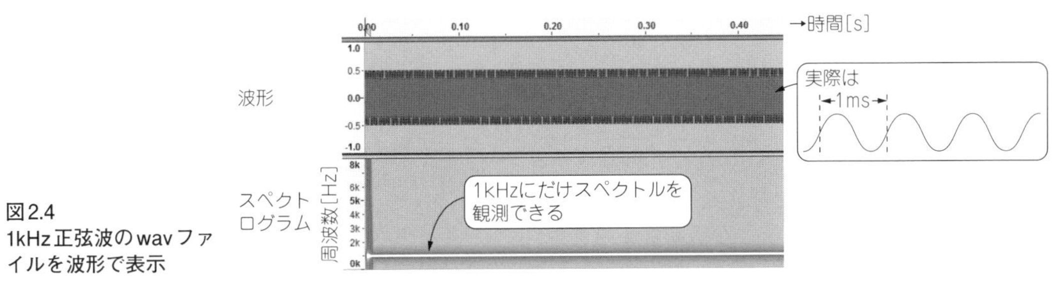

図2.4
1kHz正弦波のwavファイルを波形で表示

自分で作成したデータにヘッダ情報を付加してファイル出力すれば，wavファイルとして保存できます．

●プログラム

wavファイルを書き出すためのプログラムを**リスト2.2**に示します．

主要なwavファイルのヘッダ情報として，サンプリング周波数，チャネル数，作成するデータの長さがあります．ここではサンプリング周波数Fs=16000，チャネル数ch=1，データの長さlen=16000と設定しています．Fsが1秒のサンプル数なので，音データは1秒間作成することになります．発生する音は正弦波で，周波数はf=1000.0[Hz](＝1kHz)です．

メイン・ループでは，長さlenまでのループを作成し，音声データを作成して，ファイル出力します．サンプル数は，t_outでカウントしています．

プログラムは2チャネル(ステレオ，ch=2)の場合にも対応しています．この場合，左チャネル(Lch)と右チャネル(Rch)に同じデータが書き込まれます．

●入出力の確認

コンパイルと実行の方法を**表2.2**に示します．

実行時には，出力ファイル名を指定します．ここではout.wavというファイルを作成するように指定しています．

作成したwavファイルを，波形とスペクトログラムで表示[注2]した様子を**図2.4**に示します．

スペクトログラムでは，縦軸の1kHzに該当する部分に，横一直線の強い成分があります．これは，1kHzの正弦波が全時間において存在していることを表しています．

注2：フリー・ソフトウェアの「Audacity」を使用した．
https://www.audacityteam.org/
同じwavファイルを2つ並べて，一方を波形，もう一方をスペクトログラムで表示している．スペクトログラムは横軸を時間，縦軸を周波数，輝度を振幅の強さとした表現方法．音の時間変化を視覚的に確認できる．紙面ではスペクトルの振幅が大きいほど白く表現されている．

リスト2.3 入力wavファイルをそのまま出力wavファイルとして書き出すプログラム(抜粋)

```
●入力wavファイルのヘッダ情報読み込み部
printf("Wave data is\n");
fseek(f1, 22L, SEEK_SET);
fread ( &tmp1, sizeof(unsigned short), 1, f1);
ch=tmp1;
fread ( &tmp2, sizeof(unsigned long), 1, f1);
Fs = tmp2;
fseek(f1, 40L, SEEK_SET);
fread ( &tmp2, sizeof(unsigned long), 1, f1);
len=tmp2/2/ch;

●出力wavファイルのヘッダ情報書き出し部
Fs_out        = Fs;
channel       = ch;
data_len      = channel*len*2;
file_size     = 36+data_len;
BytePerSec    = Fs_out*channel*2;
BytePerSample = channel*2;
strcpy(outname,argv[1]);
tmp1 = strlen(outname);
outname[tmp1-4]='\0';
strcat(outname,"_output.wav");
f2=fopen(outname,"wb");

// 出力ヘッダ情報書き出し
fprintf(f2, "RIFF");
fwrite(&file_size,    sizeof(unsigned long ), 1, f2);
fprintf(f2, "WAVEfmt ");
fwrite(&fmt_chnk,     sizeof(unsigned long ), 1, f2);
fwrite(&fmt_ID,       sizeof(unsigned short), 1, f2);
fwrite(&channel,      sizeof(unsigned short), 1, f2);
fwrite(&Fs_out,       sizeof(unsigned long ), 1, f2);
fwrite(&BytePerSec,   sizeof(unsigned long ), 1, f2);
fwrite(&BytePerSample,sizeof(unsigned short ),1, f2);
fwrite(&BitPerSample, sizeof(unsigned short ),1, f2);
fprintf(f2, "data");
fwrite(&data_len,     sizeof(unsigned long ), 1, f2);
printf("\nOutput WAVE data is\n");
printf("Channel       = %d ch\n",  channel);
printf("Sample rate   = %d Hz \n", Fs_out);
printf("Sample number = %d\n",     data_len/ch/2);
```

```
// チャネル情報位置に移動
// チャネル情報読み込み 2バイト
// 入力チャネル数の記録
// サンプリング周波数の読み込み 4バイト
// サンプリング周波数の記録
// サンプル数情報位置に移動
// データのサンプル数取得 4バイト
// 音声の長さの記録(2バイトで1サンプル)


// 出力サンプリング周波数を設定
// 出力チャネル数を設定
// 出力データの長さ = 全バイト数(1サンプルで2バイト)
// 全体ファイル・サイズ
// 1秒当たりのバイト数
// 1サンプル当たりのバイト数
// 入力ファイル名取得
// 入力ファイル名の長さを取得
// 拡張子(.wav)を除外
// outname="入力ファイル名_output.wav"
// 出力ファイル・オープン. 存在しない場合は作成される


// "RIFF"
// ファイル・サイズ
// "WAVEfmt"
// fmt_chnk=16 (ビット数)
// fmt ID=1 (PCM)
// 出力チャネル数
// 出力のサンプリング周波数
// 1秒当たりのバイト数
// 1サンプル当たりのバイト数
// 1サンプルのビット数(16ビット)
// "data"
// 出力データの長さ

// 出力チャネル数の表示
// 出力サンプリング周波数の表示
// 出力信号の長さの表示
```

●出力wavファイルの音データの書き込み部

```
fseek(f1, 44L, SEEK_SET);
while(1){
    if(fread( &input, sizeof(short), 1,f1) < 1) break;
    s[t] = input/32768.0;
    y[t]=s[t];
    output = y[t]*32768;
    fwrite(&output, sizeof(short), 1, f2);
    t=(t+1)%MEM_SIZE;
}
```

2-3 wavファイルの読み込みと書き出し

wavファイルを読み込み，その音データの内容を別ファイルとして書き出すプログラムです．wavファイルを扱うための基本処理です．

本書で解説するDDプログラムの多くは，

①wavファイルを読み込み
②音声処理を行い
③wavファイルに書き出す

という構造になっています．

●原 理

入力として選択したwavファイルからヘッダ情報を読み込み，それをそのまま出力ヘッダとして利用します．次に，音のデータを順番に読み込み，そのまま順に書き出します．

●プログラム

入力wavファイルをそのまま出力wavファイルとして書き出すプログラムを**リスト2.3**に示します．

出力wavファイルの名前は，入力wavファイル名から自動的に作成しています．入力wavファイルをプログラム実行時に指定すると，出力wavファイルは，その名前の後ろに_outputが付いたものになります．

●入出力の確認

コンパイルと実行の方法を**表2.3**に示します．

出力ファイルとして，入力ファイル名に_outputが付いたspeech_output.wavが生成されます．例えば，入力wavファイルとしてサンプル音声のspeech.wavを指定すると，speech_

```
// 音声データ開始位置に移動
// メイン・ループ
// 音声を input に読み込み
// 音声の最大値を1とする(正規化)
// 出力=入力
// 出力を整数化
// 結果の書き出し
// 時刻 t の更新
```

表2.3 入力wavファイルをそのまま出力wavファイルとして書き出すプログラムのコンパイルと実行の方法

収録フォルダ		2_03_WAV_read_and_write
DDプログラム	コンパイル方法	bcc32c DD_wav_read_and_write.c
	実行方法	DD_wav_read_and_write speech.wav
備考：speech.wavは入力音声ファイル．任意のwavファイルを指定可能		

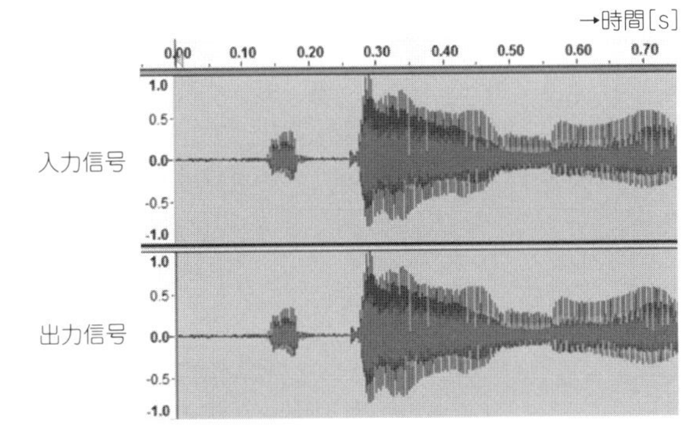

図2.5
入力音声ファイルと出力音声ファイルの内容は同じ

output.wavが生成されます．

実行結果を図2.5に示します．入力ファイルと出力ファイルが同じ波形になっています．

2-4 ステレオ化

モノラルのwavファイルを対象として，ステレオ信号に変換して書き出すプログラムです．

●原 理

ステレオ信号には，左チャネル(Lch)と右チャネル(Rch)があります．**図2.6**に示すように，モノラル信号を複製し，LchとRchの信号を作成するとステレオ音声になります．

ステレオのwavファイルでは，Lch，Rchのデータが交互に書き込まれています．従って，入力データを1回読み込むたびに，2回ずつ書き出せば，簡単にステレオ化ができます．

重要なのはヘッダ情報を書き換えることです．wavファイルはヘッダ情報によってサンプリング周波数やチャネル数を管理しています．ヘッダ情報に従ってデータが読み込まれ，再生されます．

例えばステレオwavデータなのに，「1チャネルの信号である」とヘッダに書かれているとします．このとき各種オーディオ・ソフトウェアは，1チャネルのモノラル信号として，データを読み込み，

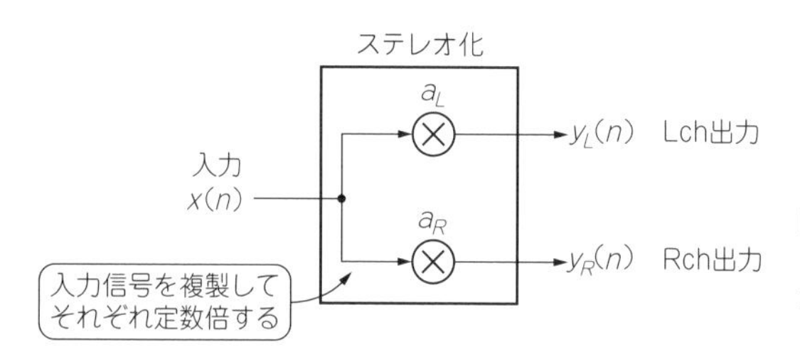

図2.6
ステレオ化の原理…モノラル信号を複製して左チャネル(Lch)と右チャネル(Rch)の信号を作成する

リスト2.4 ステレオ化のプログラム(抜粋)

```
●信号処理用変数の宣言部
double    s[MEM_SIZE+1]={0};            // 入力データ格納用変数
double    y_L[MEM_SIZE+1]={0};          // Lch出力データ格納用変数
double    y_R[MEM_SIZE+1]={0};          // Rch出力データ格納用変数

●出力wavファイルの準備部
Fs_out  = Fs;                           // 出力サンプリング周波数を設定
channel = 2;                            // 出力チャネル数を2に設定

●メイン・ループ内 Signal Processing部
y_L[t] = s[t]*0.5;                      // Lchを入力の半分にする
y_R[t] = s[t];                          // Rchは入力をそのまま出力
output = y_L[t]*32768;                  // 16ビットの大きさに変更
fwrite(&output, sizeof(short), 1, f2);  // Lch書き込み
output = y_R[t]*32768;                  // 16ビットの大きさに変更
fwrite(&output, sizeof(short), 1, f2);  // Rch書き込み
```

再生します．つまり，2回ずつ同じデータが再生されます．よって，再生速度が半分になり，遅回し再生と同じになります．声はとても低くなり，再生時間は2倍になります．正しく再生するためには，ヘッダのチャネル情報を2と書き込んでおきます．

●プログラム

ステレオ化のプログラムを**リスト2.4**に示します．

変数宣言で，出力変数`y_L`と`y_R`を用意します．出力wavファイルのチャネル数は，`channel`という変数で設定すれば，ヘッダ情報に書き込まれます．また，1回のループで，読み込みは1回，書き出しは2回としています．

出力時に振幅を調整できるようにしています． ここでは，Lchの振幅を半分にして書き出しています．Rchの振幅は入力信号と同じです．

▶改造のヒント

左チャネル出力`y_L[t]`と右チャネル出力`y_R[t]`を別々に指定し，片方の音量を大きくすると，音源が中心から移動したような効果が得られます．

●入出力の確認

コンパイルと実行の方法を**表2.4**に示します．

DDプログラムによる処理結果を**図2.7**に示します．入力が複製され，出力がステレオになっています．また，Lch（左チャネル）の信号振幅が半分になっています．

RTプログラムでは，信号処理出力時に，Lchの出力信号の音量が半分になります．

表2.4　ステレオ化のプログラムのコンパイルと実行の方法

収録フォルダ		2_04_stereo_out
DDプログラム	コンパイル方法	bcc32c DD_stereo_out.c
	実行方法	DD_stereo_out speech.wav
RTプログラム	コンパイル方法	bcc32c RT_stereo_out.c
	実行方法	RT_stereo_out
備考：speech.wavは入力音声ファイル．任意のwavファイルを指定可能		

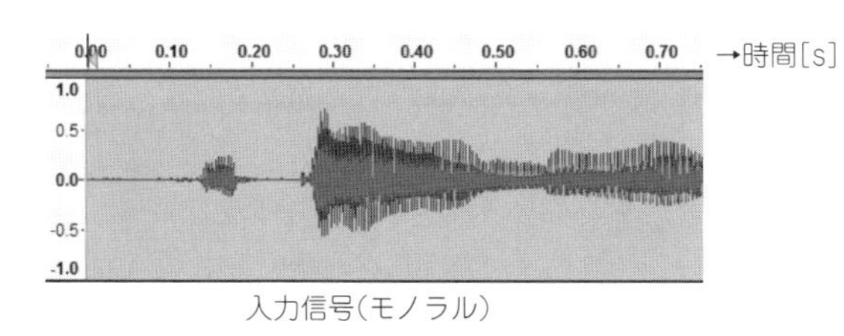

入力信号(モノラル)

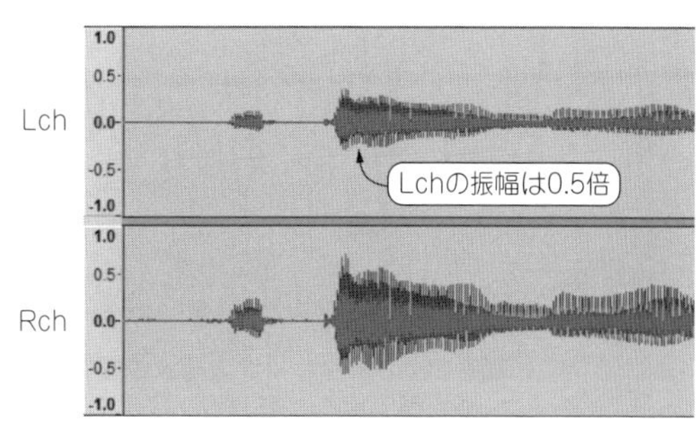

出力信号(ステレオ)

図2.7
モノラルのwavファイルを読み込んでステレオのwavファイルを作成

2-5 疑似ステレオ化

モノラルの入力wavファイルを単純にステレオ化すると，左右で同じ信号となります．これを，ステレオ録音された信号のように，疑似的に広がりを持たせるような処理を加えます．

●原 理

疑似ステレオ化は，2つの相補的な「くし形フィルタ」によって実現できます．

くし型フィルタは，入力信号に 一定時間 遅延した入力信号を加算，あるいは減算することで実現します．

相補的なくし形フィルタの出力は，時刻nの入力信号を$s(n)$として，

$$y_L(n) = s(n) + s(n-D),\ y_R(n) = s(n) - s(n-D)$$

で実現できます．ここで，Dは正の整数で遅延量を表します．

相補的なくし型フィルタの周波数特性を**図2.8**に示します．濃い線で示した特性と薄い線で示した特性が相補的な関係になります．

疑似ステレオ化を実現する構成を**図2.9**に示します．遅延器と単純な加減算だけで，疑似ステレオ化が実現できます．この図は，入力信号に含まれる各周波数の振幅が，ゲインの倍率を掛けられて出力されることを表しています．例えば，振幅1，周波数2000Hzの正弦波を入力すると，出力$y_L(n)$，$y_R(n)$では，それぞれ振幅が2と0の正弦波になります（つまり$y_R(n) = 0$）．遅延量Dの大きさによって，**図2.8**のくし形の幅が変化します．

出力をスピーカで再生すると，Lchで減衰された成分がRchでは増幅されて出力されます．結果として，両方のスピーカから，特性のずれた音が放射され，広がりのある音が再生されているような効果となります．

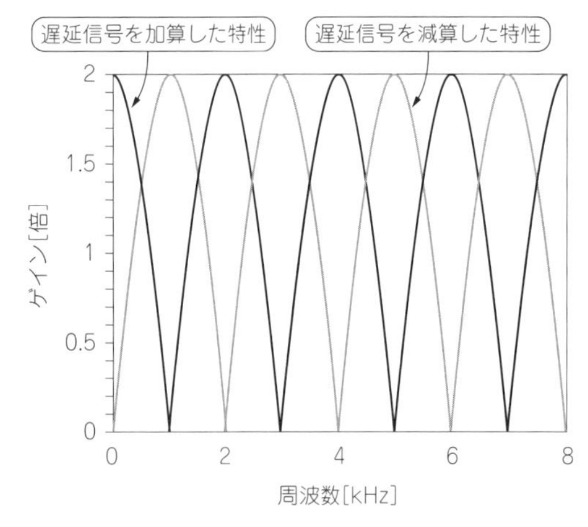

図2.8　2つの相補的なくし形フィルタの周波数振幅特性
くし形フィルタは，濃い線の特性と薄い線の特性の2つを用いる．周波数振幅特性が互いに相補的な関係にある．

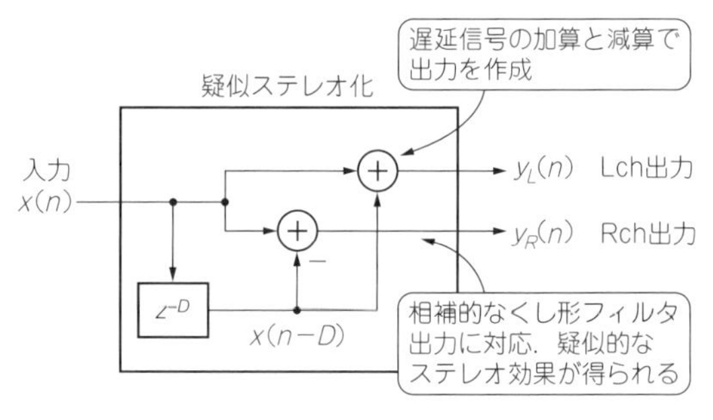

図2.9　疑似ステレオ化の原理…入力信号に一定時間遅延した入力信号を加算/減算する

リスト2.5　疑似ステレオ化を実現するプログラム（抜粋）

```
●信号処理用変数の宣言部
double    y_L[MEM_SIZE+1]={0};              // Lch出力データ格納用変数
double    y_R[MEM_SIZE+1]={0};              // Rch出力データ格納用変数
long int l = 0;                             // 正弦波用の時刻管理
int     D;                                  // くし型フィルタ用遅延

●信号処理用変数の初期設定
D=0.005*Fs;                                 // くし型フィルタ用遅延

●メイン・ループ内 Signal Processing 部
y_L[t] = s[t] + s[(t-D+MEM_SIZE)%MEM_SIZE]; // 遅延信号を加算
y_R[t] = s[t] - s[(t-D+MEM_SIZE)%MEM_SIZE]; // 遅延信号を減算
```

表2.5　疑似ステレオ化のプログラムのコンパイルと実行の方法

収録フォルダ		2_05_psude_stereo
DDプログラム	コンパイル方法	bcc32c DD_psude_stereo.c
	実行方法	DD_psude_stereo long_mix.wav
RTプログラム	コンパイル方法	bcc32c RT_psude_stereo.c
	実行方法	RT_psude_stereo
備考：speech.wavは入力音声ファイル．任意のwavファイルを指定可能		

●プログラム

疑似ステレオ化のプログラムを**リスト2.5**に示します．

変数として設定するのは遅延量Dだけです．ここでは，5msの遅延を与えます．サンプリング周波数Fsが16kHzなので，Dは0.005 × 16000 = 80［サンプル］です．

▶改造のヒント

遅延の量を変更すると，疑似ステレオ効果が変化します．

●入出力の確認

コンパイルと実行の方法を**表2.5**に示します．DDプログラムによる処理結果を**図2.10**に示します．入力信号はモノラルですが，出力はステレオになっています．また，LchとRchの信号波形がやや異なっています．スペクトログラムは，よく見ると一部のスペクトルで大小関係があります．

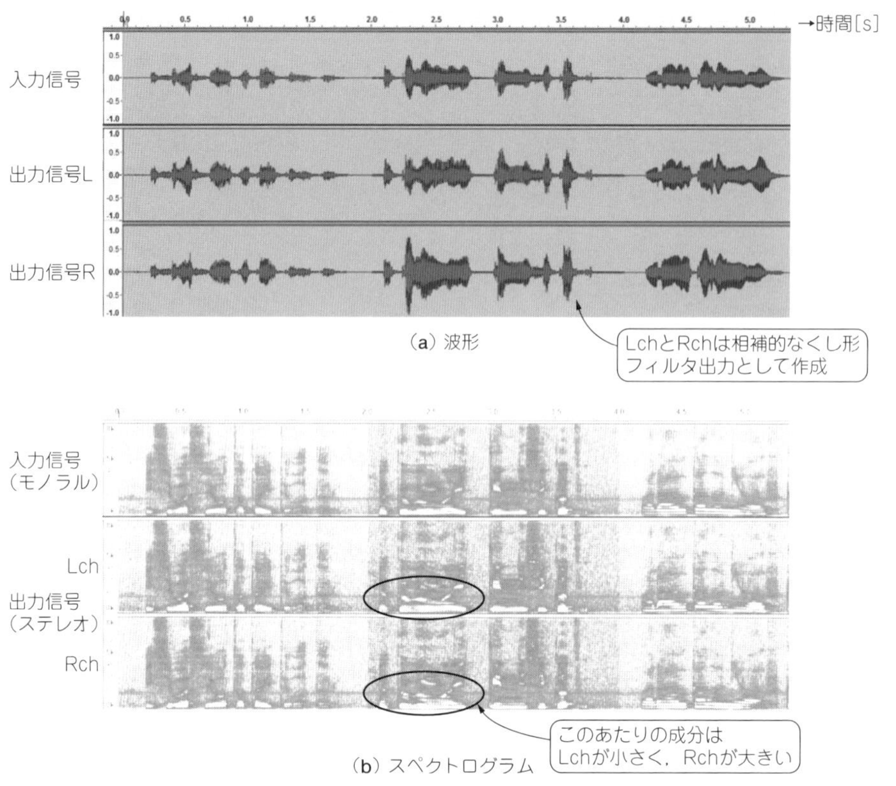

図2.10　モノラルのwavファイルを読み込んで疑似ステレオのwavファイルを作成

2-6 マイクからの録音

マイクから音声を取得し，それをwavファイルとして保存します．実験の構成を**図2.11**に示します．

●原 理

最初にヘッダ情報を書き込んでおきます．後は取得[注3]した音声データを順次書き込みます．

wavファイルの構成(**図2.1**参照)を理解していれば，サンプリング周波数，モノラル，ステレオ，録音時間の指定まで自由に設計できます．

●プログラム

音声データをマイクから取得して，wavファイルに書き出すプログラムを**リスト2.6**に示します．

注3：パソコンで外部デバイス(マイクやスピーカ)から情報(音声)を入出力する方法については，音声処理と直接関係ないので説明を省略する．

図2.11
マイクから音声を入力して
wavファイルとして保存する

リスト2.6　マイクから音声を録音するプログラム（抜粋）

●冒頭の宣言部

```
#define Fs        16000           // サンプリング周波数
#define Length    10              // 作成するデータの長さ[sec]
#define ch        2               // チャネル数
```

●データ取得用ヘッダ情報

```
WAVEFORMATEX wave_format_ex = {WAVE_FORMAT_PCM,  // PCM
                1,                               // モノラル
                Fs,                              // サンプリング周波数
                2*Fs,             // 1秒当たりの音データ・サイズ(byte)
                2,                // 音データの最小単位（2byte)
                16,               // 量子化ビット（16bit)
                0                 // オプション情報のサイズ（0byte)
 };
```

●メイン・ループ部

```
while (1){                        // メイン・ループ
    中略
    y[t] = s[t];                  // 出力=入力
    output = y[t]*32768;          // 出力を整数化
    for(i=1;i<=ch;i++){
        fwrite(&output, sizeof(short), 1, f2);   // 結果の書き出し
    }
    if(l%Fs==0)printf("%ld ", Length-l/Fs);      // 残り時間の表示
    l++;                                         // 出力カウンタ更新
    if(l>Length*Fs)goto Fin;                     // 時間が来たら終了
    中略
}
 中略
Fin:
    printf("\nEnd!\n");                          // 終了の表示
    return 0;
}
```

プログラムの冒頭の#defineで，サンプリング周波数Fs=16000［Hz］，録音時間Length=10［秒］，チャネル数ch=2と設定しています．ただし今回はモノラル録音した結果をLch，Rchとして書き出しています．書き出し用のファイル名はrec.wavです．

メイン・ループでは，録音の残り時間が分かるように，カウント・ダウンの表示を行っています．10秒が経過すると自動的に終了します．

▶改造のヒント

冒頭のサンプリング周波数Fs，録音時間Length，チャネル数ch（モノラル＝1，ステレオ＝2）を変更して，録音結果を比較してみましょう．Fsは，1秒当たりに記録するサンプルの数を表しています．Fsを大きくすると，より細かい音の変化を記録することができます．サンプリング定理から，Fs/2までの周波数を表現可能であることが知られています．

●入出力の確認

コンパイルと実行の方法を**表2.6**に示します．

実行時の様子を**図2.12**に示します．実行時に[Enter]キーを押してから10秒間録音します．実行するとカウントダウンが始まり，録音状態となります．時間が0になるまで録音が継続し，自動的に終了します．

rec.wavとして録音された音声を波形表示した結果を**図2.13**に示します．設定通り，2チャネルのステレオ信号になっています．ただし，モノラル音声をステレオ化して書き込んでいますので，ステレオ録音というわけではありません．

表2.6　マイクから音声を録音するプログラムのコンパイルと実行の方法

収録フォルダ		2_06_WAV_rec
RTプログラム	コンパイル方法	bcc32c RT_rec.c
	実行方法	RT_rec
備考：rec.wavという名前の音声ファイルが出力される		

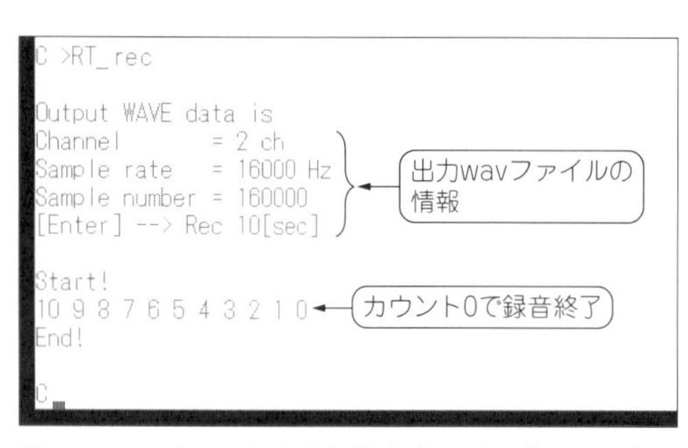

図2.12　マイクから音声を録音するプログラムの実行時の様子

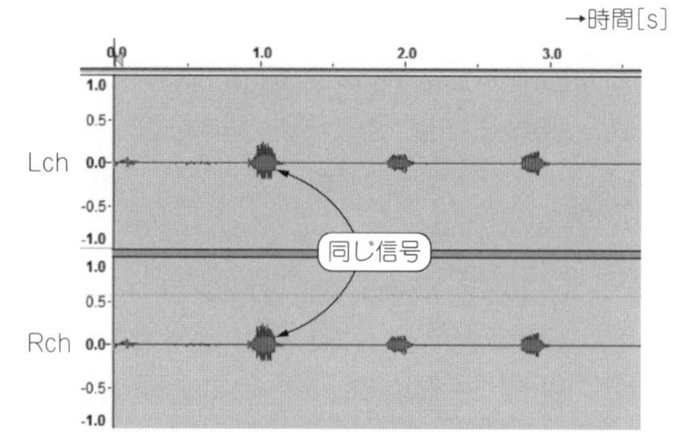

図2.13　マイクから録音した音声の波形…左右のチャネルに同じ信号を書き込んでいる

2-7 マイクからのステレオ録音

ステレオ・マイクから音声を取得し，そのままステレオwavファイルとして保存します．実験の構成を図2.14に示します．

●原 理

最初にヘッダ情報を正しく書き込んでおけば，後は取得した音声データを順次書き込むだけです．

●プログラム

ステレオ・マイクから音声データを取得して，wavファイルに書き出すプログラムをリスト2.7に示します．

プログラムの冒頭の`#define`で，サンプリング周波数`Fs=16000`[Hz]，録音時間`Length=10`[秒]，チャネル数`ch=2`と設定しています． 書き出し用のファイル名は`rec.wav`です．

ファイルには左右チャネルの音を左，右の順で順番に書き出します．

メイン・ループでは，録音の残り時間が分かるように，カウント・ダウンの表示を行っています．10秒が経過すると自動的に終了します．

▶改造のヒント

冒頭のサンプリング周波数`Fs`，録音時間`Length`，チャネル数`ch`(モノラル = 1，ステレオ = 2)を変更して，録音結果を比較してみましょう．`Fs`の半分までの周波数を録音することができます．

●入出力の確認

コンパイルと実行の方法を表2.7に示します．

実行結果の例を図2.15に示します．実行時に[Enter]キーを押してから10秒間録音されます．ステレオ・マイクなので，左右でやや異なる波形が収録されています．

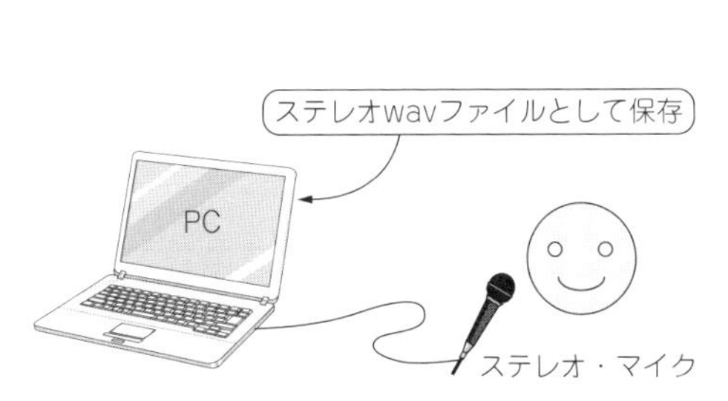

図2.14 ステレオ・マイクから音声を入力してwavファイルとして保存する

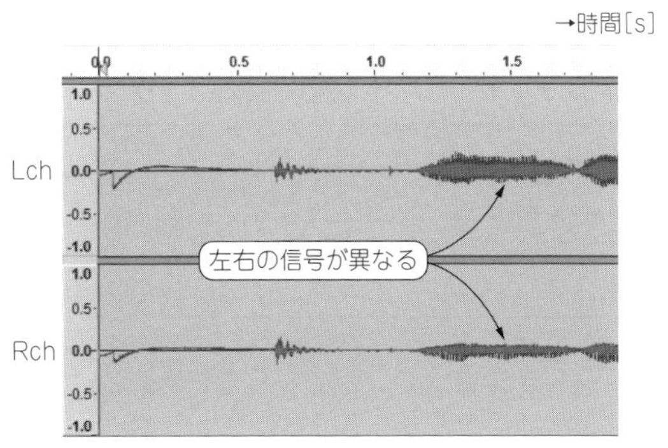

図2.15 ステレオ・マイクから録音した音声の波形…左右のチャネルの信号が異なっている

リスト2.7　ステレオ・マイクから音声を入力してステレオ録音するプログラム（抜粋）

```
●冒頭の宣言部
#define Fs        16000          // サンプリング周波数
#define Length    10             // 作成するデータの長さ[s]
#define ch        2              // チャネル数

●データ取得用ヘッダ情報
WAVEFORMATEX wave_format_ex = {WAVE_FORMAT_PCM,  // PCM
                2,                               // ステレオ
                Fs,              // サンプリング周波数
                4*Fs,            // 1秒当たりの音データ・サイズ(バイト)
                4,               // 音データの最小単位（2バイト）
                16,              // 量子化ビット（16ビット）
                0                // オプション情報のサイズ（0バイト）
};

●メイン・ループ部
while (1){                                       // メイン・ループ
    中略
    y[t] = s[t];                                 // 出力＝入力
    output = y[t]*32767;                         // 出力を整数化
    fwrite(&output, sizeof(short), 1, f2);       // 結果の書き出し
    if(l%Fs==0)printf("%d ",Length-l/Fs);        // 残り時間の表示
    l++;                                         // 出力カウンタ更新
    if(l>Length*Fs)goto Fin;                     // 時間が来たら終了
    中略
}
中略
Fin:
    printf("\nEnd!\n");                          // 終了の表示
    return 0;
}
```

表2.7　ステレオ・マイクから音声を録音するプログラムのコンパイルと実行の方法

収録フォルダ		2_07_Binaural_rec
RTプログラム	コンパイル方法	bcc32c RT_Binaural_rec.c
	実行方法	RT_Binaural_rec
備考：rec.wavという名前の音声ファイルが出力される		

2つのマイクを使い，それぞれを左右の耳元に置くことができれば，バイノーラル録音と呼ばれる臨場感のある音を得ることができます．

第3章

基本フィルタ処理

本章では，素通しフィルタからスタートして，低域通過（ローパス）フィルタ，高域通過（ハイパス）フィルタ，帯域通過（バンドパス）フィルタを扱います．これら3つの基本フィルタは，多くの場面で応用できますので，ぜひ覚えていただきたいと思います．さらに，インパルス応答からのフィルタ設計法，オールパス・フィルタによる逆位相信号の作成，それを応用したノッチ・フィルタの設計法についても説明します．

3-1 素通しフィルタ

入力をそのまま出力する素通しのディジタル・フィルタです．ディジタル・フィルタとは，入力されたディジタル信号を加工して出力する仕組みです．以降，ディジタル・フィルタを単にフィルタと呼びます．

●原 理

素通しだと，入力を加工しないので，これをフィルタと呼んでよいのかと感じるかもしれません．

入力を1倍して出力するように描けば，**図3.1**のようなブロック図で表現できます．ここで，時刻tにおける入力信号を$s(t)$，同じ時刻の出力信号を$y(t)$としています．

点線で囲まれた部分が素通しフィルタです．中央の⊗マークは乗算器で，そこに書かれた数字が倍率を表しています．ここでは「×1」ということです．また，矢印は信号の流れを表現しています．

図3.1では，出力信号を$y(t)$で表現しているので，$y(t) = s(t) \times 1$です．つまり，$y(t) = s(t)$となり，素通しフィルタが実現されます．

●プログラム

素通しフィルタのプログラムを**リスト3.1**に示します．

変数宣言部にあるtは，時刻を管理する変数で，0から始まる整数です．**リスト3.1**では省略していますが，ほぼ全てのプログラムでは，冒頭でサンプリング周波数を16000Hz (16kHz) で設定しています．これは，1/16000秒ごとにtが1増加することを表しています．つまり，tが16000になると，ちょうど1秒です．このため，リアルタイム処理を実現するには，メイン・ループ内の処理

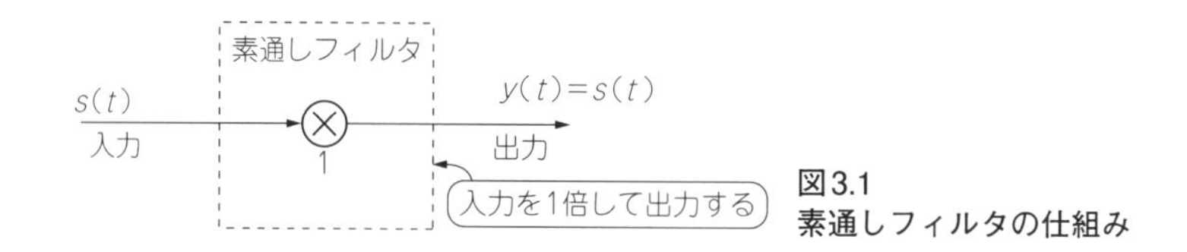

図3.1
素通しフィルタの仕組み

リスト3.1　素通しフィルタのプログラム（抜粋）

```
●信号処理用変数の宣言部
int       t       = 0;                // 時刻の変数
long int t_out    = 0;                // 終了時刻計測用の変数
int       add_len= 0;                 // 出力信号を延長するサンプル数
short     input, output;              // 読み込み変数と書き出し変数
double    s[MEM_SIZE+1]={0};          // 入力データ格納用変数
double    y[MEM_SIZE+1]={0};          // 出力データ格納用変数

●メイン・ループ内 Signal Processing部
y[t]=s[t];                            // 出力＝入力
```

を1/16000秒以内に終了しなければなりません．

また，コンピュータの制約として，tは無限大まで増加することができません．従ってプログラムでは，tが指定した値（MEM_SIZE）まで増加すると，再び0に戻るようにしています．ただし，MEM_SIZEはサンプリング周波数16000の整数倍で設定します．

入力信号と出力信号を格納する配列もMEM_SIZE個以上で宣言しています．メイン・ループ内では，入力信号s[t]をそのまま出力信号y[t]に代入しています．これが各時刻において実行されるメインの処理です．

▶改造のヒント

Signal Processing部のy[t]=s[t]を，y[t]=0.5*s[t]に変更すると，出力の振幅が0.5倍，つまり半分になります．一方，y[t]=2.0*s[t]にすると出力の振幅が2倍になります．s[t]に任意の倍率を掛けて，出力の変化を確認してみましょう．

●入出力の確認

コンパイルと実行の方法を**表3.1**に示します．

DDプログラムにおける処理結果を**図3.2**に示します．入力波形と出力波形が同一です．

RTプログラムでは，スペース･キーにより，素通しと信号処理出力を切り替えることができます．ただし，本プログラムでは信号処理が素通しなので，変化は確認できません．

表3.1　素通しフィルタのプログラムのコンパイルと実行の方法

収録フォルダ		3_01_Through
DDプログラム	コンパイル方法	bcc32c DD_Through.c
	実行方法	DD_Through speech.wav
RTプログラム	コンパイル方法	bcc32c RT_Through.c
	実行方法	RT_Through
備考：speech.wavは入力音声ファイル．任意のwavファイルを指定可能		

注：第3章のデータはhttps://www.cqpub.co.jp/interface/download/onsei.htmから入手できます．

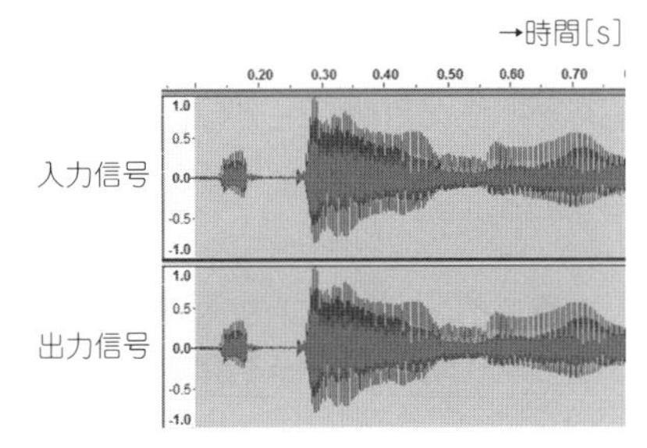

図3.2　素通しフィルタの実行結果…入力信号がそのまま出力されている

3-2 遅延フィルタ

入力信号を指定したサンプル数だけ遅延させて出力するフィルタです．リアルタイム処理では，声が遅れて聞こえます．

●原 理

遅延フィルタの構成を図3.3に示します．入力信号は$s(t)$，出力信号は$y(t)$，破線で囲まれた部分が遅延フィルタです．Dは遅延器であり，1サンプルの遅延を表します．1つのDを通るたびに1サンプル分遅延します．遅延器がL個あれば，出力は，

$$y(t) = s(t - L)$$

となり，Lサンプル遅延した信号となります．

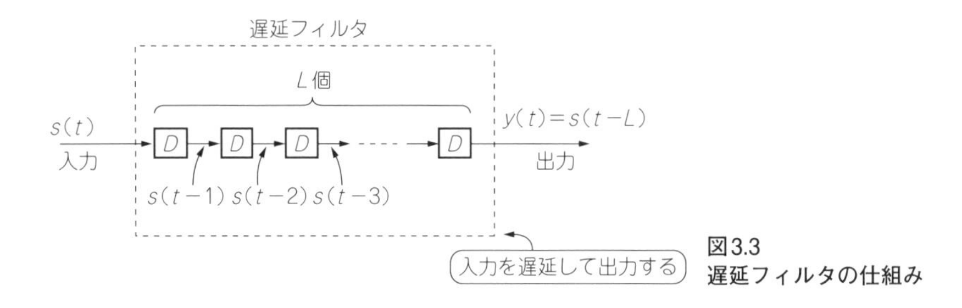

図3.3 遅延フィルタの仕組み

リスト3.2 遅延フィルタのプログラム（抜粋）

```
●信号処理用変数の宣言部
int       t       = 0;                  // 時刻の変数
long int  t_out   = 0;                  // 終了時刻計測用の変数
int       add_len;                      // 出力信号を延長するサンプル数
short     input, output;                // 読み込み変数と書き出し変数
double    s[MEM_SIZE+1]={0};            // 入力データ格納用変数
double    y[MEM_SIZE+1]={0};            // 出力データ格納用変数
int       L;                            // 遅延量
int       t_Delay;                      // 遅延時刻

●変数の初期設定
L = 8000;                 // 8000サンプルの遅延(Fs=16kHzのとき0.5秒)
add_len = L;                            // 出力信号延長サンプル数

●メイン・ループ内 Signal Processing部
t_Delay = (t-L+MEM_SIZE)%MEM_SIZE;
                          // Lサンプル過去の時刻( t_Delay = 0～MEM_SIZE )
y[t]    = s[t_Delay];                   // 遅延信号を出力とする
```

表3.2　遅延フィルタのプログラムのコンパイルと実行の方法

<table>
<tr><td colspan="2">収録フォルダ</td><td>3_02_Delay</td></tr>
<tr><td rowspan="2">DDプログラム</td><td>コンパイル方法</td><td>bcc32c DD_Delay.c</td></tr>
<tr><td>実行方法</td><td>DD_Delay speech.wav</td></tr>
<tr><td rowspan="2">RTプログラム</td><td>コンパイル方法</td><td>bcc32c RT_Delay.c</td></tr>
<tr><td>実行方法</td><td>RT_Delay</td></tr>
<tr><td colspan="3">備考：speech.wavは入力音声ファイル．
任意のwavファイルを指定可能</td></tr>
</table>

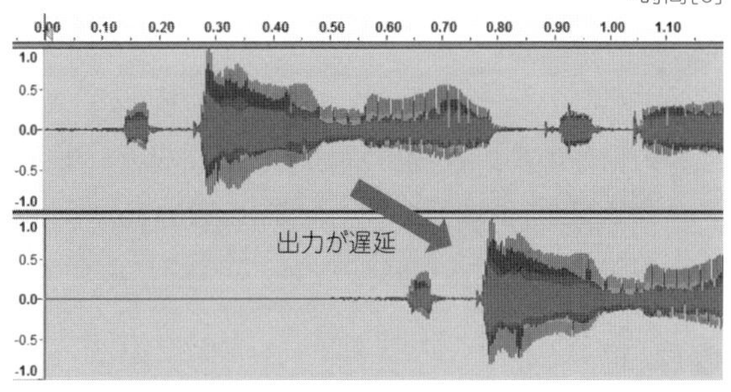

図3.4　遅延フィルタの実行結果…入力信号よりも遅れて出力されている

サンプリング周波数が16kHzなので，16000サンプルで1秒間となります．例えば，0.5秒の遅延は，16000 × 0.5 = 8000個の遅延器を並べることで実現できます．

●プログラム

遅延フィルタのプログラムを**リスト3.2**に示します．

DDプログラムでは，wavファイルを入力としますので，出力のwavファイルは入力信号が一定時間遅れたものとなります．従って出力ファイルの長さを遅延時間だけ延長する必要があります．変数宣言部におけるadd_lenは出力wavファイルの長さを延長するための変数です．遅延量をLとしているので，初期設定においてadd_len = Lとしています．ここではL=8000に設定しています．

t_Delayは現在時刻tからLだけ遅延した時刻を表します．tは0～MEM_SIZE－1の値をとるため，単純にs[t-L]とすると，負の配列番号が生じ，エラーとなります．これを防ぐためにモジュロ演算を用います．

モジュロ演算は，C言語では%で表され，割り算の余りを与えます．例えば，

3 % 4 →3,　4 % 4 →0,　5 % 4 →1,　6 % 4 →2

となります．t-LにMEM_SIZEを足して，MEM_SIZEで割り，その余りをt_Delayとすれば，t_Delayは負にならず，正確な遅延時刻を与えます．従って出力はy[t]=s[t_Delay]です．

▶改造のヒント

遅延量Lの値を変更してみましょう．Lが16000のとき1秒の遅延です．ただし，L≦MEM_SIZEにする必要があります．遅延時間を長くしたい場合は，プログラム冒頭のMEM_SIZEの設定値を大きくしてから，Lを設定します．

●入出力の確認

コンパイルと実行の方法を**表3.2**に示します．

DDプログラムの処理結果を**図3.4**に示します．入力波形より出力波形が遅延しています．

3-3 ローパス・フィルタ（低域通過フィルタ）

入力信号の高い音（高い周波数成分）をカットして，低い音（低い周波数成分）だけにするローパス・フィルタ（低域通過フィルタ，LPF：Low-Pass Filter）です．

このフィルタに音声を通すと，こもったような声になります．

●原 理

入力信号に含まれる周波数成分のうち，低い周波数だけを抽出します．ここでは，周波数を「音」と読み替えてもらっても構いません．

ローパス・フィルタの理想的な周波数振幅特性を図3.5に示します．入力された信号は，その周波数成分に対して，ゲインが乗算されて出力されます．遮断周波数よりも低い周波数成分は，ゲインが1なので，1倍，つまりそのまま出力されます．一方，遮断周波数よりも高い周波数成分は，ゲインが0なので，0倍，つまりカットされます．

ここでは，ローパス・フィルタをFIR（Finite Impulse Response）フィルタで作成します．

FIRフィルタは，

$$y(t)=\sum_{m=0}^{n} h(m)x(t-m)$$

の形で出力が決定されるフィルタです．フィルタ係数は，所望の周波数特性を逆フーリエ変換して得られます．結果だけ書くと，m番目のフィルタ係数$h(m)$は，式(3.1)で与えられます．

$$h[m]=2f_C\frac{\sin(2\pi f_C m)}{2\pi f_C m} \quad (-\infty \leqq m \leqq \infty) \cdots\cdots (3.1)$$

ここで，f_Cは遮断周波数を表しています．ただし，ディジタル信号を対象とする場合には，正規化周波数として表現する必要があります．現実の遮断周波数をF[Hz]，サンプリング周波数を

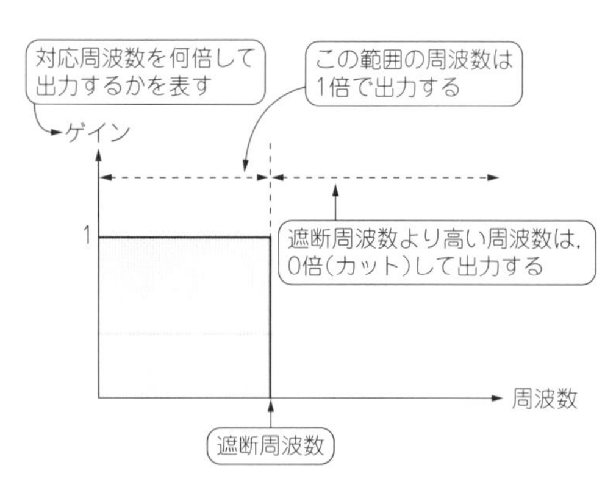

図3.5 ローパス・フィルタの理想特性…指定した周波数より低い周波数だけを抽出する

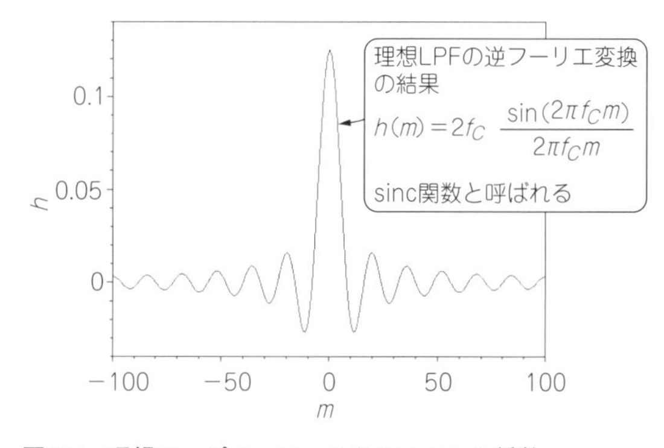

図3.6 理想ローパス・フィルタのフィルタ係数

$m=0$を中心に左右対称となる．実際の設計では，$h[m]$ ($0 \leqq m \leqq N$) を作成するので，$m=0$が$h[N/2]$に対応するように位置を調整する

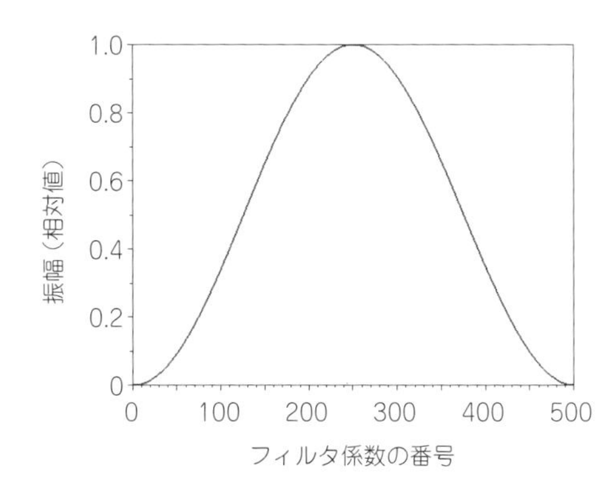

図3.7
窓関数…ハニング窓

F_S[Hz]とすると,

$$f_C = F/F_S$$

で与えられます.

式(3.1)をプロットすると**図3.6**になります. ここで, $m=0$のときは$h[m]=1$です. そして, $h[m]$は$m=0$を中心に対称となります. よって, フィルタ係数も, 対称に設計する必要があります. また, $h[m]$ $(m<0)$の値は存在できないので, Nを偶数として, フィルタ係数を,

$$h\left[\frac{N}{2}+m\right]=2f_C\frac{\sin(2\pi f_C m)}{2\pi f_C m}w\left(\frac{N}{2}+m\right)\left(-\frac{N}{2}\leqq m\leqq\frac{N}{2}\right) \cdots\cdots (3.2)$$

のように設計します. ただし, 式(3.1)での計算上, 本来は無限に存在するフィルタ係数を途中で打ち切っているので, 両端に途切れが発生します. これを滑らかにゼロにするために, フィルタ係数全体に窓関数$w\left(\frac{N}{2}+m\right)$を掛けています. 窓関数は, **図3.7**に示すように, 中心が最大値となり, 両端が滑らかにゼロに減衰するという性質を持っています. このように設計したフィルタ係数の数は$N+1$個になります.

●プログラム

ローパス・フィルタのプログラムを**リスト3.3**に示します.

遮断周波数を1000Hzに設定し, `N=64`としました. `N`が大きいほど, 理想特性に近い急峻な特性となります. 設定した遮断周波数に応じて, フィルタ係数をプログラム内で計算しています.

メイン・ループ内では過去の入力信号に重みを付けて加算する畳み込み演算によって, 出力信号を計算しています. 畳み込み演算は, FIRフィルタの出力信号の計算方法です.

▶改造のヒント

遮断周波数`fc`の値を変更すると, 設定した周波数よりも高い周波数がカットされます. ここで, `fc`は現実の周波数として設定できます.

`N`を大きくすると, フィルタの理想特性に近づきます. `N`を小さい値にすると, 遮断周波数付近の特性が緩やかになって, 高い周波数が十分カットされなくなります.

リスト3.3　ローパス・フィルタのプログラム（抜粋）

```
●信号処理用変数の宣言部
int       add_len;                 // 出力信号を延長するサンプル数
short     input, output;           // 読み込み変数と書き出し変数
double    s[MEM_SIZE+1]={0};       // 入力データ格納用変数
double    y[MEM_SIZE+1]={0};       // 出力データ格納用変数

int     i;                         // forループ計算用変数
int     N=64;                      // フィルタ次数
double h[64+1]={0};                // フィルタ係数
double fc;                         // 遮断周波数

●変数の初期設定部
fc = 1000.0;                       // 遮断周波数[Hz]
add_len = N;                       // 出力信号延長サンプル数
fc = fc/Fs;                        // 遮断周波数をサンプリング周波数で正規化
for(i=-N/2;i<=N/2;i++){            // 係数の設定
    if(i==0) h[N/2+i]=2.0*fc;      // 中心のフィルタ係数
    else{
        h[N/2+i]=2.0*fc*sin(2.0*M_PI*fc*i)/(2.0*M_PI*fc*i);
                                   // sinc関数の計算
    }
    h[N/2+i]=h[N/2+i]*0.5*(1.0-cos(2.0*M_PI*(N/2+i)/N));
                                   // 窓関数をかける
}

●メイン・ループ内 Signal Processing部
y[t] = 0;
for(i=0;i<=N;i++){
    y[t] = y[t] + s[(t-i+MEM_SIZE)%MEM_SIZE]*h[i];
                                   // FIRフィルタの出力計算
}
```

表3.3　ローパス・フィルタのプログラムのコンパイルと実行の方法

収録フォルダ		3_03_FIR_LPF
DDプログラム	コンパイル方法	bcc32c DD_LPF.c
	実行方法	DD_LPF speech.wav
RTプログラム	コンパイル方法	bcc32c RT_LPF.c
	実行方法	RT_LPF
備考：speech.wavは入力音声ファイル．任意のwavファイルを指定可能		

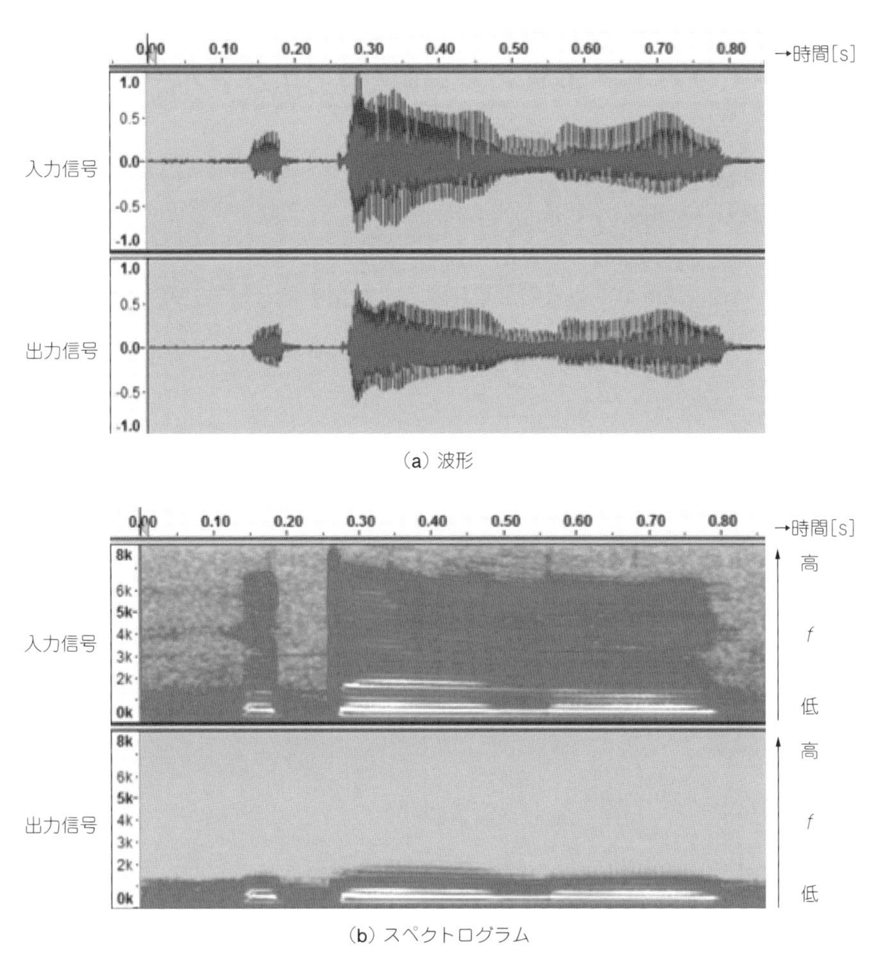

図3.8　ローパス・フィルタの実行結果…高い周波数成分がカットされている

●入出力の確認

コンパイルと実行の方法を表3.3に示します．

DDプログラムにおける処理結果を図3.8に示します．

波形では，出力の振幅がやや小さくなっているものの，どのような変化が生じているかは分かりません．スペクトログラムを見ると，高い周波数成分がカットされて，低い周波数成分だけになっています．

3-4 ハイパス・フィルタ（高域通過フィルタ）

入力信号の低い音（低い周波数成分）をカットして，高い音（高い周波数成分）だけにするハイパス・フィルタ（高域通過フィルタ，HPF：High-Pass Filter）を作ります．どの周波数までカットするかによりますが，音声には高い音の成分が少ないので，ハイパス・フィルタを通すと小さい音になります．また，低い音の成分は，母音の形成に重要な役割を果たしているので，音声の明瞭度が低くなります．

●原 理

入力信号に含まれる周波数成分のうち，高い周波数だけを抽出します．

ハイパス・フィルタの理想的な周波数振幅特性を**図3.9**に示します．入力された信号は，その周波数成分に対して，ゲインが乗算されて出力されます．遮断周波数として示した周波数よりも高い周波数は，ゲインが1なので，そのまま出力されます．一方，遮断周波数よりも高い周波数成分は，ゲインが0なので，カットされます．

ここでは，ハイパス・フィルタをFIRフィルタで作成します．フィルタ係数は，所望の周波数特性を逆フーリエ変換して得られます．結果だけ書くと，m番目のフィルタ係数$h(m)$は，次式で与えられます．

$$h(m)=\frac{\sin(2\pi m)}{2\pi m}-2f_C\frac{\sin(2\pi f_C m)}{2\pi f_C m}\quad(-\infty\leqq m\leqq\infty)\quad\cdots\cdots(3.3)$$

ただし，f_Cは，現実の遮断周波数をF[Hz]，サンプリング周波数をF_S[Hz]とすると，

$$f_C=F/F_S$$

で与えられます．また，第1項の分子は，$m=0$で1，その他のmでは0です．フィルタ係数を対称にするため，Nを偶数として，

$$h\left(\frac{N}{2}+m\right)=\left(\frac{\sin(2\pi m)}{2\pi m}-2f_C\frac{\sin(2\pi f_C m)}{2\pi f_C m}\right)w\left(\frac{N}{2}+m\right)\quad\left(-\frac{N}{2}\leqq m\leqq\frac{N}{2}\right)\quad\cdots\cdots(3.4)$$

のように設計します．ここで，両端を滑らかにゼロにするために，窓関数$w\left(\frac{N}{2}+m\right)$を掛けています．また，出来上がる係数の数は$N+1$個です．

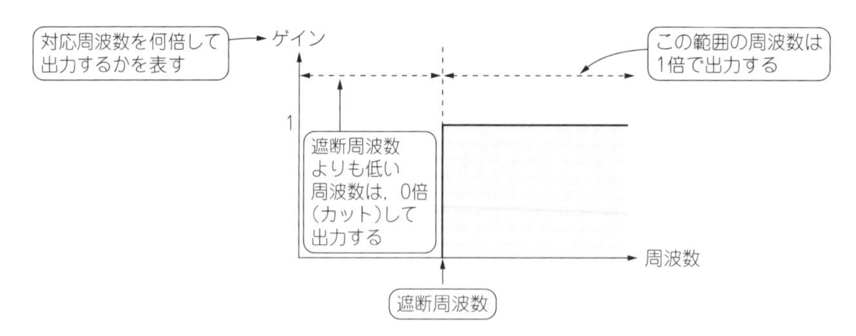

図3.9 ハイパス・フィルタの理想特性…指定した周波数より高い周波数だけを抽出する

●プログラム

ハイパス・フィルタのプログラムを**リスト3.4**に示します．

遮断周波数`Fc`を3000Hzに設定し，`N=64`としています．`N`が大きいほど急峻な特性となります．

フィルタ係数は，設定した遮断周波数に応じてプログラム内で計算しています．

メイン・ループ内では畳み込み演算によって，フィルタ出力を計算しています．

▶改造のヒント

遮断周波数`fc`の値を変更すると，設定した周波数よりも低い周波数がカットされるようになります．プログラムでは，`fc`は現実の周波数として設定できます．

`N`を大きくすると，フィルタの理想特性に近づきます．`N`を小さい値にすると，遮断周波数付近の特性が緩やかになって，低い周波数が十分カットされなくなります．

●入出力の確認

コンパイルと実行の方法を**表3.4**に示します．

DDプログラムにおける処理結果を**図3.10**に示します．波形では出力の振幅が小さくなっていますが，どのような変化が生じているかは分かりません．スペクトログラムを見ると，低い周波数成分がカットされて，高い周波数成分だけになっています．

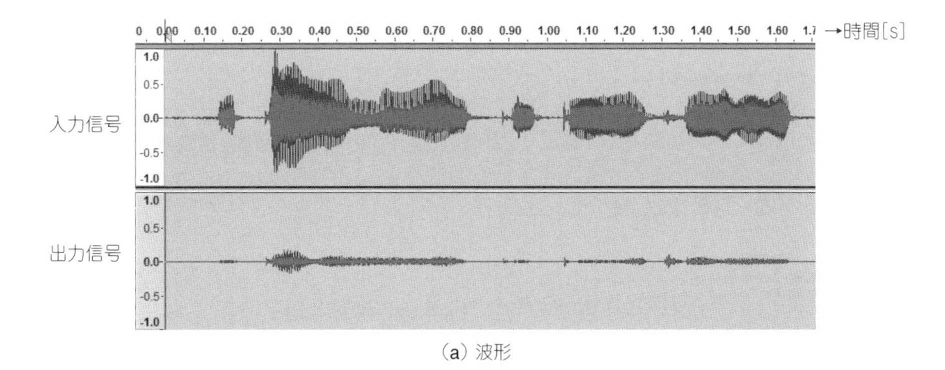

(a) 波形

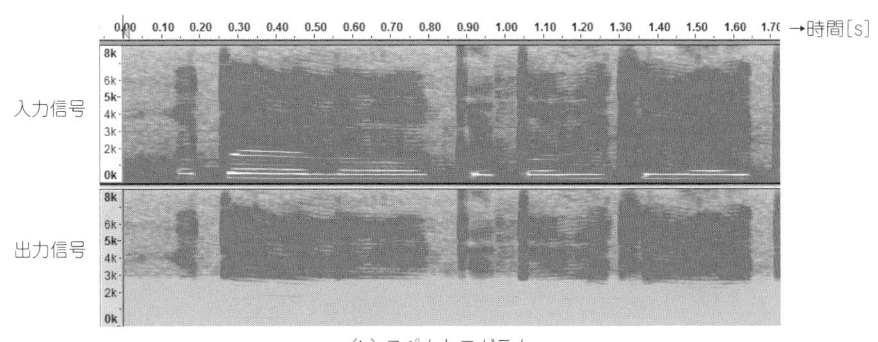

(b) スペクトログラム

図3.10 ハイパス・フィルタの実行結果…低い周波数成分がカットされている

リスト3.4　ハイパス・フィルタのプログラム（抜粋）

```
●信号処理用変数の宣言部
int       add_len;                    // 出力信号を延長するサンプル数
short     input, output;              // 読み込み変数と書き出し変数
double    s[MEM_SIZE+1]={0};          // 入力データ格納用変数
double    y[MEM_SIZE+1]={0};          // 出力データ格納用変数

int     i;                            // forループ計算用変数
int     N=64;                         // フィルタ次数
double h[64+1]={0};                   // フィルタ係数
double fc;                            // 遮断周波数


●変数の初期設定部
fc = 3000.0;                          // 遮断周波数[Hz]
add_len = N;                          // 出力信号延長サンプル数
fc = fc/Fs;                           // 遮断周波数をサンプリング周波数で正規化
for(i=-N/2;i<=N/2;i++){               // 係数の設定
    if(i==0) h[N/2+i]=1.0-2.0*fc;     // 中心の周波数
    else{
        h[N/2+i]=sin(M_PI*i)/(M_PI*i)-2.0*fc*sin(2.0*M_PI*fc*i)/
                                                    (2.0*M_PI*fc*i);
    }
    h[N/2+i]=h[N/2+i]*0.5*(1.0-cos(2.0*M_PI*(N/2+i)/N));
                                      // 窓関数をかける
}

●メイン・ループ内 Signal Processing部
y[t] = 0;
for(i=0;i<=N;i++){
    y[t] = y[t] + s[(t-i+MEM_SIZE)%MEM_SIZE]*h[i];
                                      // FIRフィルタの出力計算
}
```

表3.4　ハイパス・フィルタのプログラムのコンパイルと実行の方法

収録フォルダ		3_04_FIR_HPF
DDプログラム	コンパイル方法	bcc32c DD_HPF.c
	実行方法	DD_HPF speech.wav
RTプログラム	コンパイル方法	bcc32c RT_HPF.c
	実行方法	RT_HPF
備考：speech.wavは入力音声ファイル．任意のwavファイルを指定可能		

3-5 バンドパス・フィルタ（帯域通過フィルタ）

低い音と高い音を指定して，その間の音域（周波数帯域）を抽出するバンドパス・フィルタ（帯域通過フィルタ，BPF：Band-Pass Filter）です．例えば，低い音を300Hz，高い音を3.4kHzに指定すると，固定電話を通したような音声が得られます．バンドパス・フィルタは，ノイズの除去にも効果があります．

指定した範囲の音をカットするバンドエリミネーション・フィルタ（帯域除去フィルタ，BEF：Band-Elimination Filter）への応用もできます．

●原 理

バンドパス・フィルタの特性を**図3.11**に示します．入力信号に含まれる周波数成分のうち，指定した周波数帯域だけを抽出します．

ここではバンドパス・フィルタをFIRフィルタで作成します．フィルタ係数は，所望の周波数特性を逆フーリエ変換して得られます．結果は次式となります．

$$h(m) = 2f_H \frac{\sin(2\pi f_2 m)}{2\pi f_2 m} - 2f_L \frac{\sin(2\pi f_1 m)}{2\pi f_1 m} \quad (-\infty \leqq m \leqq \infty) \cdots\cdots (3.5)$$

第1項は遮断周波数2以下を通過させるローパス・フィルタ（LPF）を表します．第2項は遮断周波数1以上を通過させるハイパス・フィルタ（HPF）を表します．フィルタ係数を対称にするため，Nを偶数として，

$$h\left(\frac{N}{2}+m\right) = \left(2f_H \frac{\sin(2\pi f_2 m)}{2\pi f_2 m} - 2f_L \frac{\sin(2\pi f_1 m)}{2\pi f_1 m}\right) w\left(\frac{N}{2}+m\right) \quad \left(-\frac{N}{2} \leqq m \leqq \frac{N}{2}\right) \cdots\cdots (3.6)$$

のように設計します．ここで，両端を滑らかにゼロにするために，窓関数$w\left(\frac{N}{2}+m\right)$を掛けています．また，出来上がる係数の数は$N+1$個です．

バンドパス・フィルタを利用して，指定した周波数帯域をカットする，バンドエリミネーション・

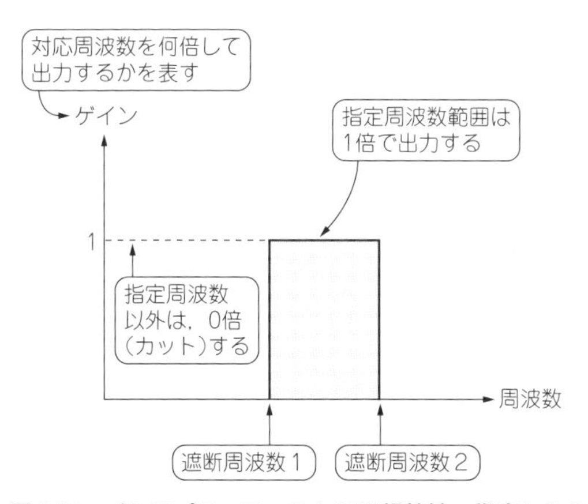

図3.11 バンドパス・フィルタの理想特性…指定した2つの周波数の間の周波数だけを抽出する

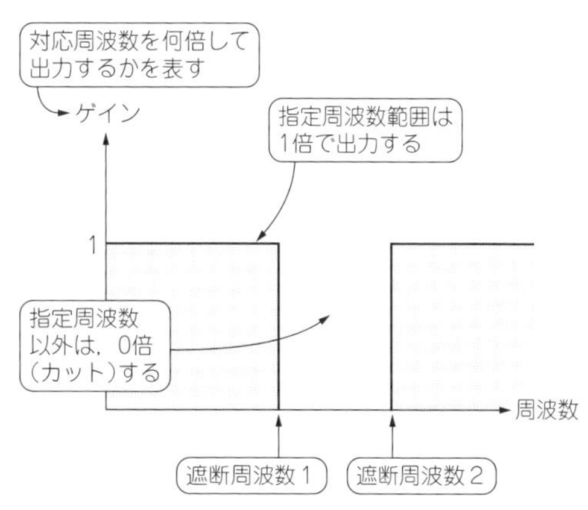

図3.12 バンドエリミネーション・フィルタの理想特性…指定した2つの周波数の間の周波数だけを除去する

フィルタを作成することができます．

バンドエリミネーション・フィルタの特性を**図3.12**に示します．バンドパス・フィルタの中央のフィルタ係数$h(N/2)$を$1-h(N/2)$に変更して，残りのフィルタ係数の符号を全て逆にします．

●プログラム

バンドパス・フィルタのプログラムを**リスト3.5**に示します．

低域側の遮断周波数を2000Hzに設定し，高域側の遮断周波数を4000Hzに設定しています．遮断数は数に応じて，フィルタ係数をプログラム内で計算しています．また，N=64としました．

リスト3.5　バンドパス・フィルタのプログラム（抜粋）

```
●信号処理用変数の宣言部
double   s[MEM_SIZE+1]={0};                    // 入力データ格納用変数
double   y[MEM_SIZE+1]={0};                    // 出力データ格納用変数

int     i;                                     // forループ計算用変数
int     N=64;                                  // フィルタ次数
double h[64+1]={0};                            // フィルタ係数
double fc1;                                    // 遮断周波数L
double fc2;                                    // 遮断周波数H

●変数の初期設定部
fc1=2000.0;                                    // 低域側遮断周波数[Hz]
fc2=4000.0;                                    // 高域側遮断周波数[Hz]
add_len = N;                     // 出力信号延長サンプル数fc = fc/Fs;
fc1=fc1/Fs;                      // 低域遮断周波数をサンプリング周波数で正規化
fc2=fc2/Fs;                      // 高域遮断周波数をサンプリング周波数で正規化
for(i=-N/2;i<=N/2;i++){                        // 係数の設定
    if(i==0) h[N/2+i]=2.0*fc2-2.0*fc1;         // 中心の係数
    else{
        h[N/2+i]=2.0*fc2*sin(2.0*M_PI*fc2*i)/(2.0*M_PI*fc2*i)
                 -2.0*fc1*sin(2.0*M_PI*fc1*i)/(2.0*M_PI*fc1*i);
    }
    h[N/2+i]=h[N/2+i]*0.5*(1.0-cos(2.0*M_PI*(N/2+i)/N));
                                               // 窓関数をかける
}

●メイン・ループ内 Signal Processing部
y[t] = 0;
for(i=0;i<=N;i++){
    y[t] = y[t] + s[(t-i+MEM_SIZE)%MEM_SIZE]*h[i];
                                               // FIRフィルタの出力計算
}
```

メイン・ループ内では畳み込み演算によって，フィルタ出力を計算しています．

▶改造のヒント

2つの遮断周波数fc1とfc2の値を変更すると，設定した周波数の範囲が抽出できます．プログラムでは，fc1，fc2は現実の周波数として設定できます．

また，Nの値を大きくすると，フィルタの理想特性に近づきます．Nを小さい値にすると，遮断周波数付近の特性が緩やかになって，高い周波数が十分カットされなくなります．

ダウンロード・データには，バンドエリミネーション・フィルタ(BEF)のプログラムも収録しています．遮断周波数fc1，fc2やフィルタ係数の数Nを変更して，実験してみましょう．

●入出力の確認

コンパイルと実行の方法を**表3.5**に示します．

DDプログラムにおける処理結果を**図3.13**に示します．波形では，出力の振幅が小さくなっていますが，どのような変化が生じているかは分かりません．スペクトログラムを見ると，特定の周波数帯域が抽出されています．

表3.5　バンドパス・フィルタのプログラムのコンパイルと実行の方法

収録フォルダ		3_05_FIR_BPF
DDプログラム	コンパイル方法	bcc32c DD_BPF.c
	実行方法	DD_BPF speech.wav
RTプログラム	コンパイル方法	bcc32c RT_BPF.c
	実行方法	RT_BPF
関連プログラム	機能	帯域除去フィルタ
	コンパイル方法	bcc32c DD_BEF.c bcc32c RT_BEF.c
	実行方法	DD_BEF speech.wav RT_BEF
備考：speech.wavは入力音声ファイル．任意のwavファイルを指定可能		

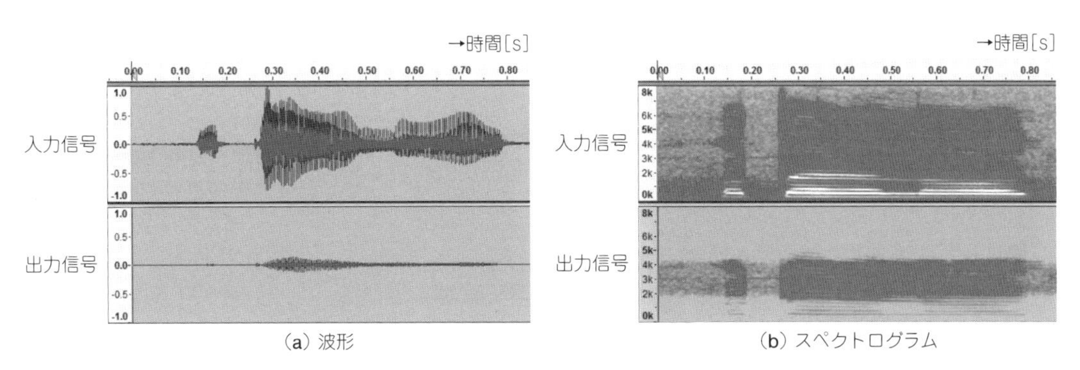

図3.13　バンドパス・フィルタの実行結果…高い周波数成分と低い周波数成分がカットされている

3-6 FIRフィルタによるエコー

簡単なエコーを作るフィルタです．FIRフィルタで適当にフィルタ係数を決めることで実現します．

●原 理

エコーを作成するFIRフィルタを**図3.14**に示します．ここで，入力は$s(t)$，出力は$y(t)$です．出力は，遅延した入力信号の重み付き加算で作成されます．遅延器Dは，1つにつき1サンプルの遅延です．サンプリング周波数をF_Sとすれば，1サンプルの遅延は，$1/F_S$［秒］です．

エコーを掛ける場合，全てのフィルタ係数を設定する必要はありません．数百msの遅延に対応する数個のフィルタ係数を設定するだけで効果が得られます．大きな遅延を設定すると，山びこのようになります．

●プログラム

FIRフィルタによるエコーのプログラムを**リスト3.6**に示します．

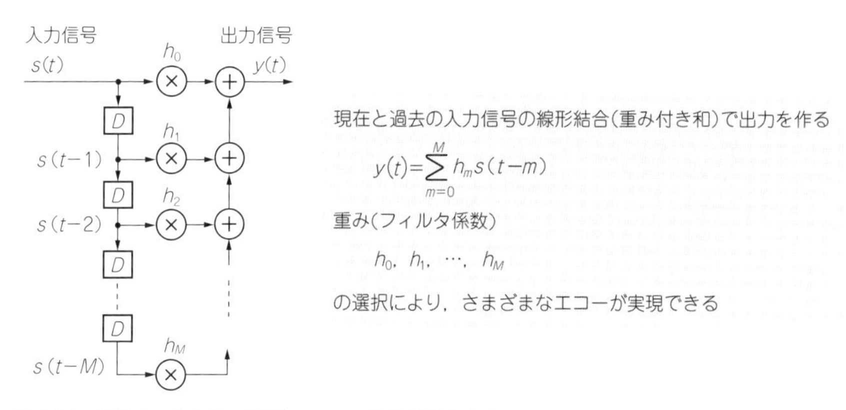

図3.14　FIRフィルタの一般形…エコー効果が得られる

リスト3.6　FIRフィルタによるエコーのプログラム（抜粋）

```
●信号処理用変数の宣言部
double   s[MEM_SIZE+1]={0};                    // 入力データ格納用変数
double   y[MEM_SIZE+1]={0};                    // 出力データ格納用変数

●メイン・ループ内 Signal Processing部
y[t]=s[t]+0.8*s[(t-2000+MEM_SIZE)%MEM_SIZE]
         +0.7*s[(t-4000+MEM_SIZE)%MEM_SIZE]
         +0.6*s[(t-6000+MEM_SIZE)%MEM_SIZE];    // エコー作成
```

メイン・ループ内では，乗算器と遅延量を定数で設定し，エコーを実現しています．ここでは，1/8秒，1/4秒，3/8秒遅れた信号に，それぞれ，0.8，0.7，0.6のフィルタ係数を与えて，現在の入力信号と加算しています．サンプリング周波数が16kHzですから，遅延量はそれぞれ，16000/8 = 2000，16000/4 = 4000，16000 × 3/8 = 6000サンプルとなります．

▶改造のヒント

遅延とフィルタ係数を変更すると，自分の好みのエコーを作成することができます．遅延量の設定は，遅延させたい時間(秒数)Tを決めて，16000 × Tとして算出します．例えば0.1秒の遅延は，16000 × 0.1 = 1600サンプルです．以下がこの遅延信号を与えます．

```
s[(t-1600+MEM_SIZE)%MEM_SIZE]
```

遅延量が大きいほど，フィルタ係数を小さくすることがコツです．また，加算する遅延信号の数を増やすと，厚みのあるエコーとなります．

●入出力の確認

コンパイルと実行の方法を**表3.6**に示します．

DDプログラムにおける処理結果を**図3.15**に示します．たった3つの遅延信号を利用しただけですが，出力ではしっかりとエコーが掛かり，波形がぼやけた感じになっています．また，出力が入力よりも延長されます．

表3.6　FIRフィルタによるエコーのプログラムのコンパイルと実行の方法

収録フォルダ		3_06_FIR_Echo
DDプログラム	コンパイル方法	bcc32c DD_Echo.c
	実行方法	DD_Echo speech.wav
RTプログラム	コンパイル方法	bcc32c RT_Echo.c
	実行方法	RT_Echo
備考：speech.wavは入力音声ファイル．任意のwavファイルを指定可能		

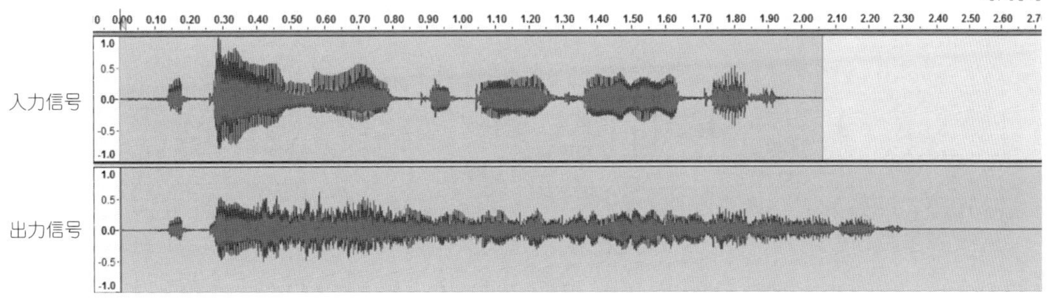

図3.15　FIRフィルタによるエコーの実行結果…なかなか減衰せずに波形がぼやけた感じになっている

3-7 インパルス応答によるフィルタ

入力信号を別の環境で発声したような声に変換するフィルタです．これにはインパルス応答を利用します．

インパルス応答は，一瞬だけ音を放射して，その響きとして得られる信号です．トンネルなどで手をたたくと，長い残響が観測されます．これが近似的なインパルス応答です．インパルス応答を使えば，その環境で発話したような効果を得ることができます．

●原 理

インパルス信号を**図3.16**に示します．ある時刻だけに値を持ち，その他の時刻では0となる信号です．通常は，時刻0において1となり，他の時刻では全て0になります．そして，インパルス応答は，インパルス信号をフィルタに入力したときの出力です．

ローパス・フィルタ(LPF)にインパルスを入力したときの出力，つまりインパルス応答を**図3.17**に示します．ローパス・フィルタのフィルタ係数とインパルス応答は，全く同じ波形になります．

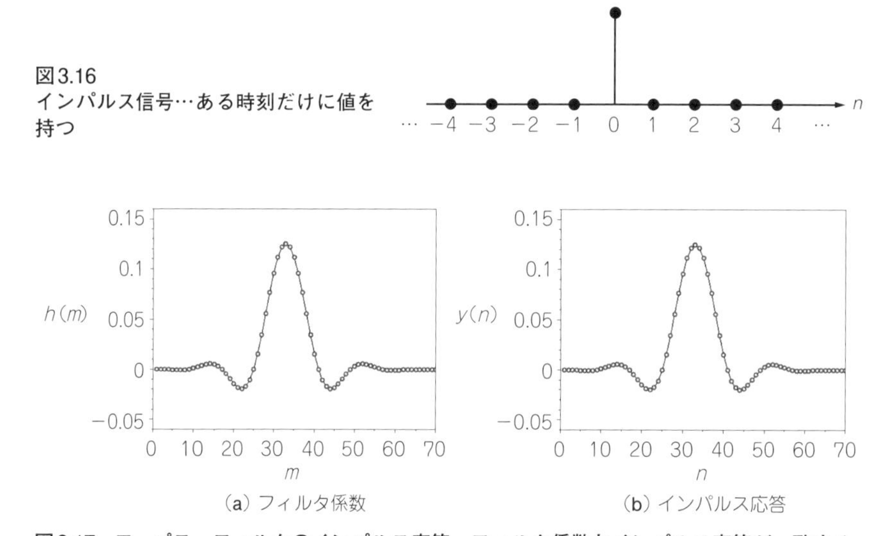

図3.16 インパルス信号…ある時刻だけに値を持つ

図3.17 ローパス・フィルタのインパルス応答…フィルタ係数とインパルス応答が一致する

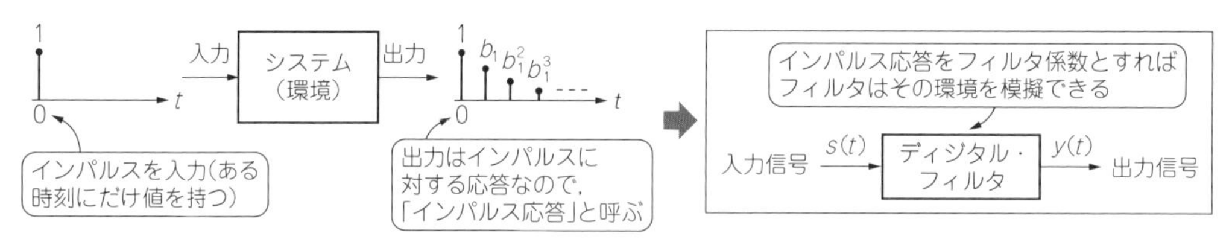

図3.18 インパルス応答で環境を模擬する方法…目的の環境のインパルス応答を取得してそれをフィルタ係数としてディジタル・フィルタを設計する

実は，あるフィルタのフィルタ係数が分からなくても，インパルスを入力すれば，その出力としてフィルタ係数を取り出すことができるのです．

この性質を利用して，インパルス応答で環境を模擬する方法を**図3.18**に示します．ある環境でインパルスを発し，その応答を収録すれば，その環境を表現するフィルタ係数が得られます．こうして得られたフィルタ係数を持つフィルタを設計すれば，その環境を模擬できます．設計したフィルタに音声を入力すると，あたかもその環境で発声したような音声に変換できます．

カラオケのエコーなどもその例の1つです．わざわざ響きの良い部屋を作らなくても，フィルタ

リスト3.7　インパルス応答によるフィルタのプログラム（抜粋）

```
●冒頭の宣言部
#define  N          8000                    // フィルタ次数

●信号処理用変数の宣言部
double   s[MEM_SIZE+1]={0};                 // 入力データ格納用変数
double   y[MEM_SIZE+1]={0};                 // 出力データ格納用変数

int      i;                                 // forループ用変数
int      L;                                 // インパルス応答の長さ
double   x;                                 // 観測信号
double   h[N+1]={0};                        // フィルタ係数
double   h_norm;                            // フィルタ係数正規化用

●変数の初期設定部
fseek(f0, 44L, SEEK_SET);                   // 音声データ開始位置に移動
h_norm=0;
for(i=0;i<N;i++){                           // インパルス応答の読み込み
    if(fread( &input, sizeof(short), 1,f0) < 1) break;
    h[i]=input/32768.0;                 // インパルス応答をフィルタ係数にする
    h_norm=h_norm+h[i]*h[i];                // 応答全体のパワーを計算
}
L=i;
for(i=0;i<L;i++){
    h[i]=h[i]/h_norm;                       // 係数の正規化
}

●メイン・ループ内 Signal Processing部
x=0;
for(i=0;i<L;i++){
    x=x+s[(t-i+MEM_SIZE)%MEM_SIZE]*h[i];    // インパルス応答を畳み込む
}
y[t] = x;                                   // フィルタ出力
```

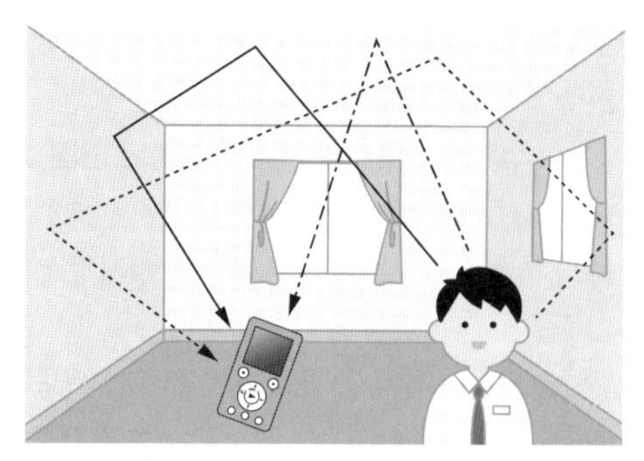

図3.19　手をたたいてその音を録音すれば簡易的にインパルス応答を取得できる

表3.7　インパルス応答によるフィルタのプログラムのコンパイルと実行の方法

収録フォルダ		3_07_IR_convol
DDプログラム	コンパイル方法	bcc32c DD_IR_convol.c
	実行方法	DD_IR_convol speech.wav myroom_clap.wav
RTプログラム	コンパイル方法	bcc32c RT_IR_convol.c
	実行方法	RT_IR_convol myroom_clap.wav
備考：speech.wavは入力音声ファイル．任意のwavファイルを指定可能． myroom_clap.wavはインパルス応答の音声ファイル		

係数，別の言い方をするとインパルス応答を設計するだけで所望の特性を音声に付加することができます．

●プログラム

インパルス応答によるフィルタのプログラムを**リスト3.7**に示します．

フィルタ次数，すなわちインパルス応答の最大長を8000までに制限しています．さまざまなインパルス応答を統一的に扱うために，応答全体のパワーを正規化しています．

このプログラムでは，実行時に，音声とインパルス応答の両方を指定します．インパルス応答はh[i]（$i = 0, \cdots, N-1$）として格納されます．

▶改造のヒント

自分でインパルス応答を取得する場合は，スマートフォンやパソコンで，手をたたいた音を録音します（**図3.19**）．ただし，正確なインパルスではないので，非常に粗い近似になります．

インパルス応答のサンプリング周波数は，16kHzに変換したものを使用します．付属CD-ROMには，サンプリング周波数を変換するプログラムを収録しています．インターネット上で配布されているフリー・ソフトウェアなどを使うこともできます．

また，さまざまなインパルス応答が，インターネット上で配布されています．

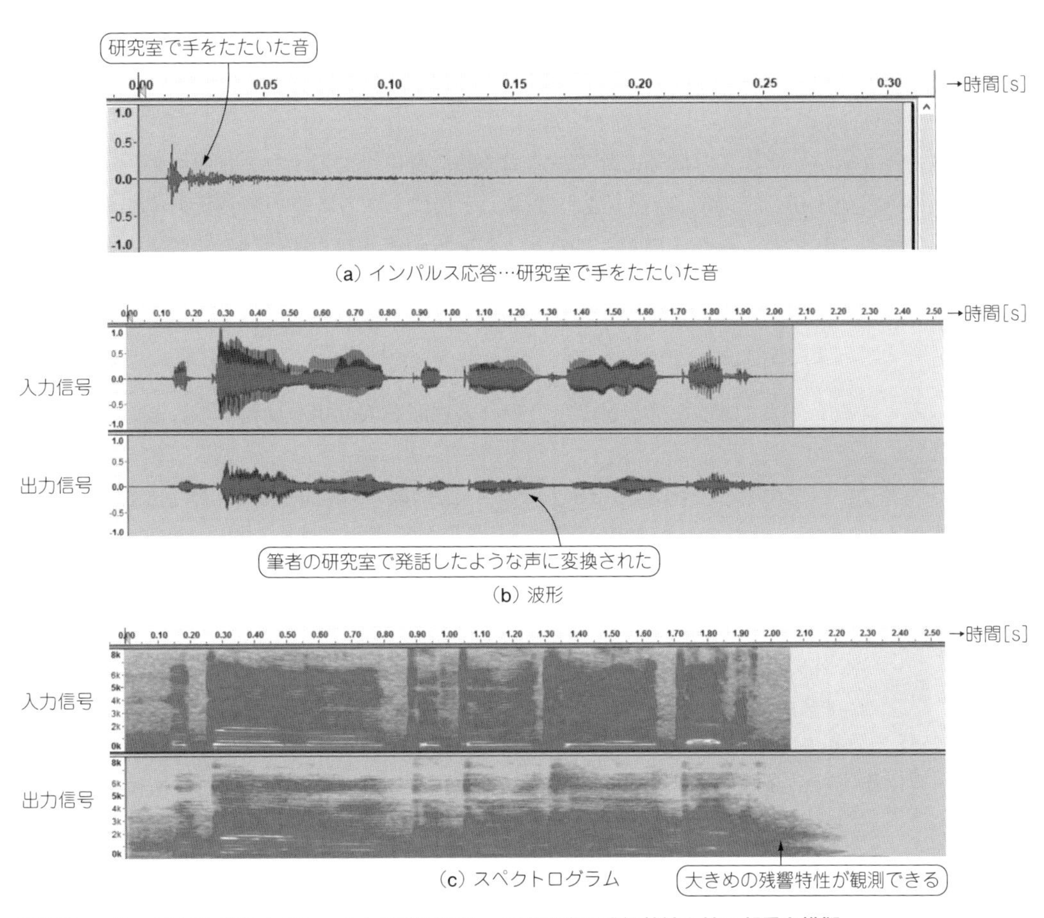

図3.20 インパルス応答によるフィルタの実行結果…比較的強い残響特性を持つ部屋を模擬

●入出力の確認

コンパイルと実行の方法を**表3.7**に示します．

DDプログラムによる結果を**図3.20**に示します．筆者の研究室で手をたたいた音（インパルス応答）を利用して，原音声を研究室で発話したような声に変換しています．

波形では細かい大きな変化が失われています．スペクトログラムでは，各周波数のパワーがなかなか減衰せずに，時間方向に尾を引いています．つまり，この部屋は，比較的強い残響特性を持つことが分かります．

3-8 オールパス・フィルタ

オールパス・フィルタは，入力信号に含まれる周波数成分を全て通すフィルタです．つまり素通しフィルタの一種ですが，1つだけ特徴があります．それは，ある特定の周波数の位相を反転，つまり逆位相にすることができることです．このとき，全ての周波数の振幅は変化しません．この原理は，特定の周波数だけをカットするノッチ・フィルタに応用されることで威力を発揮します．

●原 理

オールパス・フィルタは，簡単な構造ながら，特定の周波数の位相を反転することができるフィルタです．

オールパス・フィルタの構成を**図3.21**に示します．ここで，フィルタ係数は，rとaです．反転したい周波数をF_N[Hz]，サンプリング周波数をF_S[Hz]とします．サンプリング定理により，$F_N < F_S/2$とする必要があります．このとき，正規化角周波数は，

$$\omega_N = 2\pi F_N/F_S$$

と書けます．これを用いて，オールパス・フィルタのフィルタ係数を次のように設定します．

$$a = -(1+r)\cos\omega_N$$

rは位相特性の急峻さを決定し，$0 < r < 1$です．rが0に近いとω_N周辺の周波数も位相が大きく変化して，逆位相に近い変形を受けます．一方，rを1に近づけるとω_N付近の周波数は位相がほとんど変化せず，ω_Nだけを逆位相にすることができます．ただし後者の場合，出力が安定するまでに時間がかかります．

オールパス・フィルタの周波数特性を**図3.22**に示します．振幅特性は常に1なので，全ての周波数は，大きさが変化せずにそのまま通過します．一方，位相特性から，位相がπ変化する周波数がただ1つ存在します．$r = 0.8$の場合でも，$r = 0.99$の場合でも，1kHzの周波数が逆位相になります．

●プログラム

オールパス・フィルタのプログラムを**リスト3.8**に示します．反転する周波数を1000Hzに設定しています．また，`r=0.8`です．

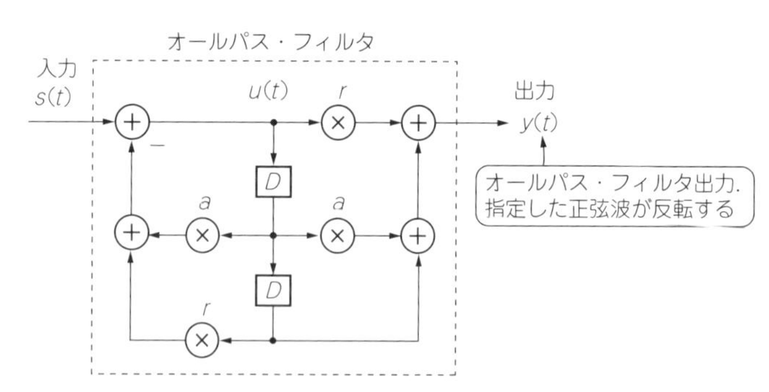

図3.21
オールパス・フィルタの構成

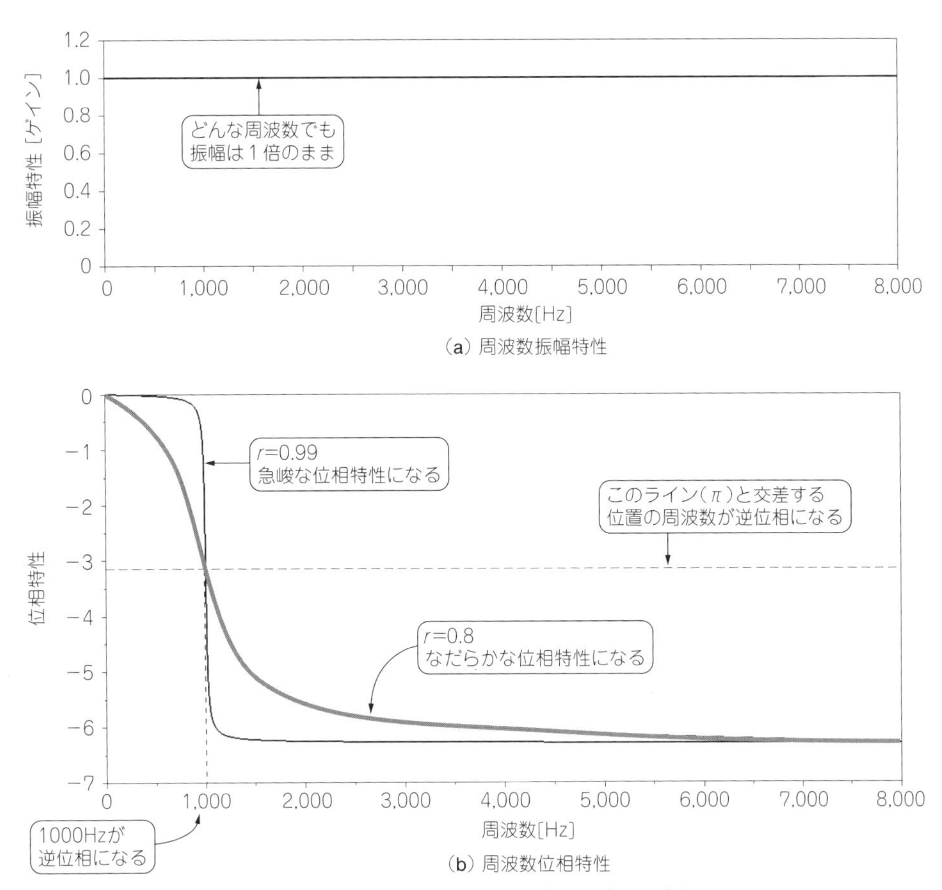

図3.22　オールパス・フィルタの周波数特性…全ての周波数が１倍で出力される

メイン・ループ内ではオールパス・フィルタ出力をxとしています．

▶改造のヒント

変更できるパラメータはaとrです．rを0に近づけると，aで指定した周波数の周辺も位相の変化を受けて，波形の変化が顕著になります．この状態でaをいろいろと変更してみてください．a=0とすると，サンプリング周波数Fsの1/4に対応する周波数が逆位相となります．本書では，サンプリング周波数を16kHzとしているので，a=0のときは，16[kHz]/4 = 4[kHz]の周波数が反転して逆位相になります．

●入出力の確認

コンパイルと実行の方法を**表3.8**に示します．

DDプログラムにおける処理結果の拡大図を**図3.23**に示します．音声に含まれる1kHzの正弦波成分だけが逆位相になります．これは波形全体を見て変化を確認することは困難です．1kHzの正弦波では波形が反転，つまり逆位相になっています．

RTプログラムでは，表示がProcessingのときにオールパス・フィルタが動作しますが，聴覚でその効果を感じることは難しいでしょう．

表3.8　オールパス・フィルタのプログラムのコンパイルと実行の方法

収録フォルダ		3_08_Allpass
DDプログラム	コンパイル方法	bcc32c DD_Allpass.c
	実行方法	DD_Allpass sin1000k.wav
RTプログラム	コンパイル方法	bcc32c RT_Allpass.c
	実行方法	RT_Allpass
備考：sin1000k.wavは入力音声ファイル．任意のwavファイルを指定可能		

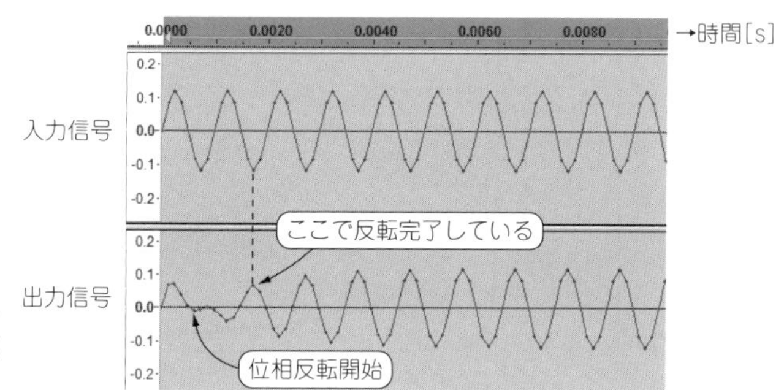

図3.23
1kHzの正弦波を反転するオールパス・フィルタの実行結果…1kHzの正弦波成分だけが逆位相になる

リスト3.8　オールパス・フィルタのプログラム（抜粋）

```
●信号処理用変数の宣言部
double   s[MEM_SIZE+1]={0};              // 入力データ格納用変数
double   y[MEM_SIZE+1]={0};              // 出力データ格納用変数

double   x,u0,u1,u2;                     // 観測信号，内部信号
double   a,r;                            // フィルタ係数
double   fN;                             // 位相反転周波数

●変数の初期設定部
r=0.8;                                   // 極半径の2乗
fN=1000.0/Fs;                            // 位相反転周波数
a=-(1+r)*cos(2.0*M_PI*fN);               // フィルタ係数

●メイン・ループ内 Signal Processing部
u0  = s[t]   - a * u1 - r * u2;          // 内部信号生成
x   = r * u0 + a * u1 + u2;              // オールパス・フィルタ出力
u2  = u1;                                // 信号遅延
u1  = u0;                                // 信号遅延
y[t]= x;                                 // オールパスの結果を出力
```

3-9 ノッチ・フィルタ

ノッチ・フィルタは，入力信号に含まれる周波数成分のうち，特定の周波数だけを除去するフィルタです．

●原 理

ノッチ・フィルタは，オールパス・フィルタを利用して作成できます．

ノッチ・フィルタの構成を**図3.24**に示します．破線で囲まれた部分がオールパス・フィルタです．オールパス・フィルタは，全ての周波数成分を同じ大きさで通過させますが，指定した周波数の位相を反転，つまり逆位相にできます．

よって，入力信号とオールパス・フィルタ出力を加算すると，逆位相となった周波数成分が相殺されて消え，残りの周波数成分は2倍になります．最後に信号を0.5倍して大きさを整えるとノッチ・フィルタの完成です．

ノッチ・フィルタの周波数特性を**図3.25**に示します．除去したい周波数は，オールパス・フィルタで逆位相となる周波数なので，aを次のように設定します．

$$a = -(1+r)\cos\omega_N$$

ここで，$\omega_N = 2\pi F_N/F_S$であり，F_N[Hz]が除去したい周波数，F_S[Hz]はサンプリング周波数です．また，rは，1未満の正の値に設定します．rが1に近いほど急峻な周波数振幅特性が得られます．

●プログラム

使用する変数宣言，初期設定，メイン部分のプログラムを**リスト3.9**に示します．除去周波数を1000Hzに設定しています．また，`r=0.8`です．

メイン・ループ内ではオールパス・フィルタ出力を`x`として作成しています．

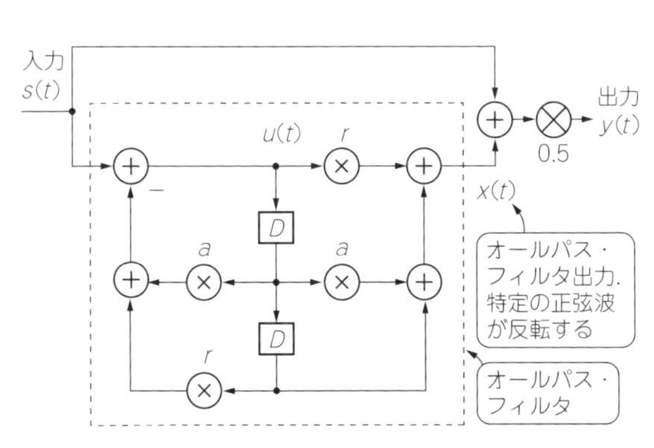

図3.24　ノッチ・フィルタの構成

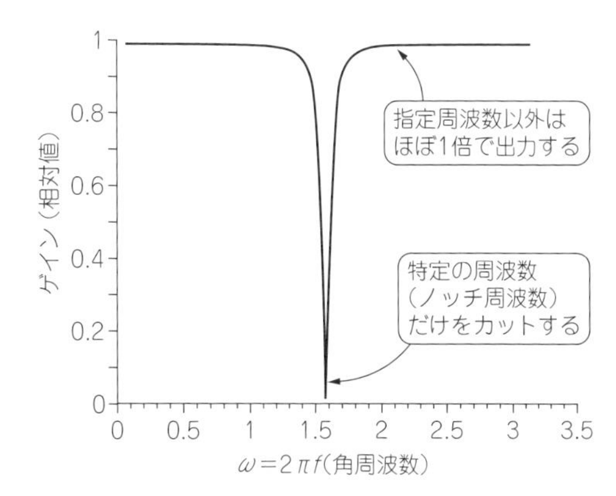

図3.25　ノッチ・フィルタの周波数振幅特性

リスト3.9　ノッチ・フィルタのプログラム（抜粋）

```
●信号処理用変数の宣言部
double    s[MEM_SIZE+1]={0};                    // 入力データ格納用変数
double    y[MEM_SIZE+1]={0};                    // 出力データ格納用変数

double    x,u0,u1,u2;                           // 観測信号
double    a,r;                                  // フィルタ係数
double    fN;                                   // ノッチ周波数

●変数の初期設定部
r  = 0.8;                                       // 極半径の2乗
fN = 1000.0/Fs;                                 // 遮断周波数
a  = -(1+r)*cos(2.0*M_PI*fN);                   // フィルタ係数

●メイン・ループ内 Signal Processing部
u0  = s[t]   - a * u1 - r * u2;                 // 内部信号生成
x   = r * u0 + a * u1 + u2;                     // オールパス・フィルタ出力
y[t]= ( s[t]+x )/2.0;                           // ノッチ・フィルタ出力
u2  = u1;                                       // 信号遅延
u1  = u0;                                       // 信号遅延
```

▶改造のヒント

fNを変更すると，任意の周波数を除去できます．変数の初期設定部において，fNの分母の数値が1000Hzで設定されているので，これを任意の周波数に変更してみてください．また，rを0に近づけると，ノッチ・フィルタの特性が粗くなり，aで指定した周波数の周辺も広い範囲で除去されやすくなります．逆に，rを1に近い値に設定すると，除去する周波数以外はあまり影響を受けなくなります．ただし，出力が安定するまでに時間がかかるというデメリットも生じます．

●入出力の確認

コンパイルと実行の方法を**表3.9**に示します．

DDプログラムにおける処理結果を**図3.26**に示します．入力信号は，音声に1kHzの正弦波を加算したものです．1kHzの周波数を除去するノッチ・フィルタなので，入力信号の波形に存在する帯のような部分が，出力信号では除去されています．スペクトログラムを見ると，より効果が明確になります．1kHzの周波数だけがカットされ，その他の音声の周波数成分は，そのまま出力されています．

通常の音声入力に対しては，「1kHzだけが除去される」という効果は，分かりにくいと思います．ダウンロード・データには，マイクから入力される音声に，無条件に1kHzの正弦波を加算するプログラムを収録しています．

表3.9 ノッチ・フィルタのプログラムのコンパイルと実行の方法

収録フォルダ		3_09_Notch
DDプログラム	コンパイル方法	bcc32c DD_Notch.c
	実行方法	DD_Notch speech_plus_1kHz.wav
RTプログラム	コンパイル方法	bcc32c RT_Notch.c
	実行方法	RT_Notch
関連プログラム	機能	マイクから入力される音声に，無条件に1kHzの正弦波を加算する
	コンパイル方法	bcc32c RT_Notch_1kHz_noise.c
	実行方法	RT_Notch_1kHz_noise
備考：speech_plus_1kHz.wavは入力音声ファイル．任意のwavファイルを指定可能		

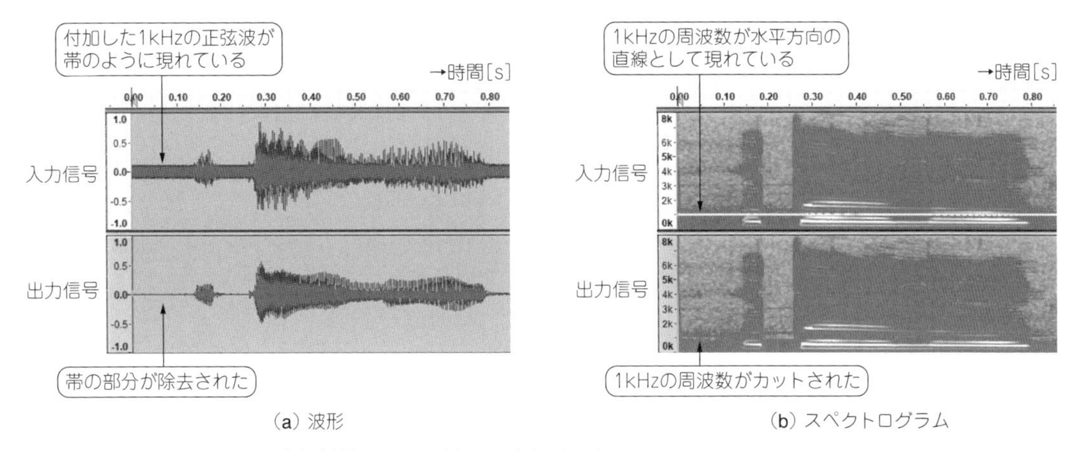

(a) 波形　　(b) スペクトログラム

図3.26 ノッチ・フィルタの実行結果…1kHzがカットされている

3-10 逆ノッチ・フィルタ

逆ノッチ・フィルタは入力信号に含まれる周波数成分のうち，特定の周波数だけを抽出します．ノッチ・フィルタと逆の特性です．

●原 理

逆ノッチ・フィルタは，ノッチ・フィルタの逆特性を実現します．

逆ノッチ・フィルタの構成を**図3.27**に示します．オールパス・フィルタ出力を入力から減算するだけです．このとき，ほとんどの周波数は除去され，オールパス・フィルタで反転した正弦波だけが2倍になります．最後に信号を0.5倍して大きさを整えます．

逆ノッチ・フィルタの周波数特性を**図3.28**に示します．抽出したい周波数をω_Nとすると，

$$a = -(1 + r)\cos\omega_N$$

のように設定します．rが1に近いほど急峻な逆ノッチ・フィルタ特性が得られます．

●プログラム

逆ノッチ・フィルタのプログラムを**リスト3.10**に示します．抽出する周波数を1000Hzに設定しています．また，`r=0.99`として急峻な特性を実現しています．

メイン・ループ内では`x`がオールパス・フィルタ出力に対応します．

▶改造のヒント

`fN`を変更すると任意の周波数を抽出できます．`fN`の分母の数値を抽出したい現実の周波数として設定します．

`r`を0に近づけると，逆ノッチ・フィルタの特性が粗くなり，抽出する周波数の周辺も広い範囲で出力に現れやすくなります．逆に，`r`を1に近い値に設定すると，指定した周波数だけを抽出できます．ただし，出力が安定するには時間がかかります．

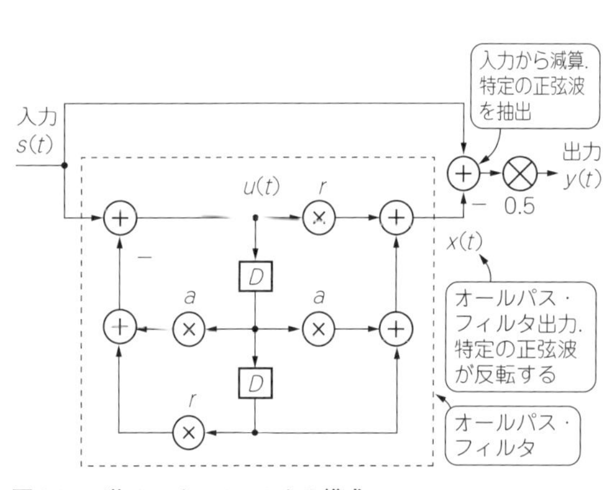

図3.27　逆ノッチ・フィルタの構成

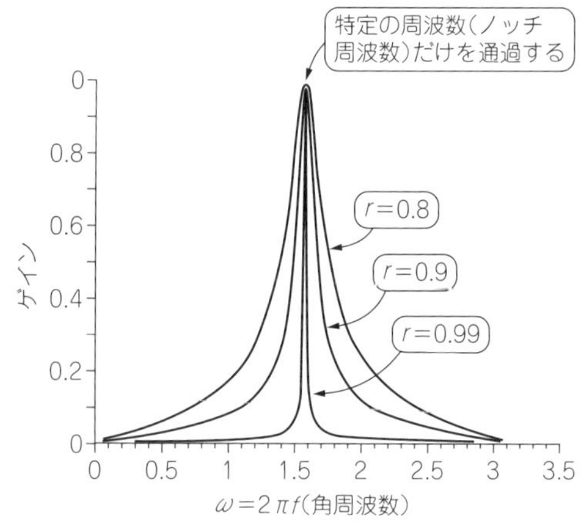

図3.28　逆ノッチ・フィルタの周波数振幅特性

リスト3.10　逆ノッチ・フィルタのプログラム（抜粋）

```
●信号処理用変数の宣言部
double   s[MEM_SIZE+1]={0};                    // 入力データ格納用変数
double   y[MEM_SIZE+1]={0};                    // 出力データ格納用変数

double   x,u0,u1,u2;                           // 観測信号
double   a,r;                                  // フィルタ係数
double   fN;                                   // ノッチ周波数

●変数の初期設定部
r  = 0.99;                                     // 極半径の2乗
fN = 1000.0/Fs;                                // 遮断周波数
a  = -(1+r)*cos(2.0*M_PI*fN);                  // フィルタ係数

●メイン・ループ内 Signal Processing部
u0  = s[t]   - a * u1 - r * u2;                // 内部信号生成
x   = r * u0 + a * u1 + u2;                    // オールパス・フィルタ出力
y[t]= ( s[t]-x )/2.0;                          // 逆ノッチ・フィルタ出力
u2  = u1;                                      // 信号遅延
u1  = u0;                                      // 信号遅延
```

●入出力の確認

コンパイルと実行の方法を**表3.10**に示します．

音声に対する処理結果を**図3.29**に示します．入力信号は，音声に1kHzの正弦波を加算しています．この逆ノッチ・フィルタは，1kHzの周波数を抽出するように設定しています．

入力信号の波形に存在する帯のような部分が，出力信号で抽出されています．一方で，音声波形は除去されています．

スペクトログラムを見ると効果が明確になります．1kHzの周波数だけが抽出され，その他の音声の周波数成分は，1kHz周辺以外で，ほとんどカットされています．

表3.10　逆ノッチ・フィルタのプログラムのコンパイルと実行の方法

収録フォルダ		3_10_InverseNotch
DDプログラム	コンパイル方法	bcc32c DD_InvNotch.c
	実行方法	DD_InvNotch speech_plus_1kHz.wav
RTプログラム	コンパイル方法	bcc32c RT_InvNotch.c
	実行方法	RT_InvNotch
備考：speech_plus_1kHz.wavは入力音声ファイル．任意のwavファイルを指定可能		

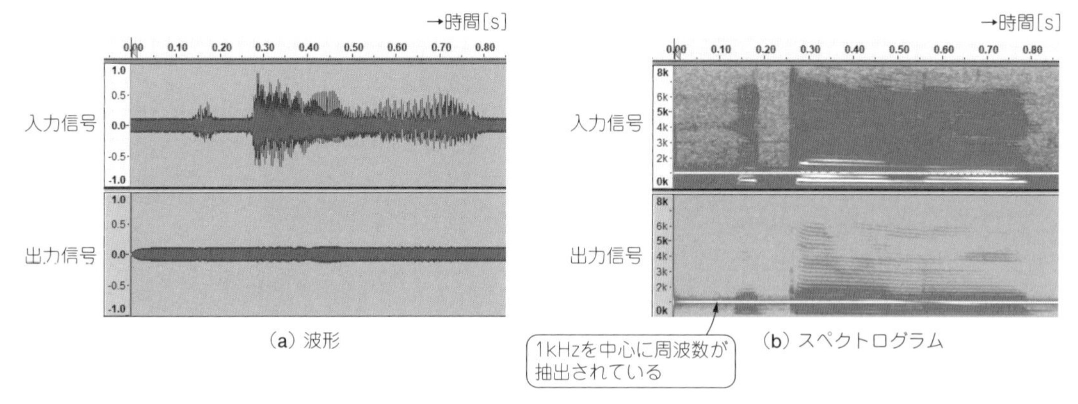

図3.29 逆ノッチ・フィルタの実行結果…1kHzの周波数が抽出されている

3-11 サンプリング周波数の変換

読み込んだwavファイルのサンプリング周波数を，別のサンプリング周波数に変換します．簡単な変更に見えますが，幾つかの制約をクリアしなければ，思い通りの結果は得られません．

●原　理

サンプリング周波数は，1秒当たりのサンプル数です．ディジタル信号処理で再現可能な音の最大周波数は，サンプリング周波数の半分までです．これはサンプリング定理として知られています．

サンプリング周波数を変更する場合，再現可能な最大周波数も変更されます．**図3.30**はこの性質を説明したものです．サンプリング周波数を変更するときは，再現可能な最大周波数を正しく設定しなければなりません．また，サンプリング周波数を変更すると，新しいサンプル値をうまく決定する必要があります．本プログラムでは，sinc補間と呼ばれる方法でこの値を設定します．

●プログラム

リスト3.11にサンプリング周波数を変更するプログラムを示します．新しいサンプリング周波

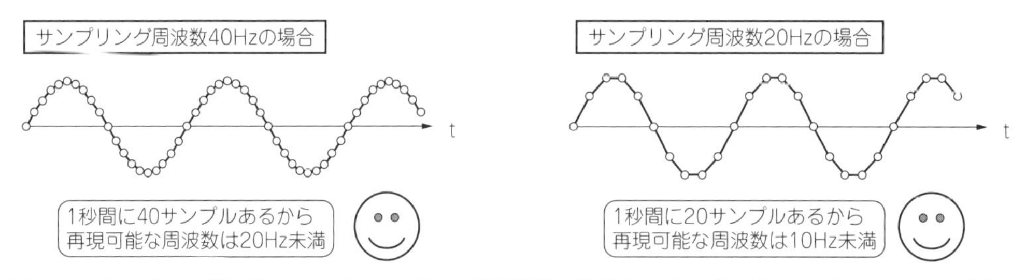

図3.30 サンプリング定理．0Hzからサンプリング周波数の半分までが，ディジタル信号からアナログ信号を再現できる範囲

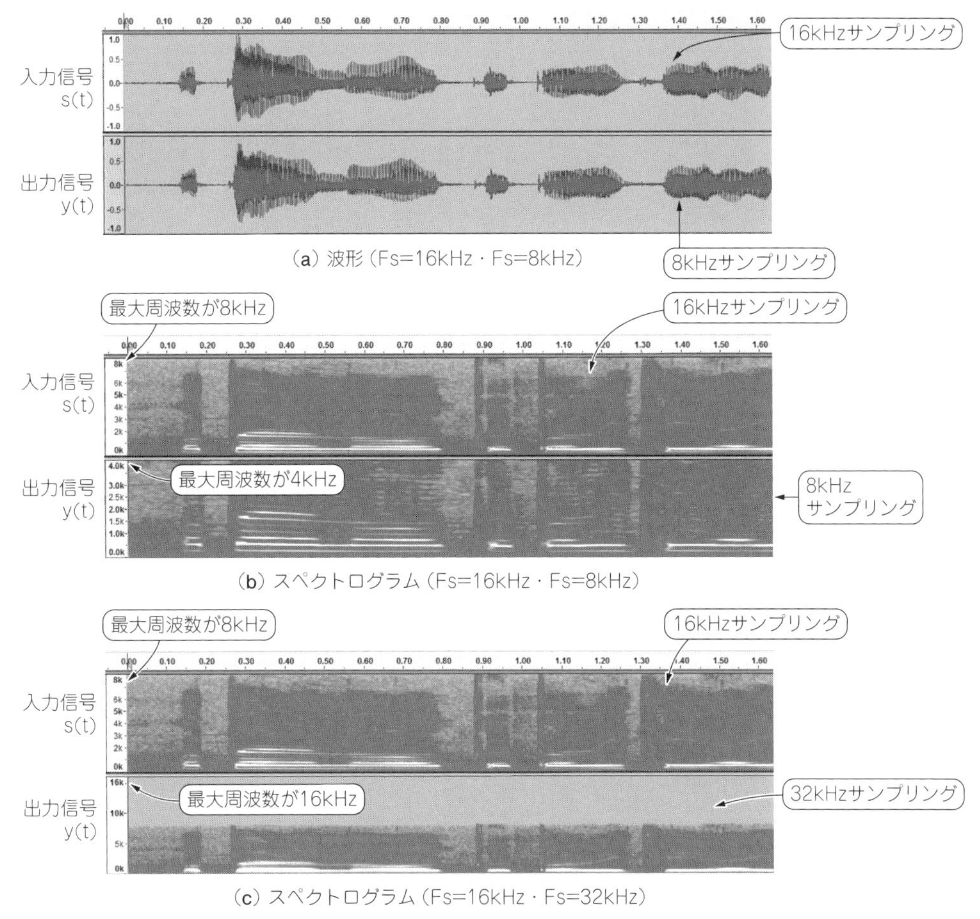

図3.31　サンプリング周波数を変換した結果…スペクトログラムから再現可能な周波数が変化していることが分かる

数を，冒頭のTo_Fsで設定しています．プログラムでは，To_Fsが元のサンプリング周波数Fsより低い場合，サンプリング定理を満たすように，LPFをかけます．そして，新しいサンプリング点における値をsinc補間で求めます．一方，To_FsがFsより大きい場合には，補間後にLPFを適用してサンプリング定理を満たすようにしています．

●入出力の確認

コンパイルと実行の方法を**表3.11**に示します．

DDプログラムにおける処理結果の波形とスペクトログラムを**図3.31**に示します．**図3.31**(**a**)はサンプリング周波数を16kHzから8kHzに変更した波形です．(**b**)はスペクトログラムです．最大周波数が8kHzから4kHzに変更されています．また，**図3.31**(**c**)は，サンプリング周波数を16kHzから32kHzに変更したスペクトログラムです．こちらは変更後の最大周波数が16kHzです．元の最大周波数が8kHzなので，それ以上の周波数は存在しません．

リスト3.11　サンプリング周波数を変換するプログラム

```
●冒頭の宣言部
#define  To_Fs    8000                              // 出力のサンプリング周波数
#define  N        64                                // フィルタ次数

●信号処理用変数の宣言部
int       i, L, to=0;                               // 時刻管理用変数
double    gt, Frt, sinc;                            // サンプリング周波数の比
double    x[MEM_SIZE+1]={0};                        // 観測信号
double    h[N+1]={0};                               // フィルタ係数
double    fe;                                       // 遮断周波数

●出力wavファイルの準備
Fs_out = To_Fs;                                     // 出力サンプリング周波数を設定

●変数の初期設定部
L =25;                                              // 補間に使う信号の数
gt=0;                                               // 出力時間（実数）
Frt=(double)Fs/To_Fs;                               // 入出力サンプリング周波数の比
if(Frt>1) fe = To_Fs/2.0/Fs;   // 新しいサンプリング周波数に対する最大周波数
else      fe = Fs/2.0/To_Fs;
for(i=-N/2;i<=N/2;i++){                             // LPFの設計
    if(i==0) h[N/2+i]=2.0*fe;
    else{
        h[N/2+i] = 2.0*fe*sin(2.0*M_PI*fe*i)/(2.0*M_PI*fe*i);
    }
    h[N/2+i]=h[N/2+i]*0.5*(1.0-cos(2.0*M_PI*(N/2+i)/N));
}
```

表3.11　サンプリング周波数変換のプログラムのコンパイルと実行方法

収録フォルダ		3_11_Fs_Change
DDプログラム	コンパイル方法	bcc32c DD_Fs_Change.c
	実行方法	DD_Fs_Change speech.wav

●メイン・ループ内Signal Processing部

```
x[t]=s[t];                          // x[t]を入力信号とする
if(Frt>1){                          // 出力サンプリング周波数の方が大きい場合
    s[t]=0;
    for(i=0;i<=N;i++){              // LPF出力をs[t]とする
        s[t]=s[t]+x[(t-i+MEM_SIZE)%MEM_SIZE]*h[i];
    }
}
while( (int)gt==(t-L+MEM_SIZE)%MEM_SIZE ){
                                    // Lサンプル過去の信号を中心に出力を作成
    y[to]=0;
    for(i=(int)gt-L; i<(int)gt+L; i++){
                                    // 新しいサンプリング点における値を作成
        if( gt-i==0 )sinc=1.0;      // sinc関数を作る
        else sinc = sin( M_PI*(gt-i) )/( M_PI*(gt-i) );
                                    // sinc関数を作る
        y[to] = y[to] + s[(i+MEM_SIZE)%MEM_SIZE] * sinc;
                                    // sinc関数で補間
    }
    output=y[to]*32768;             // 出力を補間出力y[to]とする
    if(Frt<1){                      // 出力サンプリング周波数の方が大きい場合
        x[to]=0;
        for(i=0;i<=N;i++){          // y[to]に対するLPF出力をx[to]とする
            x[to]=x[to]+y[(to-i+MEM_SIZE)%MEM_SIZE]*h[i];
        }
        output=x[to]*32768;         // 出力をx[t]とする
    }
    for(i=1;i<=channel;i++){
        fwrite(&output, sizeof(short), 1, f2);    // 結果の書き込み
    }
    to=(to+1)%MEM_SIZE;             // 出力時刻を1つ進める
    gt = gt + Frt;                  // 出力「時間」を進める
    if(gt>=MEM_SIZE)gt=gt-MEM_SIZE;
}
```

第4章

スペクトル解析

本章では，音声のスペクトル解析，または周波数解析と呼ばれる方法を説明します．スペクトル解析は，音を構成する個々の周波数の振幅と位相を調べる方法です．最初に，高速フーリエ変換によって周波数領域でフィルタ処理を実行します．次に，ケプストラムと呼ばれる解析法によって音声の微細構造とスペクトル包絡を取得します．微細構造は音声の高さ，スペクトル包絡は「あ」，「い」などの音の種類を判別することに役立ちます．さらに，ゼロ位相信号，オールパス・フィルタによるフィルタ処理，線形予測分析法についても説明します．

4-1 高速フーリエ変換 FFT/逆FFT

入力音声に対して高速フーリエ変換（FFT：Fast Fourier Transform）を適用し，さらに逆FFT（IFFT：Inverse FFT）によって元の信号を復元します．FFTによるプログラムができると，音声信号処理の幅が一気に広がります．

●原 理

▶スペクトル解析の基本は離散フーリエ変換

音声信号処理の主役級の周波数分析法は，離散フーリエ変換（DFT：Discrete Fourier Transform）です．N個の入力信号$s(t)$（$t=0, 1, \cdots, N-1$）に対するDFTは次式で定義されます．

$$X(k)=\sum_{t=0}^{N-1} s(t)\exp\left(-j\frac{2\pi k}{N}t\right) \quad \cdots\cdots (4.1)$$

jは虚数単位で，

$$j=\sqrt{-1} \quad \cdots\cdots (4.2)$$

です．また，$k=0, 1, 2, \cdots, N-1$は周波数番号を表します．

k番目の周波数と実際の周波数F［Hz］の関係は次のようになります．

$$F=\frac{k}{N}F_s \quad \cdots\cdots (4.3)$$

Fsはサンプリング周波数です．また，表現可能な実際の周波数は$F<F_s/2$です．DFTによる分析結果から音の特性を調べることがスペクトル解析です．

▶周波数分析結果から元の信号を得る逆DFT

一方，分析結果の$X(k)$から元の信号$s(t)$を得るには，次の逆DFT（IDFT：Inverse DFT）を利用します．

$$s(t)=\frac{1}{N}\sum_{k=0}^{N-1} X(k)\exp\left(j\frac{2\pi k}{N}t\right) \quad \cdots\cdots (4.4)$$

▶離散フーリエ変換を高速に行う高速フーリエ変換

高速フーリエ変換(FFT)は，離散フーリエ変換(DFT)の高速算法です[注1]．従ってFFTの結果とDFTの結果は全く同じです．また，IFFTもIDFTの高速算法であり，結果は等しくなります．

音声に対するFFT分析は，フレームと呼ばれる短時間の区間ごとに順次実行します．これは，長時間では激しく変化する音声も，短時間(30ms程度)ならば特性がほとんど変動しないためです(図4.1)．

フレーム内の$s(t)$の始点と終点の値は通常異なりますが，このとき分析誤差が大きくなることが知られています．分析誤差を小さくするために，窓関数と呼ばれる関数を掛けて，フレーム内の$s(t)$の両端を滑らかにゼロにします．

通常，FFT分析は，フレームの長さの半分ずつシフトして実施します．これをハーフ・オーバラップと呼びます。IFFTで出力を合成する場合，フレームが半分重なりますが，この部分は信号を加算することで出力を作成します．

●プログラム

音声信号をFFT/IFFTするプログラムを**リスト4.1**に示します．

FFTの計算には関数を用いています(第1章の表1.1を参照)．

FFTは，$s(t)$の512サンプルを1フレームとして実行します．つまり，$N = 512$です．プログラムではNの代わりに`FFT_SIZE`という変数を使っています．サンプリング周波数が16kHzなので，フレームの長さは512/16000 = 32msに相当します．

FFTの結果は複素数なので，実部を`Xr`，虚部を`Xi`の配列で表現しています．`Xr[0]`は最も低い音の成分を表し，`Xr[1]`，`Xr[2]`，…と配列番号が大きくなるほど高い音の成分を表します．配列番号と音の高さの関係は，虚部`Xi[i]`も同様です．

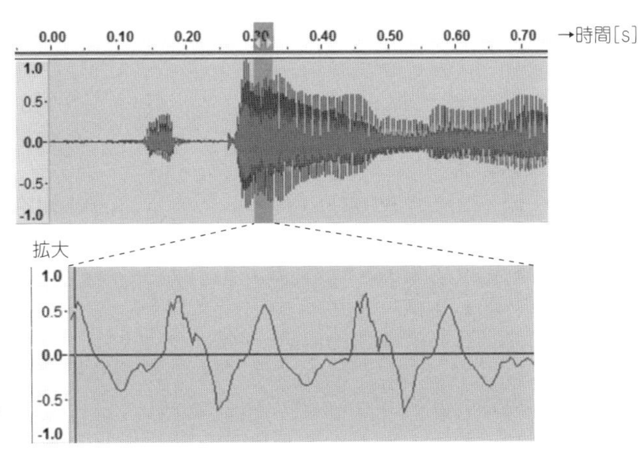

図4.1
音声の波形は短時間ならば繰り返しパターンとなることが多い

注1：FFTのアルゴリズムについては．詳しく説明されている文献が数多くあるので，それらに譲る．

リスト4.1　音声信号をFFT/IFFTするプログラム（抜粋）

```
●冒頭の宣言部
#define  FFT_SIZE 512                        // FFT点数

●信号処理用変数の宣言部
double   s[MEM_SIZE+1]={0};                  // 入力データ格納用変数
double   y[MEM_SIZE+1]={0};                  // 出力データ格納用変数

long int l,i;                                // FFT用変数
int      SHIFT = FFT_SIZE/2;                 // FFTのシフト量
double   OV    = 2.0*SHIFT/FFT_SIZE;         // オーバラップ加算の係数
double   x[FFT_SIZE+1] ={0};                 // FFTの入力
double   yf[FFT_SIZE+1]={0};                 // IFFT信号格納用
double   w[FFT_SIZE+1] ={0};                 // 窓関数

●変数の初期設定部
init();                                      // ビット反転，重み係数の計算
l = 0;                                       // FFT開始時刻管理
for(i=0;i<FFT_SIZE;i++){                     // 窓関数の設定
    w[i]=0.5*(1.0-cos(2.0*M_PI*i/(double)FFT_SIZE));
}

●メイン・ループ内 Signal Processing部
x[l] = s[t];                                 // 入力をx[l]に格納
l=(l+1)%FFT_SIZE;                            // FFT用の時刻管理
if( l%SHIFT==0 ){                            // シフトごとにFFTを実行
    for(i=0;i<FFT_SIZE;i++){
        xin[i] = x[(l+i)%
        FFT_SIZE]*w[i];                      // 窓関数を掛ける
    }
    fft();                                   // FFT
    for(i=0;i<FFT_SIZE;i++){
        Xr[i]=Xr[i];                         // 実部の処理
        Xi[i]=Xi[i];                         // 虚部の処理
    }
    for(i=0;i<FFT_SIZE;i++){                 // 出力信号作成
        if(i>=FFT_SIZE-SHIFT)  yf[(l+i)%FFT_SIZE]=z[i]/FFT_SIZE*OV;
        else yf[(l+i)%FFT_SIZE]=yf[(l+i)%FFT_SIZE]+z[i]/FFT_SIZE*OV;
    }
}
y[t]=yf[l];                                  // 現在の出力
```

▶改造のヒント

実部の処理と虚部の処理の両方に，同じ実数の定数を乗じると，出力の大きさが定数倍になります．

●入出力の確認

コンパイルと実行の方法を**表4.1**に示します．

DDプログラムにおける処理結果を**図4.2**に示します．波形の違いはありません．試聴しても違いを確認できないと思います．ただし，入力に比べて出力は1フレーム分遅延したものとなります．FFT分析のために，1フレーム分の入力信号を利用するので，信号が確保されるまでは出力が生成できないためです．

RTプログラムでは，処理音は，1フレームの遅延（512/16000秒＝0.032秒）があるものの，入力と同じ出力になるので，変化はほとんど分からないと思います．

表4.1　音声信号をFFT/IFFTするプログラムのコンパイルと実行の方法

収録フォルダ		4_01_FFT_Through
DDプログラム	コンパイル方法	bcc32c DD_FFT_Through.c
	実行方法	DD_FFT_Through speech.wav
RTプログラム	コンパイル方法	bcc32c RT_FFT_Through.c
	実行方法	RT_FFT_Through
備考：speech.wavは入力音声ファイル．任意のwavファイルを指定可能		

注：第4章のデータはhttps://www.cqpub.co.jp/interface/download/onsei.htmから入手できます．

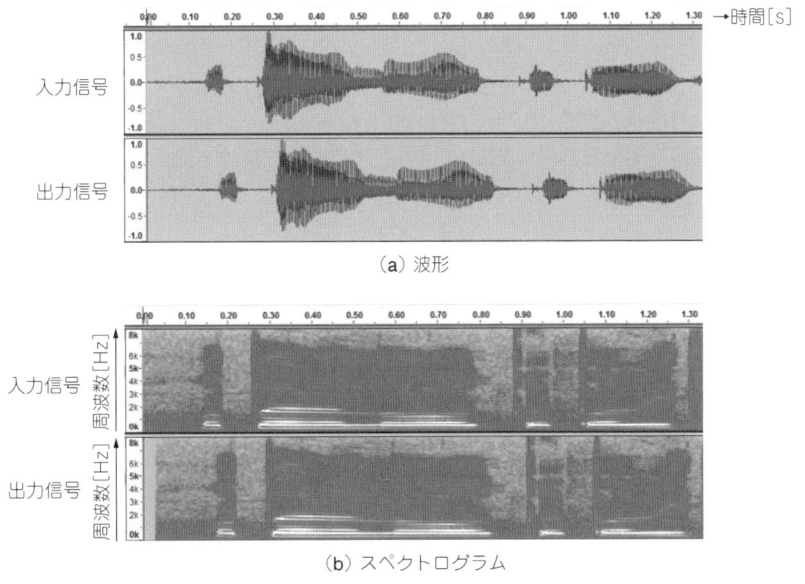

図4.2　音声信号をFFTの後IFFTした結果…分析フレームの長さだけ遅延が生じるが元に戻る

4-2 FFTによるバンドパス・フィルタ

入力音声に対して高速フーリエ変換(FFT)を適用し，周波数領域でフィルタ処理をします．特定の振幅スペクトルをゼロにすることで，バンドパス・フィルタ(帯域通過フィルタ，BPF：Band-Pass Filter)を実現します．

●原 理

FFTによって得られるスペクトル$X(k)$はk番目の周波数が持つ振幅と位相です．従って，これを0にすると，k番目の周波数成分をカットできます．カットしたい周波数をF[Hz]とすると，対応するkは，

$$k = \frac{F}{F_s} N \quad \cdots\cdots (4.5)$$

で与えられます．F_sはサンプリング周波数です．ここで，F<Fs/2とします．

実数信号に対するFFT結果は，実部と虚部で表現される複素数で得られます．このとき，**図4.3**に示すように，実部は偶対称，虚部は奇対称になるという性質を持ちます．kは$0 \sim N-1$のN個ありますが，

$$X_{Re}(k) = X_{Re}(N-k),\ X_{Im}(k) = -X_{Im}(N-k) \quad \cdots\cdots (4.6)$$

の関係から，半分の周波数成分だけを処理すればよいことが分かります．下限と上限の周波数を決定し，その範囲外の$X(k)$をゼロと置いて逆FFT(IFFT)することでバンドパス・フィルタを実現します．

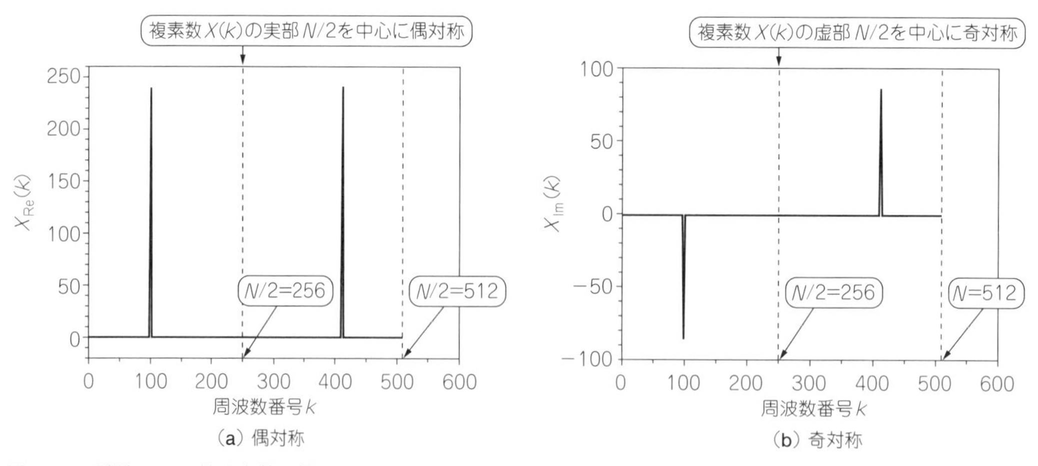

図4.3　正弦波のFFT結果実数の信号をFFT分析すると振幅スペクトルは偶対称で位相スペクトルは奇対称になる

●プログラム

FFTによるバンドパス・フィルタのプログラムを**リスト4.2**に示します．

通過させる周波数の下限をFL，上限をFHとして，それぞれ1000［Hz］，3000［Hz］に設定しています．ここで，1000Hzを1000.0，3000Hzを3000.0とわざわざ小数点を付けて設定しているのは，計算の過程では除算の結果を小数で得たいためです[注2]．また，周波数番号と対応させるため，サンプリング周波数で除算して，1フレームのサンプル数FFT_SIZEを乗じています．

メイン・ループ内では，指定範囲外であれば，$X(k)$の実部Xr[]と虚部Xi[]をそれぞれゼロにしています．また，対称の性質を利用して，処理する周波数の数はFFT_SIZE/2にしています．

▶改造のヒント

下限周波数FLと上限周波数FHの値を変更すると通過周波数帯域を変更できます．

●入出力の確認

コンパイルと実行の方法を**表4.2**に示します．

DDプログラムにおける処理結果を**図4.4**に示します．1000～3000Hzを通過させるバンドパス・

リスト4.2　FFTによるバンドパス・フィルタのプログラム（抜粋）

```
●信号処理用変数の宣言部
double    z1[FFT_SIZE+1]={0};              // ハーフ・オーバラップの出力保持用

int       FL;                              // 通過帯域の下限周波数番号
int       FH;                              // 通過帯域の上限周波数番号

●変数の初期設定部
FL= 1000.0/Fs * FFT_SIZE;                  // 下限周波数に対応する周波数番号
FH= 3000.0/Fs * FFT_SIZE;                  // 上限周波数に対応する周波数番号

●メイン・ループ内 Signal Processing部
fft();                                     // FFT
for(i=0;i<=FFT_SIZE/2;i++){
    if( i<FL || i>FH){
        Xr[i]=Xi[i]=0;                     // 指定周波数範囲外では0とする
    }
    Xr[FFT_SIZE-i]=  Xr[i];                // 実部は偶対称
    Xi[FFT_SIZE-i]= -Xi[i];                // 虚部は奇対称
}
ifft();                                    // IFFT
```

注2：C言語では整数÷整数＝整数となる．

表4.2　FFTによるバンドパス・フィルタのプログラムのコンパイルと実行の方法

収録フォルダ		4_02_FFT_BPF
DDプログラム	コンパイル方法	bcc32c DD_FFT_BPF.c
	実行方法	DD_FFT_BPF speech.wav
RTプログラム	コンパイル方法	bcc32c RT_FFT_BPF.c
	実行方法	RT_FFT_BPF
備考：speech.wavは入力音声ファイル．任意のwavファイルを指定可能		

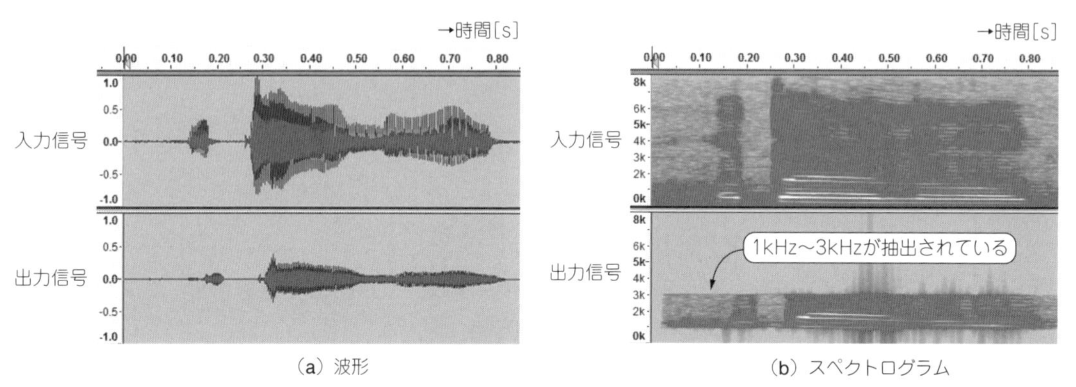

(a) 波形　(b) スペクトログラム

図4.4　FFTによるバンドパス・フィルタの実行結果…1000～3000Hzが出力されている

フィルタです．一部の周波数が削除されているため，出力の振幅が小さくなっています．また，FFTの原理から，1フレーム分の遅延が生じています．

スペクトログラムでは，指定した1000～3000Hzの周波数が抽出できています．

4-3　FFTのオーバラップ率の変更

音声の分離やノイズ除去などでFFTを利用する場合，分析フレームの一部をオーバラップさせながら，順次処理を実行します．応用によっては，オーバラップの割合(オーバラップ率)を変更することで出力の音質が改善します．

●原 理

FFT分析を用いた音声処理では，分析フレームごとに処理を実行し，IFFTで時間領域の処理音を得ます．

分析フレームは，**図4.5**に示すように，一部が重複するように時間をずらして実行し，IFFT結果の重複部を加算して最終結果を得ます．代表的にはハーフ･オーバラップと呼ばれる,分析フレームの1/2が重複する方式でFFTを実行します．IFFTで得た信号は，重複部を加算して最終的な音声とします．

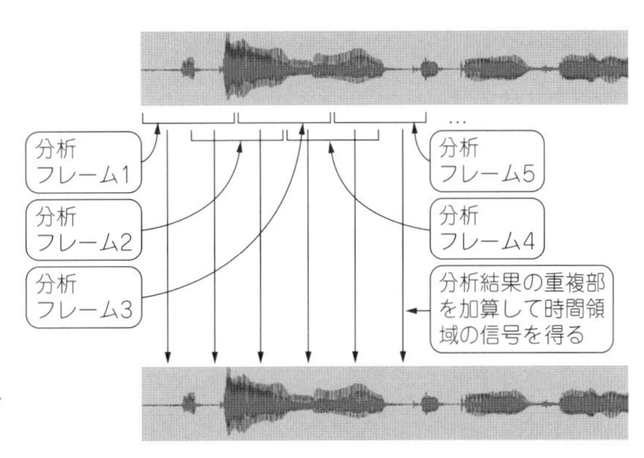

図4.5
音声信号のFFTでは分析フレームの一部をオーバラップさせる

リスト4.3 FFT分析のオーバラップ率を変更するプログラム(抜粋)

●冒頭の宣言部

```
#define   OL        8                    // フレームシフト
                                                = FFT_SIZE / OL
```

●信号処理用変数の宣言部

```
int       SHIFT = FFT_SIZE/OL;           // FFTのシフト量
double    OV    = 2.0*SHIFT/FFT_SIZE;    // オーバラップ加算の係数
```

●メイン・ループ部

```
x[l] = s[t];                             // 入力をx[l]に格納
l=(l+1)%FFT_SIZE;                        // FFT用の時刻管理
if( l%SHIFT==0 ){                        // シフトごとにFFTを実行
    for(i=0;i<FFT_SIZE;i++){
        xin[i] = x[(l+i)%FFT_SIZE]*w[i]; // 窓関数を掛ける
    }
    fft();                               // FFT
    for(i=0;i<FFT_SIZE;i++){
        Xr[i]=1.0*Xr[i];                 // 実部の処理
        Xi[i]=1.0*Xi[i];                 // 虚部の処理
    }
    ifft();
    for(i=0;i<FFT_SIZE;i++){             // 出力信号作成
        if(i>=FFT_SIZE-SHIFT)  yf[(l+i)%FFT_SIZE]=z[i]/FFT_SIZE*OV;
        else yf[(l+i)%FFT_SIZE]=yf[(l+i)%FFT_SIZE]+z[i]/FFT_SIZE*OV;
    }
}
y[t]=yf[l];                              // 現在の出力
```

ノイズ除去や音源分離などの応用によっては，オーバラップを大きくすると，出力音質が改善される場合があります．

●プログラム

FFT分析のオーバラップ率を変更するプログラムを**リスト4.3**に示します．

wavファイルに対して，短時間FFTを実行します．分析フレームは512サンプル（16kHzサンプリングで32ms）としています．オーバラップはOLという変数で制御します．オーバラップ率は（OL－1）/OLになります．ただし，0＜OL＜Nです．

周波数領域では，何も処理していません．つまり素通しになるので，出力は入力に一致します．ただし，FFTの性質上，出力には1フレーム分の遅延が生じます．

▶改造のヒント

OLでオーバラップの割合を決めます．OLを大きくすると，オーバラップが大きくなります．ただし，OLが大きいほど，処理時間も長くなります．

●入出力の確認

コンパイルと実行の方法を**表4.3**に示します．

DDプログラムにおいて，分析フレームを3/4オーバラップした場合と7/8オーバーラップした場合の結果を**図4.6**に示します．1フレームの遅延を除き，入力と同じ波形が得られています．

RTプログラムでは，処理音は，1フレームの遅延（512/16000秒＝0.032秒）があるものの，入力と同じ出力になるので，ほとんど変化は分からないと思います．

表4.3　FFT分析のオーバラップ率を変更するプログラムのコンパイルと実行の方法

収録フォルダ		4_03_FFT_freeOverlap
DDプログラム	コンパイル方法	bcc32c DD_FFT_freeOverlap.c
	実行方法	DD_FFT_freeOverlap speech.wav
RTプログラム	コンパイル方法	bcc32c RT_FFT_freeOverlap.c
	実行方法	RT_FFT_freeOverlap
備考：speech.wavは入力音声ファイル．任意のwavファイルを指定可能		

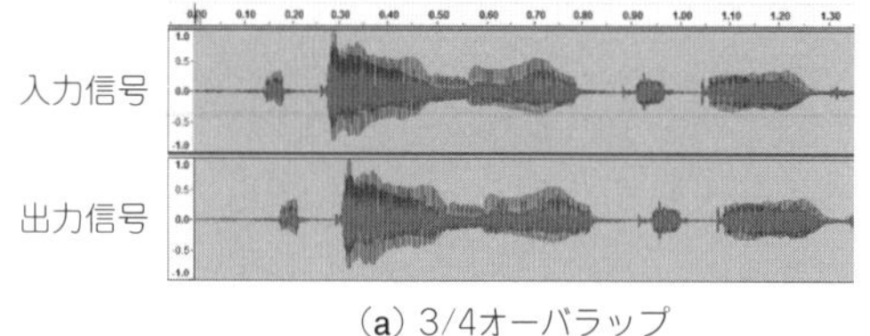

（a）3/4オーバラップ

入力信号
出力信号

（b）7/8オーバラップ

図4.6　FFT分析フレームのオーバラップを変更した結果

4-4 最大振幅周波数の抽出と表示

観測信号を短時間ごとにFFT分析し，最大振幅スペクトルを持つ周波数を抽出します．抽出した周波数は画面上に表示します．

●原 理

FFT結果の各振幅スペクトルを比較して，最大の周波数を抽出する流れを**図4.7**に示します．

●プログラム

分析区間ごとに最大の振幅スペクトルを持つ周波数を抽出し，画面表示するプログラムを**リスト4.4**に示します．

FFTのたびに振幅スペクトルを比較して，その最大値を抽出します．その際に，max_posに周波数番号を記録しています．最後は，周波数番号を周波数の本来の単位[Hz]に変換して表示します．

図4.7
FFT結果の振幅スペクトルを比較して最大振幅スペクトルを持つ周波数を抽出する

リスト4.4 最大振幅の周波数を抽出して表示するプログラム（抜粋）

```
●信号処理用変数の宣言部
double   pitch, max;                          // 最大値
int      max_pos;                             // 最大パワーの周波数

●メイン・ループ内 Signal Processing部
fft();                                        // FFT
max=0;max_pos=0;
for(i=0;i<FFT_SIZE/2;i++){
    if(max<Xamp[i]){
        max=Xamp[i];                          // 最大振幅の更新
        max_pos=i;                            // 最大周波数番号の更新
    }
}
pitch = Fs*(double)max_pos/FFT_SIZE;          // 最大周波数をHzに変換
printf("pitch = %f[Hz]\n", pitch);            // 最大周波数を表示
ifft();                                       // IFFT
```

▶改造のヒント

抽出方法を工夫すると，2番目に大きい振幅スペクトルや3番目に大きい振幅スペクトルを抽出することができます．

振幅スペクトルの大きい順に全ての周波数並べ替えるソートも広い用途があります．ただし，単純な比較処理だけでソートを行うと，演算量が増えてしまいます．効率良くソートを実行するためには，クイック・ソートなどの高速なアルゴリズムを用います．

●入出力の確認

コンパイルと実行の方法を**表4.4**に示します．

DDプログラムにおける処理結果を**図4.8**に示します．画面上に，抽出した最大振幅スペクトルを持つ周波数が表示されています．

入力信号から，1つの周波数だけを出力するので，声の場合は明瞭度がかなり低下します．これに対して，口笛など，単純な正弦波に近い音ならば，明瞭度を保持することに加え，音の高さも推定することができます．

声の高さは，声帯の振動数で決まります．声帯の振動数は，基本周波数に一致します．しかし，声の場合は，基本周波数が最大振幅スペクトルとなることはほとんどありません．多くの場合，その高調波が最大振幅スペクトルを持ちます．従って抽出した周波数は必ずしも声の高さに一致しません．一方，口笛や一部の楽器では，基本周波数が最大の振幅スペクトルを持ちますので，本プログラムで抽出した結果と，音の高さが一致します．

表4.4　最大振幅の周波数を抽出して表示するプログラムのコンパイルと実行の方法

収録フォルダ		4_04_FFT_MAX_Freq
DDプログラム	コンパイル方法	bcc32c DD_FFT_MAX_Freq.c
	実行方法	DD_FFT_MAX_Freq speech.wav
RTプログラム	コンパイル方法	bcc32c RT_FFT_MAX_Freq.c
	実行方法	RT_FFT_MAX_Freq
備考：speech.wavは入力音声ファイル．任意のwavファイルを指定可能		

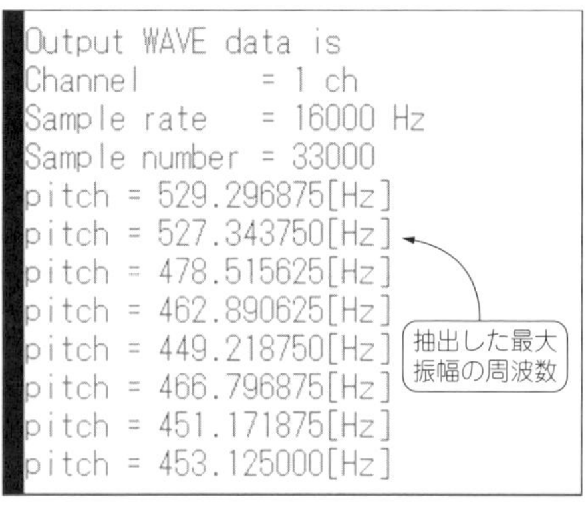

図4.8
抽出した最大振幅スペクトルを持つ周波数の表示

4-5 ピーク周波数だけの音声

観測信号をFFT分析し，複数のピーク周波数を検出し，そのスペクトルをIFFTした音声を出力します．

●原 理

ピーク周波数の検出を行い，ピーク周波数だけで音声を合成する流れを**図4.9**に示します．

ここでは，Savitzky and Golayフィルタと呼ばれる平滑化微分フィルタにより，振幅スペクトルのピーク検出を行います．平滑化は，振幅スペクトルの細かい変化を取り除き，ピークの誤検出を防ぐ役割を果たします．また，微分は，周波数軸方向における振幅スペクトルの傾きを表します．従って，傾きが正から負に変化する部分がピークとなります．Savitzky and Golayフィルタは平滑化と微分を同時に行っており，誤検出を減らした効果的なピーク抽出を実現します．

声帯振動を伴う音声は，基本周波数とその高調波から成るので，振幅スペクトルのピークを抽出するだけで，音声の主な成分を抽出できます．また，ピークでない部分に存在するノイズを除去できるという特徴もあります．

●プログラム

ピーク周波数だけの音声を出力するプログラムを**リスト4.5**に示します．

ピーク検出フィルタの係数を`h1`，`h2`で設定しています．ピーク検出の詳細は割愛しますが，Savitzky and Golayの平滑化微分フィルタを実装して実現しています．得られたピーク周波数だけを利用してIFFTを実行します．

▶改造のヒント

`p[k]`という配列で周波数成分を保持するか破棄するかを選択しています．ピークなら1，それ以外は0です．ピークの最大値から指定する数だけを保持するという方法も有用です．

●入出力の確認

コンパイルと実行の方法を**表4.5**に示します．

DDプログラムによるシミュレーション結果を**図4.10**に示します．

声帯振動を伴う音声に対しては，基本周波数とその高調波が抽出されます．波形ではやや分かりにくいのですが，音声を聞いてみると違いが明確に感じられます．ピーク周波数だけを抽出しているので，スペクトログラムでは広帯域に広がるノイズ成分は抑圧されています．

声帯振動を伴わない無声音は，強制的に数個の正弦波の和として合成されますので，音質が変化しています．

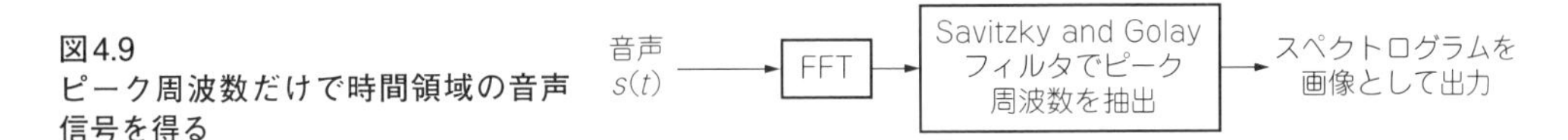

図4.9
ピーク周波数だけで時間領域の音声信号を得る

リスト4.5　ピーク周波数だけの音声を出力するプログラム（抜粋）

```
●信号処理用変数の宣言部
double p[FFT_SIZE+1]={0},d1[FFT_SIZE+1]={0},d2[FFT_SIZE+1]={0};
double h1[6]={0},h2[6]={0};                  // S-Gフィルタ係数

●変数の初期設定部
init();                                      // ビット反転，重み係数の計算
l = 0;                                       // FFT開始時刻管理
for (i=0;i<OL;i++){
    nm[i]=FFT_SIZE/OL*i;                     // フレーム開始時間の調整
}
for(i=0;i<FFT_SIZE;i++){
    w[i]=0.5*(1.0-cos(2.0*M_PI*i/(double)FFT_SIZE));
}
// S-Gフィルタの係数設定
h1[0]=-2/10.0, h1[1]=-1/10.0, h1[2]=0,     h1[3]=1/10.0,
h1[4]=2/10.0;
h2[0]= 2/7.0,  h2[1]=-1/7.0,  h2[2]=-2/7.0, h2[3]=-1/7.0,
h2[4]=2/7.0;
n=0;                                         // 画像の横座標(フレーム番号に対応)

●メイン・ループ内 Signal Processing部
for(k=4;k<FFT_SIZE;k++){                     // 1次微分フィルタ
    d1[k-2]=0;
    for(m=0;m<5;m++){
        d1[k-2]=d1[k-2]+h1[m]*Xamp[k-m];
    }
}
```

表4.5　ピーク周波数だけの音声を出力するプログラムのコンパイルと実行の方法

収録フォルダ		4_05_peak_extraction
DDプログラム	コンパイル方法	bcc32c DD_FFT_peak_extraction.c
	実行方法	DD_FFT_peak_extraction speech.wav
RTプログラム	コンパイル方法	bcc32c RT_FFT_peak_extraction.c
	実行方法	RT_FFT_peak_extraction
備考：speech.wavは入力音声ファイル．任意のwavファイルを指定可能		

```
for(k=4;k<FFT_SIZE;k++){                        // 2次微分フィルタ
    d2[k-2]=0;
    for(m=0;m<5;m++){
        d2[k-2]=d2[k-2]+h2[m]*Xamp[k-m];
    }
}
for(k=1;k<=FFT_SIZE/2;k++){                     // ピーク検出フィルタ
    p[k]=0;
    if(d1[k]*d1[k-1]<0){              // 1階微分の隣接サンプルの符号が異なる場合
        if(fabs(d1[k])<fabs(d1[k-1])){
            if(d2[k]  <0) p[k]=1;               // 2階微分が負ならピーク
        }
        else{
            if(d2[k-1]<0) p[k-1]=1;             // 2階微分が負ならピーク
        }
    }
}
for(k=1;k<FFT_SIZE/2;k++){
    p[FFT_SIZE-k]=p[k];                         // ピーク・スペクトルを対象に配置
}
for(i=0;i<FFT_SIZE;i++){
    if(p[i]==0){
        Xr[i]=0;                                // 実部の処理
        Xi[i]=0;                                // 虚部の処理
    }
}
ifft();                                         // IFFT
```

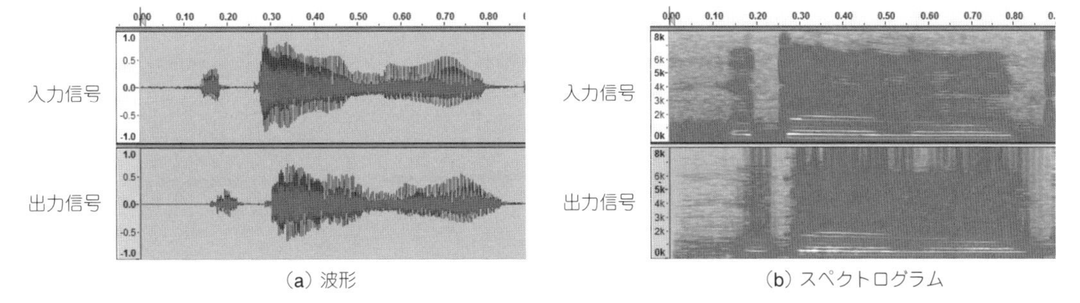

図4.10　ピーク周波数だけで音声を合成した結果…広帯域に広がるノイズ成分は抑圧される

4-6 声の特徴をつかむケプストラム

入力音声をケプストラムと呼ばれる領域に変換し，さらに逆変換して元の信号に戻します．ケプストラムはFFTを2回利用する変換方式で，音声の自動認識などに利用されています．

●原 理

ケプストラムは，FFTにより得られた振幅スペクトルに対して対数をとり，これをIFFTすることで得られます．音声をより詳細に分析するために提案されました．

▶発声の原理

音声は，ノドにある声帯振動により発生する周期的な音源が，声帯から唇，あるいは鼻腔(びくう)までの声道を通過することで生成されます．声帯振動は音声の高さを決定します．声道は，音声の「あ」，「い」などの特性を決定します．音色と言ってもよいでしょう．ケプストラムは，音源の特性と，声道の特性を分離するために利用されます．

音声をフーリエ変換し，得られた周波数特性を$S(\omega)$とします．ωは周波数を表します．

音声の発声モデルを**図4.11**に示します．音声は，音源が声道を通過することで得られます．これを音源の周波数特性と声道の周波数特性の積として，

$$S(\omega) = H(\omega)G(\omega) \quad \cdots\cdots (4.7)$$

と書くことができます．$G(\omega)$は音源の周波数特性，$H(\omega)$は声道の周波数特性です．

音源を周期的なパルス列で表現してみます．すると，そのフーリエ変換である$G(\omega)$は，やはりパルス列のような形状となります．これを音声の微細構造と呼びます．一方，声道特性$H(\omega)$は，スペクトル包絡と呼ばれ，緩やかな形状を持つ周波数特性となります．

▶音源の特性と声道の特性を分離する

$$S(\omega) = H(\omega)G(\omega) \quad \cdots\cdots (4.8)$$

から，両辺の絶対値をとり，さらに対数をとります．すると，次式のようになります．

$$\begin{aligned}\log|S(\omega)| &= \log|H(\omega)||G(\omega)| \\ &= \log|H(\omega)| + \log|G(\omega)|\end{aligned} \quad \cdots\cdots (4.9)$$

右辺の最後の結果では，声道と音源の周波数特性の和になっています．これを逆フーリエ変換すると，

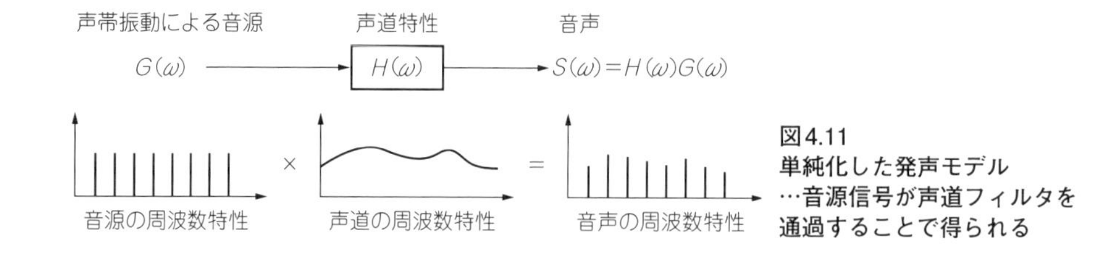

図4.11 単純化した発声モデル …音源信号が声道フィルタを通過することで得られる

$$C(t) = IFFT\{\log|S(\omega)|\} \\ = IFFT\{\log|H(\omega)|\} + IFFT\{\log|G(\omega)|\} \quad \cdots\cdots (4.10)$$

を得ます．これがケプストラムです．

IFFTはFFTと同じ分析方式と考えて差し支えありません．つまり，IFFTでも周波数分析を実行しています．$H(\omega)$は緩やかな特性を持つので，主に低い周波数成分で構成されています．一方，$G(\omega)$は激しく変動する波形なので，高い周波数成分を持ちます．

結果として，原点に近いケプストラムだけを抽出すれば，スペクトル包絡，すなわち声道特性が抽出できます．声道特性は音声の「あ」や「い」を特徴づけるので，音声認識に利用できます．ケプストラム変換の逆をたどれば逆変換が実現でき，元の音声信号が得られます．

ケプストラムへの変換，逆変換の流れを**図4.12**に示します．ここでは何も処理せずに，変換，逆変換だけを実行します．

●プログラム

ケプストラムのプログラムを**リスト4.6**に示します．

基本的にはFFT，IFFTだけで実現できるので，FFTプログラムをベースにしています．ケプストラムの変数を配列`c`で宣言しています．また，ケプストラムを計算する部分は関数で実現しました．この関数部分は，紙面では省略しています．

▶改造のヒント

`c[i]`としてケプストラムを計算する関数を追加しています．`c[i]`に変化がなければ元の信号が出力されます．一方，`c[i]`を定数倍すると，出力も定数倍されます．

●入出力の確認

コンパイルと実行の方法を**表4.6**に示します．

DDプログラムにおける処理結果を**図4.13**に示します．逆変換後の時間領域信号では，1フレー

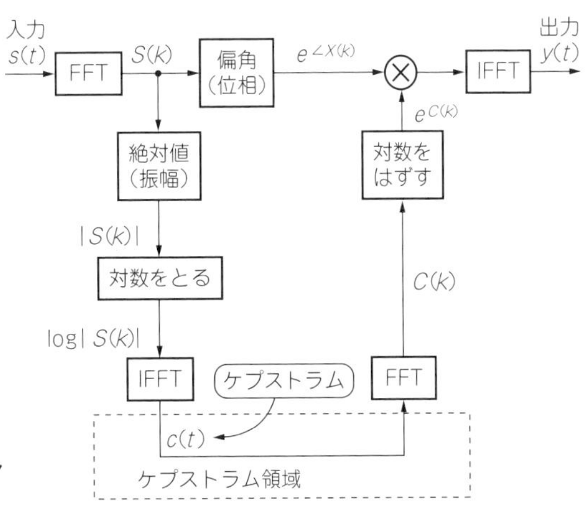

図4.12
入力音声をケプストラムに変換しそのまま逆変換を実行する流れ

リスト4.6　ケプストラム変換および逆変換のプログラム（抜粋）

```
●冒頭の宣言部
#define  FFT_SIZE 512                          // FFT点数

●(信号処理用変数の宣言部
// メイン関数外
static double c[FFT_SIZE+1]={0};               // ケプストラム

double   z1[FFT_SIZE+1]={0};                   // ハーフオーバラップの出力保持用

●変数の初期設定部
init();                                        // ビット反転，重み係数の計算
l = 0;                                         // FFT開始時刻管理

●メイン・ループ内 Signal Processing部
x[l] = s[t];                                   // 入力をx[l]に格納
l=(l+1)%FFT_SIZE;                              // FFT用の時刻管理
if( l%SHIFT==0 ){                              // シフトごとにFFTを実行
    for(i=0;i<FFT_SIZE;i++){
        xin[i] = x[(l+i)%FFT_SIZE]*w[i];       // 窓関数を掛ける
    }
    cep();                                     // ケプストラム変換
    for(i=0;i<FFT_SIZE;i++){                   // c[i]がケプストラム
        c[i]=c[i];
    }
    icep();                                    // 逆変換
    for(i=0;i<FFT_SIZE;i++){                   // 出力信号作成
        if(i>=FFT_SIZE-SHIFT) yf[(l+i)%FFT_SIZE] = z[i]/FFT_SIZE*OV;
        else yf[(l+i)%FFT_SIZE] = yf[(l+i)%FFT_SIZE]+z[i]/FFT_
                                                                SIZE*OV;
    }
}
y[t]=yf[l];                                    // 現在の出力
```

ムの遅延が生じます．入力と出力が同じ信号となっており，逆変換により元の信号に戻せます．

RTプログラムでは，処理音は1フレームの遅延（32ms）はあるものの，入力信号と同じになります．

表4.6　ケプストラム変換および逆変換のプログラムのコンパイルと実行の方法

収録フォルダ		4_06_Cep_Through
DDプログラム	コンパイル方法	bcc32c DD_Cep_Through.c
	実行方法	DD_Cep_Through speech.wav
RTプログラム	コンパイル方法	bcc32c RT_Cep_Through.c
	実行方法	RT_Cep_Through
備考：speech.wavは入力音声ファイル．任意のwavファイルを指定可能		

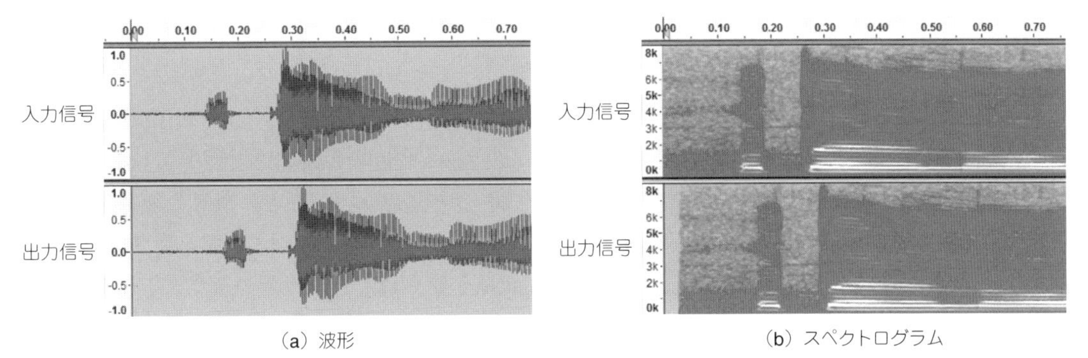

(a) 波形　(b) スペクトログラム

図4.13　ケプストラム変換後に逆変換することで元の信号が得られる

4-7 微細構造とスペクトル包絡

入力音声をケプストラムに変換すると，音声を，微細構造(音源の成分)とスペクトル包絡(声道の成分)に分離できます．ここでは，ケプストラムを利用して，音声の微細構造およびスペクトル包絡を分離し，再び，元の音声を合成します．

微細構造とスペクトル包絡に分離できれば，応用として，ヘリウム音声などの面白いエフェクトを作成することができます．

●原 理

ケプストラムは，FFTにより得られた振幅スペクトル対して対数をとり，これをIFFTすることで得られます(本章4-6の**図4.12**を参照)．この分析は，30ms程度の短時間ごとに実施します．

音声は，緩やかな周波数特性を持つスペクトル包絡(声道を表現する)と，激しく変動する微細構造(声帯振動を伴う音源を表現する)の積としてモデル化できます(本章4-6の**図4.11**を参照)．このとき，原点に近いケプストラムから，スペクトル包絡が得られ，それ以外のケプストラムから微細構造が得られます．

実際の音声から取得したケプストラムを**図4.14**に示します．母音「あ」を発声している部分を分析しています．原点に近い部分が大きく振動しています．このあたりがスペクトル包絡の成分を表しています．

原点付近以外の高域部分からは，音声の微細構造が得られます．ここで，ケプストラムでは，波形のピークが音声の基本周期ごとに現れます．

低域のケプストラムと高域のケプストラムをいったん分離して，再びそれらを融合することで，元の音声を再合成できます．

●プログラム

ケプストラムを利用して，音声の微細構造およびスペクトル包絡を分離し，再び，元の音声を合成するプログラムを**リスト4.7**に示します．

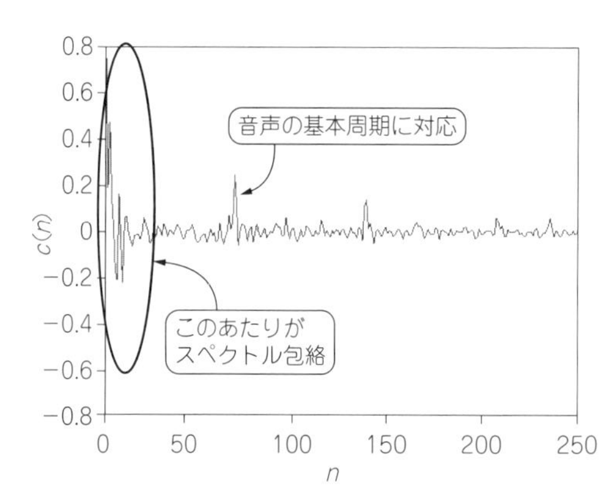

図4.14 実際の音声から取得したケプストラム

リスト4.7　ケプストラムから微細構造とスペクトル包絡を抽出して逆変換するプログラム(抜粋)

●冒頭の宣言部
```
#define  L    13                                    // 包絡線抽出用の次数
```

●信号処理用変数の宣言部
```
// メイン関数外
static double c[FFT_SIZE+1]={0};                    // ケプストラム
static double XFin[FFT_SIZE+1]={0};                 // 対数微細構造
static double XEnv[FFT_SIZE+1]={0};                 // 対数スペクトル包絡

double   z1[FFT_SIZE+1]={0};                        // ハーフオーバラップの
                                                               出力保持用
```

●変数の初期設定部
```
init();                                             // ビット反転, 重み係数の計算
l = 0;                                              // FFT開始時刻管理
```

●メイン・ループ内 Signal Processing部
```
x[l] = s[t];                                        // 入力をx[l]に格納
l=(l+1)%FFT_SIZE;                                   // FFT用の時刻管理
if( l%SHIFT==0 ){                                   // シフトごとにFFTを実行
    for(i=0;i<FFT_SIZE;i++){
    xin[i] = x[(l+i)%FFT_SIZE]*w[i];                // 窓関数を掛ける
    }
    cep_FE();                                       // ケプストラム変換
    // 対数微細構造処理
    for(i=0;i<FFT_SIZE;i++){
        XFin[i]=XFin[i];
    }
    // 対数スペクトル包絡処理
    for(i=0;i<FFT_SIZE;i++){
        XEnv[i]=XEnv[i];
    }
    icep_FE();                                      // 逆変換
    for(i=0;i<FFT_SIZE;i++){                        // 出力信号作成
        if(i>=FFT_SIZE-SHIFT) yf[(l+i)%FFT_SIZE] = z[i]/FFT_SIZE*OV;
        else yf[(l+i)%FFT_SIZE] = yf[(l+i)%FFT_SIZE]+z[i]/FFT_
                                                               SIZE*OV;
    }
}
y[t]=yf[l];                                         // 現在の出力
```

表4.7　ケプストラムから微細構造とスペクトル包絡を抽出して逆変換するプログラムのコンパイルと実行の方法

収録フォルダ		4_07_Fine_and_Envelope_Through
DDプログラム	コンパイル方法	bcc32c DD_Fine_and_Envelope.c
	実行方法	DD_Fine_and_Envelope speech.wav
RTプログラム	コンパイル方法	bcc32c RT_Fine_and_Envelope.c
	実行方法	RT_Fine_and_Envelope
備考：speech.wavは入力音声ファイル．任意のwavファイルを指定可能		

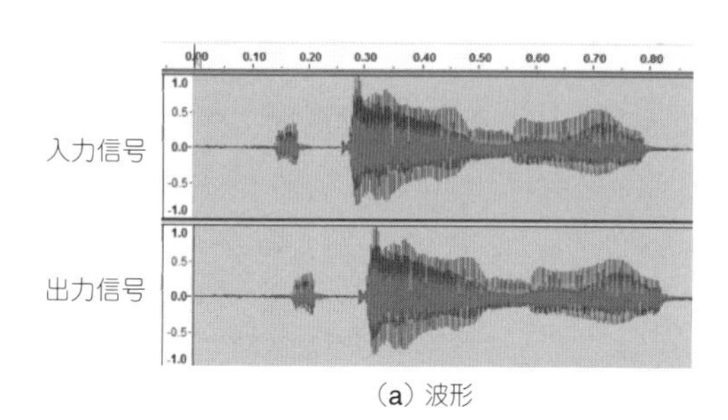

(a) 波形

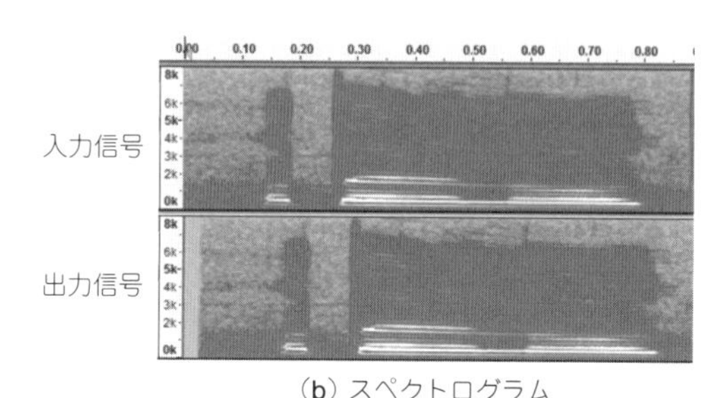

(b) スペクトログラム

図4.15　微細構造とスペクトル包絡から元の信号が得られる

スペクトル包絡を取得する低域のサンプル数をLで設定しています．ここではL=13と設定し，関数cep_FE( )内で0～13番目のケプストラムからスペクトル包絡を計算しています．

ケプストラムの変数をc，対数スペクトル領域における微細構造をXFin，スペクトル包絡をXEnvの配列に格納しています．

スペクトル包絡と微細構造を得るプログラムは関数化しています．合成音声を得るには，スペクトル包絡と微細構造の対数振幅スペクトルの和をとり，対数をはずし，位相スペクトルを付加してIFFTします．

▶改造のヒント

#defineにより設定しているLの値を変更してみましょう．これは，ケプストラムの原点からL個の値までをスペクトル包絡の成分として利用するということです．適切なLの値は，音声に依存して変化するので設定が困難ですが，10～13程度がよく用いられるようです．

●入出力の確認

コンパイルと実行の方法を表4.7に示します．

DDプログラムにおける処理結果を図4.15に示します．

微細構造とスペクトル包絡をそれぞれ取り出した後に，再び合成した信号を出力しています．結果から，1フレームの遅延の他は入力信号をそのまま再合成できています．

RTプログラムでは，処理音は1フレームの遅延(32ms)はあるものの，入力信号と同じになります．

4-8 ゼロ位相変換

振幅スペクトルのIFFTによって得られた信号を，ゼロ位相信号と呼びます．また，この変換をゼロ位相変換，変換された領域をゼロ位相領域と呼びます．ここではゼロ位相変換とその逆変換を行います．

ゼロ位相信号は，突発的に生じるノイズの除去などに応用できます．

●原 理

ゼロ位相変換の方法を**図4.16**に示します．FFTにより得られた振幅スペクトルに対してIFFTを行います．振幅スペクトルだけを利用するので，全ての位相スペクトルがゼロになります．

ゼロ位相信号は，位相がゼロという制約により，原点の値が最大値となります．また，周期性を持つ信号ならば，等間隔にピークが生じます．一方，周期性を持たないランダム・ノイズや，短時間で消滅する突発的なノイズは，原点付近にのみ値が生じるという特徴があります．

ゼロ位相信号のFFTは，元の振幅スペクトルに一致します．これを元の位相スペクトルと融合すれば，時間領域の音声信号を復元できます．

ゼロ位相信号に変換し，逆変換で再び元の信号を得るためには，2回のFFTと2回のIFFTが必要です．

●プログラム

ゼロ位相変換を行い，逆変換するプログラムを**リスト4.8**に示します．基本的にはFFTだけで実現できるので，FFT変数と同じです．

今回はゼロ位相変換および逆変換をFFTと同様に関数化しています．得られるゼロ位相信号は`s0[i]`となります．この`s0[i]`に対しては何も処理せずに逆変換しています．

▶改造のヒント

`zpr()`がゼロ位相変換，`izpr()`が逆ゼロ位相変換の関数です．`zpr()`関数により得られたゼロ位相信号`s0[i]`に処理を加えることで出力の状態が変化します．ゼロ位相信号は，振幅スペクトルと対応しているので，例えば単純に2倍にして逆変換すると，出力も2倍になります．

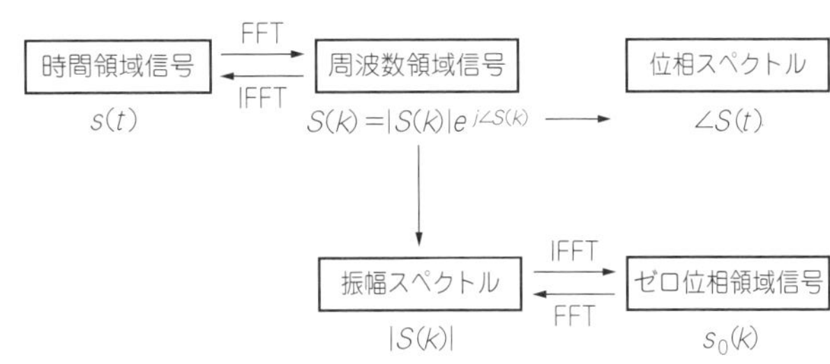

図4.16
ゼロ位相変換とその逆変換の方法…FFTにより得られた振幅スペクトルに対してIFFTを行う

リスト4.8　ゼロ位相変換と逆変換のプログラム(抜粋)

```
●冒頭の宣言部
#define  FFT_SIZE 512                          // FFT点数
#define  pw       1                            // ZPS変換の振幅のべき

●信号処理用変数の宣言部
double   s[MEM_SIZE+1]={0};                    // 入力データ格納用変数
double   y[MEM_SIZE+1]={0};                    // 出力データ格納用変数

long int l,i;                                  // FFT用変数
int      SHIFT = FFT_SIZE/2;                   // FFTのシフト量
double   OV    = 2.0*SHIFT/FFT_SIZE;           // オーバラップ加算の係数
double   x[FFT_SIZE+1] ={0};                   // FFTの入力
double   yf[FFT_SIZE+1]={0};                   // IFFT信号格納用
double   w[FFT_SIZE+1] ={0};                   // 窓関数

●変数の初期設定部
init();                                        // ビット反転, 重み係数の計算
l = 0;                                         // FFT開始時刻管理
for(i=0;i<FFT_SIZE;i++){                       // 窓関数の設定
    w[i]=0.5*(1.0-cos(2.0*M_PI*i/(double)FFT_SIZE));
}

●メイン・ループ内 Signal Processing部
x[l] = s[t];                                   // 入力をx[l]に格納
l=(l+1)%FFT_SIZE;                              // FFT用の時刻管理
if( l%SHIFT==0 ){                              // シフトごとにFFTを実行
    for(i=0;i<FFT_SIZE;i++){
        xin[i] = x[(l+i)%FFT_SIZE]*w[i];       // 窓関数を掛ける
    }
    zpt();                                     // ゼロ位相変換
    for(i=0;i<FFT_SIZE;i++){
        s0[i]=s0[i];                           // ゼロ位相信号に対する処理
    }
    izpt();                                    // 逆ゼロ位相変換
    for(i=0;i<FFT_SIZE;i++){                   // 出力信号作成
        if(i>=FFT_SIZE-SHIFT) yf[(l+i)%FFT_SIZE] = z[i]/FFT_SIZE*OV;
        else yf[(l+i)%FFT_SIZE] = yf[(l+i)%FFT_SIZE]+z[i]/FFT_
                                                           SIZE*OV;
    }
}
y[t]=yf[l];                                    // 現在の出力
```

表4.8　ゼロ位相変換と逆変換のプログラムのコンパイルと実行の方法

収録フォルダ		4_08_ZPS_Through
DDプログラム	コンパイル方法	bcc32c DD_ZPS_Through.c
	実行方法	DD_ZPS_Through speech.wav
RTプログラム	コンパイル方法	bcc32c RT_ZPS_Through.c
	実行方法	RT_ZPS_Through
備考：speech.wavは入力音声ファイル．任意のwavファイルを指定可能		

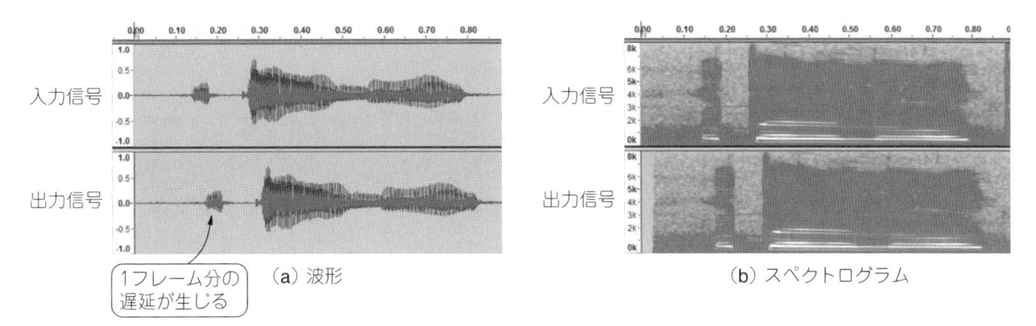

図4.17　ゼロ位相変換とその逆変換により元の信号が得られる

●入出力の確認

コンパイルと実行の方法を**表4.8**に示します．

DDプログラムにおける処理結果を**図4.17**に示します．

入力信号と出力信号は，1フレームの遅延を除き一致します．ゼロ位相信号はFFTを利用することで得られます．従って逆変換後の時間領域信号には，1フレームの遅延が生じます．

スペクトログラムでは，入出力信号が同じスペクトルを有しています．これは逆変換により元の信号が得られたことを表しています．

4-9 縦続接続型オールパス・フィルタによるスペクトル・ゲイン制御

オールパス･フィルタを縦続接続して，周波数のゲインを調整するという面白い応用があります．ここでは，オールパス・フィルタの縦続接続により，ローパス・フィルタ(LPF)を実現します．

●原 理

音声をFFT分析などの手法でフーリエ変換すると，周波数ごとの成分に分解できます．これをスペクトルと呼びます．

スペクトルに対して，ゲイン(スペクトル・ゲインと呼ぶ)を乗じることで，周波数ごとに大きさを制御することができます．つまり，フィルタを作ることができます．例えば，低域のスペクトルに1を乗じ，高域のスペクトルに0を乗じることで，ローパス・フィルタを実現できます．

ここでは通常のFFT分析ではなく，オールパス・フィルタの出力を利用してローパス・フィルタを実現します．手順を**図4.18**に示します．

▶周波数スペクトルの抽出

N段の縦続接続オールパス･フィルタを作り，信号$s(t)$を入力します［**図4.18(a)**］．ここで，$A_1(z)$，…，$A_{N-1}(z)$はオールパス・フィルタであり，添え字はフィルタの番号を表します．

各オールパス・フィルタ出力に窓関数を掛けて，N個の信号$x_0(t)$，…，$x_{N-1}(t)$を得ます．

▶ゲインの制御

周波数領域において，所望のローパス・フィルタのスペクトル・ゲインを設定します．そして，IFFTによって，そのインパルス応答を得ます［**図4.18(b)**］．このインパルス応答を$N/2$点の巡回シフトしてから窓関数を乗じ，その結果を$g_0(t)$，…，$g_{N-1}(t)$とします．

オールパス・フィルタによるスペクトル・ゲイン制御の出力を，

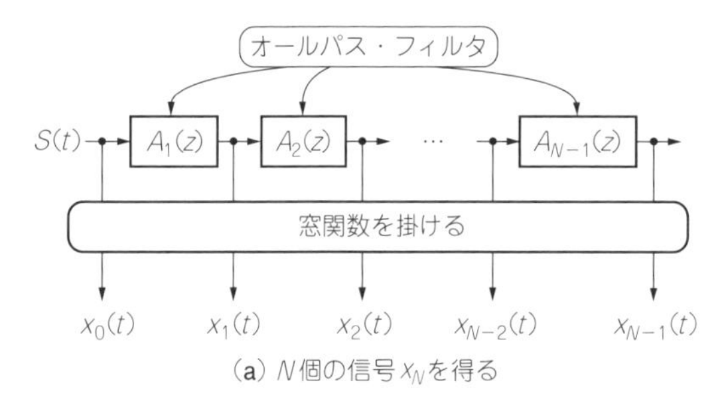

(a) N個の信号x_Nを得る

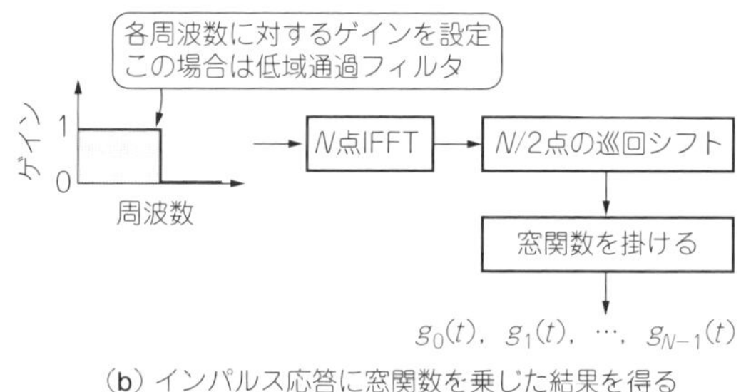

(b) インパルス応答に窓関数を乗じた結果を得る

(c) スペクトル・ゲイン制御の出力

図4.18
オールパス・フィルタを縦続接続してフィルタを実現する

リスト4.9　縦続接続型オールパス・フィルタでスペクトル・ゲインを制御するプログラム（抜粋）

```
●信号処理用変数の宣言部
double   s[MEM_SIZE+1]={0};                    // 入力データ格納用変数
double   y[MEM_SIZE+1]={0};                    // 出力データ格納用変数

double    g[FFT_SIZE+1]={0};                   // フィルタリング係数
double   u0[FFT_SIZE+1]={0}, u1[FFT_SIZE+1]={0};
                                               // オールパス・フィルタの
                                                              遅延信号
double   a;                                    // オールパス・フィルタの
                                                          フィルタ係数

●変数の初期設定部
a = 0.5756;                                    // オールパス・フィルタの係数

●メイン・ループ内 Signal Processing部
x[0]=s[t];
for(i=1;i<FFT_SIZE;i++){
    u0[i] =     x[i-1] + a * u1[i];            // IIR部出力
    x[i] = -a * u0[i] + u1[i];                 // APF出力=次段への入力
    u1[i] = u0[i];                             // 信号遅延処理
}
for(i=0;i<FFT_SIZE;i++){
    xin[i]=x[i]*w[i];                          // 窓関数を掛ける
}
for(i=0;i<=FFT_SIZE/2;i++){
    Xr[i]=Xr[FFT_SIZE-i]=0.0;                  // ゲインを0とする
    if( i<5 ){                                 // 全部で16帯域
        Xr[i]=Xr[FFT_SIZE-i]=1.0;              // 指定周波数のゲインを
                                                          1にする(LPF)
    }
    Xi[i]=Xi[FFT_SIZE-i]=0.0;                  // 虚部は常に0
}
ifft();
for(i=0;i<FFT_SIZE;i++){
    g[i] = z[(FFT_SIZE/2+i)%FFT_SIZE]/FFT_SIZE;
                                               // ゲインのIFFTを巡回シフト
                                                  してフィルタ係数を作る
    g[i] = g[i]*w[i];                          // フィルタ係数に窓を掛ける
}
y[t] = 0;                                      // 出力を初期化
for(i=0;i<FFT_SIZE;i++){
    y[t] = y[t] + x[i]*g[i];                   // 各APF出力をフィルタリング
}
```

$$y(t)=\sum_{m=0}^{N-1} g_m(t)x_m(t) \quad (4.11)$$

として得ます[図4.18(c)]．この手法の最大の特徴としては，FFTのような出力遅延が生じないことです(FFTは分析フレームの長さだけ遅延が生じる)．

●プログラム

縦続接続型オールパス・フィルタによるローパス・フィルタのプログラムを**リスト4.9**に示します．

フィルタのインパルス応答をgで設定しています．また，オールパス・フィルタで用いる係数の値aは0.5756としています．オールパス・フィルタは32個の縦続接続にしています(FFT_SIZE=32)．スペクトル・ゲインは最初の5個の実部を1に，残りを0に設定しています．また，虚部は0としています．

▶改造のヒント

g[i]の決め方でフィルタの特性が変わります．**リスト4.9**のプログラムでは，ifft()関数の直前でg[i]を設定しています．一定時間ごとにg[i]を変更するという高度な技を実現することもできます．ローパス・フィルタに限らず，さまざまなフィルタを実現できます．ダウンロード・データには，ハイパス・フィルタ(HPF)やバンドパス・フィルタ(BPF)も収録しています．

●入出力の確認

コンパイルと実行の方法を**表4.9**に示します．

DDプログラムにおける結果を**図4.19**に示します．入出力波形を比較すると，出力で振幅の減少が見られます．スペクトログラムでは，高域部分が除去されており，低域のみが通過しています．

表4.9　縦続接続型オールパス・フィルタによるローパス・フィルタ

収録フォルダ		4_09_Cascade_APF_BPF
DDプログラム	コンパイル方法	bcc32c DD_APFs_FFT_LPF.c
	実行方法	DD_APFs_FFT_LPF speech.wav
RTプログラム	コンパイル方法	bcc32c RT_APFs_FFT_LPF.c
	実行方法	RT_APFs_FFT_LPF
関連プログラム1	機能	ハイパス・フィルタ
	コンパイル方法	bcc32c DD_APFs_FFT_HPF.c bcc32c RT_APFs_FFT_HPF.c
	実行方法	DD_APFs_FFT_HPF speech.wav RT_APFs_FFT_HPF
関連プログラム2	機能	バンドパス・フィルタ
	コンパイル方法	bcc32c DD_APFs_FFT_BPF.c bcc32c RT_APFs_FFT_BPF.c
	実行方法	DD_APFs_FFT_BPF speech.wav RT_APFs_FFT_BPF
備考：speech.wavは入力音声ファイル．任意のwavファイルを指定可能		

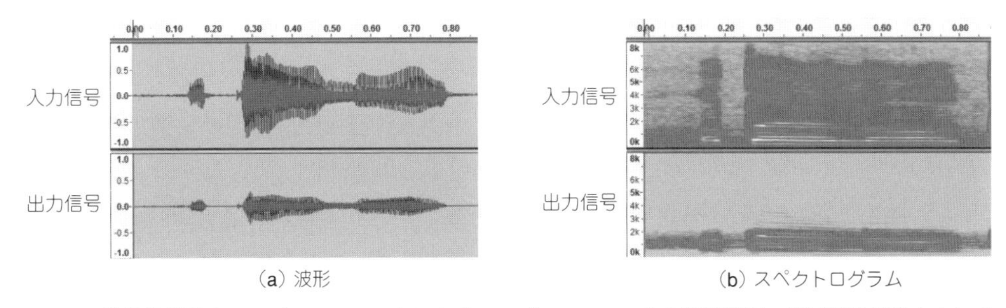

図4.19　縦続接続型オールパス・フィルタによるローパス・フィルタの実行結果…高域部分が除去されている

4-10 線形予測分析

音声の解析技術として，線形予測分析が知られています．ここではレビンソン・ダービン(Levinson-Durbin)アルゴリズムを用いて線形予測分析を行い，音源(声帯付近の音)を取り出します．

●原 理

▶音声の生成の原理

音声のうち，声帯振動を伴う声を有声音，声帯振動を伴わない子音などの声を無音声と呼びます．有声音は，声帯振動を模擬した周期パルス列を音源とし，無声音の場合はノイズを音源とします．そして，声道を模擬したフィルタ(声道フィルタ)の出力が音声になるというモデルを考えます．このモデルを図4.20に示します．

声帯振動は声の高さを決定しており，声道フィルタの周波数特性(声道特性)は「あ」，「い」などの音声の種類を決定しています．特に声道特性を再帰型フィルタ(IIRフィルタ)で表現したモデルを，AR(Auto-Regressive)モデルと呼びます．ARモデルは，$H(z)=1/[1-A(z)]$で表します．

▶過去の信号と関連性がある現在の信号を予測

音源と声道特性を分離できれば，音声の解析に有用です．その方法の1つとして，線形予測分析があります．線形予測分析は，過去の信号と関連性のある(相関を持つ)現在の信号成分を予測値

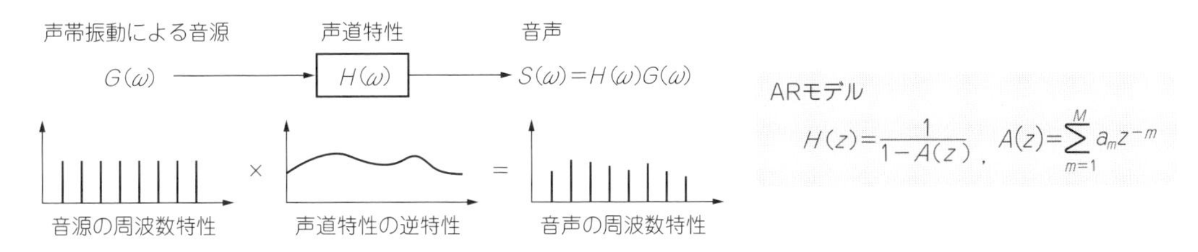

図4.20　音声の生成モデル…声帯振動により生じる音源と声道による共振特性により音声が構成されている

リスト4.10　線形予測分析のプログラム（抜粋）

```
●冒頭の宣言部
#define  N  512                          // 自己相関計算用サンプル数
#define  P  28                           // AR次数

●信号処理用変数の宣言部
int       i;                             // ループ計算用変数
double    rho[P+1]={0}, delta[P+1]={0}, sigma[P+1]={0}; // AR係数推定
double    h[P+1]={0}, r[N+1]={0}, a[P+1][P+1]={0};     // 自己相関関数
double    e;                                            // 予測誤差
int       l, m, tau;                     // 繰り返し計算管理用

●変数の初期設定部
h[0]=1.0;                                // 線形予測係数h[0]=1

●メイン・ループ内 Signal Processing部
if(l>=N){                                // Nサンプルごとに線形予測分析を実行
    for(tau=0;tau<=P;tau++){             // 時間差tauの設定
        r[tau]=0;                        // 自己相関の初期化
        i=0;
        while(tau+i<=N){                 // 自己相関関数計算
            r[tau]=r[tau]+s[(t-i+MEM_SIZE)%MEM_SIZE]
                                *s[(t-tau-i+MEM_SIZE)%MEM_SIZE];
            i++;
        }
    }
    // レビンソンダービン・アルゴリズム
    sigma[0]=r[0];                       // sigma[0] = 時間差0の
                                         //              自己相関関数
    for(m=0;m<P;m++){
        delta[m+1]=r[m+1];               // deltaの初期値 = 自己相関関数
        for(i=1;i<=m;i++){
            delta[m+1]=delta[m+1]+a[m][i]*r[m+1-i];
```

として抽出できます．

ここで，音源となるパルス列の予測について考えます．パルス列の間隔，すなわち周期をTとします．このとき，Tだけ過去の成分を保持しておけば，現在の信号と同じなので，容易に現在の信号を予測できます．Tよりも短い時間しか過去の信号を保持していない場合，それらの信号は値を持たないので，現在の信号を予測することはできません．

▶**予測誤差が音源**

この原理から，短い次数の線形予測器で音声を予測すると，予測誤差として音源が得られます．

```
                                        // AR係数aを使ってdeltaを更新
        }
        if(fabs(sigma[m])==0.0 || fabs(delta[m+1])>2*fabs(sigma[m])){
            rho[m+1]   =0.0;             // deltaが0かsigmaの2倍より
                                                      大きい場合はrho=0
            a[m+1][m+1]=rho[m+1];        // AR係数をrhoにする
        }
        else{
            rho[m+1]=-delta[m+1]/sigma[m];        // 反射係数rhoの更新
            a[m+1][m+1]=rho[m+1];        // AR係数a[m+1]の更新
        }
        sigma[m+1]=sigma[m]*(1.0-(rho[m+1]*rho[m+1]));
                                        // sigma[m+1]の更新
        for(i=1;i<=m;i++){
            a[m+1][i]=a[m][i]+rho[m+1]*a[m][m+1-i];
                                        // AR係数a[1]からa[m]の更新
        }
    }
    h[0]=1.0;                           // 線形予測係数h[0]
    for(i=1;i<=P;i++){
        h[i]=a[P][i];                   // 線形予測係数h[1]からh[P]の計算
    }
    l=0;
}
l++;
e=0;
for(i=0;i<=P;i++){
    e = e + h[i]*s[(t-i+MEM_SIZE)%MEM_SIZE];
                                        // 導出した線形予測係数から
                                                      予測誤差を計算
}
y[t]=e;                                 // 予測誤差(音源)を出力とする
```

予測誤差を出力するフィルタを予測誤差フィルタと呼びます．音声から音源を得るときの周波数特性の変化を**図4.21**に示します．

予測誤差フィルタのブロックは，$1-A(z)$で，ARモデル$1/[1-A(z)]$の逆特性になっています．よって，得られた予測誤差フィルタの係数が声道フィルタのフィルタ係数に対応します．

予測誤差フィルタの係数を求めるアルゴリズムは，レビンソンダービン（Levinson-Durbin）アルゴリズムが代表的です．

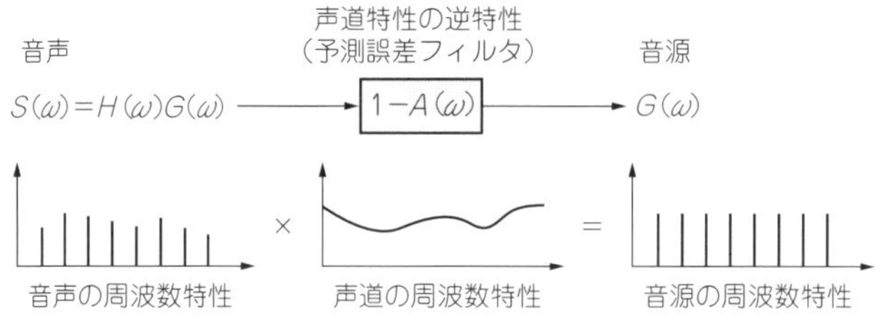

図4.21　音声の線形予測分析…短い次数の線形予測器で音声を予測すると予測誤差として音源が得られる

●プログラム

線形予測分析のプログラムを**リスト4.10**に示します．

分析は`N=512`サンプルごとに実施しています．また，予測誤差フィルタの次数`P`は28としています．次数`P`は音源の周期より短く設定する必要があります．

メイン・ループ内では，レビンソンダービン・アルゴリズムを実行しています．このアルゴリズムは，信号の自己相関関数を基にフィルタ係数を導出します．

▶改造のヒント

`#define`で定義している`P`の値により，線形予測性能が異なり，同時に予測誤差の波形も異なります．`P`(＞0)を小さくすると複雑な波形を予測できなくなります．`P`が大きすぎると，過剰な予測となり，所望の音源が得られません．

●入出力の確認

コンパイルと実行の方法を**表4.10**に示します．

DDプログラムにおける処理結果を**図4.22**に示します．

予測誤差信号が音源の近似信号です．声帯付近で生じている音を抽出した結果ということになります．

スペクトル包絡を与える声道特性が取り除かれているので，スペクトログラムでは各スペクトルの振幅がほぼ同じ大きさとして現れています(濃さが同じ)．

RTプログラムでは，処理音として，推定された音源を聞くことができます．

表4.10　線形予測分析のプログラムのコンパイルと実行の方法

収録フォルダ		4_10_LPC_analysis
DDプログラム	コンパイル方法	bcc32c DD_LPC_analysis.c
	実行方法	DD_LPC_analysis speech.wav
RTプログラム	コンパイル方法	bcc32c RT_LPC_analysis.c
	実行方法	RT_LPC_analysis
備考：speech.wavは入力音声ファイル．任意のwavファイルを指定可能		

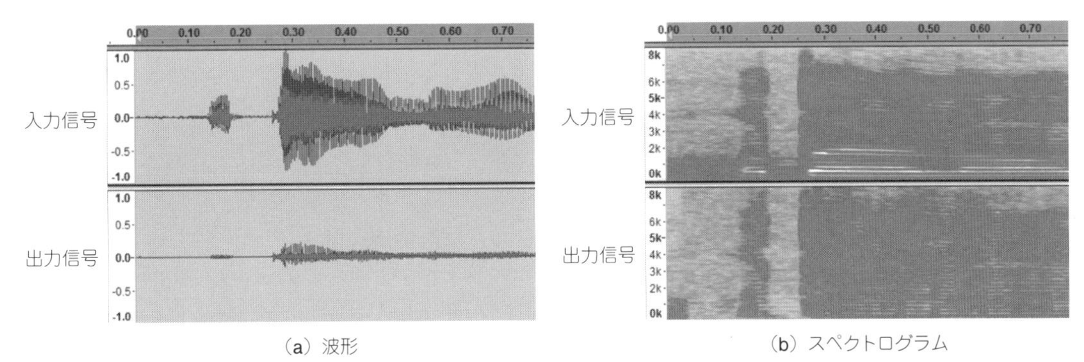

(a) 波形　　(b) スペクトログラム

図4.22　線形予測分析の結果…声帯付近で生じている音を抽出

4-11　線形予測分析合成

線形予測分析の逆の手順により，音声を合成することができます．ここでは，線形予測分析で得られたフィルタ係数と音源信号を用いて，元の音声を合成します．

●原 理

線形予測分析で得られたフィルタ係数と音源信号を用いて，元の音声を合成する流れを**図4.23**に示します．

音声を線形予測分析すれば，音源信号を取り出すことができます（本章4-10の**図4.21**参照）．音源は，声道の逆特性を持つ予測誤差フィルタに，音声を入力したときの出力として得られます．

逆に音声は，音源を声道フィルタ（予測誤差フィルタの逆フィルタ）に通すことで合成できます（本章4-10の**図4.20**参照）．

予測誤差フィルタの係数を求めるアルゴリズムは，レビンソンダービン・アルゴリズムを用います．

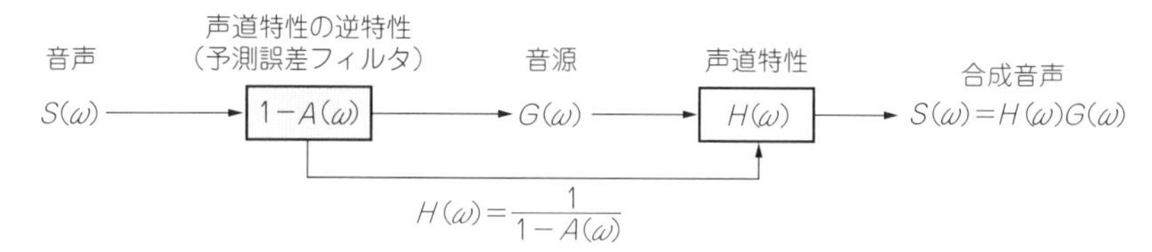

図4.23　線形予測分析で得られたフィルタ係数と音源信号を用いて元の音声を合成する方法

リスト4.11　線形予測分析・合成のプログラム（抜粋）

```
●冒頭の宣言部
#define  N  512                        // 自己相関計算用サンプル数
#define  P  28                         // AR次数

●信号処理用変数の宣言部
int      i;                            // ループ計算用変数
double   rho[P+1]={0}, delta[P+1]={0}, sigma[P+1]={0};  // AR係数推定
double   h[P+1]={0}, r[N+1]={0}, a[P+1][P+1]={0};
                                       // 自己相関関数
double   e;                            // 予測誤差
int      l, m, tau;                    // 繰り返し計算管理用
double   rs[MEM_SIZE+1]={0};           // 合成信号

●変数の初期設定部
h[0]=1.0;                              // 線形予測係数h[0]=1

●メイン・ループ内 Signal Processing部
e=0;
for(i=0;i<=P;i++){
    e = e + h[i]*s[(t-i+MEM_SIZE)%MEM_SIZE];
                                       // 導出した線形予測係数から予測誤差を計算
}
rs[t]=e;
for(i=1;i<=P;i++){
    rs[t] = rs[t] - h[i]*rs[(t-i+MEM_SIZE)%MEM_SIZE]; // 音声合成
}
y[t]=rs[t];                            // 合成音声を出力とする
```

●プログラム

線形予測分析合成のプログラムを**リスト4.11**に示します．

分析はN=512サンプルごとに実施しています．予測誤差フィルタの次数はP=28です．

メイン・ループ内のレビンソンダービン・アルゴリズム部分は関数化しています．予測誤差信号

表4.11　線形予測分析・合成のプログラムのコンパイルと実行の方法

収録フォルダ		4_11_LPC_synthesis
DDプログラム	コンパイル方法	bcc32c DD_LPC_synthesis.c
	実行方法	DD_LPC_synthesis speech.wav
RTプログラム	コンパイル方法	bcc32c RT_LPC_synthesis.c
	実行方法	RT_LPC_synthesis
備考：speech.wavは入力音声ファイル．任意のwavファイルを指定可能		

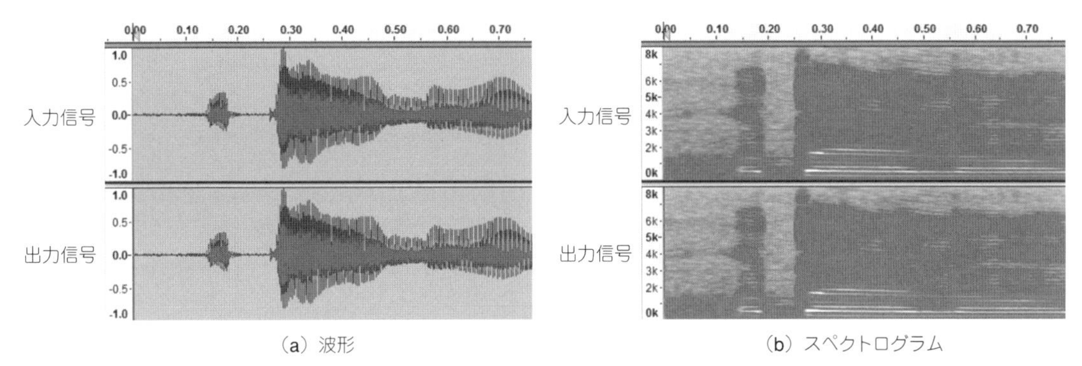

図4.24　線形予測分析・合成の実行結果…予測誤差信号と線形予測器のフィルタ係数があれば元の音声を生成できる

を音源として，音声を生成する部分を示しています．声道特性を実現するフィルタはIIRフィルタとなっています．

▶改造のヒント

#defineで定義しているP(＞0)の値により，線形予測性能が異なり，同時に予測誤差の波形も異なります．Pを小さくすると複雑な波形を予測することができなくなります．Pが大きすぎると，過剰な予測となり，所望の音源が得られません．ただし本プログラムでは，分析フィルタの逆フィルタを構成しているので，Pの値にかかわらず元の音声が合成されます．

●入出力の確認

コンパイルと実行の方法を**表4.11**に示します．

DDプログラムにおける処理結果を**図4.24**に示します．入力音声と予測誤差信号から生成した合成音声は一致しています．予測誤差信号と線形予測器のフィルタ係数があれば，元の音声を生成できることになります．

第5章

ボイス・チェンジャ

本章では，音声に変化を与えるボイス・チェンジャを解説します．最初は単純にサンプリング周波数を変換して，早回し再生，遅回し再生を実現して，声の高さを変更してみましょう．また，音声の逆再生も実現しておきます．

次に，音声の性質を利用して，声の高さをリアルタイムで変更する方法などを解説します．ヘリウム音声として知られる変な声もリアルタイムで実現します．

一方，フェーズ・ボコーダでは，再生時間を変更しますが，声の高さが変化しません．これにより，早口で話す，ゆっくり話す，といった効果を得ることができます．

5-1　サンプリング周波数による再生速度の変更

wavファイルのサンプリング周波数だけを変更して再生します．早回し音声や遅回し音声といった，再生速度を変更する効果が得られます．

●原 理

あるサンプリング周波数でサンプリングした信号を，別のサンプリング周波数で再生すると，再生速度を変化させることができます．つまり，早回し再生，遅回し再生を実現できます．

16kHzサンプリングの信号を32kHzサンプリングで再生した場合を**図5.1**に示します．サンプリング周波数をr倍すると，r倍の再生速度となります．

●プログラム

サンプリング周波数を変更するプログラムを**リスト5.1**に示します．出力サンプリング周波数は，入力サンプリング周波数の`speed_rate`倍になるように設定しています．単純に出力wavファイルのヘッダを書き換えるだけで速度変換が実現できます．

サンプリング周波数16kHzの信号

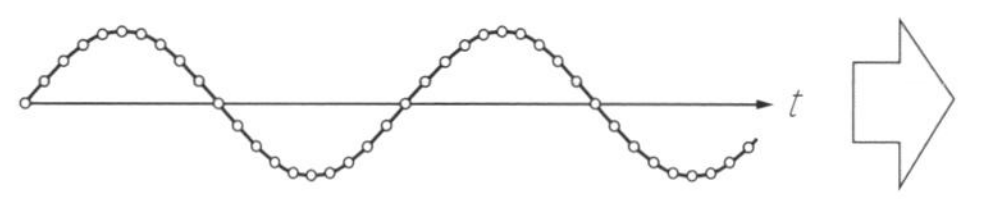

1秒間に16000サンプルのデータがある

サンプリング周波数32kHzで再生

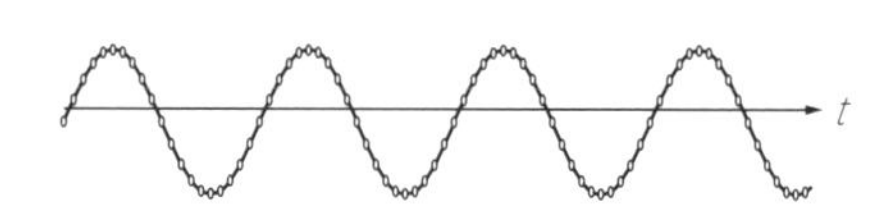

サンプル値を変更せず1秒間に32000サンプル分のデータを再生すると，倍速再生になる

図5.1　サンプリング周波数を変更すると再生速度が変化する

▶改造のヒント

speed_rateを変更すると，音声の早回し，遅回し再生が可能となります．人間はどの程度の高速，あるいは低速の発話まで内容を理解できるのでしょうか．例えば，「とった」の「っ」は，発話されないので，ゆっくり再生した場合に聞き逃す可能性が高くなります．

●入出力の確認

コンパイルと実行の方法を**表5.1**に示します．

サンプリング周波数を変更した結果の波形を**図5.2**に示します．

元の音声は，16kHzサンプリングです．出力では，サンプリング周波数を1.2倍にしています．この場合，波形の長さは1/1.2≒0.83倍になります．

試聴すると，早回し再生になっています．

リスト5.1　サンプリング周波数を変更するプログラム（抜粋）

```
●信号処理用変数の宣言部
double    y[MEM_SIZE+1]={0};              // 出力データ格納用変数
int       i;                              // 時刻の変数
double    speed_rate;                     // 何倍速再生にするか

●出力wavファイルのヘッダ情報設定部
speed_rate     = 1.2;                     // 何倍速再生にするか
Fs_out         = Fs * speed_rate;         // サンプリング・レート

●メイン・ループ部
x[t]=s[t];                                // x[t]を入力信号とする
```

表5.1　サンプリング周波数を変更するプログラムのコンパイルと実行の方法

収録フォルダ		5_01_speed_change_by_Fs
DDプログラム	コンパイル方法	bcc32c DD_speed_change_by_Fs.c
	実行方法	DD_speed_change_by_Fs speech.wav
備考：speech.wavは入力音声ファイル．任意のwavファイルを指定可能		

注：第5章のデータはhttps://www.cqpub.co.jp/interface/download/onsei.htmから入手できます．

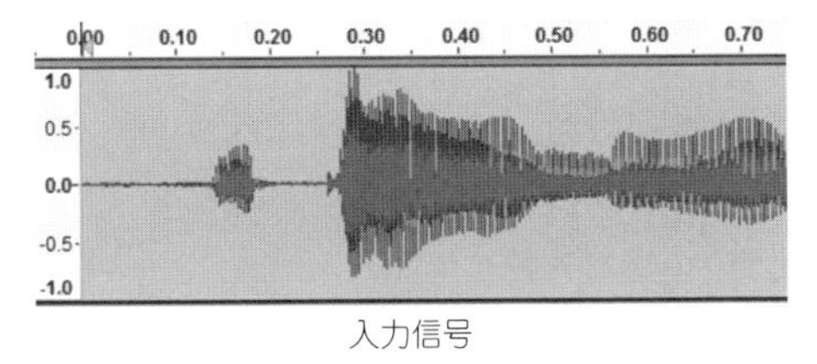

入力信号

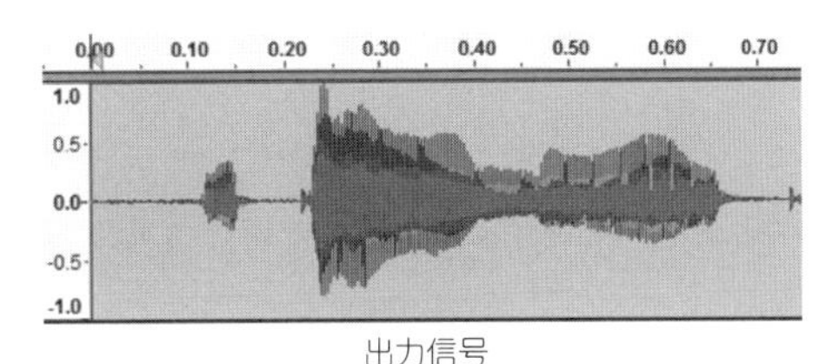

出力信号

図5.2　サンプリング周波数を1.2倍にして再生…出力信号の再生時間が短縮されている

5-2 逆再生

入力wavファイルを読み出し，通常の再生ではなく，逆方向から再生します．

●原 理

入力wavファイルは，音声データが順番に並んでいます．再生すると，最初のデータが最も早く読み出されて音声として出力されます．後は，音声データを順次読み出しながら音声出力が繰り返されます．再生時刻の終わりには，最後の音声データが読み出され，音声出力されます．

音声データの読み出しの順番を逆にすると逆再生になります(**図5.3**)．そこで，音声データを逆順に並べたwavファイルを作成します．

●プログラム

逆再生のwavファイルを作成するプログラムを**リスト5.2**に示します．

データ位置を表す変数は，`DataPoint`として宣言しています．読み込み位置を減らしていき，それを出力しています．音データは16ビットですが，ファイルには8ビットずつ書き込まれています．よって，読み出し位置は2ずつ減らします．

▶改造のヒント

逆方向から1つ飛ばしで音声を読み込むことも可能です．その場合，倍速の逆再生音が生成されます．

●入出力の確認

コンパイルと実行の方法を**表5.2**に示します．

DDプログラムの結果の波形を**図5.4**に示します．波形全体が左右逆転しています．

聞いてみると，興味深い声が聞こえるはずです．逆再生の声は，発話をローマ字で書いて，逆から読んだものとして近似できます．例えば,「とびちがいたる」は,「Tobitigaitaru」⇒「Uratiagitibot」(うらちあぎちぽっ？？)のようになります．

RTプログラムでは，[Enter]キーを押すごとに3秒間の「録音」と「逆再生」が繰り返されます．

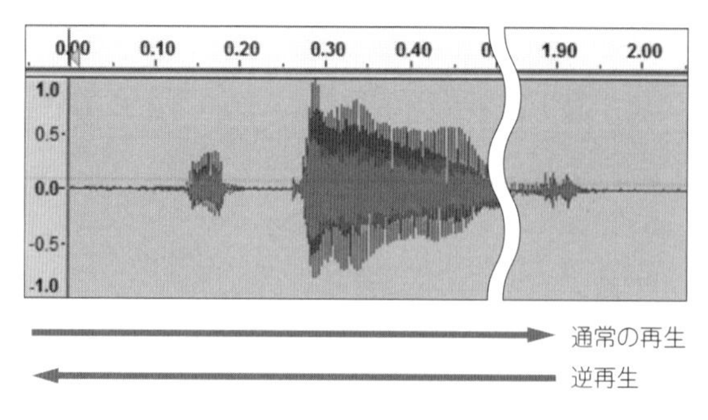

図5.3 入力音声の波形

リスト5.2　逆再生のwavファイルを作成するプログラム

```
●信号処理用変数の宣言部
double    s[MEM_SIZE+1]={0};           // 入力データ格納用変数
double    y[MEM_SIZE+1]={0};           // 出力データ格納用変数
long      DataPoint;                   // データ取得位置

●変数の初期設定部
DataPoint=file_size;                   // 最後のデータ位置

●メイン・ループ内 Signal Processing部
s[t] = input/32768.0;                  // 音声の最大値を1とする(正規化)
DataPoint = DataPoint-2*ch;            // 読み出し位置を更新 (戻る方向)
if(DataPoint<=36)break;                // ヘッダ位置まで戻ると終了
fseek(f1, DataPoint, SEEK_SET);        // 次のサンプル取得位置に移動しておく
y[t]=s[t];                             // 出力
```

表5.2　逆再生のwavファイルを作成するプログラムのコンパイルと実行の方法

収録フォルダ		5_02_InversePlay
DDプログラム	コンパイル方法	bcc32c DD_InversePlay.c
	実行方法	DD_InversePlay speech.wav
RTプログラム	コンパイル方法	bcc32c RT_InversePlay.c
	実行方法	RT_InversePlay
備考：speech.wavは入力音声ファイル．任意のwavファイルを指定可能		

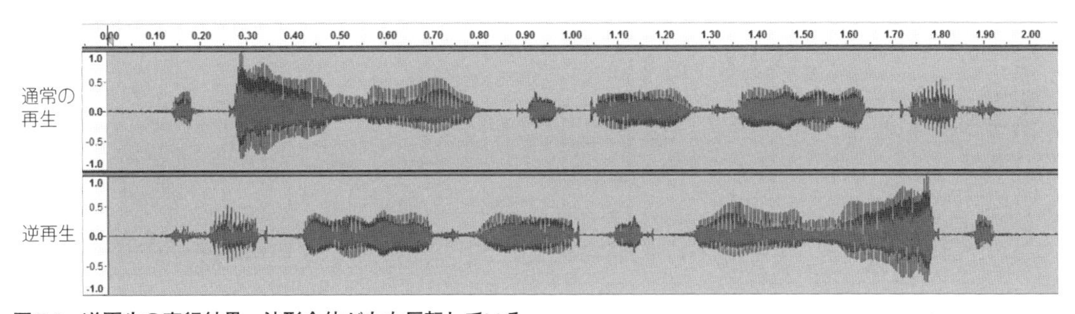

図5.4　逆再生の実行結果…波形全体が左右反転している

5-3 リング変調

ボイス・チェンジャの1つにリング変調があります．リング変調は，声を高くしたり低くしたりでき，なかなか楽しいエフェクトです．

●原 理

▶リング・バッファの構造

リング・バッファへのデータ保存方式を**図5.5**に示します．

入力信号を，$s(0)$ ～ $s(MEM\_SIZE-1)$ の MEM_SIZE 個の配列に保存し，必要に応じて利用するものとします[注1]．ここで，配列の長さは4として説明します（$MEM\_SIZE=4$）．

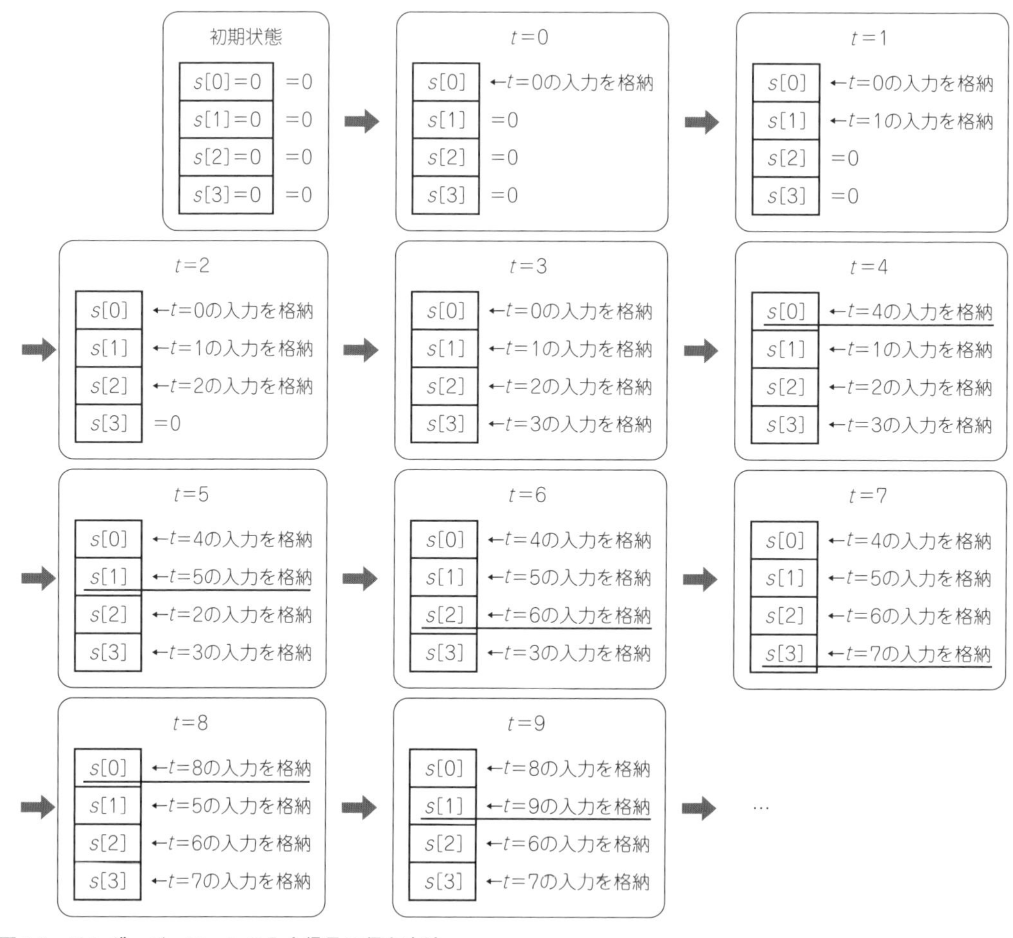

図5.5　リング・バッファへの入力信号の保存方法

注1：本書のプログラムのほとんどは，同じように扱っている．

最初に，配列番号0～3の順に，各時刻tごとに入力信号を保存します．そして，最後の配列番号3に到達した後は，配列番号0に戻って上書きします．配列の最後と最初が連続しているので，この記録方式をリング・バッファと呼びます．

リング変調への応用では，リング・バッファの長さを音声が定常(性質が変化しない)とみなせる30ms(0.03秒)程度の時間間隔に設定します．16kHzサンプリングでは，32ms = 512サンプルが目安になります．このような短い時間間隔では，リング・バッファ内の音声は，同じ波形パターンを繰り返していると考えられます．

▶**リング・バッファ内のデータを任意の速度で再生**

入力$s(t)$の時刻tは1ずつ増加します．これに対して，リング変調では，出力の時刻$p(t)$を設定し，これを各時刻でrずつ増加させます．そして，時刻$p(t)$に対応するリング・バッファの値を読み込み，出力します．

例えば，$r=1$では，$p(t)$は各時刻で1ずつ増加します．この場合，入力時刻tの増加と，出力時刻$p(t)$の増加が同じなので，$p(t)=t$です．同じ速度で波形を読み込んで出力するので，素通し出力となります．

一方，$r=2$と設定すると，$p(t)=2t$です．入力時刻tの増加1に対して，出力時刻$p(t)$は2つ進みますから，波形を1つ飛ばしに読み込むことなります．結果として，波形を出力する速度が2倍になり，声の高さも2倍になります．ここで，リング・バッファ内は同じ波形パターンが繰り返されているので，出力時刻が入力時刻を追い越しても問題ありません．

さらに，$r=0.5$とすると，$p(t)=0.5t$ですから，tが奇数のときに小数部分が発生します．この場合は小数部分を切り捨てることで対応します．小数以下を切り捨てて整数化する記号を$\lfloor p(t) \rfloor$で表現します．よって，$t=0, 1, 2, 3, 4, 5, \cdots$に対して，$\lfloor p(t) \rfloor = 0, 0, 1, 1, 2, 2, \cdots$となります．

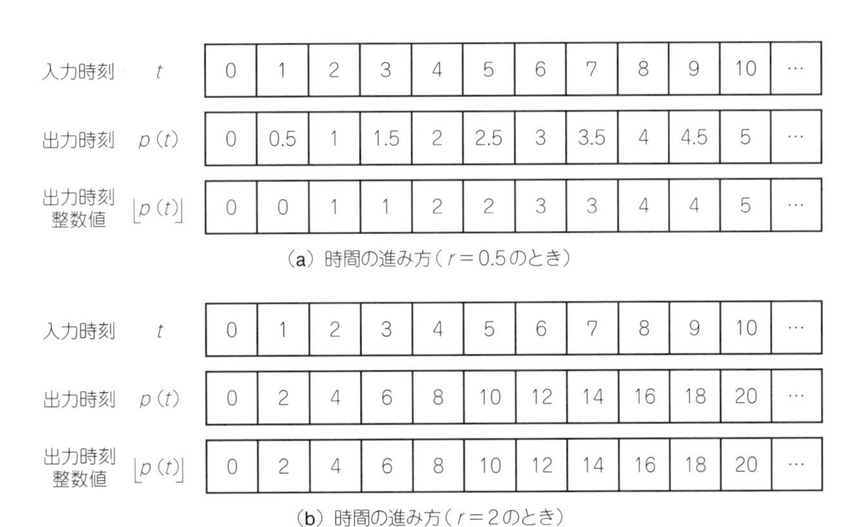

図5.6 リング変調による出力の選択方法…高速再生しても再生時間が短くならない

リスト5.3　リング変調のプログラム（抜粋）

```
●冒頭の宣言部
#define  MEM_SIZE 512                    // 音声メモリのサイズ

●信号処理用変数の宣言部
double   s[MEM_SIZE+1]={0};              // 入力データ格納用変数
double   y[MEM_SIZE+1]={0};              // 出力データ格納用変数

double   p;                              // 出力時間管理
double   r;                              // ピッチの倍率．1より大で高い声

●変数の初期設定部
r = 2.7;                                 // ピッチの倍率を設定

●メイン・ループ内 Signal Processing部
p   =  p + r;                            // 設定した r で出力時刻 p を決める
if(p>=MEM_SIZE)p=p-MEM_SIZE;             // MEM_SIZEを超えないようにする
y[t]= s[(int)p];                         // 時刻 p に対応する入力を出力
```

▶高速再生しても再生時間は変わらない

入力時刻と出力時刻の関係を**図5.6**に示します．リング・バッファでは，波形を読み込む速度をr倍にすることで，声の高さをr倍にしています．通常の早回し再生では，2倍速にすると再生時間が半分になります．しかし，リング変調では，リング・バッファに保存された過去の値を再利用できますので，音声全体の長さが変化しません．従ってリアルタイムで早回し再生や遅回し再生のような声に変換できます．

●プログラム

リング変調のプログラムを**リスト5.3**に示します．

リング・バッファのサイズMEM_SIZEを512に設定しています．これは，サンプリング周波数を16kHzとしたとき，32msに相当します．また，r=2.7とし，声の高さを2.7倍に変化させています．pは整数値で増加しないので，切り捨て処理により整数化しています．

▶改造のヒント

r＝1で素通し，r＞0で早回し再生の声，r＜0で遅回し再生の声になります．r倍速の声が実現できますので，rを時間とともに変化させても面白いと思います．RTプログラムでは，キー入力でrを変化させてもよいでしょう．

なお，リング・バッファに保存されている音声をそのまま再利用しているので，波形の接続が不連続となり，r＝1以外では多少の音質劣化が生じます．これを線形補間によりスムーズに接続しようとする方法も提案されています．

表5.3　リング変調のプログラムのコンパイルと実行の方法

収録フォルダ		5_03_Ring_mod
DDプログラム	コンパイル方法	bcc32c DD_RingMod.c
	実行方法	DD_RingMod speech.wav
RTプログラム	コンパイル方法	bcc32c RT_RingMod.c
	実行方法	RT_RingMod
関連プログラム	機能	線形補間を導入
	コンパイル方法	bcc32c DD_RingMod_Interpolation.c bcc32c RT_RingMod_Interpolation.c
	実行方法	DD_RingMod_Interpolation speech.wav RT_RingMod_Interpolation
備考：speech.wavは入力音声ファイル．任意のwavファイルを指定可能		

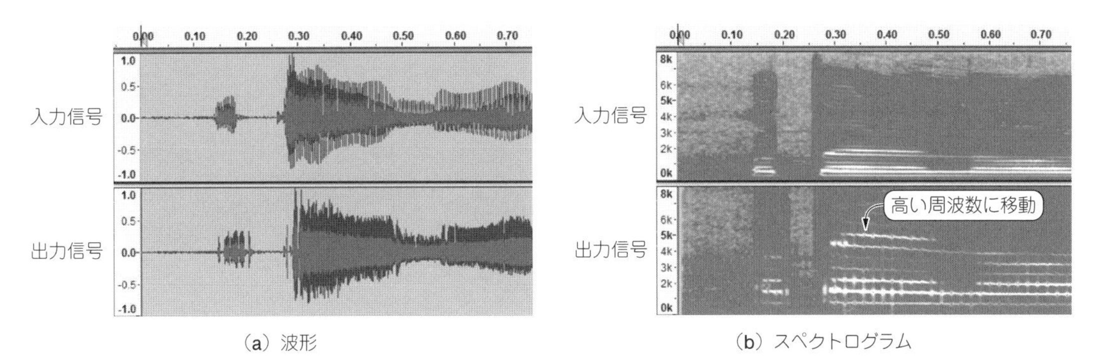

(a) 波形　　(b) スペクトログラム

図5.7　リング変調の実行結果…入力に比べて高い周波数にシフトしている

リング変調による音質劣化を少しやわらげるために，線形補間を導入したプログラムをダウンロード・データに収録しています．

●入出力の確認

コンパイルと実行の方法を表5.3に示します．

DDプログラムにおける処理結果を図5.7に示します．

波形では効果の確認が困難です．スペクトログラムを見ると，各音声スペクトルが，高い位置（情報）に移動しています．実際に聞いてみると，早送り再生で，同じ音声長となっており，興味深い現象が確認できます．

5-4 振幅変調ボイス・チェンジャ

入力音声に正弦波を乗じることでボイス・チェンジャを実現できます．

これは，振幅変調（AM変調：Amplitude Modulation）の一種で，DSB（Double Sideband），あるいはDSB-SC（DSB-Suppressed Carrier）と呼ばれる方式です．以下ではAM変調と表記します．

●原 理

AM変調によるボイス・チェンジャの実現フィルタを図5.8に示します．ここで，正弦波の周波数fを変調周波数と呼びます．変調周波数fによって，効果が異なります．

音声はいろいろな周波数を持つ正弦波の集まりとして表現できます．そこで，ある周波数を取り出して，その効果を確認してみましょう．

音声成分のうち，1つの正弦波を$2\cos(2\pi f_1 t)$とします．ここで振幅2は，計算結果を見やすくするためで，特別な意味はありません．この正弦波に周波数fの正弦波を乗じると，次のようになります．

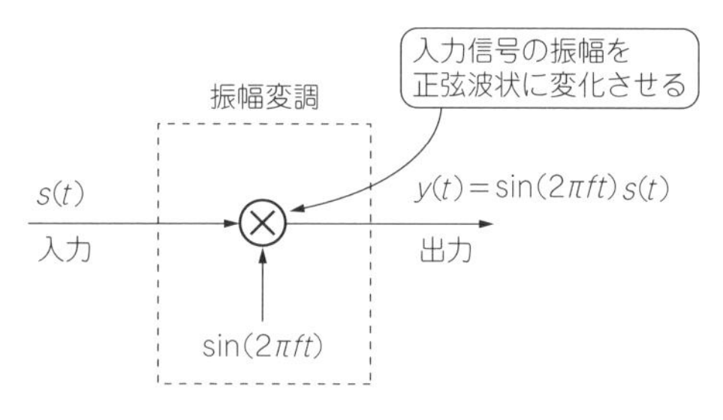

図5.8
AM変調を実現するフィルタ…入力信号に正弦波を乗じる

リスト5.4　AM変調によるボイス・チェンジャのプログラム（抜粋）

```
●信号処理用変数の宣言部
double    s[MEM_SIZE+1]={0};                  // 入力データ格納用変数
double    y[MEM_SIZE+1]={0};                  // 出力データ格納用変数

long int l;                                   // 変調正弦波の時刻
double    f;                                  // 変調周波数

●変数の初期設定部
f=1000.0/Fs;                                  // 変調周波数
l     = 0;                                    // ビブラート管理用時刻

●メイン・ループ内 Signal Processing部
y[t] = s[t]*cos(2*M_PI*f*l);                  // AM変調音声
l     = (l+1)%(10*Fs);                        // 変調用正弦波の時刻管理
```

$$2\cos(2\pi f_1 t)\cos(2\pi f t) = \cos\{2\pi(f_1 + f)t\} + \cos\{2\pi(f_1 - f)t\} \quad \cdots\cdots (5.1)$$

つまり，音声の周波数f_1が消失し，代わりに，$f_1 + f$，$f_1 - f$の周波数が発生します．ディジタル信号の性質により，周波数の振幅特性は，周波数0Hzを中心に対称です．結果として，0Hzが±fの位置にくるので，乗じた正弦波周波数fを中心に音声の周波数特性が折り返したようになります．

●プログラム

AM変調によるボイス・チェンジャのプログラムを**リスト5.4**に示します．

変数は，乗じる正弦波の周波数`f`のみです．ここでは1000Hzに設定しています．`Fs`はサンプリング周波数です．

▶改造のヒント

変調周波数`f`を変更することで，出力が変化します．ボイス・チェンジャの場合は，数kHzの変調周波数がよく用いられます．数Hz～数十Hzの変調周波数にすると，音声が揺れて，ビブラートやトレモロのような効果になります．

●入出力の確認

コンパイルと実行の方法を**表5.4**に示します．

DDプログラムによるボイス・チェンジャの結果を**図5.9**に示します．

波形でも違いが確認できますが，スペクトログラムの方がより明確です．スペクトログラムでは，変調周波数である1kHzを中心に周波数特性が対称（折り返し）となっています．

表5.4　AM変調によるボイス・チェンジャのプログラムのコンパイルと実行の方法

収録フォルダ		`5_04_AM_VoiceChanger`
DDプログラム	コンパイル方法	`bcc32c DD_AM_VoiceChanger.c`
	実行方法	`DD_AM_VoiceChanger speech.wav`
RTプログラム	コンパイル方法	`bcc32c RT_AM_VoiceChanger.c`
	実行方法	`RT_AM_VoiceChanger`
備考：`speech.wav`は入力音声ファイル．任意のwavファイルを指定可能		

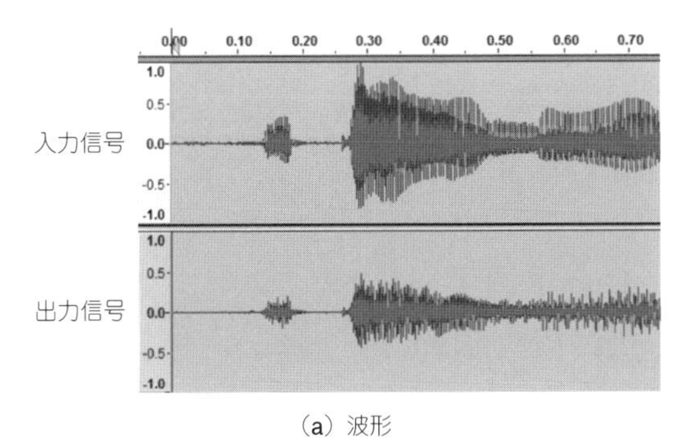

（a）波形

入力信号
出力信号
1kHzを中心に
対称になっている

（b）スペクトログラム

図5.9　AM変調によるボイス・チェンジャ…乗じた正弦波の周波数を中心として周波数特性が対称になる

5-5 時変AMボイス・チェンジャ

入力音声に振幅変調(AM変調)によるエフェクトを掛けるボイス・チェンジャです(正確には本方式はDSB-SC方式). ここでは変調周波数を時間とともに変化させます.

●原 理

AM変調によるボイス・チェンジャは, 音声に正弦波を乗じることで実現できます. この正弦波の周波数(変調周波数)を時間とともに変化させる時変のAM変調を実現する構成を**図5.10**に示します. 構成自体は単純なAM変調(本章5-4参照)と同じですが, 変調周波数fを可変にしています.

音声成分のうち, 1つの正弦波を$2\cos(2\pi f_1 t)$とします. 周波数fの正弦波を乗じると, 次のようになります.

$$2\cos(2\pi f_1 t)\cos(2\pi f t) = \cos\{2\pi(f_1+f)t\} + \cos\{2\pi(f_1-f)t\} \quad \cdots\cdots (5.1)$$

結果として, f_1が$f_1 \pm f$の位置にくるので, 乗じた正弦波周波数fを中心に音声の周波数特性が折り返したようになります. 周波数fを時変にすると, この折り返し点が徐々に変化することが予想されます.

●プログラム

時変AM変調によるボイス・チェンジャのプログラムを**リスト5.5**に示します.

乗じる正弦波周波数を各時刻で少しずつ高くしていきます. ここで, `f`は正規化周波数と呼ばれ, 実際の周波数をサンプリング周波数`Fs`で除したものです.

サンプリング定理より, `f`が0.5のときに最大周波数となります. 0.5より大きくなると周波数が折り返され, 逆に低くなります. 例えば, `f`が0.7のときは0.5 − (0.7 − 0.5) = 0.3となります.

実際の周波数は, `f`にサンプリング周波数`Fs`を乗じたものですから, `Fs`が16000(16kHz)とすると, 0.3 × 16000 = 4800[Hz]です. さらに`f`が大きくなり, 1を超えると, 再び周波数が高くなります. 例えば, `f`が1のときは1 − 1 = 0, `f`が1.2のときは1.2 − 1 = 0.2です. その後は同じことの繰り返しなので, `f`が1に到達した時点で, `f=0`に初期化しています.

▶改造のヒント

変調周波数`f`をどのくらいの速度で変化するかによって, 効果が異なります.

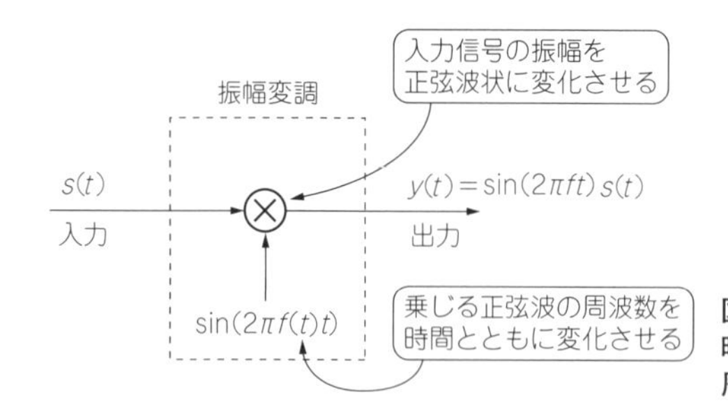

図5.10
時変AM変調を実現するフィルタ…乗じる周波数を可変にする

リスト5.5　時変AM変調によるボイス・チェンジャのプログラム（抜粋）

```
●信号処理用変数の宣言部
double    s[MEM_SIZE+1]={0};              // 入力データ格納用変数
double    y[MEM_SIZE+1]={0};              // 出力データ格納用変数

long int l;                               // 変調正弦波の時刻
double    f;                              // 変調周波数

●変数の初期設定部
f=1000.0/Fs;                              // 変調周波数
l      = 0;                               // ビブラート管理用時刻

●メイン・ループ内 Signal Processing部
f = f + 0.2/Fs;                           // 周波数を徐々に高くする.
                                                 周波数はf=0.5で折り返す

if(f>1)f=0;                               // f=1でf=0と同じ
y[t] = s[t]*cos(2*M_PI*f*l);              // AM変調音声
l     = (l+1)%(10*Fs);                    // 変調用正弦波の時刻管理
```

メイン・ループの`f=f+0.2/Fs`となっている部分の0.2は，時刻（1/16000秒）ごとに0.2［Hz］上昇することを意味します．何Hz上昇させるかは任意ですが，サンプリング定理により，`Fs/2`（8000Hz）未満にする必要があります．

●入出力の確認

コンパイルと実行の方法を**表5.5**に示します．DDプログラムにおける処理結果を**図5.11**に示します．波形では出力の振幅が小さくなっています．

AM変調では，変調周波数fを中心に周波数が折り返すという効果が生じます．スペクトログラムでは，周波数の折り返し点fが徐々に変化しています．fは，最大周波数まで増加した後，最小周波数まで減少します．もっと続ければ，再び最大周波数まで増加，最小周波数まで減少という動作が繰り返されます．

表5.5　時変AM変調によるボイス・チェンジャのプログラムのコンパイルと実行の方法

収録フォルダ		5_05_TVAM_VoiceChanger
DDプログラム	コンパイル方法	bcc32c DD_TVAM_VoiceChanger.c
	実行方法	DD_TVAM_VoiceChanger speech.wav
RTプログラム	コンパイル方法	bcc32c RT_TVAM_VoiceChanger.c
	実行方法	RT_TVAM_VoiceChanger
備考：speech.wavは入力音声ファイル．任意のwavファイルを指定可能		

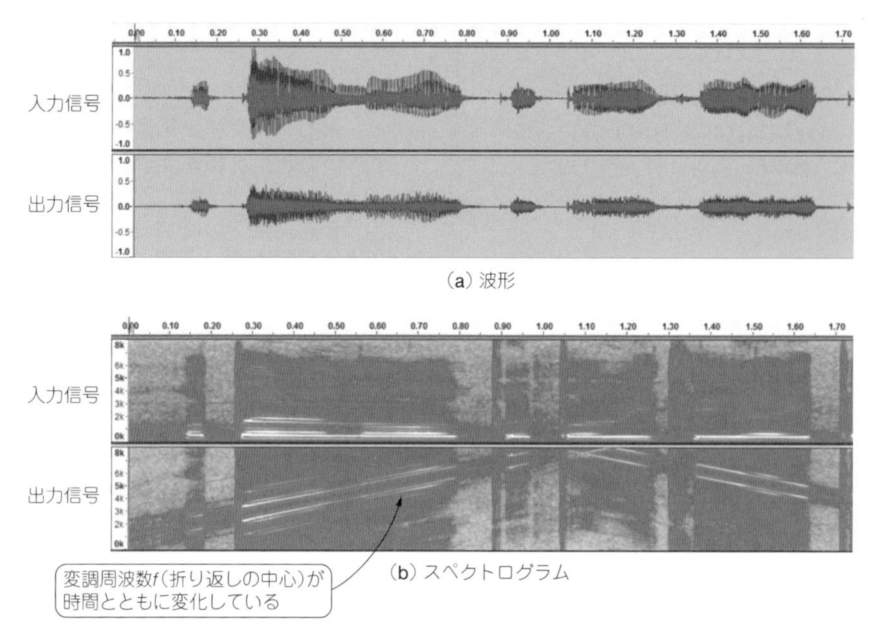

図5.11　時変AM変調によるボイス・チェンジャ…周波数の折り返し点が徐々に変化している

5-6 ヘリウム音声

ヘリウム・ガスと酸素の混合空気を吸い込むことで声の性質を変えることができます．これはヘリウム音声と呼ばれます．

ただし，ヘリウム・ガスに混合される酸素の量が少ないと非常に危険で，気絶する事案も生じています．ここでは，信号処理により，安全に音声をヘリウム音声に変換します．

●原 理

ヘリウム・ガスで音質が変化する仕組みを**図5.12**に示します．

▶音声の発声の仕組み

まず，音声の発声の仕組みを説明します．発声は，ノドの声帯振動（音源）と声道（フィルタ）に分けて考えることができます．つまり，ノドで音源を作って，それが声道を通過することで音声が完成します．

ここで，音源となる音をパルス列で表現します．また，声道はフィルタなので，声道フィルタと表現します．

波形がパルス列で近似される音源の場合，周波数振幅特性も，パルス列のような形状になります．これを微細構造と呼びます．一方，声道フィルタの周波数振幅特性は，緩やかな形状となります．

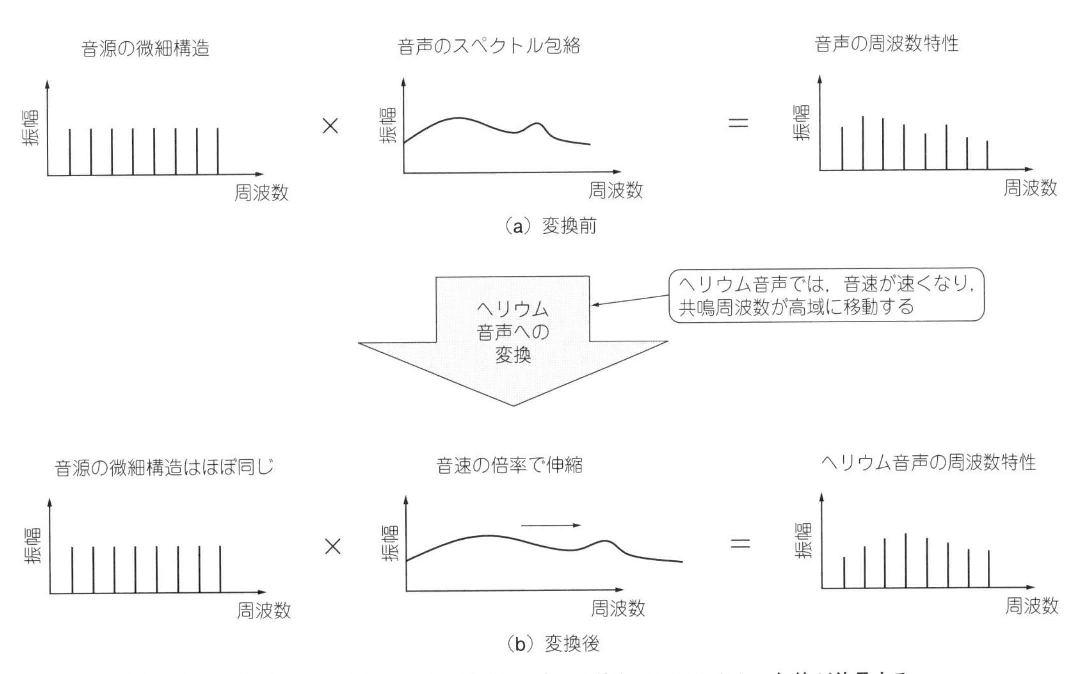

図5.12　ヘリウム音声の仕組み…ヘリウム中の音速は空気中の3倍なのでスペクトル包絡が伸長する

リスト5.6　ヘリウム音声のプログラム（抜粋）

```
●冒頭の宣言部
#define  L        26                        // 包絡線抽出用の次数

●信号処理用変数の宣言部
int    j;                                   // スペクトル包絡補間用
double H, r;                                // 音速の倍率
double NEnv[FFT_SIZE+1]={0};                // 処理後の対数スペクトル包絡

●変数の初期設定部
init();                                     // ビット反転，重み係数の計算
l = 0;                                      // FFT開始時刻管理
H= 1.7;                                     // 音速の倍率

●メイン・ループ内 Signal Processing部
x[l] = s[t];                                // 入力をx[l]に格納
l=(l+1)%FFT_SIZE;                           // FFT用の時刻管理
if( l%SHIFT==0 ){                           // シフトごとにFFTを実行
    for(i=0;i<FFT_SIZE;i++){
        xin[i] = x[(l+i)%FFT_SIZE]*w[i];    // 窓関数を掛ける
    }
    cep_FE();                               // ケプストラム変換
    // 対数スペクトル包絡処理
    for(i=0;i<FFT_SIZE/2-1;i++){
        r=i/H;                              // 対応する周波数番号(有理数)
        j=(int)r;                           // rの整数部を取得
        r=r-j;                              // rの小数部を取得
        NEnv[i]=(1.0-r)*XEnv[j] + r *XEnv[j+1];
                                            // 線形補間により振幅値を決める
        if(j>FFT_SIZE/2-1)NEnv[i]=-10;
                                            // ナイキスト周波数を超える分
                                            //                    は小さく
        NEnv[FFT_SIZE-i]=NEnv[i];           // 対称スペクトルの作成
    }
    for(i=0;i<FFT_SIZE;i++){
        XEnv[i]=NEnv[i];                    // 新しいスペクトル包絡に変更
    }
    icep_FE();                              // 逆変換
    for(i=0;i<FFT_SIZE;i++){                // 出力信号作成
        if(i>=FFT_SIZE-SHIFT)
                          yf[(l+i)%FFT_SIZE] = z[i]/FFT_SIZE*OV;
        else
           yf[(l+i)%FFT_SIZE] = yf[(l+i)%FFT_SIZE]+z[i]/FFT_SIZE*OV;
    }
}
y[t]=yf[l];                                 // 現在の出力
```

これをスペクトル包絡と呼びます．音声の周波数振幅特性は，微細構造とスペクトル包絡の積です［**図5.12**(a)］．

このうち，微細構造は，声の高さを担当しており，スペクトル包絡は音色を担当しています．スペクトル包絡の各ピークは，フォルマントと呼ばれます．フォルマントは，「あ」や「い」などの音の種類を決定する重要な役割を果たします．

▶ヘリウム中の音速は空気中の3倍

ヘリウム中の音声は，空気中の約3倍の速度で進行します[注2]．この場合，同じ周波数でも波長が長くなります．一方，声道の形状は変化しません．フォルマントは波長に依存して決まるので，結果としてフォルマントが3倍の周波数の位置に移動します［**図5.12**(b)］．

フォルマントの変更は，スペクトル包絡の変更です．これには，音声を微細構造とスペクトル包絡に分離できる，ケプストラム分析が有用です．スペクトル包絡を音速に応じて伸縮し，時間領域の信号に戻せば，安全にヘリウム音声を実現できます．さらに，他の音速に変更することも容易です．例えば，「音速を遅くする気体を吸い込んだ」ときの声なども確認することができます．

●プログラム

ヘリウム音声のプログラムを**リスト5.6**に示します．音速の倍率を`H`という変数で指定します．

最初に，スペクトル包絡を，`L=26`番目までのケプストラムから計算します．そして，対数振幅スペクトル領域において，線形補間により，スペクトル包絡を`H`倍に伸縮します．そして，微細構造と融合して，ヘリウム音声のスペクトルを得ます．

▶改造のヒント

`H`の値で音速を調整します．`H`は正の実数で設定します．`H`が1のとき，空気中での通常の発声となります．`r`＞1では，音速を高速化する気体を吸い込んだ場合の音になり，`r`＜1で音速を低速化する気体を吸い込んだ場合の音になります．

音速の倍率`H`をリアルタイムで変更するプログラムをダウンロード・データに収録しています．スペース・キーを押すたびに，0.2ずつ`H`の値が上昇します．`H`の値が3になると以降は0.2ずつ下降します．そして，`H`の値が0.4になると再び上昇します．

●入出力の確認

コンパイルと実行の方法を**表5.6**に示します．

DDプログラムにおける処理結果を**図5.13**に示します．波形からはヘリウム音声処理による変化が見えにくいと思います．スペクトログラムは，原音声に比べ，ヘリウム音声が，周波数方向(縦方向)にやや伸びています．スペクトルの強い部分(共鳴周波数)に注目すれば確認しやすいと思います．

変化した音声を実際に聞いて実感してください．

注2：市販のヘリウム・ガスは酸素を含んでいるので，音速は3倍よりも小さくなる．感覚的には2倍弱くらい．

表5.6　ヘリウム音声のプログラムのコンパイルと実行の方法

収録フォルダ		5_06_HeliumVoice
DDプログラム	コンパイル方法	bcc32c DD_HeliumVoice.c
	実行方法	DD_HeliumVoice speech.wav
RTプログラム	コンパイル方法	bcc32c RT_HeliumVoice.c
	実行方法	RT_HeliumVoice
関連プログラム	機能	音速の倍率をリアルタイムで変更できる
	コンパイル方法	bcc32c RT_HeliumVoice_adjustable.c
	実行方法	RT_HeliumVoice_adjustable
備考：speech.wavは入力音声ファイル．任意のwavファイルを指定可能		

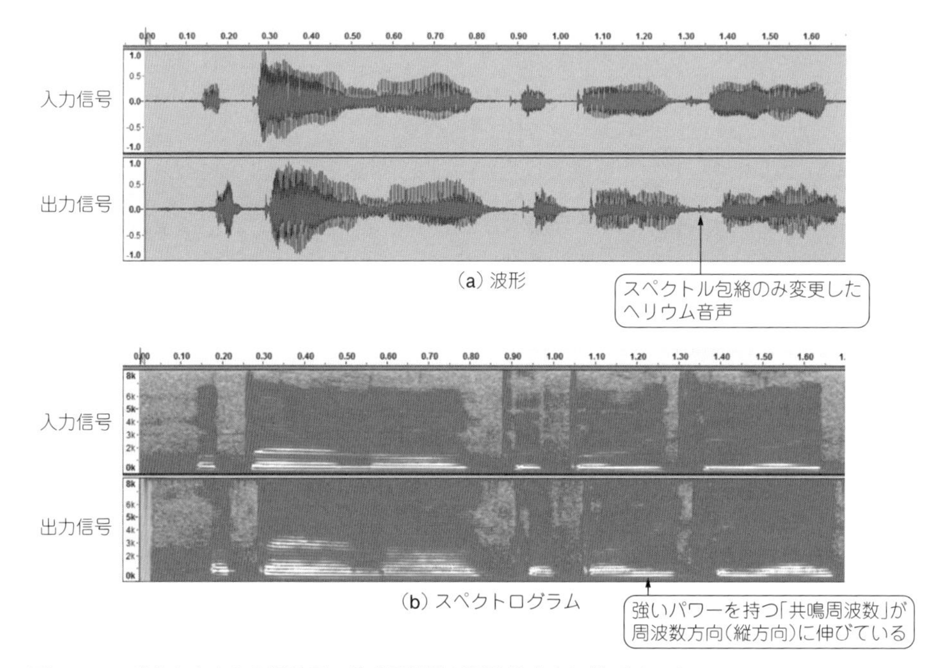

図5.13　ヘリウム音声の実行結果…共鳴周波数が周波数方向に伸びている

5-7 フェーズ・ボコーダ

音声を早回し再生すると高い声になり，遅回し再生すると低い声になります．このように通常は再生時間を変更すると，声の高さが変わります．

ここではフェーズ・ボコーダという技術を用いて，声の質を変えずに再生時間を変化させます．

●原理

音声を短時間ごとにFFTし，その振幅を輝度として表したものがスペクトログラムです（**図5.14**）．音声のFFT結果を逆FFTすれば，元の音声に戻ります．

フェーズ・ボコーダでは，スペクトログラムを維持したまま，音声の再生速度を変更します．つまり，音声を構成する周波数成分が変化しないので，声の質が変化しません．

フェーズ・ボコーダでは，スペクトログラムの各列を順番に逆FFTするのではなく，同じ列を2回ずつ使用したり，1つ飛ばしで使用したりします．例えば，音声を$\alpha = 0.5$倍速で再生したいとき，**図5.15(a)**のように，1列のスペクトルを2回ずつ利用して時間を2倍に引き延ばします．そして，全体を逆FFTすると，再生時間は2倍になります．しかし，音の高さの情報は保持されています

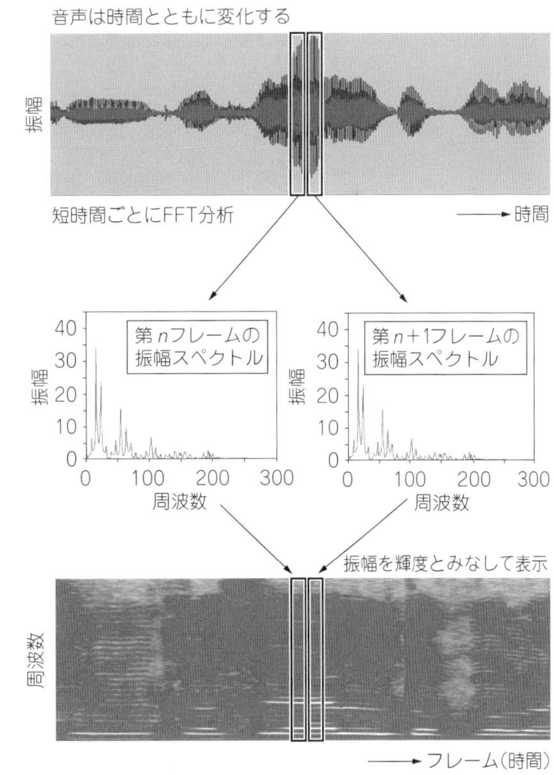

図5.14
音声の振幅スペクトルの時間変化を輝度として表したのがスペクトログラム

ので，発話者がゆっくり話したような効果を得ることができます．

再生速度の倍率αと，分析フレーム番号との対応を**図5.15(b)**に示します．ここで，[・]は整数化する演算子です．

●プログラム

フェーズ・ボコーダのプログラムを**リスト5.7**に示します．`alpha=0.5`と設定しているので，再生速度が0.5倍，つまり再生時間を2倍にした遅回し再生になります．

全体のスペクトルを記録して，音声合成時に利用するスペクトルを選択しています．

フェーズ・ボコーダは，本来，位相スペクトルをうまく選択し，合成音声の自然性を高める技術です．ここでは，対応する元のフレームとその直前のフレームの位相差を積み上げる方式としています．ただし，極端な遅回し再生や早回し再生では，ひずみが生じることがあります．

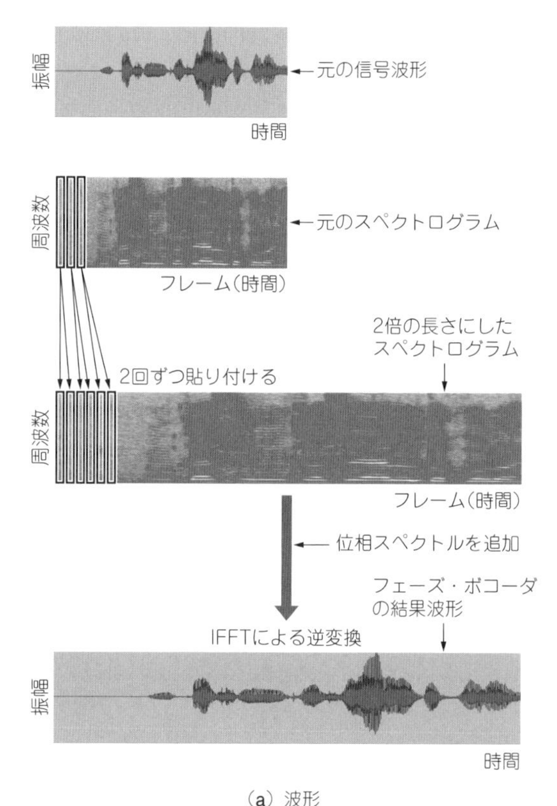

(a) 波形

出力フレーム番号	0	1	2	3	4	5	6	…
再生速度をα倍する	0	$[\alpha]$	$[2\alpha]$	$[3\alpha]$	$[4\alpha]$	$[5\alpha]$	$[6\alpha]$	…
対応する元のフレーム番号（$\alpha=0.5$のとき）	0	0	1	1	2	2	3	…

(b) 再生速度の倍率αと分析フレーム番号との対応

図5.15　フェーズ・ボコーダによる音声波形の生成の仕組み

フェーズ・ボコーダでは，入力と出力の再生時間が異なるため，リアルタイム処理は実行できません．

▶改造のヒント

声の速さの倍率として，alphaを導入しています．1未満の値では，元の音声よりもゆっくり話した結果となり，1以上だと速く話した結果が得られます．

●入出力の確認

コンパイルと実行の方法を**表5.7**に示します．

DDプログラムにおける処理結果を**図5.16**に示します．αを0.5に設定しているので，再生時間が2倍になっています．

スペクトログラムを見ると，元のスペクトルを保持しています．声の質はほぼ変化していません．

位相スペクトルを単純化したため，やや音声にひずみが認められますが，発話者本人がゆっくり話したような効果が得られています．

表5.7　フェーズ・ボコーダのプログラムのコンパイルと実行の方法

収録フォルダ		5_07_PhaseVocoder
DDプログラム	コンパイル方法	bcc32c DD_PhaseVocoder.c
	実行方法	DD_PhaseVocoder speech.wav
備考：speech.wavは入力音声ファイル．任意のwavファイルを指定可能		

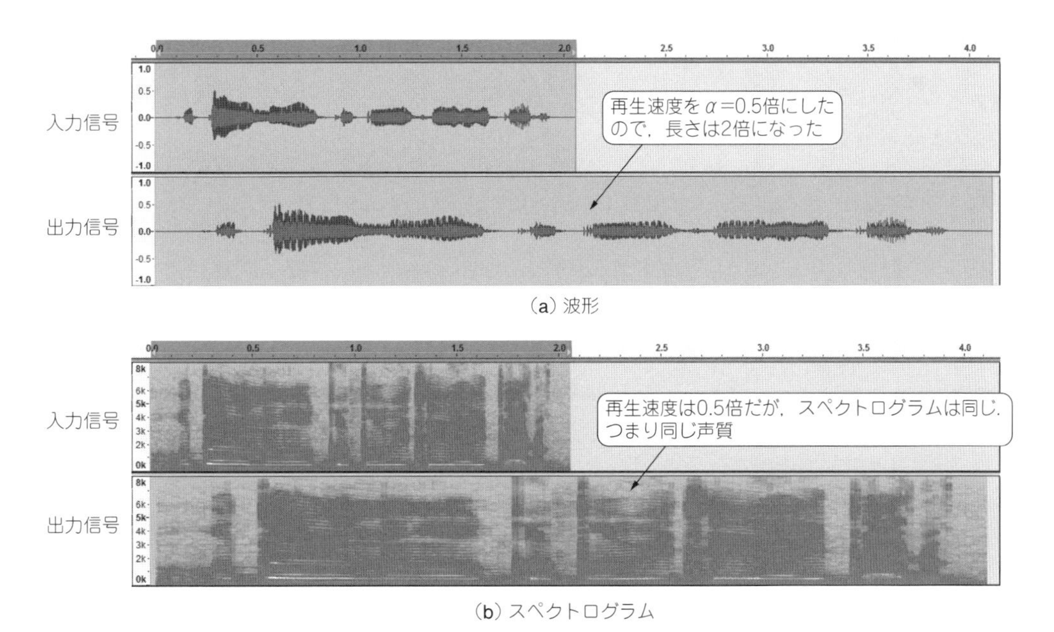

図5.16　フェーズ・ボコーダの実行結果…再生時間が伸びているが周波数成分は変わらない

リスト5.7　フェーズ・ボコーダのプログラム（抜粋）

```
●冒頭の宣言部
#define  MEM_SIZE 512                      // 音声メモリのサイズ
#define  FFT_SIZE 512                      // FFT点数
#define  N        240                      // 記憶するフレーム数
#define  OL       2                        // オーバラップ率

●信号処理用変数の宣言部
double   Amp[N+1][FFT_SIZE/2+1]={0};      // 振幅スペクトル保存用
double   Phs[N+1][FFT_SIZE/2+1]={0};      // 合成音声用の位相スペクトル管理
double   Xphase[FFT_SIZE/2+1]={0};        // 位相スペクトル
int      outlen, fm;                       // 出力データ長，入力フレーム番号
double   fmout;                            // 出力フレーム番号
double   alpha;                            // 音声の速さの倍率

●変数の初期設定部
init();                                    // ビット反転，重み係数の計算
l    = 0;                                  // FFT開始時刻管理
for(i=0;i<FFT_SIZE;i++){                   // 窓関数の設定
    w[i]=0.5*(1.0-cos(2.0*M_PI*i/(double)FFT_SIZE));
}
fm   = 0;                                  // 初期フレーム番号
fmout= 0.0;                                // 出力のフレーム番号
alpha= 0.5;                                // 音声の速さの倍率

●出力wavファイルのヘッダ情報部
 outlen = (int)(len/alpha);                // 出力データの長さ調整

●メイン・ループ内 Signal Processing部
// フェーズ・ボコーダ(音声分析部)
while(1){                                   // メイン・ループ
    if(fread( &input, sizeof(short), 1,f1) < 1){
                                            // 音声を input に読み出し
        if( t_out > len+add_len ) break;    // ループ終了判定
        else input=0;                       // ループ継続かつ音声読込み終了
    }
    s[t] = input/32768.0;                  // 音声の最大値を1とする(正規化)
    x[l] = s[t];                           // 入力をx[l]に格納
    l=(l+1)%FFT_SIZE;                      // FFT用の時刻管理
    if( l%SHIFT==0 ){                      // シフトごとにFFTを実行
        for(i=0;i<FFT_SIZE;i++){
            xin[i] = x[(l+i)%FFT_SIZE]*sqrt(w[i]);     // 窓関数を掛ける
        }
        fft();                             // FFT
        for(i=0;i<=FFT_SIZE/2;i++){
```

```
            Amp[fm][i]=Xamp[i];           // 全振幅スペクトルの記録
            Phs[fm][i]=Xphs[i];                // 全位相スペクトルの記録
        }
        fm=fm+1;                               // 入力フレーム番号
        if(fm>=N)break;                        // 最大フレーム数を超えない
    }
    t=(t+1)%MEM_SIZE;                          // 時刻tの更新
    t_out++;                                   // ループ終了時刻の計測
}
// フェーズ・ボコーダ(音声合成部)
l=0;
t=0;
for(t_out=0;t_out<outlen;t_out++){             // メイン・ループ
    l=(l+1)%FFT_SIZE;                          // FFT用の時刻管理
    if( l%SHIFT==0 ){                          // シフトごとにFFTを実行
        for(i=0;i<=FFT_SIZE/2;i++){            // 位相差を積み上げる
            Xphase[i]=Xphase[i]+Phs[(int)fmout+1][i]
                                           -Phs[(int)fmout][i];
            Xr[i]=Amp[(int)fmout][i]*cos(Xphase[i]); // 合成信号の実部
            Xi[i]=Amp[(int)fmout][i]*sin(Xphase[i]); // 合成信号の虚部
            Xr[FFT_SIZE-i]= Xr[i];                   // 実部は偶対称
            Xi[FFT_SIZE-i]=-Xi[i];                   // 虚部は奇対称
        }
        ifft();                                // IFFT
        for(i=0;i<FFT_SIZE;i++){               // 出力信号作成
            z[i]=z[i]*sqrt(w[i]);              // 窓関数を掛ける
            if(i>=FFT_SIZE-SHIFT)
                            yf[(l+i)%FFT_SIZE] = z[i]/FFT_SIZE*OV;
            else
           yf[(l+i)%FFT_SIZE] = yf[(l+i)%FFT_SIZE]+z[i]/FFT_SIZE*OV;
        }
        fmout=fmout+alpha;                     // 出力フレーム番号の更新
        if(fmout>=N)break;                     // 最大フレーム数を超えない
    }
    y[t]=yf[l];                                // 現在の出力
    output = y[t]*32767;                       // 出力を整数化
    fwrite(&output, sizeof(short), 1, f2);     // 結果の書き込み
    if(ch==2){                                 // ステレオ入力の場合
        if(fread(&input, sizeof(short), 1, f1)<1) break;
                                               // Rchのカラ読み出し
        fwrite(&output, sizeof(short), 1, f2);   // Rch書き込み(=Lch)
    }
    t=(t+1)%MEM_SIZE;                          // 時刻 t の更新
}
```

5-8 小振幅カット音声

音声信号から小振幅部分をカットして，全体の長さを短くします．音声の休止区間だけがカットされるので，音質は変化しません．

●原 理

音声を波形で見ると，**図5.17**に示すように休止区間を多く含んでいます．この部分をカットすると，全体の長さを短くできます．

音声波形の振幅の絶対値が，しきい値よりも大きければ書き出すという単純な処理で実現します．音声が存在する部分は処理しないので，音質は変化せず，早口で話したような音声になります．ビデオの早送り再生などで，音声を聞きながら映像をチェックする場合などに有用な方法です．

●プログラム

小振幅区間をカットするプログラムを**リスト5.8**に示します．

音声の振幅の絶対値は，最大値1に正規化しています．これが0.01を下回るとき，信号をカットしています．全体の時間が短くなるので，メイン・ループ終了後にヘッダ情報を書き換えています．

▶改造のヒント

しきい値0.01を変更することで，カットされる小振幅音声の絶対値が変化します．ただし，大きくカットすれば，音質が劣化します．

●入出力の確認

コンパイルと実行の方法を**表5.8**に示します．

小振幅区間をカットした結果を**図5.18**に示します．音声の休止区間がカットされたため，入力信号の長さが約3/4程度に短縮されています．休止区間がないので，急いで話しているように聞こえます．

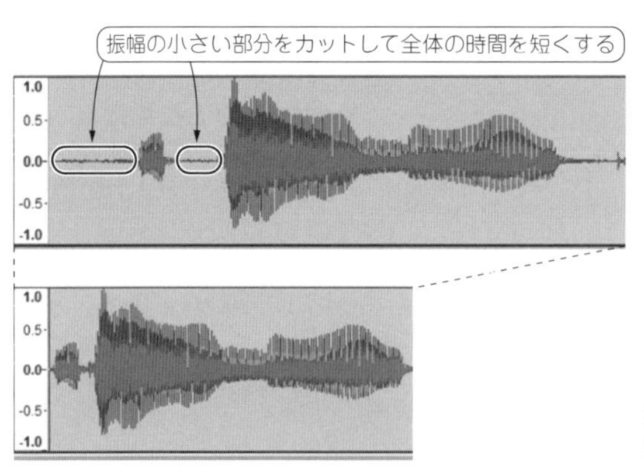

図5.17
音声が休止している区間をカット

リスト5.8　小振幅区間をカットするプログラム(抜粋)

```
●メイン・ループ部
while(1){                                  // メイン・ループ
    if(fread( &input, sizeof(short), 1,f1) < 1)break;
                                           // 音声を input に読み込み
    s[t] = input/32768.0;                  // 音声の最大値を1とする(正規化)
    y[t]=s[t];
    if( fabs(y[t]) > 0.01){
        output = y[t]*32767;               // 出力を整数化
        fwrite(&output, sizeof(short), 1, f2);   // 結果の書き出し
        if(ch==2){                         // ステレオ入力の場合
            if(fread(&input, sizeof(short), 1, f1)<1) break;
                                           // Rchのカラ読み込み
            fwrite(&output, sizeof(short), 1, f2);
                                           // Rch書き込み(=Lch)
        }
        t_out++;                           // ループ終了時刻の計測
    }
    t=(t+1)%MEM_SIZE;                      // 時刻 t の更新
}
```

表5.8　小振幅区間をカットするプログラムのコンパイルと実行の方法

収録フォルダ		5_08_zero_cut_speech
DDプログラム	コンパイル方法	bcc32c DD_zero_cut_speech.c
	実行方法	DD_zero_cut_speech speech.wav
備考：speech.wavは入力音声ファイル．任意のwavファイルを指定可能		

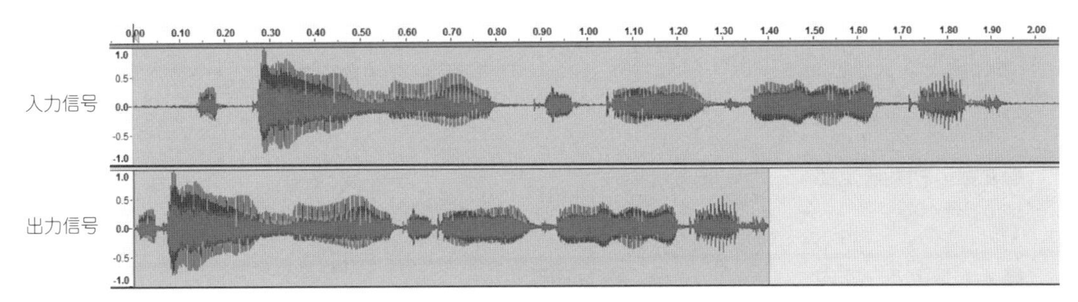

図5.18　小振幅区間カットの実行結果…入力信号より出力信号の時間が短くなっている

5-9 ノイズを音源とする音声

音声を線形予測分析し，音源と声道フィルタに分離します．そして，音源をノイズに変更して，音声を再合成します．すると声帯振動が消失した，ささやき声のような音声が合成されます．

●原 理

声帯振動を伴わない音声は，無声音と呼ばれています．その音源は，ノイズで近似されます．

音声合成のモデルを**図5.19**に示します．ここではARモデル（Autoregressive Model）と呼ばれるモデルを仮定しています．

線形予測分析により，声道を模擬するフィルタ係数a_m ($m=1,\ \cdots,\ M$) を入手できます．フィルタ係数が分かれば，伝達関数$H(z)$が決まり，声道フィルタを構築できます．

ここでは，音源を全てノイズで置き換えて，音声を合成します．音声の周波数特性$S(\omega)$は，声道フィルタの周波数特性$H(\omega)$と音源の周波数特性$G(\omega)$の積で与えられます．音源をノイズに置

リスト5.9　音源をガウス性ホワイト・ノイズとして音声を合成するプログラム（抜粋）

```
●冒頭の宣言部
#define  N  512                          // 自己相関計算用サンプル数
#define  P  28                           // AR次数

●信号処理用変数の宣言部
int      i;                              // ループ計算用変数
double   rho[P+1]={0}, delta[P+1]={0}, sigma[P+1]={0}; // AR係数推定
double   h[P+1]={0}, r[N+1]={0}, a[P+1][P+1]={0};     // 自己相関関数
double   e;                              // 予測誤差
int      l, m, tau;                      // 繰り返し計算管理用
double   rs[MEM_SIZE+1]={0};             // 合成信号
double   rmax;                           // ピッチ抽出用
int      pitch;                          // ピッチ

●変数の初期設定部
h[0]=1.0;                                // 線形予測係数h[0]=1

●メイン・ループ内 Signal Processing部
if(l>=N){                                // Nサンプルごとに線形予測分析を実行
    pitch=1, rmax=0;                     // ピッチの初期化
    for(tau=0;tau<N;tau++){              // 時間差tauの設定
        r[tau]=0;                        // 自己相関の初期化
        i=0;
        while(tau+i<=N){                 // 自己相関の計算
```

き換えることは，$G(\omega)$ を強制的に変更することと等価です．

音源にはホワイト・ノイズ（White Noise；白色雑音）を与えます．ホワイト・ノイズは，全ての周波数成分のパワーが同じであるという特徴があります．よって周波数特性はフラットになります．この場合，合成音声は周期性を持ちません．従って高さの情報がない，ささやき声のような音になります．ただし，スペクトル包絡は保持するので，発話の内容は判別できます．

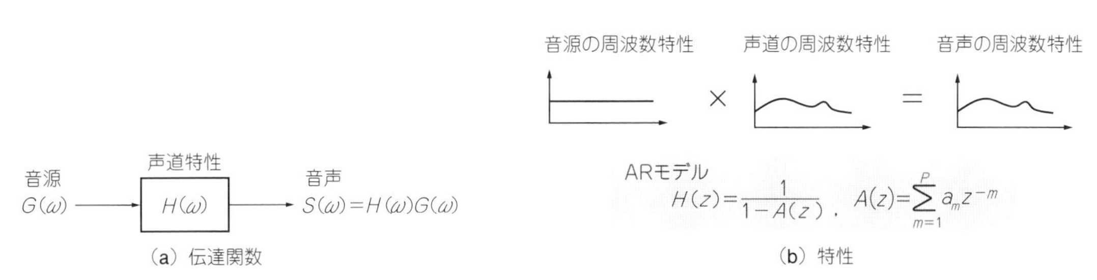

図5.19　音声合成のモデル…音声の周波数特性は声道フィルタの周波数特性と音源の周波数特性の積

```
            r[tau]=r[tau]+s[(t-i+MEM_SIZE)%MEM_SIZE]
                                  *s[(t-tau-i+MEM_SIZE)%MEM_SIZE];
            i++;
        }
        r[tau]=r[tau]/N;                // 自己相関の初期化
        // ピッチ抽出
        if(tau>=20 && rmax<r[tau]){     // 音声ピッチの範囲内で最大相関検出
            rmax=r[tau];
            pitch=tau;                  // ピッチ推定値
        }
    }
    // レビンソンダービン・アルゴリズム（略）
}
e1=rand()/(double)RAND_MAX;             // 一様分布の乱数
e2=rand()/(double)RAND_MAX;             // 一様分布の乱数
if(e1!=0){
    e =sqrt(-2.0*log(e1)) * cos(2*M_PI*e2) * r[0];
                                        // ガウス・ノイズ(ボックスミューラ法)
}
rs[t]=e;                                // 音源の設定
for(i=1;i<=P;i++){
    rs[t] = rs[t] - h[i]*rs[(t-i+MEM_SIZE)%MEM_SIZE]; // 音声合成
}
y[t]=rs[t];                             // 合成音声を出力
```

●プログラム

音源をガウス性ホワイト・ノイズとして音声を合成するプログラムを**リスト5.9**に示します．

音源として，ボックスミューラ法(Box-Muller's Method)と呼ばれる方法で，一様分布の乱数から，ガウス性ホワイト・ノイズを生成しています．ガウス性というのは，自然界によく現れる特性です．大ざっぱに言えば，平均値が最も生じやすく，平均値から遠ざかる値ほど，生じにくいという性質のことです．

▶改造のヒント

音源の大きさは，パワーの推定値`r[0]`によって決定しています．これを一定値にするなど，変更を加えると合成音声の状態が変化します．

●入出力の確認

コンパイルと実行の方法を**表5.9**に示します．

DDプログラムにおける処理結果を**図5.20**に示します．音源をノイズ(ホワイト・ノイズ)としているので，合成音声は周期性を持ちません．スペクトログラムを見ると，垂直方向に，連続スペクトルになっています．周期性を持つ場合は，垂直方向に等間隔のスペクトルになります．

処理音は，ノイズが音源なので，ささやき声のような，声帯振動を伴わない音声が確認できます．

表5.9　音源をガウス性ホワイト・ノイズとして音声を合成するプログラムのコンパイルと実行の方法

収録フォルダ		5_09_LPC_noise_synthesis
DDプログラム	コンパイル方法	bcc32c DD_LPC_noise_synthesis.c
	実行方法	DD_LPC_noise_synthesis speech.wav
RTプログラム	コンパイル方法	bcc32c RT_LPC_noise_synthesis.c
	実行方法	RT_LPC_noise_synthesis
備考：speech.wavは入力音声ファイル．任意のwavファイルを指定可能		

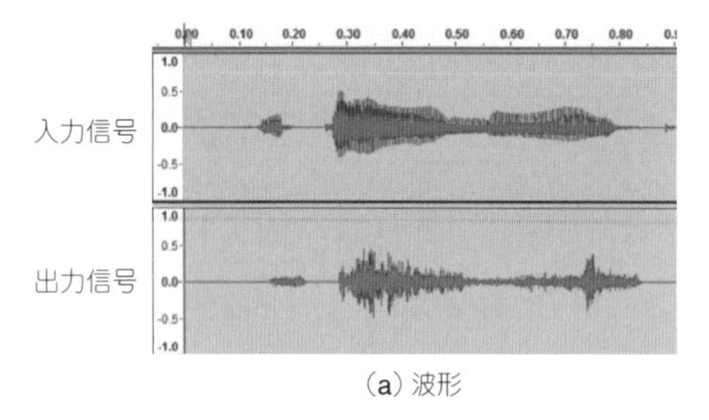

(a) 波形

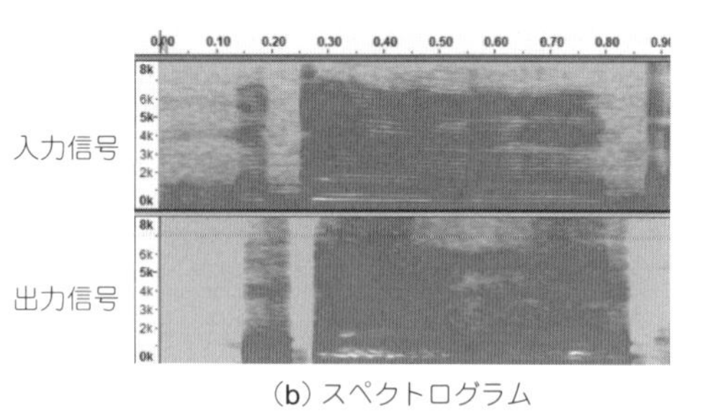

(b) スペクトログラム

図5.20　ノイズを音源とする音声…ガウス性ホワイト・ノイズを音源としているので周期性がない

5-10 人工パルスを音源とした音声合成～声の高さを推定する～

音声を線形予測分析すると，声帯振動の周期を得ることができます．ここでは推定した周期からパルス列を人工的に生成し，これを音源として音声を合成します．

この原理は人工喉頭などに応用されます．

●原 理

▶音源信号の取り出し

音声を線形予測分析すれば，音源信号を取り出すことができます．これを簡単にモデル化したものを図5.21に示します．

$S(\omega)$，$H(\omega)$，$G(\omega)$ は，それぞれ音声，声道，音源の周波数特性です．このとき，

$$S(\omega) = H(\omega)\, G(\omega)$$

と書けます．また，ARモデルと呼ばれるモデルでは，

$$G(\omega) = 1/[1 - A(\omega)]$$

の形で近似します．予測誤差フィルタと呼ばれるフィルタで，線形予測分析すれば，$H(\omega)$ の逆特性，つまり $1 - A(\omega)$ を推定できます．より具体的には，レビンソンダービン（Levinson-Durbin）アルゴリズムにより，$A(\omega)$ のフィルタ係数 a_m を計算できます．音源 $G(\omega)$ は，予測誤差フィルタの出力として得られます．

▶音声の合成

図5.21に示す線形予測分析の逆の過程は，音声の生成モデルとなります（本章5-9の図5.19参照）．音声は，音源を声道フィルタに通すことで生成されます．ここでは音源を人工的なパルスに変更します．

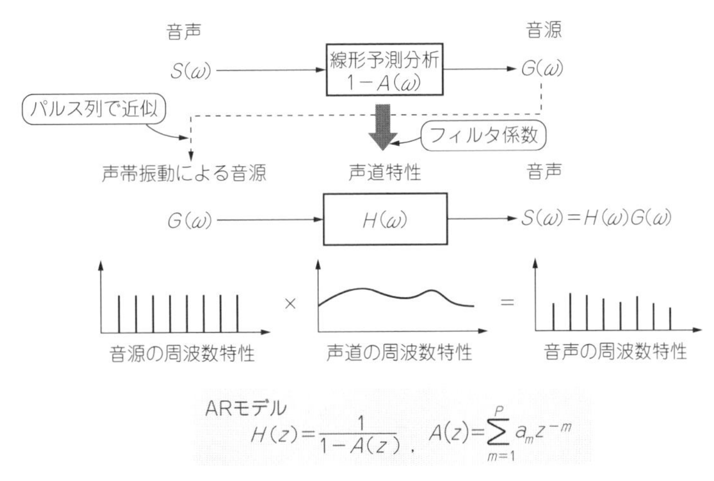

図5.21　音声の線形予測分析

まず，声帯振動の周期を，線形予測分析の際に利用する自己相関関数を用いて推定します．周期信号の自己相関関数は，周期的に最大値をとりますので，その間隔を調べることで周期が得られます．

次に，推定した周期を持つ，人工的なパルス列を発生させ，これを音源とします．そして，線形予測分析で得られた声道特性を模擬するフィルタに人工的なパルス列を通過させることで音声を合成します．

●プログラム

声帯振動の周期を推定し，その周期を持つパルス列を音源として，音声を合成するプログラムを**リスト5.10**に示します．

分析は`N=512`サンプルごとに実施しています．線形予測器のフィルタ次数`P`は28です．

メイン・ループ内のレビンソン・ダービン・アルゴリズム部分は省略しています．自己相関関数`r[tau]`の最大値を与える`tau`をピッチ周期として選択しています．音源は，周期`tau`ごとに分析結果の振幅（`r[0]`の平方根）をとるパルス列としています．

▶改造のヒント

パルス列の周期は，推定された`pitch`によって決まります．プログラムでは，周期が`pitch*1`のときにパルスを出力するようにしています．これを`pitch*2`などのように定数倍にすることで，周期の長さを調整して合成音声を作成できます．例えば，周期を2倍にすると音声の基本周波数が1/2になるので，低い声に変わります．

●入出力の確認

コンパイルと実行の方法を**表5.10**に示します．

DDプログラムにおける処理結果を**図5.22**に示します．合成音声の音源は，声帯振動の周期を推定して作成した，人工的なパルス列です．人工的な音源により，自然性が失われた音声が聞こえます．

音声はいつでも周期性を有するわけではありませんが，ここでは常に周期性を持つと仮定して合成しています．従って合成音声は，原音声とはかなり異なる音質になります．スペクトログラムを見ると，等間隔にスペクトルが生じていて，いずれの部分も調波構造を持つ周期信号であることが分かります．

音を聴いてみると，原音声にはほど遠いですが，有声音（声帯振動を伴う音声）の部分に関しては，ある程度特徴をとらえています．

表5.10　推定した声の高さで音声を合成するプログラムのコンパイルと実行の方法

収録フォルダ		5_10_LPC_Pitch_Ext_Synthesis_pulse
DDプログラム	コンパイル方法	bcc32c DD_LPC_Pitch_Ext_synthesis.c
	実行方法	DD_LPC_Pitch_Ext_synthesis speech.wav
RTプログラム	コンパイル方法	bcc32c RT_LPC_Pitch_Ext_synthesis.c
	実行方法	RT_LPC_Pitch_Ext_synthesis
備考：speech.wavは入力音声ファイル．任意のwavファイルを指定可能		

リスト5.10　推定した声の高さで音声を合成するプログラム（抜粋）

```
●冒頭の宣言部
#define  N  512                     // 自己相関計算用サンプル数
#define  P  28                      // AR次数

●信号処理用変数の宣言部
int      i;                         // ループ計算用変数
double   rho[P+1]={0}, delta[P+1]={0}, sigma[P+1]={0}; // AR係数推定
double   h[P+1]={0}, r[N+1]={0}, a[P+1][P+1]={0};     // 自己相関関数
double   e;                         // 予測誤差
int      l, m, tau;                 // 繰り返し計算管理用
double   rs[MEM_SIZE+1]={0};        // 合成信号
double   rmax;                      // ピッチ抽出用
int      pitch;                     // ピッチ

●変数の初期設定部
h[0]=1.0;                           // 線形予測係数h[0]=1

●メイン・ループ内 Signal Processing部
if(l>=N){                           // Nサンプルごとに線形予測分析を実行
    pitch=1, rmax=0;                // ピッチの初期化
    for(tau=0;tau<N;tau++){         // 時間差tauの設定
        r[tau]=0;                   // 自己相関の初期化
        i=0;
        while(tau+i<=N){            // 自己相関の計算
            r[tau]=r[tau]+s[(t-i+MEM_SIZE)%MEM_SIZE]
                                *s[(t-tau-i+MEM_SIZE)%MEM_SIZE];
            i++;
        }
        r[tau]=r[tau]/N;            // 自己相関の初期化
                                    // ピッチ抽出
        if(tau>=20 && rmax<r[tau]){ // 音声ピッチの範囲内で最大相関検出
            rmax=r[tau];
            pitch=tau;              // ピッチ推定値
        }
    }
                        // レビンソンダービン・アルゴリズム（中略）
}
e=0;
if(t_out%(int)(pitch*1)==0)e=sqrt(r[0]);
                                    // 推定ピッチに合わせてパルス発生
rs[t]=e;                            // 音源の設定
for(i=1;i<=P;i++){
    rs[t] = rs[t] - h[i]*rs[(t-i+MEM_SIZE)%MEM_SIZE]; // 音声合成
}
y[t]=rs[t];                         // 合成音声を出力
```

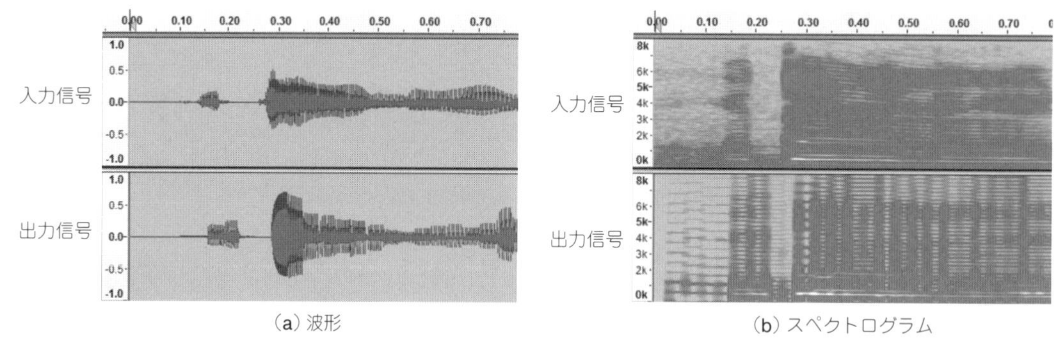

図5.22　推定した声の高さで音声を合成した結果…等間隔にスペクトルが生じている

5-11 人工パルスを音源とした音声合成～声の高さを固定する～

線形予測分析により，音声を音源と声道特性に分離して，音源だけを変化させます．ここでは，声帯振動の周期を一定にした合成音声を作成します．

声帯振動の周期が一定なので，声の高さを変えることができなくなります．

●原 理

音声を線形予測分析すれば，音声の音源と声道特性を得ることができます．音声の生成モデル（本章5-9の**図5.19**参照）に従えば，抽出した音源と声道特性から再び元の音声を合成できます．

声帯振動によって生成される音源は，肺からの空気を声帯の開閉で断続することで生じます．これを人工的に発生させたパルス列で近似します．

線形予測分析で得たフィルタ係数a_m ($m = 1, 2, \cdots, P$)により声道を模擬するフィルタを作ります．この声道フィルタに音源を通過させることで，合成音声を得ます．

ここでは，音源とするパルス列を一定の周期で発生させます．これは，声帯振動が常に一定の速度で開閉している状態です．声帯振動の周期は声の高さを決定します．従って生成される音声はいつも同じ高さになります．

●プログラム

声の高さを固定して音声を合成するプログラムを**リスト5.11**に示します．

分析は`N=512`サンプルごとに実施しています．線形予測器のフィルタ次数`P`は28です．

自己相関関数`r[tau]`の最大値を与える`tau`をピッチ周期として`pitch`に代入します．ただしここでは音声を合成する部分で，強制的に`pitch=128`に変更しています．これは，8msの周期に相当し，男声の平均的な周期とほぼ同じです．

リスト5.11　声の高さを固定して音声を合成するプログラム（抜粋）

```
●冒頭の宣言部
#define  N  512                         // 自己相関計算用サンプル数
#define  P  28                          // AR次数

●信号処理用変数の宣言部
int      i;                             // ループ計算用変数
double   rho[P+1]={0}, delta[P+1]={0}, sigma[P+1]={0}; // AR係数推定
double   h[P+1]={0}, r[N+1]={0}, a[P+1][P+1]={0};      // 自己相関関数
double   e;                             // 予測誤差
int      l, m, tau;                     // 繰り返し計算管理用
double   rs[MEM_SIZE+1]={0};            // 合成信号
double   rmax;                          // ピッチ抽出用
int      pitch;                         // ピッチ

●変数の初期設定部
h[0]=1.0;                               // 線形予測係数h[0]=1

●メイン・ループ内 Signal Processing部
if(l>=N){                               // Nサンプルごとに線形予測分析を実行
    pitch=1, rmax=0;                    // ピッチの初期化
    for(tau=0;tau<N;tau++){             // 時間差tauの設定
        r[tau]=0;                       // 自己相関の初期化
        i=0;
        while(tau+i<=N){                // 自己相関の計算
            r[tau]=r[tau]+s[(t-i+MEM_SIZE)%MEM_SIZE]
                              *s[(t-tau-i+MEM_SIZE)%MEM_SIZE];
            i++;
        }
        r[tau]=r[tau]/N;                // 自己相関の初期化
                                        // ピッチ抽出
        if(tau>=20 && rmax<r[tau]){     // 音声ピッチの範囲内で最大相関検出
            rmax=r[tau];
            pitch=tau;                  // ピッチ推定値
        }
    }
                                    // レビンソンダービン・アルゴリズム（略）
}
pitch = 128;                            // ピッチを強制的に一定にする
e=0;
if(t_out%(int)(pitch*1)==0)e=sqrt(r[0]);
                                        // 推定ピッチに合わせてパルス発生
rs[t]=e;                                // 音源の設定
for(i=1;i<=P;i++){
    rs[t] = rs[t] - h[i]*rs[(t-i+MEM_SIZE)%MEM_SIZE];   // 音声合成
}
y[t]=rs[t];                             // 合成音声を出力
```

表5.11　声の高さを固定して音声を合成するプログラムのコンパイルと実行の方法

収録フォルダ		5_11_LPC_same_Pitch_pulse
DDプログラム	コンパイル方法	bcc32c DD_LPC_same_pitch.c
	実行方法	DD_LPC_same_pitch speech.wav
RTプログラム	コンパイル方法	bcc32c RT_LPC_same_pitch.c
	実行方法	RT_LPC_same_pitch
備考：speech.wavは入力音声ファイル．任意のwavファイルを指定可能		

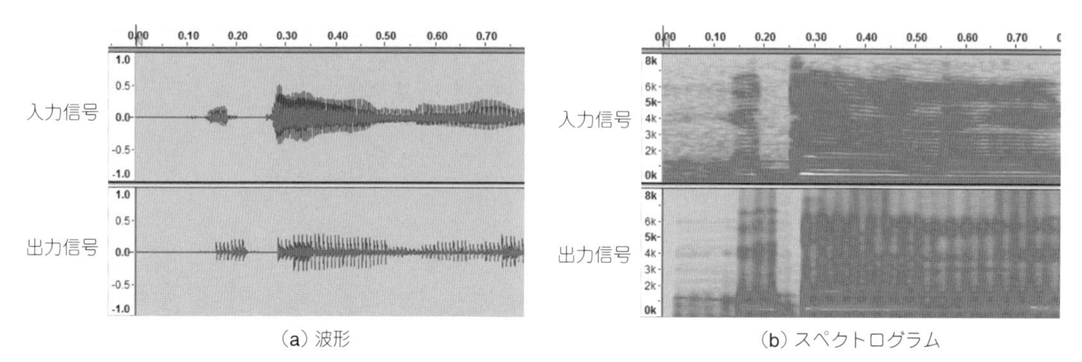

図5.23　声の高さを固定して音声を合成した結果…いつでも声の高さが同じになっている

▶改造のヒント

パルス列の周期は，pitch=128として設定しています．サンプリング周波数をFsとすると，音源の周期は，128/Fs = 128/16000 = 0.008 [s] です．pitchの値を変更すると，声の高さを任意に変更できます．男声の平均的な周期は8ms，女声は4msです．所望の周期をT [s] とすると，pitch = T × Fsです．

●入出力の確認

コンパイルと実行の方法を表5.11に示します．

DDプログラムにおける処理結果を図5.23に示します．合成音声の音源は，8msの周期を持つ人工的なパルス列です．処理音では，声の高さが一定となります．

出力のスペクトログラムを見ると，全ての音が同じ基本周波数とその高調波から成っています．ただし，スペクトル包絡を与える声道特性は保持しているので，何を言っているのかは判別できます．

5-12 人工パルスを音源とした音声合成～声の高さを変更する～

音声を線形予測分析し，声帯振動の周期を得ます．その周期を持つパルス列を発生させれば，音源を近似できます．ここでは，パルス列の周期を定数倍して，合成音声の高さを変更します．

●原 理

音声を線形予測分析すれば，音源の周波数特性と，声道特性が得られます（**図5.24**）．

線形予測分析では，声道を模擬するフィルタのフィルタ係数a_m（$m = 0, 1, \cdots, P$）と，音源の周期を推定できます．この推定された声帯振動の周期を定数倍して，その周期でパルス列を生成します．そして，生成したパルス列を音源として，声道フィルタに通過させます．声の高さを管理しているのは，声帯振動の周期なので，合成された音声は声の高さが変更されています．

声の高さは周期の逆数で与えられます．例えば，声の高さをα倍にしたいとき，推定された周期を$1/\alpha$で倍すれば，所望の高さの音声を得ることができます．

●プログラム

声の高さを変更するプログラムを**リスト5.12**に示します．ここでは`alpha=2`と設定し，声の高さを2倍にします．

音源は人工的に発生させるパルス列なので，合成音声も人工的な声になることが予想されます．

▶改造のヒント

音声を合成するためのパルス列の周期は，推定された`pitch`を`alpha`で除算することで求めています．`alpha=2`では，声の高さが2倍になります．これを変更すると声の高さが変化します．

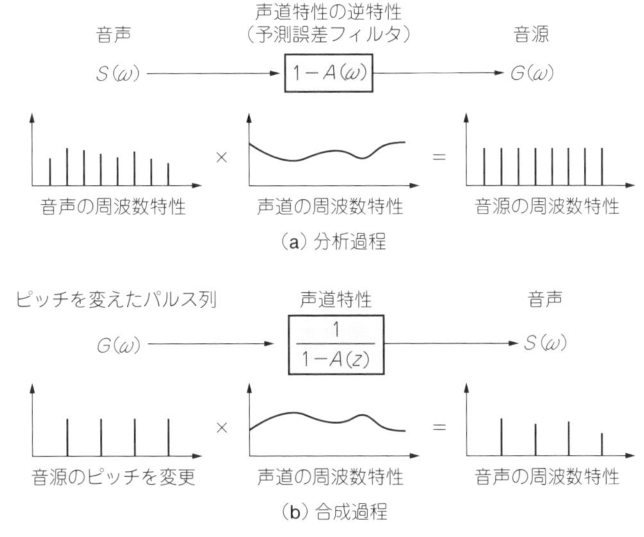

図5.24　音声の線形予測分析と合成

リスト5.12　声の高さを変更するプログラム（抜粋）

```
●冒頭の宣言部
#define  N  512                        // 自己相関計算用サンプル数
#define  P  28                         // AR次数

●信号処理用変数の宣言部
int      i;                            // ループ計算用変数
double   rho[P+1]={0}, delta[P+1]={0}, sigma[P+1]={0}; // AR係数推定
double   h[P+1]={0}, r[N+1]={0}, a[P+1][P+1]={0};      // 自己相関関数
double   e;                            // 予測誤差
int      l, m, tau;                    // 繰り返し計算管理用
double   rs[MEM_SIZE+1]={0};           // 合成信号
double   rmax;                         // ピッチ抽出用
int      pitch;                        // ピッチ
double   alpha;                        // ピッチ変更倍率

●変数の初期設定部
h[0]=1.0;                              // 線形予測係数h[0]=1
alpha= 2.0;                            // 声の高さの倍率

●メイン・ループ内 Signal Processing部
線形予測分析部（中略）
l++;
e=0;
if(t_out%(int)((double)pitch/alpha)==0)e=sqrt(r[0]);
                                       // ピッチ周期を1/α倍してパルス列発生
rs[t]=e;                               // 音源の設定
for(i=1;i<=P;i++){
    rs[t] = rs[t] - h[i]*rs[(t-i+MEM_SIZE)%MEM_SIZE]; // 音声合成
}
y[t]=rs[t];                            // 合成音声を出力
```

alphaを時間とともに変更しても面白い効果が得られるでしょう．

●入出力の確認

コンパイルと実行の方法を**表5.12**に示します．

DDプログラムにおける処理結果を**図5.25**に示します．音源をパルス列で近似していますが，周期を推定値の半分にしています．よって，周波数は2倍になります．基本周波数とその高調波がそれぞれ2倍になるので，合成音声の声の高さが2倍になります．スペクトログラムを見ると，スペクトルの間隔が原音声の2倍になっています．

処理音では，人工的な音源のため，自然性が失われていますが，声の高さが変更されます．

表5.12　声の高さを変更するプログラムのコンパイルと実行の方法

収録フォルダ		5_12_LPC_Pitch_change_pulse
DDプログラム	コンパイル方法	bcc32c DD_LPC_Pitch_change_pulse.c
	実行方法	DD_LPC_Pitch_change_pulse speech.wav
RTプログラム	コンパイル方法	bcc32c RT_LPC_Pitch_change_pulse.c
	実行方法	RT_LPC_Pitch_change_pulse
備考：speech.wavは入力音声ファイル．任意のwavファイルを指定可能		

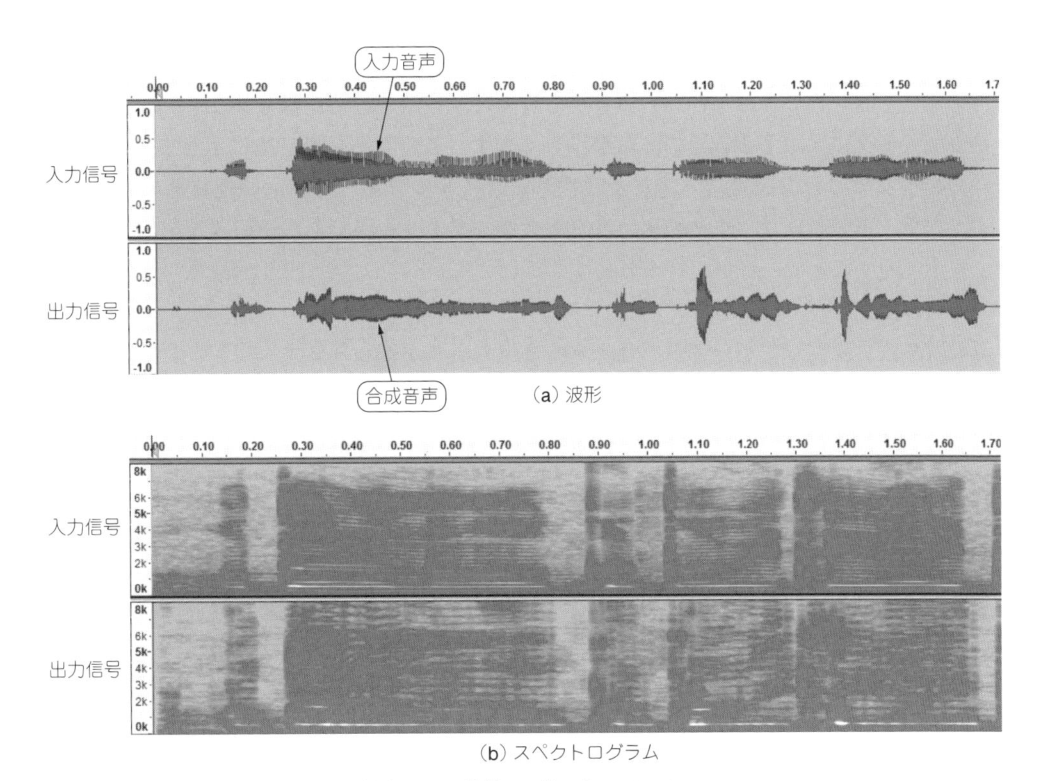

図5.25　声の高さを変更した結果…推定した周波数の2倍になっている

5-13 話者音源の高さ変更

音声を線形予測分析し，音源を抽出します．音声合成の際に，推定した音源の読み込み速度を変更することで，声の高さを変更します．例えば，2倍速で音源を読み込めば，声の高さが2倍になります．

●原 理

▶音源の抽出

音声を線形予測分析すれば，音声の源となる音源と，声道の特性が得られます．音源を，声道特性を持つフィルタに入力すると元の音声が得られます．この関係を**図5.26**に示します．

音声の分析では，予測誤差フィルタと呼ばれるフィルタによって声道の逆特性$1-A(z)$を推定します．また，予測誤差フィルタの出力は音源となります．音源である予測誤差を，声道特性を持つフィルタに通すことで，音声が得られます．

▶声の高さの変更

音源の周波数を変更してから音声を合成すると声の高さが変わります．高さの変更は，記憶している音源の読み込み速度を変更することで実現します．抽出した音源の読み込み速度をα倍すると，音源の高さをα倍に変更することができます．

より具体的には，$e(0)$，$e(1)$，$e(2)$，…と順番に音源が読み込まれるところを，$\alpha=2$とすれば，$e(0)$，$e(2)$，$e(4)$，…と1つ飛ばしに読み込まれます．このとき，音源は倍速で読み込まれるので，合成される音声の高さが倍になります．

▶不足する音声データを補完

読み込み速度を高くして同じ時間発声しようとすると，未来の信号が必要になってしまいます．音声は，30ms程度の短時間であれば，波形が繰り返し構造を保持することが知られています．よって，約30msの長さで$e(n)$を記憶しておき，読み込み位置をループすれば，未来の信号を使わなくても，倍速の読み込みが可能となります．

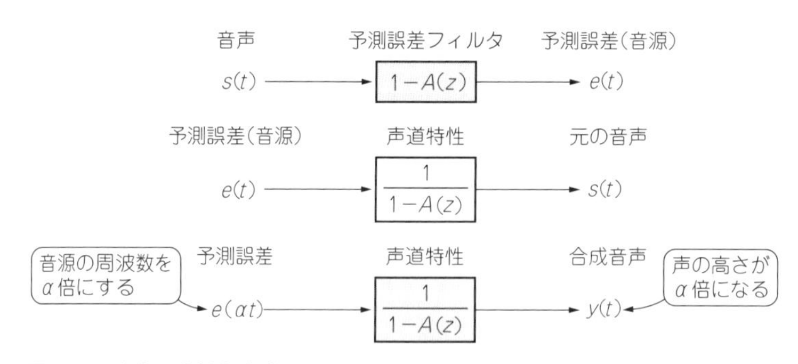

図5.26　音声の分析と合成

リスト5.13　音源の周期を変更して音声を合成するプログラム（抜粋）

```
●冒頭の宣言部
#define  N  512                                  // 自己相関計算用サンプル数
#define  P  28                                   // AR次数

●信号処理用変数の宣言部
int      i;                                      // ループ計算用変数
double   rho[P+1]={0}, delta[P+1]={0}, sigma[P+1]={0}; // AR係数推定
double   h[P+1]={0}, r[N+1]={0}, a[P+1][P+1]={0};      // 自己相関関数
int      l, m, tau;                              // 繰り返し計算管理用
double   rs[MEM_SIZE+1]={0};                     // 合成信号
double   rmax;                                   // ピッチ抽出用
int      pitch;                                  // ピッチ
double   e[N+1]={0};                             // 予測誤差
double   k, alpha;                               // ピッチ変更用の変数

●変数の初期設定部
h[0]=1.0;                                        // 線形予測係数h[0]=1
alpha= 2.0;                                      // 高さを何倍にするか
k    = 0;                                        // 出力時刻管理

●メイン・ループ内 Signal Processing部
線形予測分析部（中略）
l++;
e[l]=0;
for(i=0;i<=P;i++){
    e[l] = e[l] + h[i]*s[(t-i+MEM_SIZE)%MEM_SIZE]; // 予測誤差（音源）
}
rs[t]=e[(int)k];                                 // 音源の設定
for(i=1;i<=P;i++){
    rs[t] = rs[t] - h[i]*rs[(t-i+MEM_SIZE)%MEM_SIZE]; // 音声合成
}
y[t]=rs[t];                                      // 合成音声を出力
k = k+alpha;                                     // 出力の時刻インデックス
if(k>=N) k=k-N;                                  // kを0からNの範囲内にする
```

こうすることで任意のαで，合成音声の高さをα倍にすることができます．この原理は，リング変調と同じです．

●プログラム

話者音源の高さを変更するプログラムを**リスト5.13**に示します．ここでは`alpha=2`と設定しています．すなわち，声の高さを2倍にします．出力の時刻管理用の変数として`k`を導入しています．

表5.13　音源の周期を変更して音声を合成するプログラムのコンパイルと実行の方法

収録フォルダ		5_13_LPC_Pitch_change_error
DDプログラム	コンパイル方法	bcc32c DD_LPC_Pitch_change.c
	実行方法	DD_LPC_Pitch_change speech.wav
RTプログラム	コンパイル方法	bcc32c RT_LPC_Pitch_change.c
	実行方法	RT_LPC_Pitch_change
備考：speech.wavは入力音声ファイル．任意のwavファイルを指定可能		

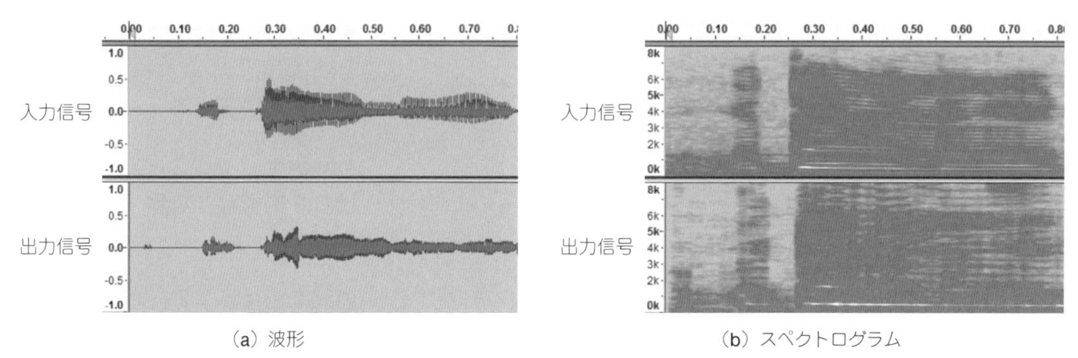

(a) 波形　(b) スペクトログラム

図5.27　音源の周期を変更して音声を合成…音声の高さが2倍になっている

▶改造のヒント

音声を合成するための音源の周期は，音源をalpha倍の速度で読み出すことで実現しています．alpha=2では，声の高さが2倍になります．これを変更すると声の高さが変化します．alphaは小数値でも設定できます．時間とともに変更しても面白い効果が得られるでしょう．

●入出力の確認

コンパイルと実行の方法を表5.13に示します．

DDプログラムにおける処理結果を図5.27に示します．

音源の高さを2倍にしているので，合成音声の高さが2倍になります．スペクトログラムでは，スペクトルの間隔が，原音声に比べて2倍になっています．

処理音では，音源の読み出し速度を強制的に高めており，波形の接続に不自然な箇所が生じます．このため，音質が悪くなりますが，声の高さが変更されています．

第6章 エフェクト

本章では，音声にエフェクトをかける方法を紹介します．それぞれ，サンプル音声を題材として効果を確認しますが，音声よりも，ギターなどの楽器音に適したエフェクトの方が多いかもしれません．リアルタイム処理では，手持ちの楽器などを利用して効果を確認すると面白いと思います．よく使われるエフェクトがいろいろと登場しますが，名称は違ってもその原理は同じでパラメータが異なるだけ，というものも幾つかあります．この機会に，各エフェクトの原理を知り，微妙な効果の違いも自在に操れるようになりましょう．

6-1 ディレイ・エコー

入力信号にエコーを付けて出力します．ディレイと呼ばれる方式でエコーを作ります．ディレイは，FIR（Finite Impulse Response）フィルタでエコーを実現する方式です．

●原 理

エコーは，入力信号を遅延し，重みを付けて加算することで実現します．入力の遅延信号から生成されるので，ディレイと呼ばれることがあります．

作成するフィルタを**図6.1**に示します．入力信号を$s(t)$，出力信号を$y(t)$とします．z^{-L}と書かれたブロックは信号をLサンプル遅延させる遅延器です．遅延信号の重みを表す乗算器は，aのべき乗で設定しています．定数aを1未満の値に設定し，過去の信号ほど重みを小さくします．

出力信号$y(t)$は，次の式で与えらえます．

$$y(t)=s(t)+as(t-L)+a^2s(t-2L)+a^3s(t-3L)+\cdots+a^ms(n-ML)=\sum_{m=0}^{M}a^ms(n-mL) \quad \cdots\cdots\cdots\cdots\cdots (6.1)$$

このような，すなわち**図6.1**の構成を持つフィルタをFIRフィルタと呼びます．

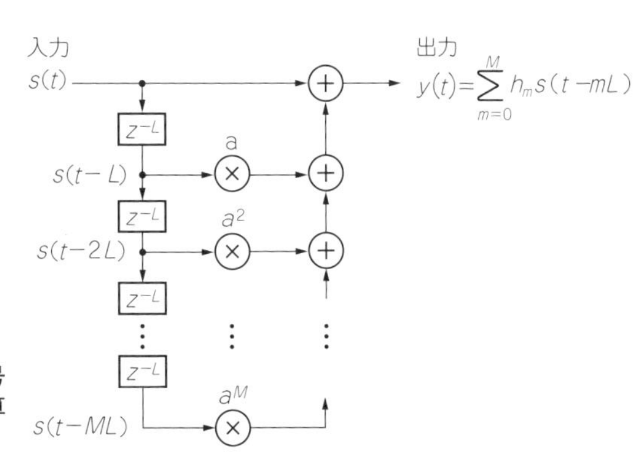

図6.1
ディレイ・エコー…入力信号を遅延して重みを付けて加算する

リスト6.1　ディレイ・エコーのプログラム（抜粋）

```
●信号処理用変数の宣言部
double    s[MEM_SIZE+1]={0};                        // 入力データ格納用変数
double    y[MEM_SIZE+1]={0};                        // 出力データ格納用変数

int i;                                              // ループ計算用変数
int t_Delay;                                        // 遅延時刻
int L;                                              // 初期遅延量
int M;                                              // 繰り返し回数
double a;                                           // 初期乗算係数

●変数の初期設定部
L       = 2000;                                     // 初期遅延
M       = 6;                                        // 繰り返し回数
a       = 0.5;                                      // 初期乗算係数
add_len = 6*L;                                      // 出力信号延長サンプル数

●メイン・ループ内 Signal Processing部
y[t]  =  0;
for(i=0;i<=M;i++){
    t_Delay = (t -(i*L) +MEM_SIZE)%MEM_SIZE; // 遅延時刻の計算
    y[t]=y[t]+pow(a,i)*s[t_Delay];           // 遅延信号を減衰して
                                                      出力に加える
}
```

●プログラム

ディレイ・エコーのプログラムを**リスト6.1**に示します．初期設定は，遅延時間L=2000，重みa=0.5，加算する過去の信号の数M=6です．この設定値を式(6.1)に代入すると，

$$y(t) = s(t) + 0.5s(t-2000) + 0.5^2 s(t-4000) + 0.5^3 s(t-6000) + \cdots + 0.5^6 s(n-12000)$$

となります．サンプリング周波数を16kHzで統一しているので，使用する入力信号の最大の遅延時間は，12000/16000 = 0.75[s]です．メイン・ループ内では，遅延時刻に対応する配列番号t_Delayを計算して過去の入力信号を選択しています．

▶改造のヒント

重みa，遅延時間L，加算する過去の信号の数Mの3つのパラメータでエコーの状態が変化します．

最も重要なaは，1未満の値に設定します．1に近いほどエコーを強くかけることができます．

Lは遅延量なので，あまりに短いとエコーになりません．また，大きくしすぎるとエコーというよりは山びこのようになります．

Mは過去の信号を幾つ採用するかを決定します．もし，aが小さく，aのM乗がほぼゼロになるならば，それ以上にMを大きくしても変化は感じられません．

MとLの値に合わせて，MEM_SIZEをM×L以上に設定する必要があります．

表6.1　ディレイ・エコーのプログラムのコンパイルと実行の方法

収録フォルダ		6_01_Delay_Echo
DDプログラム	コンパイル方法	bcc32c DD_Delay_Echo.c
	実行方法	DD_Delay_Echo speech.wav
RTプログラム	コンパイル方法	bcc32c RT_Delay_Echo.c
	実行方法	RT_Delay_Echo
備考：speech.wavは入力音声ファイル．任意のwavファイルを指定可能		

注：第6章のデータはhttps://www.cqpub.co.jp/interface/download/onsei.htmから入手できます．

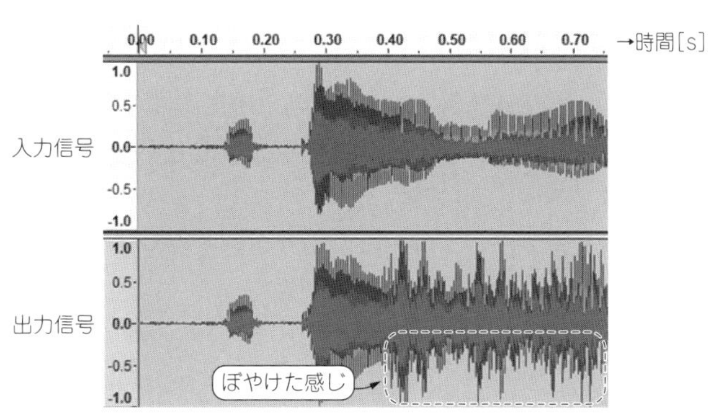

図6.2
ディレイ・エコーの実行結果…波形がなかなか減衰せずにぼやけた感じになっている

●入出力の確認

コンパイルと実行の方法を**表6.1**に示します．

DDプログラムにおける処理結果を**図6.2**に示します．出力ではエコーがかかり，波形がなかなか減衰しません．実際に音を聞くと効果をはっきりと確認できます．

6-2　リバーブ

入力信号にエコーを付けて出力します．リバーブと呼ばれる方式でエコーを作ります．この方式はIIR（Infinite Impulse Response）フィルタで実現します．ディレイ方式のエコーよりも強い残響効果が得られます．

●原 理

フィードバック経路を含むIIRフィルタを利用したエコーは，リバーブと呼ばれます．

リバーブを実現するIIRフィルタの構成を**図6.3**（**a**）に示します．遅延器をL個並べて，Lサンプル過去の出力信号を入力信号に合算します．この合算した信号が，再び遅延器を経て入力に加算されるという動作が繰り返されます．

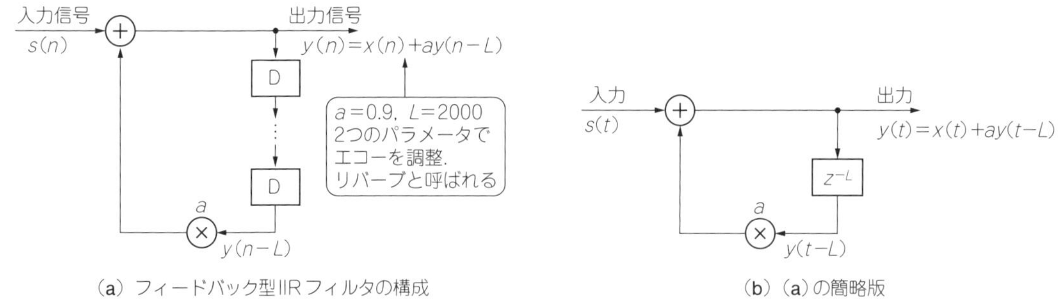

図6.3　リバーブ…フィードバック型IIRフィルタで実現するエコー

遅延器の数Lと減衰係数aによって効果が変わります．aは1未満の正の値で，1に近いほどエコーが長くなります．もし1以上に設定すると，出力が発散し，爆発的に出力が大きくなりますので注意が必要です．

また，Lが大きいほどエコーのかかりが遅くなります．つまり，極端にLを大きくすれば，山びこのようになります．

簡略化したフィルタの構成を**図6.3**(**b**)に示します．z^{-L}がLサンプルの遅延を表しています．

●プログラム

リバーブのプログラムを**リスト6.2**に示します．減衰係数`a=0.9`，遅延量`L=2000`に設定しています．

DDプログラムにおいては，エコーがかかる分，出力wavファイルの長さが入力よりも長くなります．従って出力する音声の長さを`add_Len`で調整します．

エコーが強い場合，振幅が増大し，最大値を超えてクリップされることがあります．これを防止するために，逆正接($\tan^{-1}$)を求める`atan`関数を使用しています．`atan`関数は$\pm\pi/2$の間の値をとるので，$\pi/2$で割ることで最大値を1にしています．

▶改造のヒント

減衰係数`a`と遅延量`L`でエコーの状態が変化します．

最も重要な`a`は，1未満の値に設定します．1に近いほどエコーが強くなります．

`L`は遅延量なので，あまりに短いとエコーになりません．また，大きくしすぎると山びこのようになります．

●入出力の確認

コンパイルと実行の方法を**表6.2**に示します．DDプログラムにおける処理結果を**図6.4**に示します．

入力信号よりも出力信号が長くなっています．また，エコーのために波形が途切れずに連続しています．設定にもよりますが，ディレイによるエコーよりも厚みのあるエコーをかけることができます．

リスト6.2　リバーブのプログラム（抜粋）

```
●信号処理用変数の宣言部
int      add_len;                          // 出力信号を延長するサンプル数
short    input, output;                    // 読み込み変数と書き出し変数
double   s[MEM_SIZE+1]={0};                // 入力データ格納用変数
double   y[MEM_SIZE+1]={0};                // 出力データ格納用変数

int      L;                                // 遅延量
int      t_Delay;                          // 遅延時刻
double   a;                                // フィードバック係数

●変数の初期設定部
L       = 2000;                            // 遅延量
a       = 0.9;                             // 係数
add_len = 30*L;                            // 出力信号延長サンプル数

●メイン・ループ内 Signal Processing部
t_Delay = (t-L+MEM_SIZE)%MEM_SIZE;         // Lサンプル過去の時刻
                                              ( t_Delay = 0〜MEM_SIZE )
y[t]    = s[t] + a * y[t_Delay];           // 過去の出力をa倍して入力に加算
y[t]    = atan(y[t])/(M_PI/2.0);           // クリップ防止
```

表6.2　リバーブのプログラムのコンパイルと実行の方法

収録フォルダ		6_02_Reverb_Echo
DDプログラム	コンパイル方法	bcc32c DD_Reverb.c
	実行方法	DD_Reverb speech.wav
RTプログラム	コンパイル方法	bcc32c RT_Reverb.c
	実行方法	RT_Reverb
備考：speech.wavは入力音声ファイル．任意のwavファイルを指定可能		

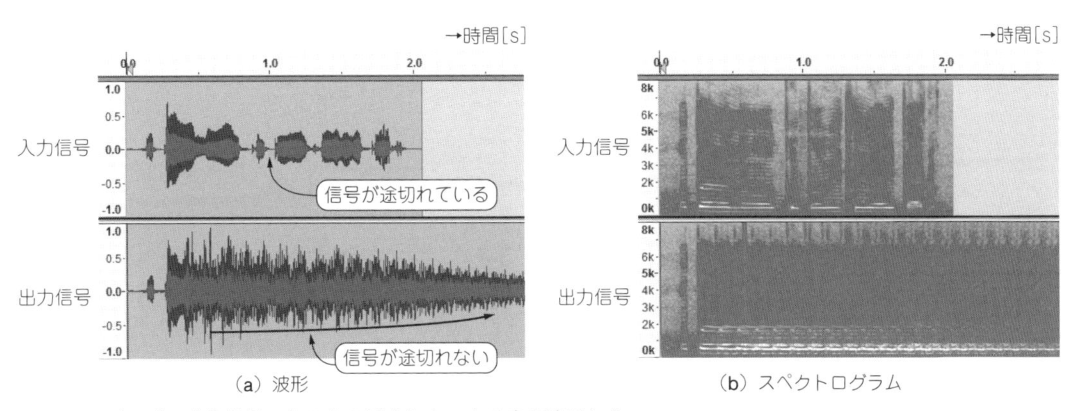

図6.4　リバーブの実行結果…なかなか減衰しないため音が途切れない

6-3 コンプレッサ

音の振幅を圧縮，伸張します．小さい振幅は大きく，大きい振幅は小さくすることで，全体として聴きとりやすくします．

ポップス音楽の編集などで利用されるテクニックの1つです．

●原 理

コンプレッサの入出力関係を**図6.5**に示します．しきい値までの小さい絶対値を持つ入力信号はそのまま出力し，それ以上の大きい入力振幅は抑圧することを表しています．

抑圧のカーブは，出力と入力の比（＝出力／入力）で設定します．比が1ならば素通し，比が0ならば除去されます．

比の設定によって，出力振幅の最大値がかなり小さくなります．そこで最後に全体の音量を調整するためのゲインを乗じます．つまり，変換後の信号を$d(t)$とすると，出力は，

$$y(t) = gain \times d(t)$$

です．$gain$は，出力の最大値が所望の値となるように設定します．結局，**図6.5**のように設定すると，$gain > 1$となるので，絶対値の小さい信号は増幅されます．

●プログラム

コンプレッサのプログラムを**リスト6.3**に示します．しきい値`Th=0.2`，比`ratio=0.1`に設定しています．処理後の全体振幅を調整する`gain`は，しきい値`Th`と比`ratio`に応じて，最大値が0.7になるように設定しています．

▶改造のヒント

しきい値`Th`を変更すると，それ以上の絶対値を持つ入力信号が相対的に減衰します．入力信号の最大値は1です．`Th`以下の絶対値を大きくするというような変更もできます．

`gain`は出力の大きさ調整用の定数なので，本質的にコンプレッサとは無関係です．出力の大きさを調整したい場合に，任意の値に変更できます．

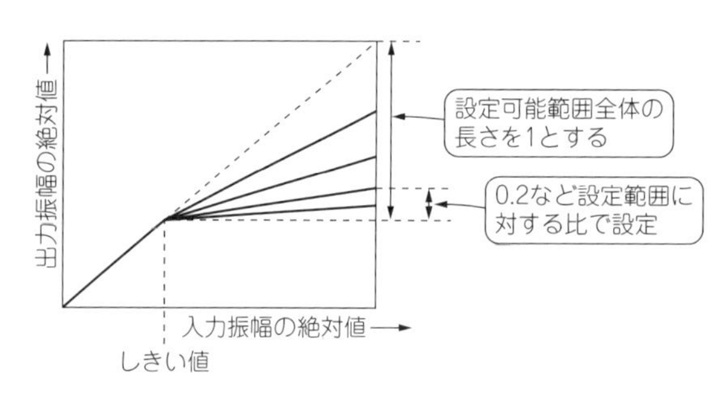

図6.5　コンプレッサ…大きい振幅を抑圧する

●入出力の確認

コンパイルと実行の方法を**表6.3**に示します．

DDプログラムにおける処理結果を**図6.6**に示します．小振幅の増幅および大振幅の抑圧によって波形の振幅の増減が目立たなくなり，全体の大きさがほぼ一定になっています．

リスト6.3　コンプレッサのプログラム（抜粋）

```
●信号処理用変数の宣言部
double    s[MEM_SIZE+1]={0};        // 入力データ格納用変数
double    y[MEM_SIZE+1]={0};        // 出力データ格納用変数

double Th;                          // しきい値
double ratio;                       // 比
double gain;                        // 増幅率

●変数の初期設定部
Th    = 0.2;                        // しきい値
ratio = 0.1;                        // しきい値以上の振幅の増幅率（1以下）
gain  = 0.7/(Th+(1.0-Th)*ratio);    // 処理後出力の最大値調整用(最大値0.7)

●メイン・ループ内 Signal Processing部
if(s[t]>Th)         s[t]= Th+(s[t]-Th)*ratio;     // 大振幅の圧縮
else if (s[t]<-Th)  s[t]=-Th+(s[t]+Th)*ratio;     // 大振幅の圧縮
s[t] = s[t]*gain;                                  // 最終の振幅調整
y[t] = s[t];
```

表6.3　コンプレッサのプログラムのコンパイルと実行の方法

収録フォルダ		6_03_compressor
DDプログラム	コンパイル方法	bcc32c DD_Compressor.c
	実行方法	DD_Compressor speech.wav
RTプログラム	コンパイル方法	bcc32c RT_Compressor.c
	実行方法	RT_Compressor
備考：speech.wavは入力音声ファイル．任意のwavファイルを指定可能		

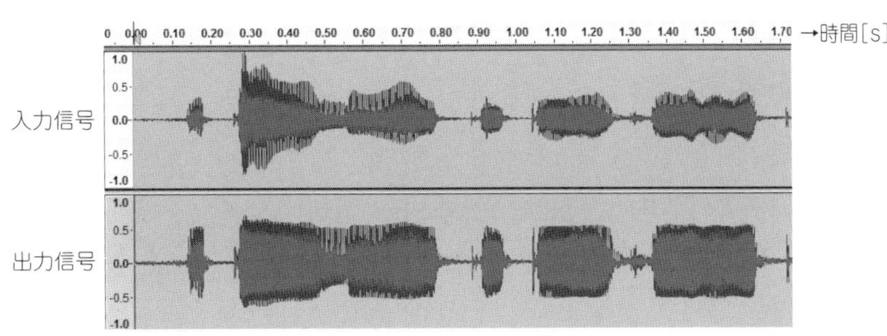

図6.6
コンプレッサの実行結果…全体として振幅の増減が目立たなくなっている

6-4 ノイズ・ゲート

入力信号に含まれる小振幅のノイズをカットします．ノイズ・ゲートはコンプレッサの応用として実現できます．

●原 理

ノイズ・ゲートの入出力関係を**図6.7**に示します．中央の関係図では，横軸が入力$s(n)$の振幅，縦軸が出力$y(n)$の振幅に対応しています．正と負のしきい値を超える信号だけがそのまま出力されます．

ノイズ・ゲートでは，小振幅の信号を全てゼロにして，あるしきい値以上の振幅を持つ信号は，そのまま出力させるような関数を用いて実現します．

●プログラム

ノイズ・ゲートのプログラムを**リスト6.4**に示します．変数はしきい値`Th`のみです．

入力信号の振幅は最大値を1，最小値を－1に正規化しています．しきい値は`Th=0.02`に設定しました．

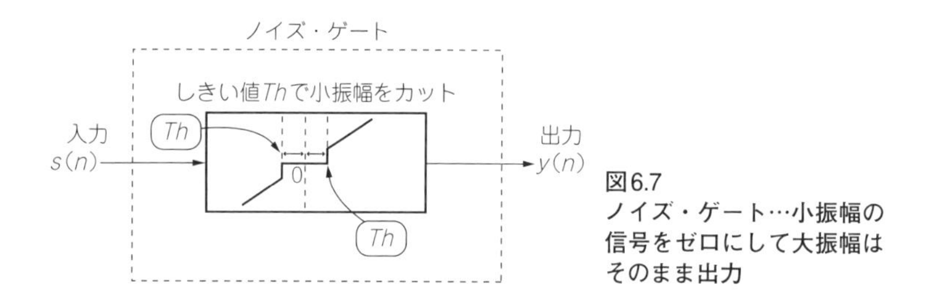

図6.7
ノイズ・ゲート…小振幅の信号をゼロにして大振幅はそのまま出力

リスト6.4　ノイズ・ゲートのプログラム（抜粋）

```
●信号処理用変数の宣言部
double    s[MEM_SIZE+1]={0};                    // 入力データ格納用変数
double    y[MEM_SIZE+1]={0};                    // 出力データ格納用変数

double    Th;                                   // しきい値

●変数の初期設定部
Th    = 0.02;                                   // しきい値

●メイン・ループ内 Signal Processing部
if( -Th<=s[t] && s[t]<=Th) s[t]=0;              // 小振幅を0にする
y[t] = s[t];                                    // 出力
```

▶改造のヒント

しきい値Thを変更すると効果が変化します．しきい値以下の振幅が全てゼロになり，Thを超えたとたんにそのまま出力されるので，大きいThでは音の途切れが顕著に表れ，不快な音になりやすいという特徴があります．従ってノイズ・ゲートは，ごく小さいノイズに対して有効です．

大きいノイズに対しては，スペクトル・サブトラクションやウィーナー・フィルタなど，より高度なノイズ除去方式を採用する方がよいでしょう．

●入出力の確認

コンパイルと実行の方法を表6.4に示します．

DDプログラムにおけるシミュレーションでは，少しだけノイズを付加した音声を入力信号としました．結果を図6.8に示します．小振幅のノイズはノイズ・ゲートを通過できません．従って出力ではノイズが除去された信号が得られています．

表6.4　ノイズ・ゲートのプログラムのコンパイルと実行の方法

収録フォルダ		6_04_NoiseGate
DDプログラム	コンパイル方法	bcc32c DD_NoiseGate.c
	実行方法	DD_NoiseGate noisy_speech.wav
RTプログラム	コンパイル方法	bcc32c RT_NoiseGate.c
	実行方法	RT_NoiseGate
備考：noisy_speech.wavは入力音声ファイル．任意のwavファイルを指定可能		

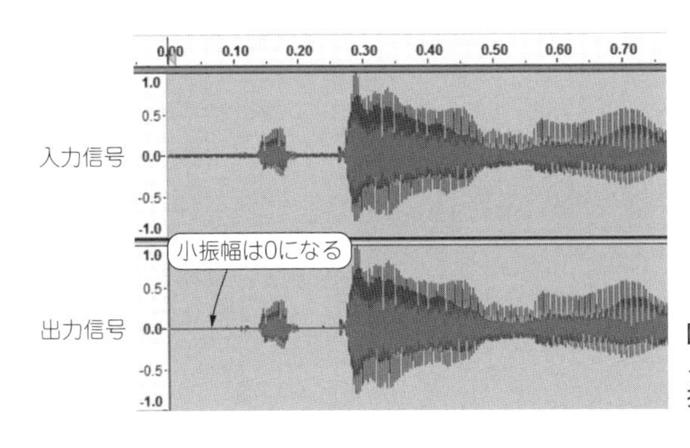

図6.8
ノイズ・ゲートの実行結果…小さい振幅のノイズがカットされている

6-5 リミッタ

リミッタは，しきい値よりも大きな振幅をクリップする処理です．よって，小振幅の音声はそのまま出力されます．これはノイズ・ゲートとは逆の働きとなります．リミッタは，「音が割れた」感覚を付加するエフェクトです．

●原 理

リミッタを実現するフィルタを図6.9に示します．入力は$s(t)$，出力は$y(t)$で，点線で囲まれた部分がリミッタ実現部を概念的に示しています．しきい値を超えた入力信号のみ，クリップ処理が実行されます．もし，入力信号が一度もしきい値を超えなければ入力と出力は一致します．

●プログラム

リミッタのプログラムをリスト6.5に示します．変数はしきい値`Th`のみで，`Th=0.3`にしています．

▶改造のヒント

しきい値`Th`を変更すると効果が変化します．`Th`以下の振幅は，そのまま出力されるので，大きすぎる`Th`を設定すると，単なる素通しフィルタになります．

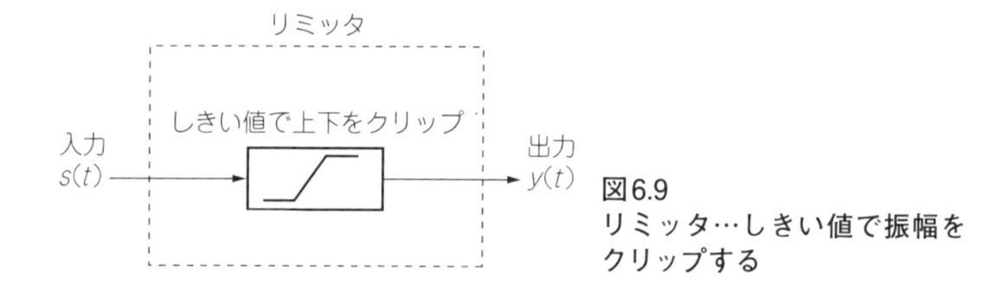

図6.9
リミッタ…しきい値で振幅をクリップする

リスト6.5 リミッタのプログラム（抜粋）

●信号処理用変数の宣言部
```
double   s[MEM_SIZE+1]={0};          // 入力データ格納用変数
double   y[MEM_SIZE+1]={0};          // 出力データ格納用変数

double   Th;                         // しきい値
```
●変数の初期設定部
```
Th = 0.3;                            // しきい値
```
●メイン・ループ内 Signal Processing部
```
if(s[t]> Th) s[t] =  Th;             // 上限を Thとする
if(s[t]<-Th) s[t] = -Th;             // 下限を-Thとする
y[t] = s[t];                         // 出力信号
```

●入出力の確認

コンパイルと実行の方法を**表6.5**に示します．

DDプログラムにおける処理結果を**図6.10**に示します．出力が一定値でクリップされています．

表6.5　リミッタのプログラムのコンパイルと実行の方法

収録フォルダ		6_05_limitter
DDプログラム	コンパイル方法	bcc32c DD_Limitter.c
	実行方法	DD_Limitter speech.wav
RTプログラム	コンパイル方法	bcc32c RT_Limitter.c
	実行方法	RT_Limitter
備考：speech.wavは入力音声ファイル．任意のwavファイルを指定可能		

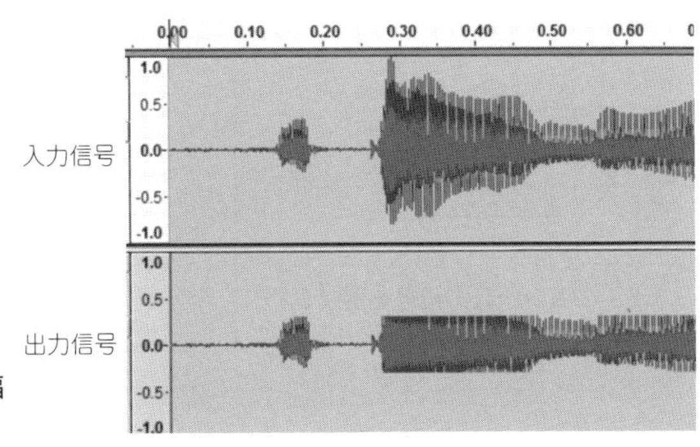

図6.10
リミッタの実行結果…大きい振幅がしきい値でクリップされている

6-6 ディストーション

ディストーションは，あえてひずみを作り，独特の金属的な音色を表現する手法です．入力信号を増幅し，リミッタを適用することで実現できます．

●原 理

ディストーションを実現するフィルタを**図6.11**に示します．入力は$s(t)$，出力は$y(t)$で，点線で囲まれた部分がディストーション実現部です．*gain*は乗算器であり，入力信号を大きく増幅します．直後のクリップ処理で増幅した入力を上限値でカットします．このとき，硬質な音質を得ることができます．ゲインで増幅する部分を除けば，リミッタと全く同じ構成です．

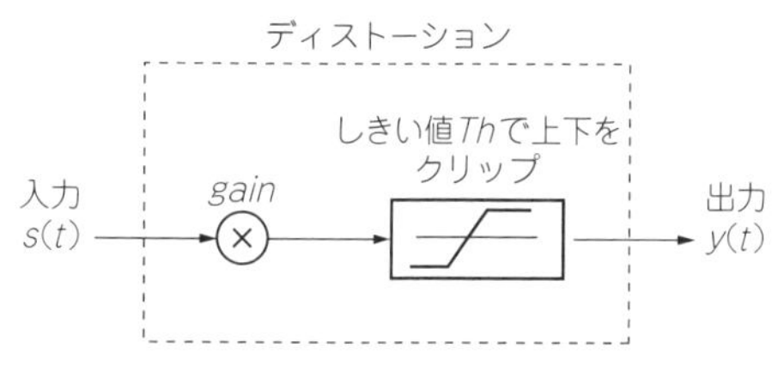

図6.11 ディストーション…入力信号を増幅してからしきい値で振幅をクリップする

表6.6 ディストーションのプログラムのコンパイルと実行の方法

収録フォルダ		6_06_Distortion
DDプログラム	コンパイル方法	bcc32c DD_Distortion.c
	実行方法	DD_Distortion speech.wav
RTプログラム	コンパイル方法	bcc32c RT_Distortion.c
	実行方法	RT_Distortion
備考：speech.wavは入力音声ファイル．任意のwavファイルを指定可能		

リスト6.6 ディストーションのプログラム（抜粋）

```
●信号処理用変数の宣言部
double    s[MEM_SIZE+1]={0};              // 入力データ格納用変数
double    y[MEM_SIZE+1]={0};              // 出力データ格納用変数

double    gain;                           // 入力に対するゲイン
double    Level;                          // 変換後の信号の最大値

●変数の初期設定部
gain      = 10.0;                         // 入力に対するゲイン
Level     = 0.5;                          // 変換後の信号の最大値

●メイン・ループ内 Signal Processing部
s[t] = gain*s[t];                         // 入力を定数倍する
if(s[t]> 1.0) s[t] =  1.0;                // 上限を 1とする
if(s[t]<-1.0) s[t] = -1.0;                // 下限を-1とする
y[t]=s[t]*Level;                          // 変換後の信号の最大値を調整
```

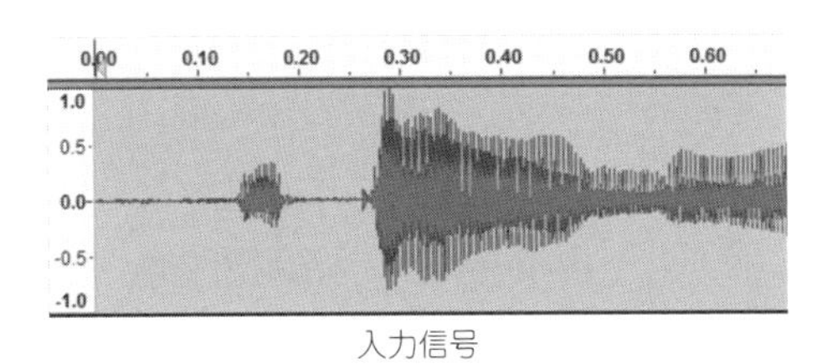

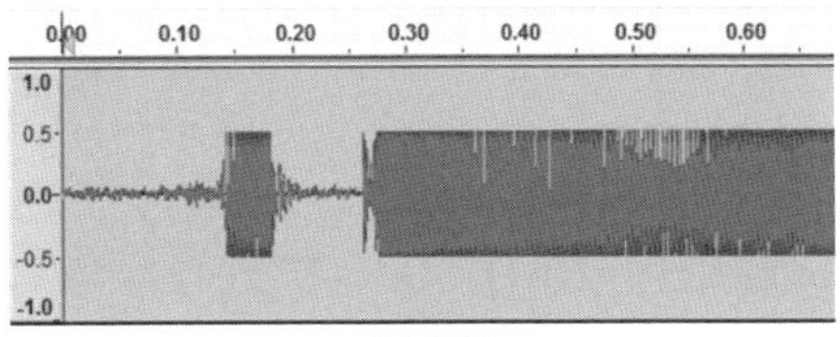

図6.12　ディストーションの実行結果…出力が一定値でクリップしている

●プログラム

ディストーションのプログラムを**リスト6.6**に示します．入力信号を増幅するための乗算器gainを10倍に設定しています．しきい値は振幅の最大値1ですが，クリップ後の信号をLevel=0.5倍して出力しています．

▶改造のヒント

ディストーションはgainを大きくすることで硬質な音を実現します．gainが1以下だと素通しフィルタとなります．

●入出力の確認

コンパイルと実行の方法を**表6.6**に示します．

DDプログラムにおける処理結果を**図6.12**に示します．出力が一定値でクリップされています．

6-7　ソフト・クリッピング

ソフト・クリッピングはディストーションと似ていますが，滑らかにクリッピングする点が異なります．結果としてディストーションよりも軟らかい音質が得られます．

●原　理

ソフト・クリッピングを実現するシステムを**図6.13**に示します．入力は$s(t)$，出力は$y(t)$で，点線で囲まれた部分でソフト・クリッピングを実現しています．

*gain*は乗算器です．入力を増幅し，－1～＋1の値にするクリップ処理を行います．クリップ処

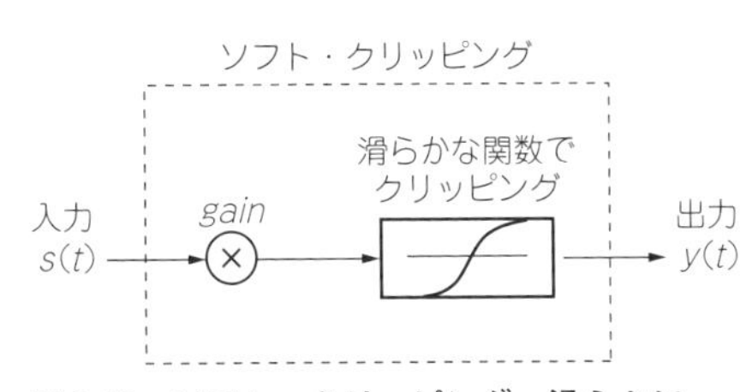

図6.13　ソフト・クリッピング…滑らかにクリッピングする

表6.7　ソフト・クリッピングのプログラムのコンパイルと実行の方法

収録フォルダ		6_07_SoftCLipping
DDプログラム	コンパイル方法	bcc32c DD_SoftClipping.c
	実行方法	DD_SoftClipping speech.wav
RTプログラム	コンパイル方法	bcc32c RT_SoftClipping.c
	実行方法	RT_SoftClipping
備考：speech.wavは入力音声ファイル．任意のwavファイルを指定可能		

リスト6.7　ソフト・クリッピングのプログラム（抜粋）

```
●信号処理用変数の宣言部
double    s[MEM_SIZE+1]={0};                    // 入力データ格納用変数
double    y[MEM_SIZE+1]={0};                    // 出力データ格納用変数

double    gain;                                 // 入力に対するゲイン
double    Level;                                // 変換後の信号の最大値

●変数の初期設定部
gain     = 10.0;                                // 入力に対するゲイン
Level    = 0.5;                                 // 変換後の信号の最大値

●メイン・ループ内 Signal Processing部
s[t] = gain*s[t];                               // 入力を定数倍する
s[t] = atan(s[t])/(M_PI/2.0);                   // arctan関数で値を変換
y[t] = s[t]*Level;                              // 最大値を調整
```

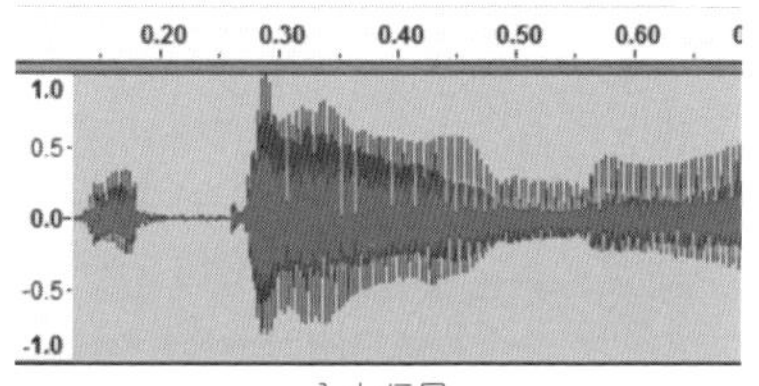

入力信号

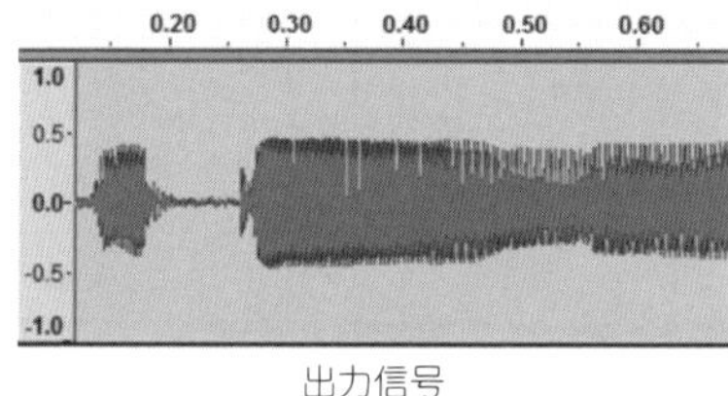

出力信号

図6.14
ソフト・クリッピングの実行結果…出力が一定値で滑らかにクリップしている

理で使用する関数には，シグモイド関数など幾つかの種類がありますが，ここでは$\tan^{-1}$関数を用います．

●プログラム

ソフト・クリッピングのプログラムを**リスト6.7**に示します．入力信号を増幅するための乗算器gainを10倍にしています．

クリッピングの関数として，atan関数を用いています．この関数は$\pm\pi/2$の間の値をとるので，$\pi/2$で割ることで最大値を1にしています．クリップ後の信号をLevel=0.5倍して出力します．

▶改造のヒント

gainを大きくすることでソフト・クリッピングの効果が得られます．gainが1以下だと素通しフィルタに近い出力となります．

●入出力の確認

コンパイルと実行の方法を**表6.7**に示します．

DDプログラムにおける処理結果を**図6.14**に示します．出力が一定値でクリップされています．音を聴いてみると，ディストーションよりも軟らかい音質になっていると思います．

6-8 全波整流とディストーション

入力音声の絶対値をとってからディストーションをかけるフィルタです．絶対値をとる処理は全波整流と呼ばれます．全波整流処理によって元の信号には存在しなかった周波数成分が生じ，音色が変化します．

●原理

全波整流処理を絶対値をとることで実現します．このとき，負の値が全て正の値に変換されます．絶対値をとると新たに高調波が生じることが知られています．

ここでは，全波整流処理を適用した後，ディストーション処理を実行します．ディストーションによるクリップ処理でも高調波が生じ，音質が変化します．

全波整流とディストーションの縦続接続を**図6.15**に示します．入力は$s(t)$，出力は$y(t)$です．点線で囲まれた部分では絶対値をとり，*gain*で増幅し，固定しきい値でクリップ処理を行うメイン部分を示しています．

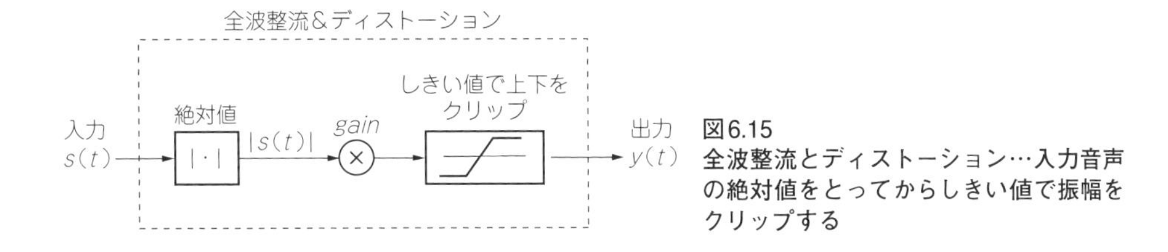

図6.15
全波整流とディストーション…入力音声の絶対値をとってからしきい値で振幅をクリップする

リスト6.8　全波整流とディストーションのプログラム（抜粋）

```
●信号処理用変数の宣言部
double   s[MEM_SIZE+1]={0};              // 入力データ格納用変数
double   y[MEM_SIZE+1]={0};              // 出力データ格納用変数

double   gain;                           // 入力に対するゲイン
double   Level;                          // 変換後の信号の最大値

●変数の初期設定部
gain    = 10.0;                          // 入力に対するゲイン
Level   = 0.5;                           // 変換後の信号の最大値

●メイン・ループ内 Signal Processing部
s[t] = gain*fabs(s[t]);                  // 入力の絶対値を定数倍する
if(s[t]> 1.0) s[t] =  1.0;               // 上限を 1とする
if(s[t]<-1.0) s[t] = -1.0;               // 下限を-1とする
y[t] = s[t]*Level;                       // 変換後の信号の最大値を調整
```

●プログラム

全波整流とディストーションのプログラムを**リスト6.8**に示します．fabs関数で入力信号の絶対値をとります．乗算器gainは10倍にしています．最大値1を超えた信号は全て1にクリップし，Level=0.5倍して出力します．

▶改造のヒント

gainを変更すると効果が変化します．gainが1以下だと，全波整流のみの出力となります．

●入出力の確認

コンパイルと実行の方法を**表6.8**に示します．DDプログラムにおける処理結果を**図6.16**に示します．出力が正の値のみをとり，さらにクリップされています．

表6.8　全波整流とディストーションのプログラムのコンパイルと実行の方法

収録フォルダ		6_08_Zenpa_CLip
DDプログラム	コンパイル方法	bcc32c DD_ZenpaClip.c
	実行方法	DD_ZenpaClip speech.wav
RTプログラム	コンパイル方法	bcc32c RT_ZenpaClip.c
	実行方法	RT_ZenpaClip
備考：speech.wavは入力音声ファイル．任意のwavファイルを指定可能		

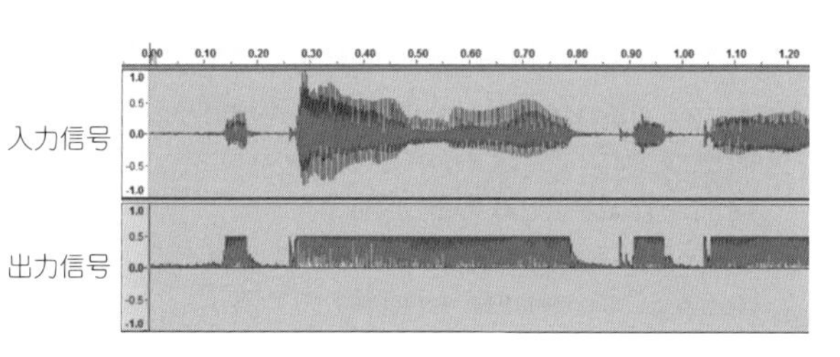

図6.16
全波整流とディストーションの実行結果…出力が正の値のみでクリップされている

6-9 トレモロ

音声信号にトレモロと呼ばれるエフェクトをかけます．

トレモロは，音を小刻みに演奏する技法です．ギター演奏などでよく用いられています．

●原 理

トレモロを実現するフィルタを**図6.17**に示します．トレモロは，音を周期的に揺らす技法で，入力信号に正弦波を乗じることで実現できます．利用する正弦波を次のように設定します．

$$a = 1 + d\sin\left(2\pi\frac{r}{F_s}n\right) \quad \cdots\cdots (6.2)$$

パラメータとして，変化の深さdと周波数rを利用します．dが深いほど振幅の変化が大きくなり，rが大きいほど高速な変化が生じます．F_sはサンプリング周波数です．

これはAM変調の原理と同じです．ただし，音声のAM変調（本書第5章の5-4参照）で示した方式と式(6.2)を比較すると，1が足されている点が異なります．このおかげで，トレモロでは元の$s(t)$

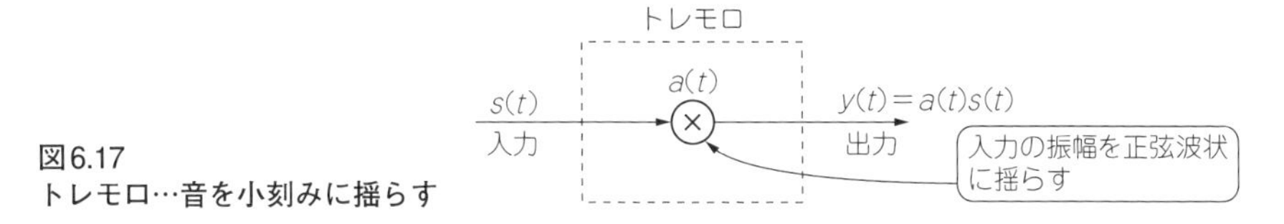

図6.17
トレモロ…音を小刻みに揺らす

リスト6.9　トレモロのプログラム（抜粋）

●信号処理用変数の宣言部
```
double   s[MEM_SIZE+1]={0};                    // 入力データ格納用変数
double   y[MEM_SIZE+1]={0};                    // 出力データ格納用変数

double   a,d, r;                               // 出力調整
long int l;                                    // トレモロ用時刻管理
```

●変数の初期設定部
```
d = 0.5;                                       // トレモロの深さ
r      = 15.0;                                 // トレモロの周波数
l      = 0;                                    // トレモロ用の時刻管理
```

●メイン・ループ内 Signal Processing部
```
a    = 1.0 + d * sin( 2.0*M_PI*r*l/(double)Fs );
                                               // 時変振幅をつくる
y[t] = a * s[t];                               // 出力信号
l    = (l+1)%(10*Fs);                          // 正弦波生成用の時刻
```

表6.9　トレモロのプログラムのコンパイルと実行の方法

収録フォルダ		6_09_Tremolo
DDプログラム	コンパイル方法	bcc32c DD_Tremolo.c
	実行方法	DD_Tremolo speech.wav
RTプログラム	コンパイル方法	bcc32c RT_Tremolo.c
	実行方法	RT_Tremolo
備考：speech.wavは入力音声ファイル．任意のwavファイルを指定可能		

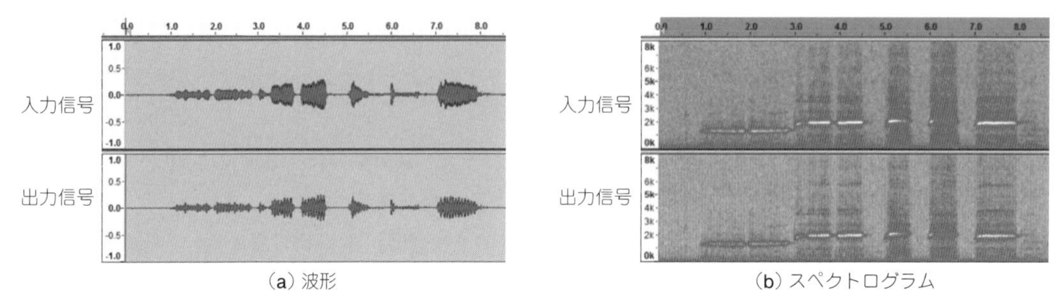

(a) 波形　(b) スペクトログラム

図6.18　トレモロの実行結果…波形が小刻みに増減している

の周波数成分を強く保持した出力が得られます．

●プログラム

トレモロのプログラムを**リスト6.9**に示します．使用するパラメータはdとrの2つです．乗算器は正弦波として変化しますので，その正弦波の時刻管理用にlを定義しています．

▶改造のヒント

変化の深さdと周波数rで出力の音質を制御します．dは1未満の非負値として設定します．大きいほど振幅スペクトルの変化が大きくなります．d=0だと全く変化しません．

rは正弦波の実際の周波数[Hz]として与えます．極端に小さい値や大きい値に設定して効果を確認してみてください．ただし，rの上限はサンプリング定理により，Fs/2 = 8000Hzです．

●入出力の確認

コンパイルと実行の方法を**表6.9**に示します．DDプログラムにおける処理結果を**図6.18**に示します．シミュレーションでは，d=0.5，r=15にしています．入力信号は口笛の音です．よく見ると波形が揺れています．スペクトログラムでは出力のスペクトルに強弱が生じています．波形やスペクトログラムでは分かりにくいのですが，試聴すれば，違いは明確です．

6-10 ビブラート

音声信号にビブラートのエフェクトをかけます．基本的には，入力された音を遅延させて出力します．この際に，遅延量を時間変化させ，大きくしたり小さくしたりするとビブラートの効果が生じます．

●原 理

ビブラートは，音の周波数を上下に揺らす技法です．歌唱や楽器演奏などでよく用いられます．

ここでは周波数を変化させることでビブラートを実現します．簡単に周波数を変化させるには，入力信号に与える遅延量を時間的に変化させます．これは救急車のサイレンの音が近づくときと遠ざかるときで変化する原理，つまりドップラー効果を応用したものです．

ビブラートを実現するフィルタを**図6.19**に示します．入力信号に周期的な遅延を与えれば，周波数が変化します．遅延は次のように与えます．

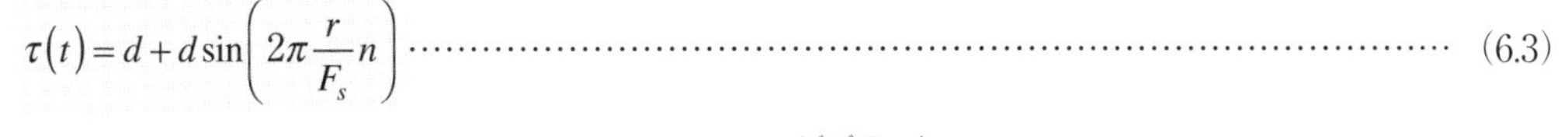

$$\tau(t) = d + d\sin\left(2\pi\frac{r}{F_s}n\right) \quad (6.3)$$

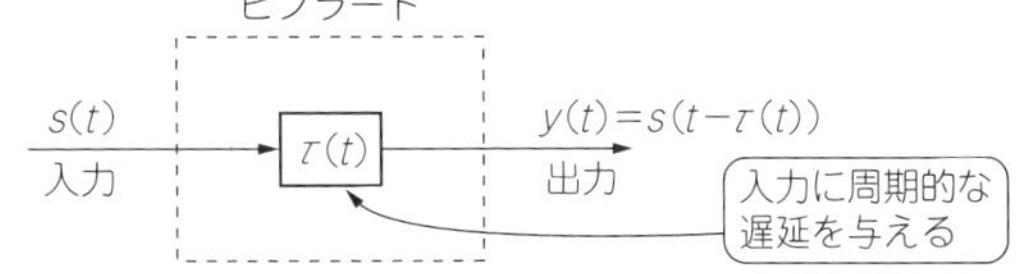

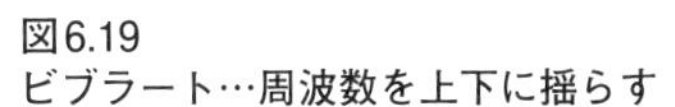
図6.19
ビブラート…周波数を上下に揺らす

リスト6.10　ビブラートのプログラム（抜粋）

```
●信号処理用変数の宣言部
double    s[MEM_SIZE+1]={0};                  // 入力データ格納用変数
double    y[MEM_SIZE+1]={0};                  // 出力データ格納用変数

int       tau;                                // ビブラート遅延量
double    d, r;                               // ビブラート用変数
long int l;                                   // ビブラート管理用時刻

●変数の初期設定部
d      = 0.002*Fs;                            // ビブラートの深さ
r      = 5.0;                                 // 周波数
l      = 0;                                   // ビブラート管理用時刻

●メイン・ループ内 Signal Processing部
tau   = d + d * sin(2.0*M_PI*r*l/(double)Fs); // 時変遅延量
y[t]  = s[(t-tau+MEM_SIZE)%MEM_SIZE];         // 入力を遅延させる
l     = (l+1)%(10*Fs);                        // ビブラート用の時刻管理
```

表6.10　ビブラートのプログラムのコンパイルと実行の方法

収録フォルダ		6_10_Vibrato
DDプログラム	コンパイル方法	bcc32c DD_Vibrato.c
	実行方法	DD_Vibrato speech.wav
RTプログラム	コンパイル方法	bcc32c RT_Vibrato.c
	実行方法	RT_Vibrato
備考：speech.wavは入力音声ファイル．任意のwavファイルを指定可能		

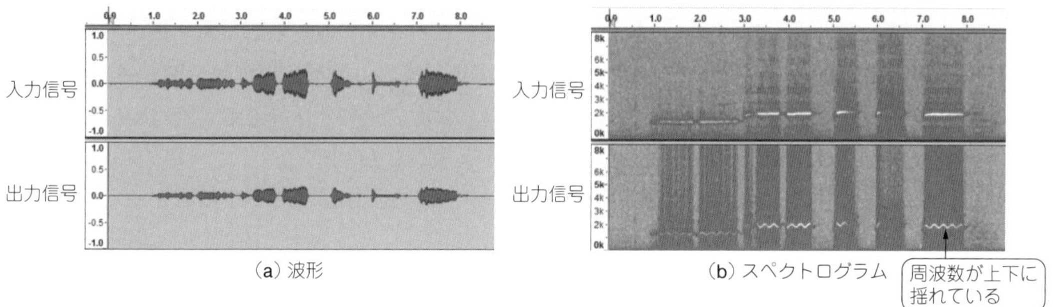

(a) 波形　(b) スペクトログラム

図6.20　ビブラートの実行結果…周波数が上下に揺れている

パラメータは遅延の深さdと周波数rです．dが深いほど周波数方向の変化が大きくなり，rが大きいほど高速な変化が生じます．F_sはサンプリング周波数です．

●プログラム

ビブラートのプログラムをリスト6.10に示します．パラメータは遅延の深さdと周波数rの2つです．遅延器は正弦波として変化しますので，その正弦波の時刻管理用にlを定義しています．

▶改造のヒント

遅延の深さdと周波数rで出力音質を制御します．

dは1未満の非負値です．大きいほど周波数の変化が大きくなります．d=0だと全く変化しません．

rは周波数[Hz]として与えます．極端に小さい値や大きい値に設定して効果を確認してみてください．ただし，rの上限はサンプリング定理によってFs/2 = 8000Hzです．

●入出力の確認

コンパイルと実行の方法を表6.10に示します．

DDプログラムにおける処理結果を図6.20に示します．シミュレーションでは，dを2ms，rを5Hzにしています．入力音声は口笛です．

波形では多少振幅が小さくなった程度しか確認できません．スペクトログラムでは，周波数が上下に揺れています．

6-11 コーラス

入力音声にコーラスのエフェクトをかけます．複数の人が同じ音程で歌い，それぞれの声は微妙にずれている状況を模擬します．

●原 理

コーラスは，入力信号とビブラートを加算することで実現します．時変の遅延器でビブラートを実現し，元の音声から少しずれた音声を生成します．これを入力信号に加算します．コーラスを実現するフィルタを**図6.21**に示します．遅延は次のように与えます．

$$\tau(t) = d + depth \cdot \sin\left(2\pi \frac{r}{F_s} n\right) \quad \cdots\cdots (6.4)$$

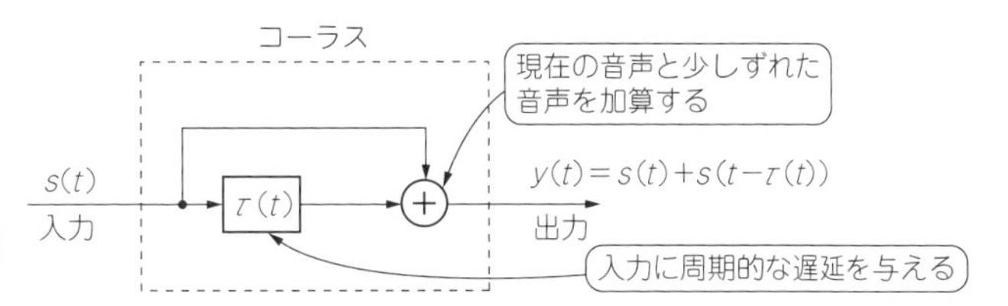

図6.21
コーラス…元の音声から少しずれた音声を生成して入力信号に加算する

リスト6.11 コーラスのプログラム（抜粋）

```
●信号処理用変数の宣言部
double    s[MEM_SIZE+1]={0};              // 入力データ格納用変数
double    y[MEM_SIZE+1]={0};              // 出力データ格納用変数

int       tau;                            // ビブラート遅延量
double    d, r;                           // ビブラート用変数
double    depth;                          // ビブラートの深さ
long int l;                               // ビブラート管理用時刻

●変数の初期設定部
d     = 0.025*Fs;                         // ビブラートの深さ
depth = 0.01*Fs;                          // 深さ
r     = 0.1;                              // 周波数
l     = 0;                                // ビブラート管理用時刻

●メイン・ループ内 Signal Processing部
tau  = d + depth * sin(2.0*M_PI*r*l/(double)Fs);       // 時変遅延量
y[t] = s[t] + s[(t-tau+MEM_SIZE)%MEM_SIZE];
                                          // 現在の入力と遅延入力を加算
l    = (l+1)%(10*Fs);                     // ビブラート用の時刻管理
```

遅延のパラメータにはdと$depth$の2つがあります．dは基本の遅延の深さです．それよりも小さい値を$depth$に与えます．すると，現在の入力信号とビブラート信号が重なる瞬間がなくなり，より明確なコーラス効果が期待できるようになります．rは遅延変化の周波数，F_sはサンプリング周波数です．

●プログラム

コーラスのプログラムを**リスト6.11**に示します．遅延の変数として`d`と`depth`があります．

遅延器は正弦波として変化しますので，その正弦波の時刻管理用に`1`を定義しています．

▶改造のヒント

遅延の深さ`d`，ビブラートの深さ`depth`，周波数`r`で出力音質を制御します．

`d`と`depth`は1未満の非負値です．大きいほど周波数の変化が大きくなります．

`r`は周波数[Hz]として与えます．極端に小さい値や大きい値に設定して効果を確認してみてください．ただし，`r`の上限は，サンプリング定理により，`Fs`/2＝8000Hzです．

●入出力の確認

コンパイルと実行の方法を**表6.11**に示します．DDプログラムにおける処理結果を**図6.22**に示します．`d`を25ms，`depth`を10ms，`r`を0.1Hzにしています．波形では多少振幅が小さくなった程度しか確認できません．スペクトログラムでも違いが明確ではありません．

表6.11　コーラスのプログラムのコンパイルと実行の方法

収録フォルダ		6_11_Chorus
DDプログラム	コンパイル方法	bcc32c DD_Chorus.c
	実行方法	DD_Chorus speech.wav
RTプログラム	コンパイル方法	bcc32c RT_Chorus.c
	実行方法	RT_Chorus
備考：speech.wavは入力音声ファイル．任意のwavファイルを指定可能		

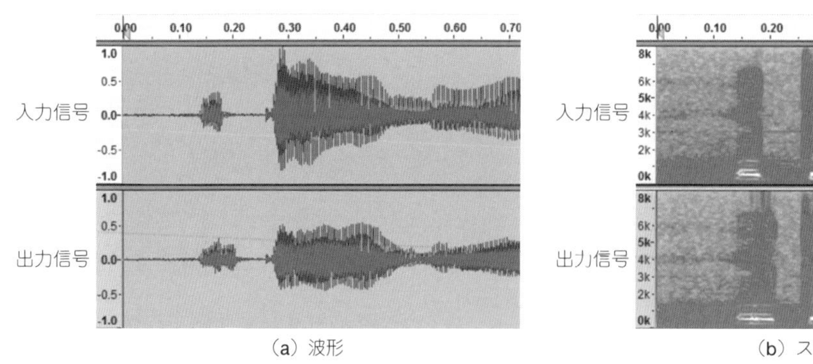

(a) 波形

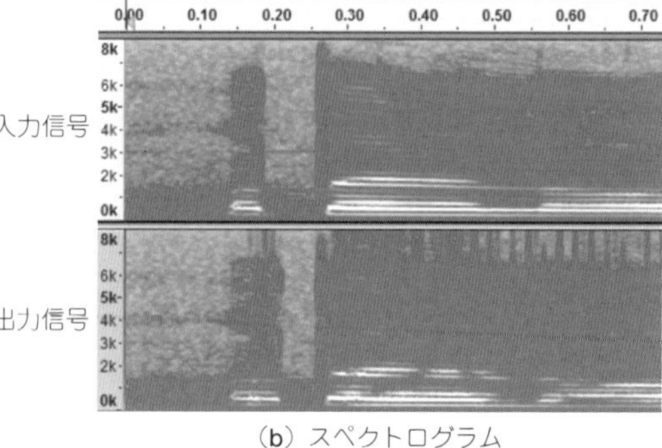

(b) スペクトログラム

図6.22　コーラスの実行結果…入力信号とビブラートの和なので違いは分かりにくい

6-12 フランジャー

入力音声にフランジャーと呼ばれるエフェクトをかけます．フランジャーはコーラス（本章の6-11参照）と同じ原理で実現できますが，周波数が大きく変動するエフェクトです．コーラスとは違った印象を与えることができます．

●原 理

フランジャーを実現するフィルタは，コーラス（本章6-11の**図6.21**）と同じです．時変の遅延器でビブラートを実現し，これを入力信号に加算します．遅延の与え方も式(6.4)と同じです．

フランジャーでは，基本の遅延の深さdと，それと同じか小さい値$depth$をコーラスよりも小さく設定し，遅延変化の周波数rを高めに設定します．

●プログラム

フランジャーのプログラムを**リスト6.12**に示します．遅延器は正弦波として変化しますので，その正弦波の時刻管理用に`l`を定義しています．

リスト6.12　フランジャーのプログラム（抜粋）

```
●信号処理用変数の宣言部
double   s[MEM_SIZE+1]={0};                  // 入力データ格納用変数
double   y[MEM_SIZE+1]={0};                  // 出力データ格納用変数

int      tau;                                // ビブラート遅延量
double   d, r;                               // ビブラート用変数
double   depth;                              // ビブラートの深さ
long int l;                                  // ビブラート管理用時刻

●変数の初期設定部
d     = 0.002*Fs;                            // ビブラートの基本深さ
depth = 0.002*Fs;                            // 変化の深さ
r     = 0.5;                                 // 周波数
l     = 0;                                   // ビブラート管理用時刻

●メイン・ループ内 Signal Processing部
tau  = d + depth * sin(2.0*M_PI*r*l/(double)Fs);       // 時変遅延量
y[t] = s[t] + s[(t-tau+MEM_SIZE)%MEM_SIZE];
                                             // 現在の入力と遅延入力を加算
l    = (l+1)%(10*Fs);                        // ビブラート用の時刻管理
```

▶改造のヒント

dはビブラートの基準の深さで，depthは変化の幅を表します．rは変化の周波数です．遅延時間tauが負にならないように，d≧depthとして与えます．dの設定値(0.002)は時間[s]を表していて，対応するサンプル数に変換するためにFsを乗じています．rは現実の周波数[Hz]として与えます．

●入出力の確認

コンパイルと実行の方法を**表6.12**に示します．

DDプログラムにおける処理結果を**図6.23**に示します．dとdepthを2msに，rを0.5[Hz]に設定しています．効果を分かりやすくするために，音声にホワイト・ノイズを付加した信号に対してフランジャーをかけました．波形ではほとんど違いが確認できません．スペクトログラムでは，特に後半の部分で，周波数がゆっくりと大きく変動しています．これがフランジャーの効果です．

表6.12　フランジャーのプログラムのコンパイルと実行の方法

収録フォルダ		6_12_Flanger
DDプログラム	コンパイル方法	bcc32c DD_Flanger.c
	実行方法	DD_Flanger noisy_speech.wav
RTプログラム	コンパイル方法	bcc32c RT_Flanger.c
	実行方法	RT_Flanger
備考：noisy_speech.wavは入力音声ファイル．任意のwavファイルを指定可能		

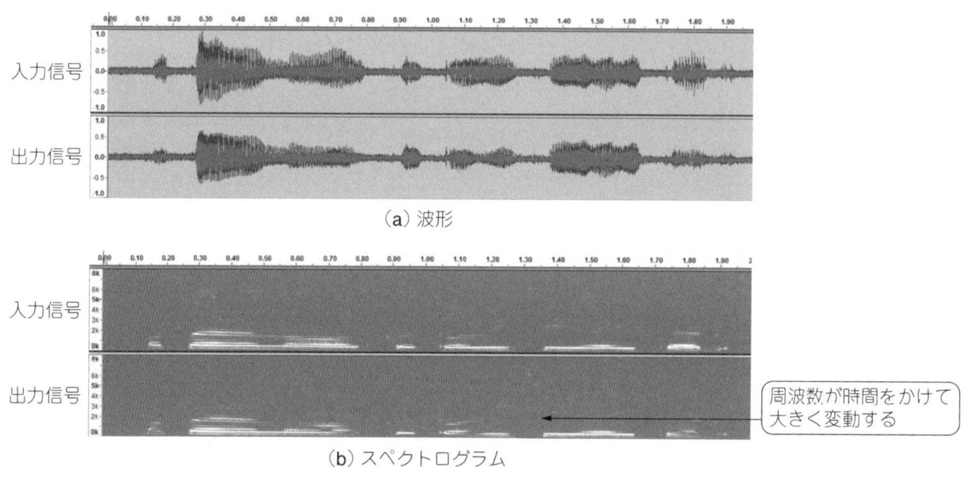

図6.23　フランジャーの実行結果…周波数がゆっくりと大きく変動している

6-13 ワウ

入力音声に対し，ワウと呼ばれるエフェクトをかけます．ここでは，簡単に作成できる逆ノッチ・フィルタを利用してワウを実現します．ワウは音楽エフェクトでよく利用されます．

●原 理

ワウは狭帯域周波数を抽出し，これを時間とともに変化させることで実現できます．うまく抽出周波数を変動させると，まさに「ワ」，「ウ」と発話しているように聞こえます．

狭帯域周波数の抽出は，**図6.24**に示す逆ノッチ・フィルタで実現します．

逆ノッチ・フィルタでは，係数aによって抽出したい帯域の中心周波数を決定します．ここで，抽出したい周波数をω_Nとすると，

$$a=-(1+r)\cos\omega_N \quad (6.5)$$

の関係があります．rは1未満の正数で，1に近いほど急峻(きゅうしゅん)な特性が得られます．

ワウを実現するためには，rを固定し，aを時間とともに変更させます．中心周波数が時間とともに移動するので，フィルタを通過できる周波数が時々刻々と変化します．

●プログラム

逆ノッチ・フィルタを用いたワウのプログラムを**リスト6.13**に示します．1000Hzを基本の中心周波数として，左右に800Hz分，ゆっくりと揺らします．つまり，中心周波数を200～1800Hzの間で揺らすことで，ワウの効果を得ています．

ノッチ周波数は1000Hzに設定し，`r=0.95`としました．中心周波数の変動は，周波数変動の深さ`d`と周波数`rt`に設定します．つまり`d=800`[Hz]，`rt=1`[Hz]です．

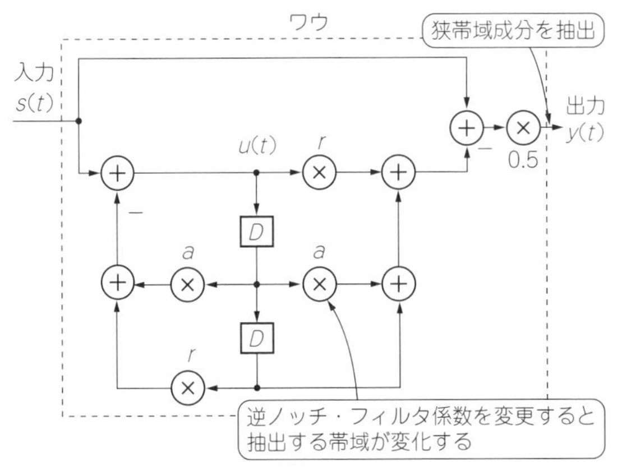

(a) 逆ノッチ・フィルタの構成

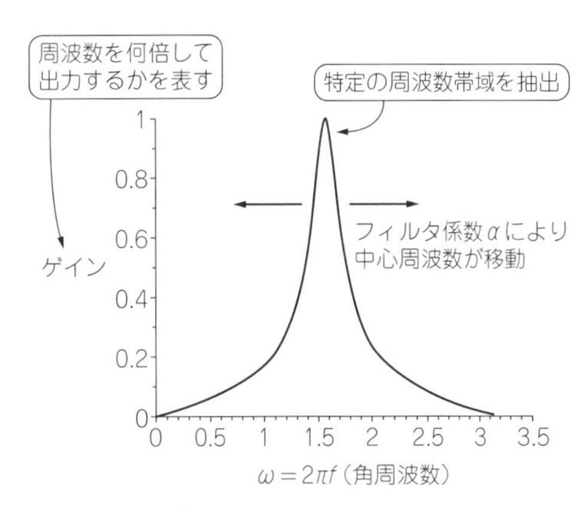

(b) 逆ノッチ・フィルタの周波数振幅特性

図6.24 ワウ…狭帯域周波数を抽出して時間とともに変化させる

▶改造のヒント

周波数変動の深さdと周波数rtでワウの効果を制御します.

dは中心周波数fcに対する変化の幅を，現実の周波数[Hz]で指定します．つまり，fc＋d〜fc－dで変化します．原則としてd≦fcとします.

rtは，その変化をどのくらいの速度で行うかを指定します．プログラムでは1Hzとしているので，1秒間に周波数の変化(fc⇒fc＋d⇒fc－d⇒fc)が1回生じます.

●入出力の確認

コンパイルと実行の方法を**表6.13**に示します.

DDプログラムにおける処理結果を**図6.25**と**図6.26**に示します．入力信号のうち，特定の狭い周波数帯域だけを抽出するので，出力波形は小さくなっています.

スペクトログラムを見ると，1kHz周辺の周波数だけが抽出されています．ホワイト・ノイズに対する結果を見ると，1kHzを中心に上下800Hzの範囲で中心周波数が移動しています.

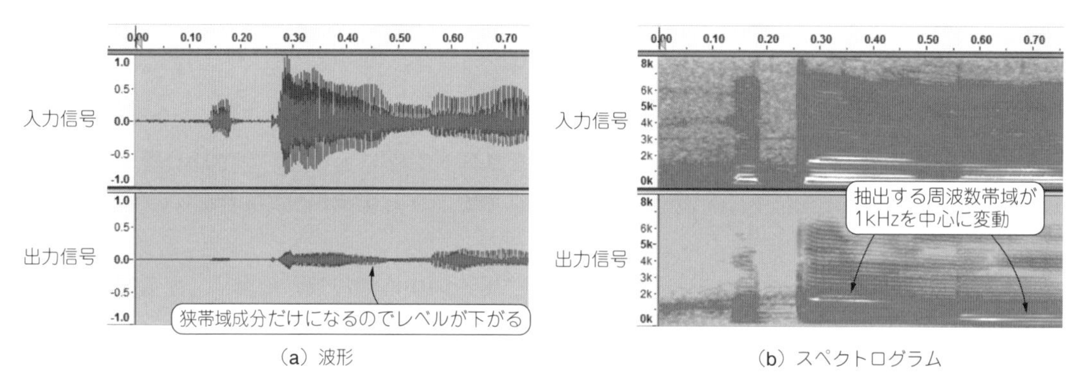

図6.25　ワウの実行結果①…入力が音声のときは1kHz周辺の周波数が抽出されている

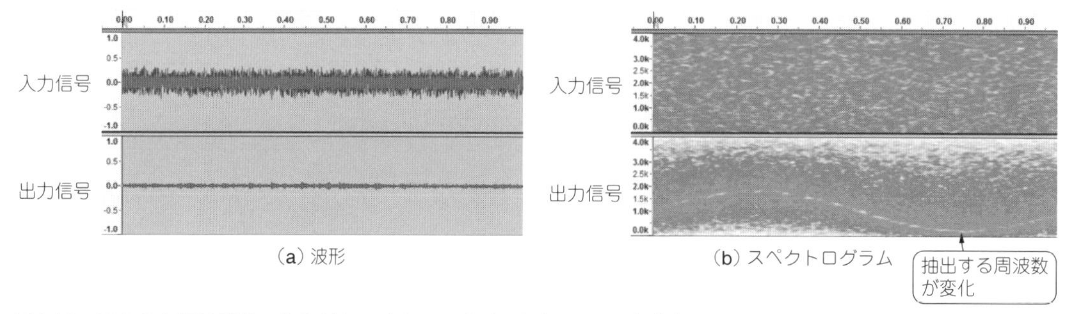

図6.26　ワウの実行結果②…入力がホワイト・ノイズのときは1kHzを中心に上下800Hzの範囲で中心周波数が移動している

リスト6.13　ワウのプログラム（抜粋）

```
●信号処理用変数の宣言部
double   s[MEM_SIZE+1]={0};              // 入力データ格納用変数
double   y[MEM_SIZE+1]={0};              // 出力データ格納用変数

long int l=0;                            // 変調用時刻管理
double   x,u0,u1,u2;                     // 逆ノッチ・フィルタ用信号
double   a,r;                            // 逆ノッチ・フィルタ係数
double   fc, rt, depth;                  // 変調用の変数

●変数の初期設定部
r     = 0.95;                            // 極半径の2乗
fc    = 1000.0;                          // 遮断周波数[Hz]
depth= 800.0;                            // 変調の深さ[Hz]
rt    = 1.0;                             // 変調の周波数
a     =-(1+r)*cos(2.0*M_PI*fc/Fs);       // 逆ノッチ・フィルタ係数

●メイン・ループ内 Signal Processing部
u0    = s[t] - a*u1 - r*u2;              // 内部信号
x     = r*u0 + a*u1 + u2;                // オールパス・フィルタ出力
y[t] = (s[t]-x)/2.0;                     // 逆ノッチ・フィルタ出力
u2    = u1;                              // 内部信号の遅延
u1    = u0;                              // 内部信号の遅延
fc    = (1000.0 + depth*sin(2.0*M_PI*rt*l/Fs))/Fs;
                                         // 遮断周波数を変化させる
a     = -(1+r)*cos(2.0*M_PI*fc);         // フィルタ係数を再設定
l     = (l+1)%(10*Fs);                   // 変調信号用の時刻更新
```

表6.13　ワウのプログラムのコンパイルと実行の方法

収録フォルダ		6_13_Wau
DDプログラム	コンパイル方法	bcc32c DD_Wau.c
	実行方法	DD_Wau speech.wav
RTプログラム	コンパイル方法	bcc32c RT_Wau.c
	実行方法	RT_Wau
備考：speech.wavは入力音声ファイル．任意のwavファイルを指定可能		

6-14 イコライザ

入力音声に対して周波数帯域ごとにゲインを調整するイコライザを設計します．音質を調整するフィルタとして，逆ノッチ・フィルタを利用します．

イコライザは，ライブ会場や結婚式場などに設置されている音響装置の1つで，ハウリングの回避や，会場のスピーカから放射される音声の音質を調整するために使用されます．

●原 理

イコライザの構成を図6.27に示します．バンドパス・フィルタ（帯域通過フィルタ）を並列接続します．

これは，入力の周波数特性をある特定の帯域ごとに抽出して，その振幅を調整するシステムです．入力信号から抽出した各帯域に重みQを掛けて加算します．

帯域フィルタの作り方には自由度があります．ここでは，逆ノッチ・フィルタで実現します．2

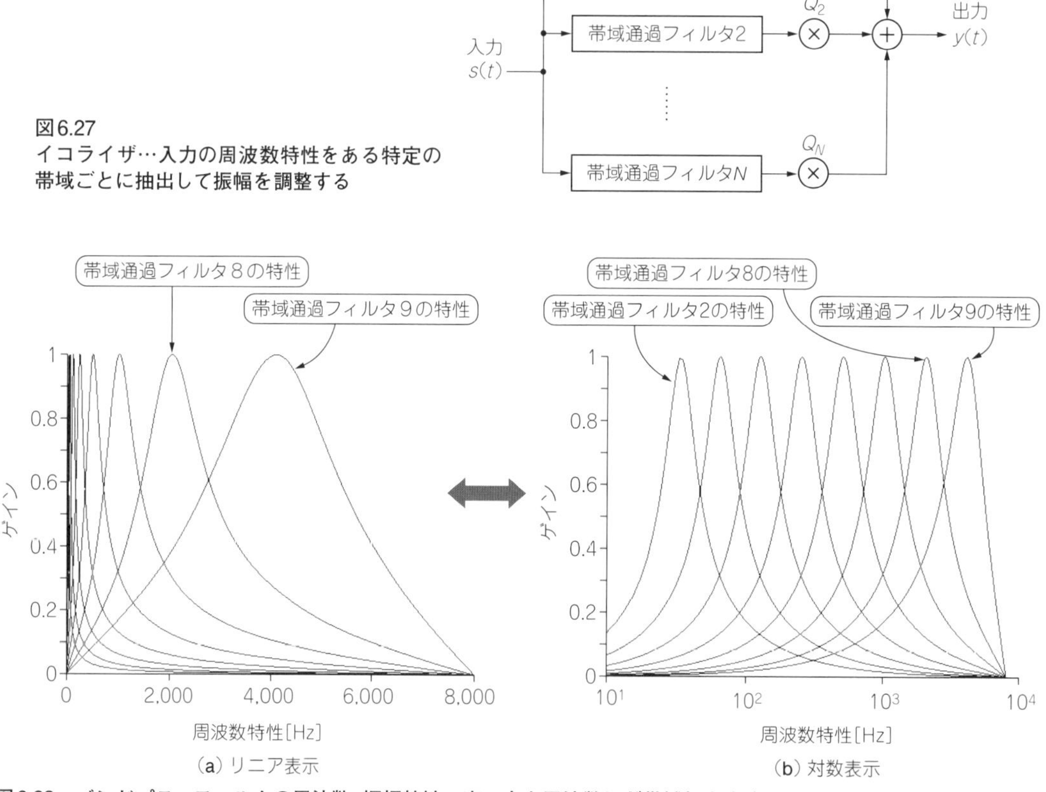

図6.27
イコライザ…入力の周波数特性をある特定の帯域ごとに抽出して振幅を調整する

(a) リニア表示

(b) 対数表示

図6.28　バンドパス・フィルタの周波数-振幅特性…高い中心周波数ほど帯域幅を広くとるようにしている

つのパラメータaとrにより，通過帯域の中心周波数と帯域幅を調整します．

バンドパス・フィルタの周波数-振幅特性を**図6.28**に示します．高い中心周波数ほど，帯域幅を広くとるように横軸を対数にして，これを等間隔にすることで，帯域幅を決定しています．人間の聴覚も対数に近い特性を持つとされています．

●プログラム

イコライザのプログラムを**リスト6.14**に示します．9個の逆ノッチ・フィルタで帯域分割を実現しています．各通過帯域の中心周波数を2倍ずつ変化させ，徐々に帯域幅を広げています．

基本の周波数を16Hzに設定し，後はそれを2倍ずつ増加しています．また，通過帯域幅`K`[Hz]を，1つ低域側の中心周波数と同じ値にしています．

ここでは，5番目と8番目のバンドパス・フィルタの`Q`を1に設定し，残りは0にします．`i`番目の周波数帯域の感度，つまりゲインは`Q[i]`です．変数の初期設定部において，全て0に初期化しています．その後，5番目と8番目の帯域について，`Q[5]`と`Q[8]`を1に設定しています．

表6.14　イコライザのプログラムのコンパイルと実行の方法

収録フォルダ		6_14_Equalizer
DDプログラム	コンパイル方法	bcc32c DD_Equalizer.c
	実行方法	DD_Equalizer speech.wav
RTプログラム	コンパイル方法	bcc32c RT_Equalizer.c
	実行方法	RT_Equalizer
備考：speech.wavは入力音声ファイル．任意のwavファイルを指定可能		

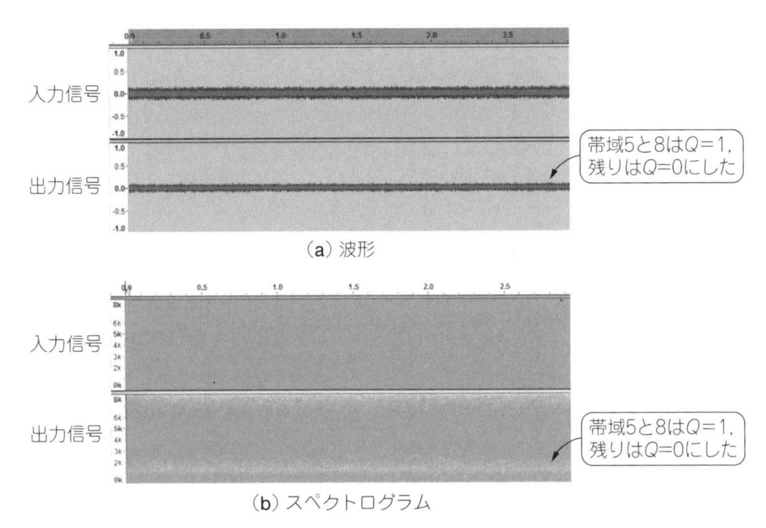

図6.29　イコライザの実行結果…帯域5と8だけを抽出しているが目視では分かりにくい

リスト6.14　イコライザのプログラム（抜粋）

```
●信号処理用変数の宣言部
double    s[MEM_SIZE+1]={0};                    // 入力データ格納用変数
double    y[MEM_SIZE+1]={0};                    // 出力データ格納用変数

int       i;                                    // forループ用
double    x, xin, out,u0[N+1],u1[N+1],u2[N+1];     // 観測信号
double    a[N+1],r[N+1];                        // フィルタ係数
double    fc[N+1], Q[N+1];                      // ノッチ周波数
double    K;                                    // 除去帯域幅

●変数の初期設定部
fc[0] = 16.625;                                 // 基本の中心周波数
for (i=1;i<=N;i++){
    K     = fc[i-1];                            // 帯域幅は低域側中心周波数と
                                                           同じにする
    r[i] = (1+cos(2.0*M_PI*K/Fs)
           -sin(2.0*M_PI*K/Fs))/(1+cos(2.0*M_PI*K/Fs)
           +sin(2.0*M_PI*K/Fs));
                                                // 帯域幅を設定
    fc[i]= fc[i-1]*2;                           // 遮断周波数の設定
    a[i] =-(1+r[i])*cos(2.0*M_PI*fc[i]/Fs);     // フィルタ係数
    Q[i] = 0.0;                                 // 感度の初期化
}
Q[5] =  1.0;                                    // 指定帯域の感度を設定
Q[8] =  1.0;                                    // 指定帯域の感度を設定

●メイン・ループ内 Signal Processing部
out=0;
for(i=1;i<=N;i++){
    u0[i] = s[t]-a[i]*u1[i]-r[i]*u2[i];         // 逆ノッチ・フィルタの
                                                          内部信号計算
    x      = r[i]*u0[i]+a[i]*u1[i]+u2[i];       // オールパス・フィルタ
                                                             出力計算
    out    = out + Q[i]*(s[t]-x)/2.0;           // 逆ノッチ・フィルタ出力に
                                                       感度をつけて加算
    u2[i] = u1[i];                              // 信号遅延
    u1[i] = u0[i];                              // 信号遅延
}
y[t]      = out;                                // 最終出力
```

▶改造のヒント

抽出する帯域番号を変更し，さらにゲインの大きさを変更することで，出力の周波数振幅特性を任意に調整することができます．また，逆ノッチ・フィルタの帯域幅Kや，中心周波数f_cを任意に変更することで，出力特性をより細かく調整することが可能です．

●入出力の確認

コンパイルと実行の方法を**表6.14**に示します．

DDプログラムにおける処理結果を**図6.29**に示します．一部の周波数成分だけを抽出しているので，出力波形が小さくなっています．スペクトログラムでは2つの帯域が強調されています．また，高域側は通過帯域幅が広くなっています．

RTプログラムでは，数字キーによって各帯域の音量を調節します．9帯域に分割しているので，1～9の数字キーで調整します．数字キーを押すごとにその帯域の音量が大きくなります．また，Shiftキーを押しながら数字キーを押すと音量が下がります．

6-15 オート・パン

モノラルの入力音声をステレオ信号に変換し，オート・パンと呼ばれるエフェクトをかけます．オート・パンは，音源が左右に移動しているようなエフェクトを与えます．

●原 理

オート・パンは，出力音量が増幅，減衰を交互に繰り返します．ただし，左チャネル(Lch)と右チャネル(Rch)で増幅の状態が互いに逆になります．このような信号を両耳で聞くと，音源が左右に振られたような感覚が得られます．

オート・パンのシステムを**図6.30**に示します．LchとRchの振幅の増幅は，正弦波状に0～2に変化させます．これは，時刻nにおける乗算器を$1 + \sin(\omega_1 n)$，$1 - \sin(\omega_1 n)$とそれぞれ設定することで実現します．ω_1は任意の角周波数で，$\omega_1 = 2\pi r/F_s$です．F_s[Hz]はサンプリング周波数，r[Hz]は任意の周波数です．

音源の移動感を出すため，LchとRchの増幅率は，1を中心に互いに逆の動きをさせています．

●プログラム

オート・パンのプログラムを**リスト6.15**に示します．正弦波の周波数が`r`，乗算器の値が`a`です．ここでは，周波数を`r=0.2`と設定しています．ゆっくり変化させることがうまく音源を移動させるコツです．

▶改造のヒント

オート・パンでは，`r`[Hz]の値をどのように設定するかで，音源が移動する速度を設定しています．`r=0.2`[Hz]では，1秒間に周期の20%を持つ正弦波となります．つまり，5秒間で1周期になる正弦波です．とてもゆっくりです．例えば，`r`＞0.2とすると，現在の設定よりも高速に音源が左右に移動します．逆に，`r`＜0.2だと，さらにゆっくりと音源が移動します．

`r`の値を音源に合わせて時間的に変化させ，新しい音源を作成するのも面白いでしょう．

●入出力の確認

コンパイルと実行の方法を**表6.15**に示します．

DDプログラムの処理結果を**図6.31**に示します．入力が複製され，出力がステレオになっていま

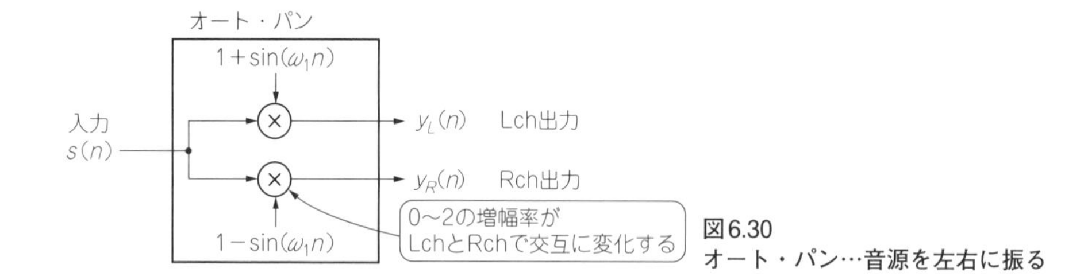

図6.30
オート・パン…音源を左右に振る

す．また，LchとRchの信号振幅が互いに逆の変化となっています．

処理音をイヤホンで聴くと，音源が左右に移動しているように感じられます．

RTプログラムを実行するときもイヤホンが必要です．

リスト6.15　オート・パンのプログラム（抜粋）

```
●信号処理用変数の宣言部
double    y_L[MEM_SIZE+1]={0};              // Lch出力データ格納用変数
double    y_R[MEM_SIZE+1]={0};              // Rch出力データ格納用変数
long int l = 0;                             // 正弦波用の時刻管理
double    a, r;                             // 正弦波パラメータ

●信号処理用変数の初期設定
r=0.2;                                      // 正弦波の周波数

●メイン・ループ内 Signal Processing部
a = 1.0 + sin(2.0*M_PI*r*l/(double)Fs);     // 正弦波を更新
y_L[t] = a*s[t];                            // 正弦波を入力に乗じたものを
                                                                Lch出力
a = 1.0 - sin(2.0*M_PI*r*l/(double)Fs);     // 負の正弦波を更新
y_R[t] = a*s[t];                            // 正弦波を入力に乗じたものを
                                                                Rch出力
l=(l+1)%(10*Fs);                            // 正弦波生成用の時刻
```

表6.15　オート・パンのプログラムのコンパイルと実行の方法

収録フォルダ		6_15_autopan
DDプログラム	コンパイル方法	bcc32c DD_autopan.c
	実行方法	DD_autopan long_mix.wav
RTプログラム	コンパイル方法	bcc32c RT_autopan.c
	実行方法	RT_autopan
備考：long_mix.wavは入力音声ファイル．任意のwavファイルを指定可能		

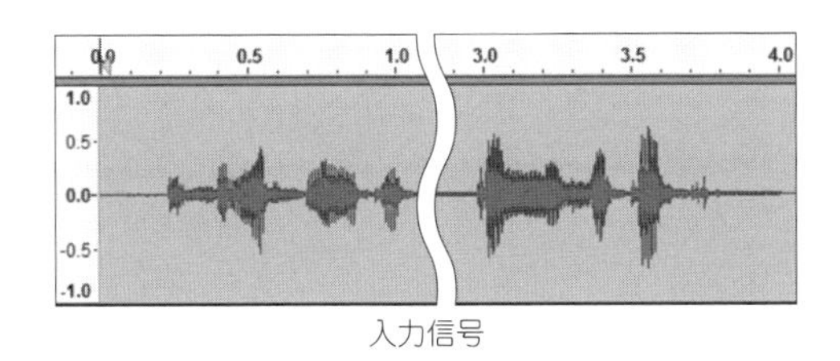

入力信号

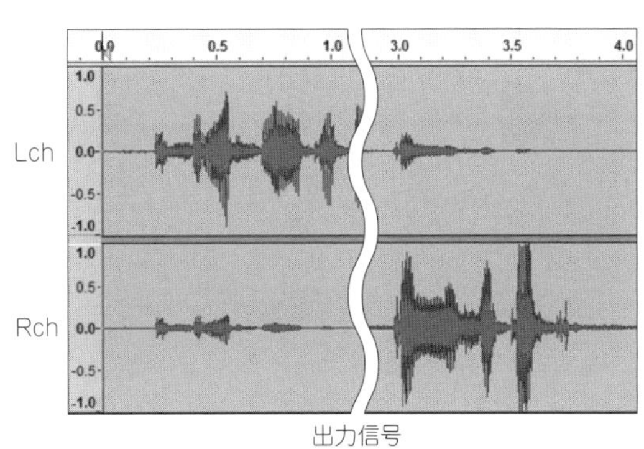

出力信号

図6.31
オート・パン処理結果…LchとRchの信号振幅が互いに逆の変化になっている

6-16 ボーカル・キャンセラ

多くの音楽CDはステレオ収録された音が記録されています．ステレオ音源を対象として，ボーカルを含む音楽からボーカルを除去します．

●原 理

ボーカル・キャンセラの原理を**図6.32**に示します．

音楽CDを製作する場合，ボーカルや楽器の各パートを別々に収録し，その後，ミックスダウンと呼ばれる作業で1つの音楽にまとめます．各楽器音やボーカルを個別に収録しているので，同時演奏とは異なり，どこに楽器があるか，という配置の概念が存在しません．このため，ミックスダウンの過程では，楽器の配置を考慮することになります［**図6.32（a）**］．これを楽器の定位と呼びます．

楽器の配置は，音楽の種類や製作者の意図に依存します．実際に楽器を置いているわけではないので，定位感を出せるミックスダウンの技術も必要です．

配置が正面でない楽器は，左右のマイクで観測されるタイミングが異なり，音量もやや変化します．一方で，多くの音楽CDでは，ボーカルをステレオ・マイクの正面に配置しています．この場合，ボーカルは，左右のチャネルで，同じタイミング，同じ音量で収録されます．

従ってステレオ音楽の左チャネル信号から右チャネル信号を減算すれば，ボーカルだけを除去できます［**図6.32（b）**］．もちろん逆に右チャネル信号から左チャネル信号を減算してもボーカルを除去できます．

●プログラム

ボーカル・キャンセラのプログラムを**リスト6.16**に示します．ステレオの場合，wavファイルは左右左右…の順で交互に格納されているので，順番に取り出しています．また，出力もステレオとしており，一方は左から右の減算，もう一方は右から左の減算結果としています．

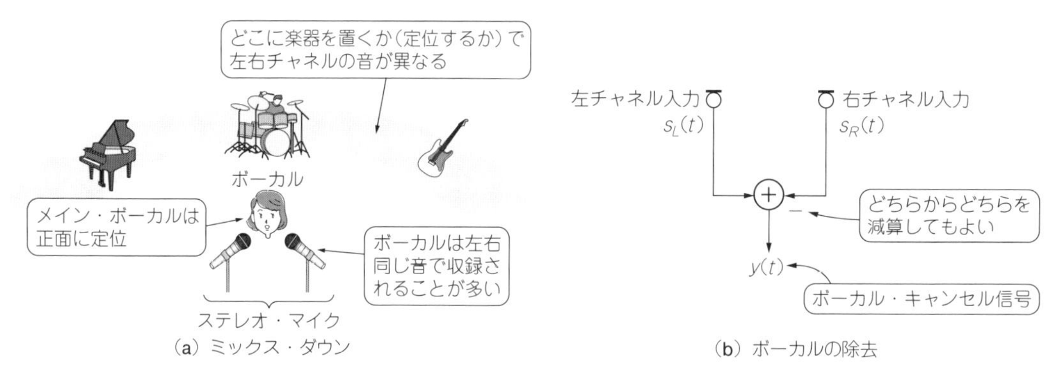

図6.32　ボーカル・キャンセラの原理…ボーカルが正面配置で収録されている場合は左右の信号の減算によりボーカルを除去できる

リスト6.16　ボーカル・キャンセラのプログラム（抜粋）

```
●冒頭の宣言部
#define  MEM_SIZE 16000                      // 音声メモリのサイズ
#define  N        2000                       // フィルタ次数

●信号処理用変数の宣言部
double   y_L[MEM_SIZE+1]={0}, y_R[MEM_SIZE+1]={0};
                                             // 出力データ格納用変数
double   s_L[MEM_SIZE+1]={0}, s_R[MEM_SIZE+1]={0};
                                             // 入力データ格納用

●メイン・ループ内 Signal Processing部
while(1){                                    // メイン・ループ
    if(fread( &input, sizeof(short), 1,f1) < 1){
        if( t_out > len+add_len ) break;     // ループ終了判定
        else input=0;                        // ループ継続かつ
                                                     音声読み出し終了

    }
    s_L[t] = input/32768.0;
    if(fread( &input, sizeof(short), 1,f1) < 1){
        if( t_out > len+add_len ) break;     // ループ終了判定
        else input=0;
    }                                        // ループ継続かつ音声読み出し
                                                     終了なら input=0

    s_R[t] = input/32768.0;

    y_L[t]= s_L[t]-s_R[t];
    y_R[t]= s_R[t]-s_L[t];

    output = y_L[t]*32768;                   // 出力を整数化
    fwrite(&output, sizeof(short), 1, f2);   // 結果の書き込み
    output = y_R[t]*32768;                   // 出力を整数化
    fwrite(&output, sizeof(short), 1, f2);   // Rch書き込み(=Lch)
    t=(t+1)%MEM_SIZE;                        // 時刻 t の更新
    t_out++;                                 // ループ終了時刻の計測
}
```

表6.16　ボーカル・キャンセラのプログラムのコンパイルと実行の方法

収録フォルダ		6_16_Vocal_Canceller
DDプログラム	コンパイル方法	bcc32c DD_Vocal_Canceller.c
	実行方法	DD_Vocal_Canceller music.wav
RTプログラム	コンパイル方法	bcc32c RT_Vocal_Canceller.c
	実行方法	RT_Vocal_Canceller
備考：music.wavは入力音声ファイル．任意のwavファイルを指定可能．ただしステレオ収録されていること		

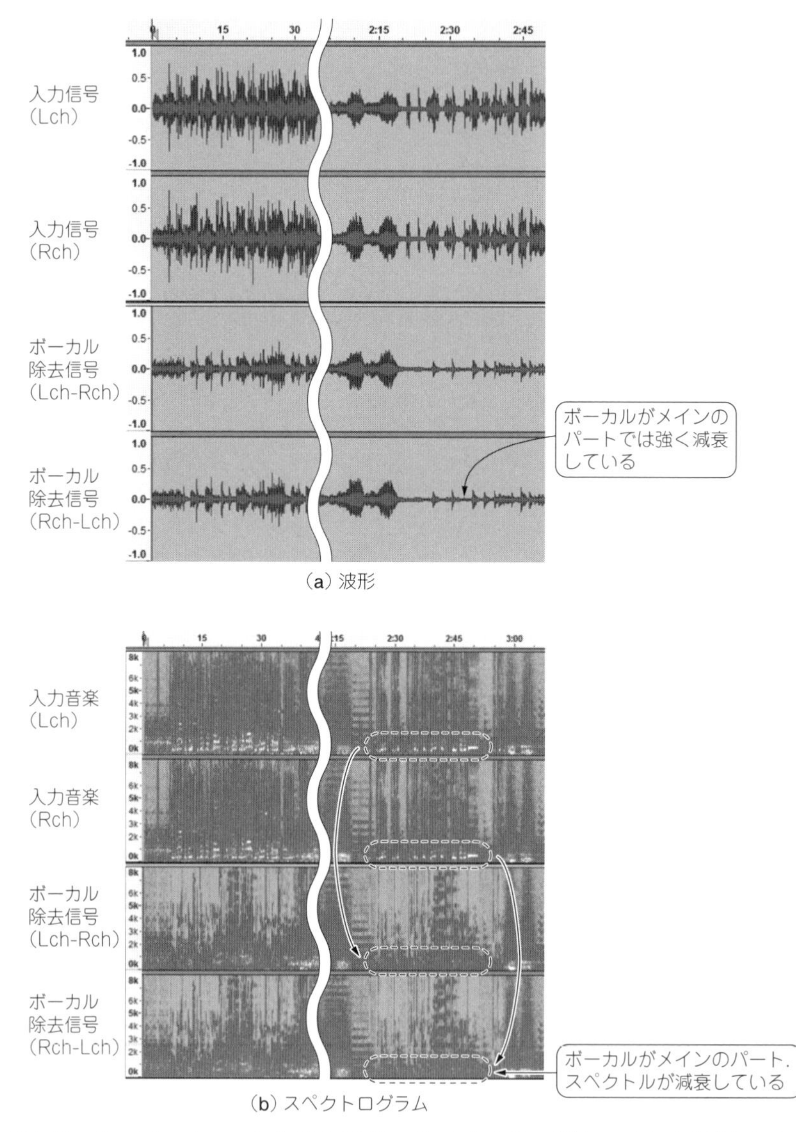

図6.33　ボーカル・キャンセラの実行結果…ボーカルの強い音声スペクトルが消失している

プログラムでは,

出力左チャネル＝入力左チャネル－入力右チャネル

出力右チャネル＝入力右チャネル－入力左チャネル

としています．従って出力信号は，左チャネルと右チャネルでちょうど位相が反転しています．イヤホンやヘッドホンでは問題なく出力音が聞こえます．しかし，スピーカから出力すると，左右の音が打ち消し合って聞こえない場合があります．これは，最近のヘッドホンやイヤホンのノイズ・キャンセリング機能に採用されている音を逆位相の音で消す技術（アクティブ・ノイズ・コントロール）と同じ原理で生じます．

●入出力の確認

コンパイルと実行の方法を**表6.16**に示します．

DDプログラムの処理結果を**図6.33**に示します．ボーカルと楽器音からなるステレオ音楽信号[注1]ですが，後半の一部にはほぼボーカルだけのパートがあり，顕著に減衰しています．

スペクトログラムの円で囲んだ部分はボーカル主体のパートです．入力信号では，音声のピッチおよびその高調波による強いスペクトルの存在が確認できます．一方，ボーカル・キャンセル後には，これらのスペクトルが除去されています．

RTプログラムでは，マイクの左右チャネルの減算をリアルタイムで出力しています．従って正面からの音声が除去されるはずです．

6-17 マイク入力へのBGM追加

リアルタイムで取得するマイク入力に，wavファイルとして読み込んだBGMを付加して出力します．いわゆるカラオケ・システムと思えば想像しやすいと思います．

●原 理

マイク入力にBGMを追加するカラオケのようなシステムの構成を**図6.34**に示します．

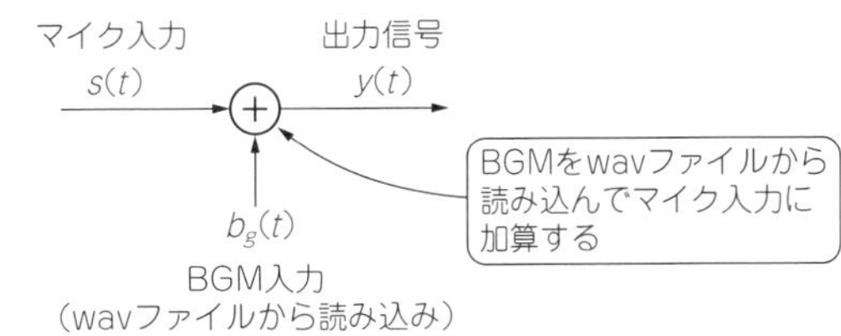

図6.34
マイク入力にBGMを加算するシステム

注1：音楽CDで試す場合は，wav形式へ変換する必要がある．変換にはさまざまなフリー・ソフトウェアを使用できる．

リスト6.17　マイク入力にBGMを加算するプログラム（抜粋）

```
●信号処理用変数の宣言部
double    s[MEM_SIZE+1]={0};              // 入力データ格納用変数
double    y[MEM_SIZE+1]={0};              // 出力データ格納用変数

short    input;                           // BGM読み出し変数
double   bg[MEM_SIZE+1]={0};              // BGM信号

●メイン・ループ内 Signal Processing部
if(fread( &input, sizeof(short), 1,f1) < 1){
                                          // BGMファイルから信号読み出し
    fseek(f1, 44L, SEEK_SET);             // ファイル・ポインタを
                                                      データ先頭にセット
}
bg[t]=input/32768.0;                      // BGMを読み出してマイク入力に加算
y[t]=s[t]+bg[t];                          // 出力設定
```

表6.17　マイク入力にBGMを加算するプログラムのコンパイルと実行の方法

収録フォルダ		6_17_BGM_plus_mic
RTプログラム	コンパイル方法	bcc32c RT_BGM_plus_mic.c
	実行方法	RT_BGM_plus_mic BGM.wav
備考：BGM.wavはBGM用の入力音声ファイル．任意のwavファイルを指定可能		

●プログラム

マイク入力にBGMを加算するプログラムを**リスト6.17**に示します．マイク素通しプログラム（第3章の3-1参照）に，ファイルの読み出し部分を追加するだけで実現できます．実行時には，別音源（BGM）のファイルを指定します．

スペース・キーを押すたびに，BGMあり/なしを切り替えられるようにしています．また，BGMはファイルの最後まで到達すると，自動的に先頭から再度読み出すようにしています．

▶改造のヒント

プログラムでは，`y[t] = s[t] + bg[t];`として，BGM信号`bg[t]`をそのまま加算していますが，`y[t] = s[t] + 0.5* bg[t];`などと定数倍して加算することにより，BGMの大きさを調整することができます．

●入出力の確認

コンパイルと実行の方法を**表6.17**に示します．入力音声ファイル`BGM.wav`を好みの音楽ファイルに変更することで，音声にBGMを付加できます．

6-18 簡易カラオケ・システム

これまでのプログラムを融合し，簡易的なカラオケ・システムを作ります．使用するBGMはCDなどに用いられている44.1kHzのステレオ音源とします．またマイクの音声はエコーがかかるようにします．

●原 理

図6.35に作成する簡易カラオケ・システムのイメージを示します．図のように，パソコンにイヤホンとマイクをつないで簡易カラオケを構成します．イヤホンの代わりにスピーカを使う場合は，スピーカの音がマイクに入り込まないように工夫してください．

リアルタイムで取得するマイク入力に，wavファイルから読み出したBGMを付加して出力します．本例で使用するBGMはCDなどの音楽を想定し，44.1kHzのサンプリング周波数のステレオ音源とします．

ボーカル・キャンセラを使用することによって，即席のカラオケ音楽を作ることができます．さらに，リング・バッファを用いれば，BGMの高さを変更することが可能となります．また，マイク入力には，リバーブによるエコーを加えられるようにします．なお，BGMとマイク入力は，それぞれ個別にボリューム調整ができるようにしています．

全体のシステムを**図6.36**に示します．各種調整は対応するキー入力で行います．

図6.35
簡易カラオケ・システムのイメージ

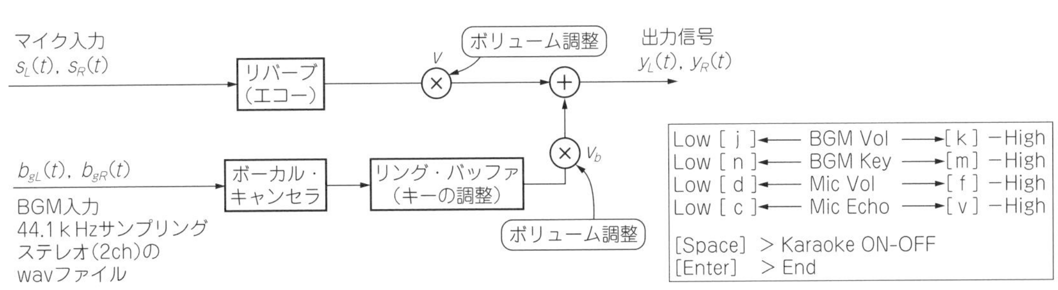

図6.36 簡易カラオケ・システム…ボーカル・キャンセラにより音源の音声をカットし，リング・バッファでキー調整
マイク入力には，リバーブによるエコーを加えて出力

●プログラム

簡易カラオケ・システムのプログラムを**リスト6.18**に示します．メイン・プログラムは，これまでに学習した，リバーブやボーカル・キャンセラ，BGMの追加，そして，マイク入力とBGMのそれぞれのボリューム調整の組み合わせのため省略し，キー入力対応部のみ示します．

実行時にはBGMファイルを指定します．指定するBGMは，サンプリング周波数が44.1kHz，2チャネルのステレオ音源とし，ボーカルの音声が入っていても問題ありません．通常の音楽CDと同じ仕様です．

リスト6.18　簡易カラオケにおけるキー入力対応部のプログラム

```
if (kbhit()){                                      // キーボード入力があったか
          key = getch();                           // キーのチェック
          printf("\n Low - [j] BGM Vol  [k] - High\n"); // 処理切り替え
          printf(" Low - [n] BGM Key  [m] - High\n");   // 処理切り替え
          printf(" Low - [d] Mic Vol  [f] - High\n");   // 処理切り替え
          printf(" Low - [c] Mic Echo [v] - High\n");   // 処理切り替え
          printf( "[Space] --> Karaoke ON-OFF\n" );
                                                   // [Space]でカラオケ切り替え
          printf("[Enter] --> End\n\n");           // [Enter]で終了
          // キーの調整
          if (key == 32){                          // [Space]が押されたとき
             kara=(kara+1)%2;
             if(kara==1)printf("KARAOKE ON\n");
             else printf("KARAOKE OFF\n");
          }
          // BGMボリューム調整
          if (key == 107){                         // [f]キーが押されたとき
             if(bv>=1.0)bv=bv+0.5;
             if(bv< 1.0)bv=bv+0.1;
             printf("BGM vol=%f\n",bv);            // BGMボリュームアップ
            }
          if (key == 106){                         // [d]キーが押されたとき
             if(bv>1.0)bv=bv-0.5;
             else bv=bv-0.1;
             if(bv<0)bv=0;
             printf("BGM vol=%f\n",bv);            // BGMボリュームダウン
          }
          // BGMキー調整
          if (key == 109){                         // [m]キーが押されたとき
             r=r*pow(2, 1.0/12.0);                 // ピッチアップ
             ky++;
```

ボリュームの変数は，BGMがbv，マイク入力がvです．音の高さは，リング・バッファを用いて変更しています．パラメータはrです．高さを変更するキーを押すたびに，十二平均律の半音ずつ変化します．そして，マイク入力に対するエコーは，リバーブの乗算器aのみが変化するようになっており，遅延は6000サンプルに固定しています．

▶改造のヒント

プログラムでは，キー入力をASCIIコードで指定します．例えば，「f」はASCIIコードで107となります．これらを好みのキーに変更してみましょう．また，エコーの遅延量は，L=6000として固定していますが，こちらを変化させてエコーの状態を変えることもできます．毎回，各パラメータを調整するのは大変なので，初期値を自分の好みの設定にしておくとよいでしょう．

```
        printf("BGM key=%d\n",ky);
    }
    if (key == 110){                          // [n]キーが押されたとき
        r=r*pow(2, -1.0/12.0);               // ピッチダウン
        ky--;
        printf("BGM key=%d\n",ky);
    }
    // マイクボリューム調整
    if (key == 102){                          // [f]キーが押されたとき
        if(v>=1.0)v=v+0.5;
        if(v< 1.0)v=v+0.1;
        printf("MIC vol=%f\n",v);            // 音声ボリュームアップ
    }
    if (key == 100){                          // [d]キーが押されたとき
        if(v>1.0)v=v-0.5;
        else v=v-0.1;
        if(v<0)v=0;
        printf("MIC vol=%f\n",v);            // 音声ボリュームダウン
    }
    // マイク・エコー調整
    if (key == 118){                          // [v]キーが押されたとき
        a=a+0.05;
        if(a>=0.95)a=0.95;
        printf("MIC echo=%f\n",a);           // エコー係数アップ
    }
    if (key == 99){                           // [c]キーが押されたとき
        a=a-0.05;
        if(a<=0.0)a=0.0;
        printf("MIC echo=%f\n",a);           // エコー係数ダウン
    }
```

表6.18　簡易カラオケ・システムのプログラムのコンパイルと実行の方法

収録フォルダ		6_18_karaoke_441ver
RTプログラム	コンパイル方法	bcc32c RT_KARAOKE.c
	実行方法	RT_KARAOKE　music.wav
関連プログラム	機能	リング・バッファに線形補間を導入
	コンパイル方法	bcc32c RT_KARAOKE_Interpolation.c
	実行方法	RT_KARAOKE_Interpolation music.wav
備考：music.wavは，44.1kHzサンプリングの2チャネル音源です．手持ちの音楽CDの音源を，フリー・ソフトウェアなどでwavファイルに変換して使用してください		

●入出力の確認

コンパイルと実行の方法を表6.18に示します．ぜひ手持ちの音楽CDをwavファイルに変換して，簡易カラオケ・システムを試してみてください．

第7章

適応フィルタ

適応フィルタは，入力された信号を所望の信号に近づけるように，自動的にフィルタ係数を更新します．目的に応じて，何を入力とし何を出力とするのかを適切に設定すれば，ノイズ除去などへの応用が可能です．また，フィルタ係数が明らかにされていない，いわゆる未知システムについて，入力と出力が観測できる場合には，適応フィルタで未知システムを模擬できます．この適応フィルタのフィルタ係数は観測できるので，未知システムの特性を明らかにできるのです．

7-1 適応線スペクトル強調器

適応線スペクトル強調器（ALE：Adaptive Line Enhancer）と呼ばれる適応フィルタです．

適応線スペクトル強調器は，周波数が未知の正弦波を自動的に抽出することができます．この性質によってノイズに埋もれた周期信号を抽出するために用いられます．

●原 理

適応線スペクトル強調器は，Dステップ未来の信号を予測する線形予測器[注1]です．構成を**図7.1**に示します．フィルタ係数をうまく設定することで，正弦波を抽出します．フィルタ係数は，勾配法の1つである，NLMS（Normalized Least Mean Square）アルゴリズムを用います．NLMSアルゴリズムは，予測誤差$e(t) = x(t) - y(t)$の2乗平均値が最小になるように，フィルタ係数を自動調整する手法です．ノイズに埋もれた正弦波を抽出する場合は，フィルタ係数の他に，遅延Dをうま

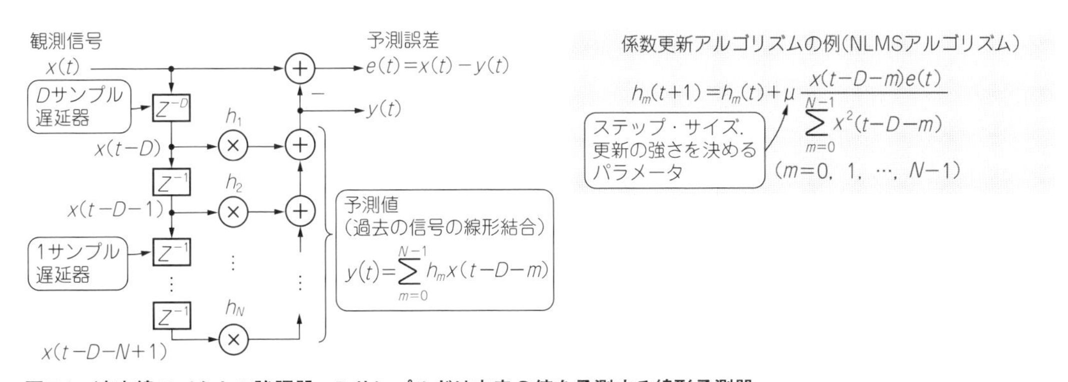

図7.1 適応線スペクトル強調器…Dサンプルだけ未来の値を予測する線形予測器

注1：線形とは，過去の信号に重み（フィルタ係数）を掛けて，そのまま加算する性質のこと．出力を作成するために，過去の信号の2乗値や3乗値を用いる場合は，線形とは呼ばない．

く設定する必要があります．Dは，ノイズと正弦波の相関を分離する役割を持つため，相関分離パラメータと呼ばれます．

Dを大きく設定すれば，「過去の信号から予測可能な現在の信号」は正弦波だけとなります．また，声帯振動を伴う音声も，正弦波が組み合わさった信号として近似できます．従って適応線スペクトル強調器によってノイズを除去した音声を得ることも可能です．

●プログラム

適応線スペクトル強調器のプログラムを**リスト7.1**に示します．

冒頭の宣言部で，適応線スペクトル強調器の次数Nを設定しています．相関分離パラメータとなる遅延Dは256としています．係数の更新はNLMSアルゴリズムを利用しています．

▶改造のヒント

出力は，遅延量Dとステップ・サイズmuの設定によって異なります．

ホワイト・ノイズ（白色雑音）ならば，理論的には遅延量Dを1にすればノイズ除去効果が得られます．しかし実際には，Dを大きく設定した方が除去効果が高まります．現実に観測されるノイズは，ホワイト・ノイズではないことが多いので，さらにDを大きく設定する必要があります．

ステップ・サイズmuを小さくするとノイズ抑圧効果が高くなりますが，正弦波への追従性能が低くなるというトレードオフがあります． ダウンロード・データには，マイク入力にノイズを加算するプログラムを収録しています．効果を確認する際に使用できます．

●入出力の確認

コンパイルと実行の方法を**表7.1**に示します．

DDプログラムにおける処理結果を**図7.2**に示します．ホワイト・ノイズを付加した正弦波を入力しています．出力波形とスペクトログラムから，正弦波が強調されているのが分かります．

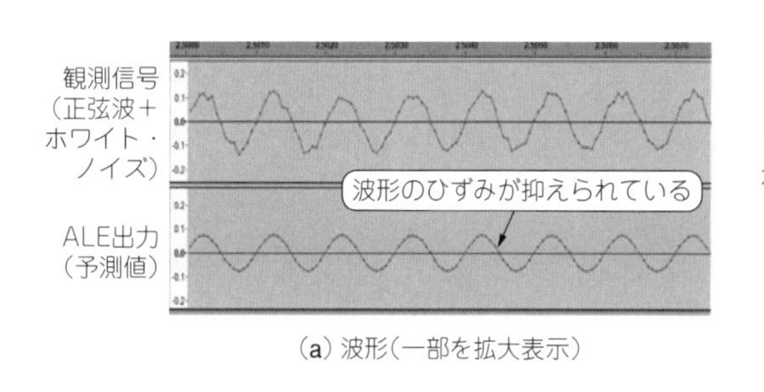

（a）波形（一部を拡大表示）

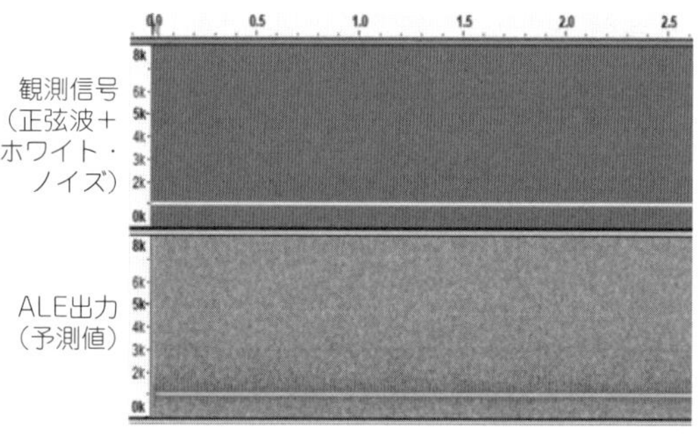

（b）スペクトログラム

図7.2　適応線スペクトル強調器の実行結果…正弦波の強調効果が確認できる

リスト7.1　適応線スペクトル強調器のプログラム（抜粋）

```
●冒頭の宣言部
#define  MEM_SIZE 16000                   // 音声メモリのサイズ
#define  N          128                   // フィルタ次数

●信号処理用変数の宣言部
double   s[MEM_SIZE+1]={0};               // 入力データ格納用変数
double   y[MEM_SIZE+1]={0};               // 出力データ格納用変数
int      D, i;                            // 遅延量，ループ計算用変数
double   y0, e;                           // 観測信号，推定誤差
double   mu, norm;                        // ステップ・サイズ，ノルム
double   h[N+1]={0};                      // フィルタ係数

●変数の初期設定部
D = 256;                                  // 何ステップ予測をするか
mu= 0.01;                                 // ステップ・サイズ

●メイン・ループ内 Signal Processing部
y0=0,norm=0;
for(i=0;i<N;i++){
    y0=y0+s[(t-D-i+MEM_SIZE)%MEM_SIZE]*h[i];      // 予測値の計算
    norm=norm+s[(t-D-i+MEM_SIZE)%MEM_SIZE]
                                  *s[(t-D-i+MEM_SIZE)%MEM_SIZE];
}
e = s[t] - y0;                            // 現在の信号と予測値の誤差
if(norm>0.00001){                         // ノルムが一定値以上で係数更新
    for(i=0;i<N;i++){                     // NLMSアルゴリズムで係数更新
        h[i] = h[i] + mu * s[(t-D-i+MEM_SIZE)%MEM_SIZE] * e/norm;
    }
}
y[t] = y0;                                // 予測値を出力とする
```

表7.1　適応線スペクトル強調器のプログラムのコンパイルと実行の方法

収録フォルダ		7_01_ALE
DDプログラム	コンパイル方法	bcc32c DD_ALE.c
	実行方法	DD_ALE noisy_speech.wav
RTプログラム	コンパイル方法	bcc32c RT_ALE.c
	実行方法	RT_ALE
関連プログラム	機能	マイク入力にノイズを加算する
	コンパイル方法	bcc32c RT_ALE_noise.c
	実行方法	RT_ALE_noise
備考：noisy_speech.wavは入力音声ファイル．任意のwavファイルを指定可能		

注：第7章のデータはhttps://www.cqpub.co.jp/interface/download/onsei.htmから入手できます．

7-2 線形予測器

線形予測器は，過去の信号を使って未来の値を予測する適応フィルタです．もちろん，どんな信号でも予測できるわけではなく，周期信号のように，過去の信号と現在の信号が強く関連するような場合に予測が可能となります．

●原 理

未来の信号の値を知ることはできるのでしょうか？ ある意味でそれを実現する方法が線形予測器です．線形予測器は，過去の観測信号の線形結合（過去の観測信号にフィルタ係数を掛けて足したもの）で，未来の値を予測します．

過去の観測信号の線形結合は，FIRフィルタの出力と同じです．また，未来の値は実際には入手できないので，線形予測器では，過去の信号だけを使って，現在の値を推定します．この推定が完璧なら，未来の値を予測することも可能というわけです．

線形予測器の構成を**図7.3**に示します．z^{-D}はDサンプルの遅延を表します．つまり，この線形予測器は，Dサンプルだけ未来の値を予測することが目的です．これをDステップ予測と呼びます．

予測値$y(t)$は，観測信号の過去の値だけを用いて作成します．そして，現在の観測信号$x(t)$との誤差$e(t)$を入手し，$e(t)$の2乗平均値が最小になるようにフィルタ係数を更新します．フィルタ係数の更新にはNLMSアルゴリズムなどが利用できます．

線形予測器は過去の信号だけを利用するので，現在の信号と過去の信号に関連性がない場合は予測できません．つまり，ホワイト・ノイズは線形予測器で予測できません．

実は線形予測器と適応線スペクトル強調器は同じものです．

●プログラム

線形予測器のプログラムを**リスト7.2**に示します．冒頭の宣言部で，線形予測器の次数`N`を512に設定しています．5ステップ予測を実行するように，`D=5`にしています．ステップ・サイズは0.1に設定し，係数更新にはNLMSアルゴリズムを採用しています．

▶改造のヒント

線形予測器の性能は，フィルタ次数`N`，遅延量`D`，ステップ・サイズ`mu`の設定によって異なります．単純な正弦波を予測する場合，フィルタ次数`N`が正弦波の数の2倍以上あれば，完全に予測することができます．つまり，正弦波が1つなら`N`≧2，2つなら`N`≧4のように設定します．

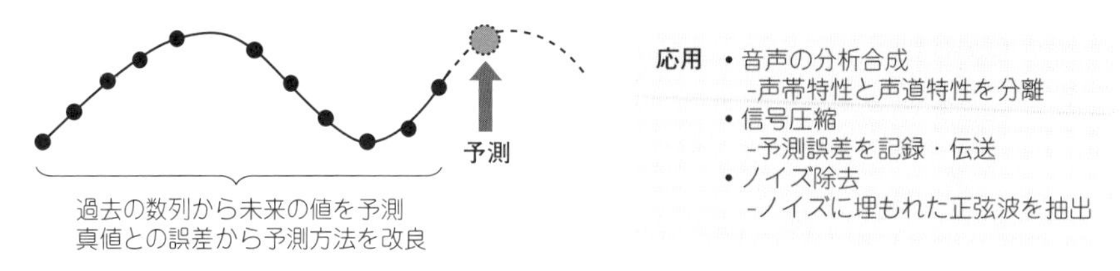

図7.3 線形予測器…過去の信号を使って未来の値を予測する適応フィルタ

一方，ホワイト・ノイズは，D≧1において，どのような設定にしても予測できません．ノイズ除去として線形予測器を利用したいとき，フィルタ次数Nが大きい方が周波数を細かく分離できます．ただし，次数が大きくなると，フィルタ係数の収束が遅くなることに注意が必要です．また，NLMSアルゴリズムのステップ・サイズは，0＜mu＜2で設定しなければ発散することが知られています．

ダウンロード・データには，マイク入力にノイズを加算するプログラムを収録しています．効果を確認する際に使用できます．

●入出力の確認

コンパイルと実行の方法を**表7.2**に示します．DDプログラムにおける処理結果を**図7.4**に示します．

音声はある程度予測可能であることが確認できます［**図7.4**(**a**)］．ただし，ランダムな成分や激しく特性変動する成分は予測が困難なので，予測誤差となります．無相関なホワイト・ノイズでは，ほとんど予測できていません［**図7.4**(**b**)］．

ホワイト・ノイズを付加した音声に対する処理結果を**図7.4**(**c**)，(**d**)に示します．出力波形では，ノイズ除去効果が確認できます．しかし，音声もかなり小さくなっていることから，音質が劣化していると言えます．スペクトログラムでは，ノイズと音声の高域部が抑圧されており，音声の低域部が主に強調されています．

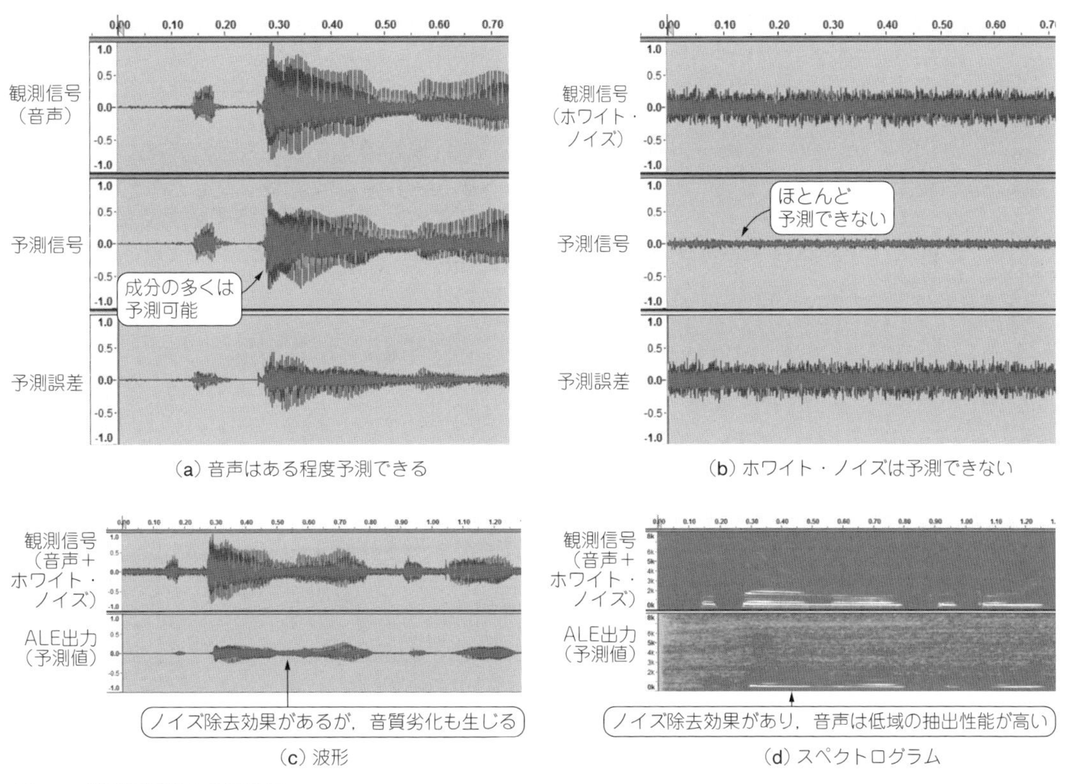

(**a**) 音声はある程度予測できる
(**b**) ホワイト・ノイズは予測できない
(**c**) 波形
(**d**) スペクトログラム

図7.4　線形予測器の実行結果

リスト7.2　線形予測器のプログラム（抜粋）

```
●冒頭の宣言部
#include <stdio.h>
#define  MEM_SIZE 16000                  // 音声メモリのサイズ
#define  N            512                // フィルタ次数

●信号処理用変数の宣言部
double   s[MEM_SIZE+1]={0};              // 入力データ格納用変数
double   y[MEM_SIZE+1]={0};              // 出力データ格納用変数
int      D, i;                           // 遅延量，ループ計算用変数
double   y0, e;                          // 観測信号，推定誤差
double   mu, norm;                       // ステップ・サイズ，ノルム
double   h[N+1]={0};                     // フィルタ係数

●変数の初期設定部
D = 5;                                   // 何ステップ予測をするか
mu= 0.1;                                 // ステップ・サイズ

●メイン・ループ内 Signal Processing部
y0=0,norm=0;
for(i=0;i<N;i++){
    y0=y0+s[(t-D-i+MEM_SIZE)%MEM_SIZE]*h[i];  // 予測値の計算
    norm=norm+s[(t-D-i+MEM_SIZE)%MEM_SIZE]
                           *s[(t-D-i+MEM_SIZE)%MEM_SIZE];
}
e = s[t] - y0;                           // 現在の信号と予測値の誤差
if(norm>0.00001){                        // ノルムが一定値以上で係数更新
    for(i=0;i<N;i++){                    // NLMSアルゴリズムで係数更新
        h[i] = h[i] + mu * s[(t-D-i+MEM_SIZE)%MEM_SIZE] * e/norm;
    }
}
y[t] = y0;                               // 予測値を出力とする
```

表7.2　線形予測器のプログラムのコンパイルと実行の方法

収録フォルダ		7_02_LP
DDプログラム	コンパイル方法	bcc32c DD_LP.c
	実行方法	DD_LP speech.wav
RTプログラム	コンパイル方法	bcc32c RT_LP.c
	実行方法	RT_LP
関連プログラム	機能	マイク入力にノイズを加算する
	コンパイル方法	bcc32c RT_LP_noise.c
	実行方法	RT_LP_noise
備考：speech.wavは入力音声ファイル．任意のwavファイルを指定可能		

7-3 線形予測による補間

入力信号に重畳するインパルス·ノイズを取り除き，線形予測器の予測値で補間します．つまり，インパルス・ノイズの位置を把握した後に，その部分の信号をまるごと予測値に入れ替えるシステムです．簡単な処理ですが，聴覚的には大きなインパクトが得られます．

●原 理

▶過去の信号を利用して未来の値を予測する

線形予測器を利用したインパルス・ノイズの除去の仕組みを**図7.5**に示します．

線形予測器は，過去の入力信号を利用して，現在の入力信号を予測するフィルタです．使用できるのは過去の信号だけなので，線形予測器から見れば，未来の信号を予測していることになります．つまり，線形予測器の仕事は，現在の信号と過去の信号の関連性を見つけ出すことです．よって，繰り返し構造をもつ信号の予測は得意です．例えば，正弦波ならば完全な予測が可能であることが知られています．

線形予測器の構成を**図7.6**に示します．入力を遅延させたFIRフィルタで構成します．予測信号 $y(t)$ を入力信号 $s(t)$ から減算し，予測誤差 $e(t)$ を得ます．予測誤差 $e(t)$ の2乗平均値がゼロに近づ

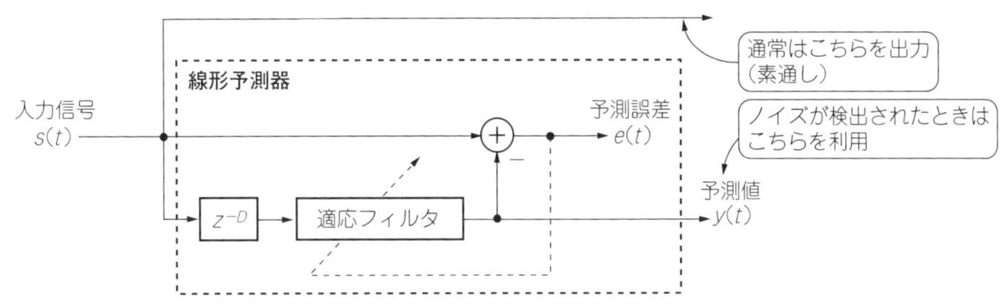

図7.5　線形予測器を利用したインパルス・ノイズの除去

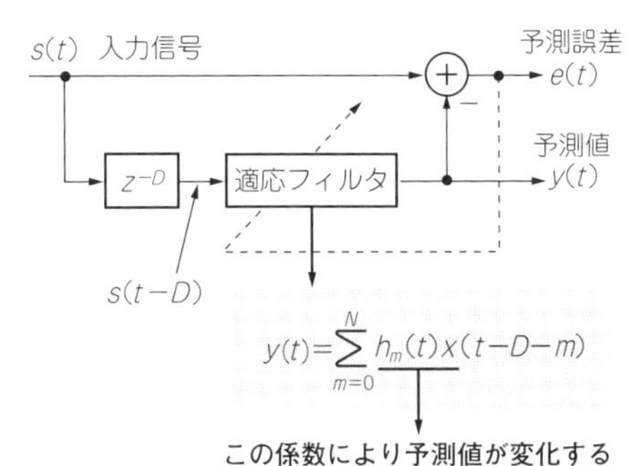

図7.6　線形予測器の構成

くように，フィルタ係数$h_m(t)$を更新します．これには，NLMSアルゴリズムが利用できます．

▶ノイズを削除した部分を予測値で補間する

音声の一部に存在するノイズを除去するシステムを**図7.7**に示します．ノイズの位置を検出したら，その位置の音声を削除します．そして線形予測器の予測値で補間します．

ノイズは，単純に振幅の絶対値がしきい値を超えたかどうかで検出します．ノイズが検出された区間では，線形予測器の予測値を出力します．

線形予測器はずっと動作させておきますが，ノイズ区間でなければ，入力信号をそのまま出力します．そして，ノイズが検出された区間に予測値を出力するように切り替えます．また，この区間では入力信号を使えないので，予測値を入力信号として再利用します．

●プログラム

線形予測器のプログラムを**リスト7.3**に示します．線形予測器の次数（係数の数）`N`を512に，ノイズ検出用のしきい値`Th`を0.95に設定しました．また，線形予測器の入力遅延量`D`は1，ステップ・サイズは0.1にしています．ノイズ検出時には，入力信号自体を予測値そのものに置き換えています．

▶改造のヒント

観測信号の波形の振幅がしきい値`Th`を超える場合に，線形予測器の予測値が出力となります．本手法は`Th`を超えるインパルス・ノイズにのみ除去効果を持ちます．`Th`の設定により，出力結果が異なります．

ダウンロード・データには，マイク入力にノイズを加算するプログラムを収録しています．効果を確認する際に使用できます．

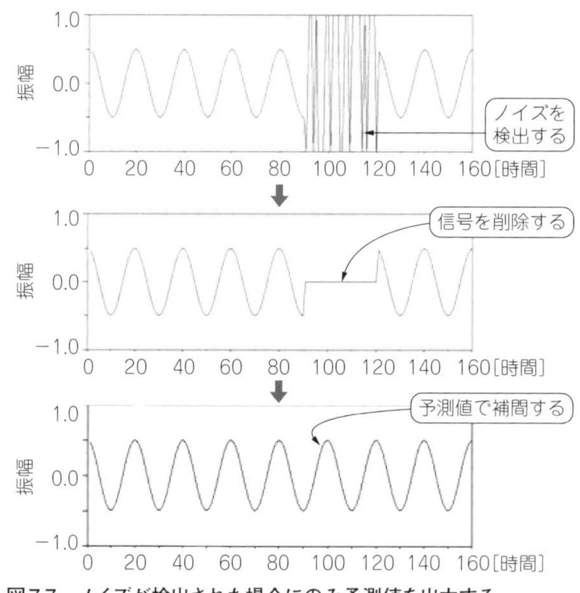

図7.7　ノイズが検出された場合にのみ予測値を出力する

リスト7.3　線形予測器の補間によるインパルス・ノイズの除去のプログラム（抜粋）

```
●冒頭の宣言部
#define  N        512                // フィルタ次数

●信号処理用変数の宣言部
double   s[MEM_SIZE+1]={0};          // 入力データ格納用変数
double   y[MEM_SIZE+1]={0};          // 出力データ格納用変数

int      i;                          // forループ用変数
int      D;                          // 線形予測器の遅延量
double   y0, e;                      // 入力，所望信号，誤差信号
double   mu, norm, h[MEM_SIZE+1]={0};
                                     // ステップ・サイズ，ノルム，フィルタ係数
double   Th;                         // 振幅のしきい値

●変数の初期設定部
D    = 1;                            // 線形予測器の遅延量
mu   = 0.1;                          // ステップ・サイズ
Th   = 0.95;                         // しきい値

●メイン・ループ内 Signal Processing部
y0=0, norm=0;
for(i=0;i<N;i++){
    y0=y0+s[(t-D-i+MEM_SIZE)%MEM_SIZE]*h[i];                   // 予測信号
    norm=norm+s[(t-D-i+MEM_SIZE)%MEM_SIZE]
                    *s[(t-D-i+MEM_SIZE)%MEM_SIZE];    // ノルム計算
}
if (fabs(s[t])>=Th){                 // Th>0ならノイズ区間と判断
    s[t]=y0;                         // s[t]を予測信号で置き換え
}
e = s[t] - y0;                       // 予測誤差
if(norm>0.00001){                    // ノルムが一定値以上で係数更新
    for(i=0;i<N;i++){                // 係数更新（NLMSアルゴリズム）
        h[i] = h[i] + mu * s[(t-D-i+MEM_SIZE)%MEM_SIZE] * e/norm;
    }
}
y[t]=s[t];                           // 出力はs[t]
```

●入出力の確認

コンパイルと実行の方法を表7.3に示します．DDプログラムにおける処理結果を図7.8に示します．

入力は，1000サンプルごとに，振幅1のインパルス・ノイズを符号を変えながら10サンプル連続で付加しています．出力では，線形予測器の予測値を利用することで，インパルス・ノイズが除去されています．

表7.3　線形予測器の補間によるインパルス・ノイズの除去のプログラムのコンパイルと実行の方法

収録フォルダ		7_03_LP_Interpolation
DDプログラム	コンパイル方法	bcc32c DD_LP_Intp.c
	実行方法	DD_LP_Intp speech_impulse.wav
RTプログラム	コンパイル方法	bcc32c RT_LP_Intp.c
	実行方法	RT_LP_Intp
関連プログラム	機能	マイク入力にノイズを加算する
	コンパイル方法	bcc32c RT_LP_Intp_noise.c
	実行方法	RT_LP_Intp_noise
備考：speech_impulse.wavは入力音声ファイル．任意のwavファイルを指定可能		

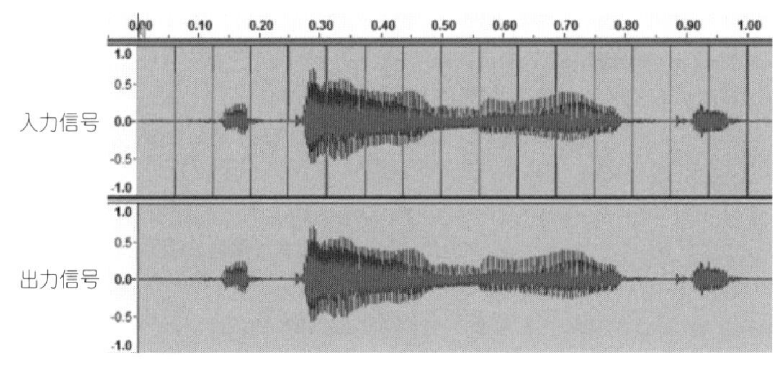

図7.8　線形予測器の補間によるノイズ除去結果…インパルス・ノイズが除去されている

7-4 ラティス・フィルタによる線形予測

ラティス・フィルタ(Lattice Filter)は高性能な予測誤差フィルタです．予測誤差フィルタなので，予測できなかった信号を出力します．従って観測信号からラティス・フィルタ出力を減算すると，線形予測器になります．線形予測器として用いれば，ラティス・フィルタのノイズ除去への応用が可能となります．

●原 理

ラティス・フィルタは，未来の信号を予測しようとする前向き予測と，過去の信号を予測しようとする後向き予測を結合した，予測誤差フィルタです．フィルタ出力は，予測できなかった成分となります．

ラティス・フィルタの構成を**図7.9**に示します．$f_i(t)$がi段目の前向き予測誤差，$b_i(t)$がi段目の後向き予測誤差です．これらを結合している係数γは反射係数と呼ばれます．反射係数は2種類あり，それぞれ前向き予測誤差，後向き予測誤差の計算に用いられます．

ラティス・フィルタによる線形予測の方法を**図7.10**に示します．ラティス・フィルタは予測誤差を出力するので，これを観測信号から減算することで，予測値を得ることができます．

次の時間更新アルゴリズムにより，適切な反射係数を求めることができます．

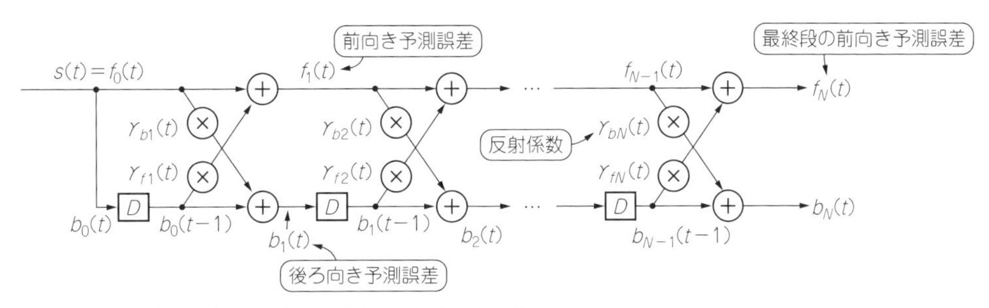

図7.9　ラティス・フィルタ…未来の信号と過去の信号の予測を結合した予測誤差フィルタ

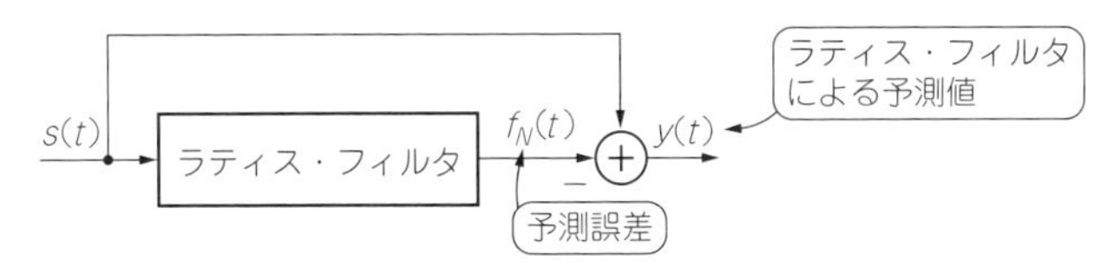

図7.10　ラティス・フィルタを線形予測器として使用する

リスト7.4　ラティス・フィルタによる線形予測のプログラム（抜粋）

●冒頭の宣言部
```
#define  N          128                      // フィルタ次数
```

●信号処理用変数の宣言部（main関数外）
```
double   s[MEM_SIZE+1]={0};                  // 入力データ格納用変数
double   y[MEM_SIZE+1]={0};                  // 出力データ格納用変数

int      i;                                  // forループ用変数
double   f[N+1]={0}, b0[N+1]={0}, b1[N+1]={0};
                                   // 前向き予測誤差, 後ろ向き予測誤差
double   rf[N+1]={0},rb[N+1]={0};            // 反射係数
double   k[N+1]={0},Eb0[N+1]={0}, Eb1[N+1]={0}, Ef[N+1]={0};
                                             // 係数更新用変数
double   lambda;                             // 忘却係数
```

●変数の初期設定部
```
lambda=0.999;                                // 忘却係数の設定
```

●メイン・ループ内 Signal Processing部
```
f[0] =  b0[0] = s[t];              // ラティス・フィルタへの入力信号
Ef[0] = Eb0[0] = lambda * Ef[0] + (s[t] * s[t]);
                                             // 入力信号の分散の推定
for (i =1 ; i <= N; i++) {                   // 出力計算ループ
    k[i-1]    = lambda  *   k[i-1] +  f[i-1] *  b1[i-1];
                                             // 反射係数の分子
    if (Eb1[i-1] != 0.0) rf[i] = -k[i-1] / Eb1[i-1];
                                             // 前向き反射係数の更新
    if ( Ef[i-1] != 0.0) rb[i] = -k[i-1] /  Ef[i-1];
                                             // 後向き反射係数の更新
    f[i]     = f[i-1]  + rf[i] * b1[i-1];    // 前向き予測誤差
    b0[i]    = b1[i-1] + rb[i] *  f[i-1];    // 後向き予測誤差
    Ef[i]    = lambda *  Ef[i]   +  f[i] *  f[i];
                                             // 前向き反射係数の分母更新
    Eb0[i]   = lambda * Eb0[i]   + b0[i] * b0[i];
                                             // 後向き反射係数の分母更新
    b1[i-1] =  b0[i-1];                      // 後向き予測誤差の信号遅延
    Eb1[i-1]= Eb0[i-1];
}
y[t]=s[t]-f[N];                    // 観測信号から予測誤差を減算(予測値)
```

$$
\begin{aligned}
f_i(t) &= f_{i-1}(t) + \gamma_{fi}(t) b_{i-1}(t-1) \\
b_i(t) &= b_{i-1}(t-1) + \gamma_{bi}(t) f_{i-1}(t) \\
\gamma_{fi} &= -\frac{E\left[f_{i-1}(t) b_{i-1}(t-1)\right]}{E\left[f_{i-1}^2(t)\right]} \\
\gamma_{bi} &= -\frac{E\left[f_{i-1}(t) b_{i-1}(t-1)\right]}{E\left[b_{i-1}^2(t-1)\right]}
\end{aligned}
\qquad \cdots\cdots (7.1)
$$

ここで，$E[\cdot]$は期待値を表します．期待値は統計的な平均値で，通常は計算できないので，時間平均で代用します．

●プログラム

ラティス・フィルタによる線形予測のプログラムを**リスト7.4**に示します．フィルタ次数は`N`で設定しています．また，反射係数に用いる時間平均は，忘却係数`lambda`を導入して計算しています．最終段の出力`f[N]`を観測信号`s[t]`から減算することで予測値を得ています．

▶改造のヒント

フィルタ次数Nによって出力の状態が変化します．次数が大きいほど入力信号を無相関化（白色化）する性能が高くなります．

ステップ・サイズに対応する忘却係数`lambda`によっても出力が変化します．`lambda`が大きいほど信号の長時間平均を見て係数更新が行われます．逆に，小さいほど信号の短時間平均に影響され，フィルタ係数が短時間で変動しやすくなります．ただし，`lambda`は1未満の値にする必要があります．

ダウンロード・データには，マイク入力にノイズを加算するプログラムを収録しています．効果を確認する際に使用できます．

●入出力の確認

コンパイルと実行の方法を**表7.4**に示します．DDプログラムにおける処理結果を**図7.11**に示し

表7.4　ラティス・フィルタによる線形予測のプログラムのコンパイルと実行の方法

収録フォルダ		7_04_LatticeFilter
DDプログラム	コンパイル方法	bcc32c DD_LatticeFilter.c
	実行方法	DD_LatticeFilter noisy_speech.wav
RTプログラム	コンパイル方法	bcc32c RT_LatticeFilter.c
	実行方法	RT_LatticeFilter
関連プログラム	機能	マイク入力にノイズを加算する
	コンパイル方法	bcc32c RT_LatticeFilter_noise.c
	実行方法	RT_LatticeFilter_noise
備考：noisy_sin.wavは入力音声ファイル．任意のwavファイルを指定可能		

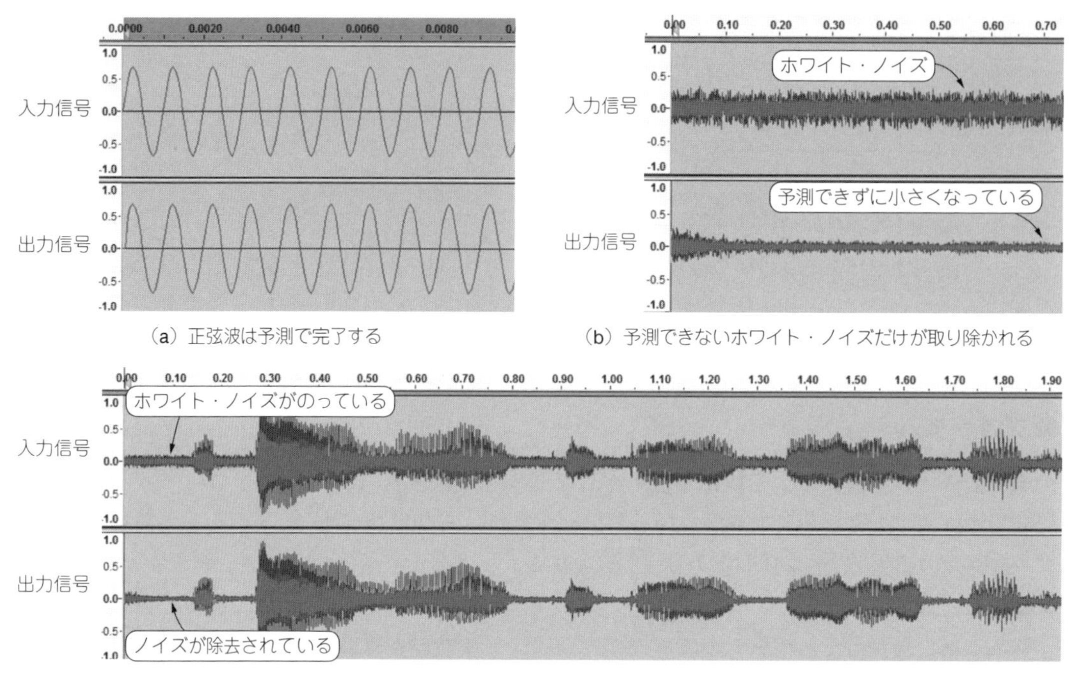

(a) 正弦波は予測で完了する

(b) 予測できないホワイト・ノイズだけが取り除かれる

(c) 予測できないホワイト・ノイズだけが取り除かれるのでノイズ除去効果がある

図7.11　ラティス・フィルタによる線形予測の結果

ます．

正弦波は，目視では確認できないほど短時間で予測が完了しており，その後は入出力で同じ波形となっています［図7.11(a)］．

ホワイト・ノイズは無相関な信号であり，理論的には予測ができません．予測値はゼロにはなりませんが，入力信号に比べて小さくなっています［図7.11(b)］．

声帯振動を伴う音声(有声音)は周期信号なので，予測できる可能性が高いと言えます．一方，ホワイト・ノイズは予測できません．つまり，音声にホワイト・ノイズが重畳した信号に対して線形予測を行うと，予測可能な音声だけが出力され，予測できないノイズは除去されます．つまり，ラティス・フィルタがノイズ除去に利用できることになります［図7.11(c)］．

7-5 相関制御ラティス・フィルタ

ラティス・フィルタのノイズ除去性能をさらに高める方法として相関制御法を導入します．

相関制御法は簡単な処理ですが，ホワイト・ノイズだけでなく，その他のノイズに対しても有効な手法です．

●原 理

▶ラティス・フィルタによるノイズ除去

ラティス・フィルタは予測誤差フィルタです．過去の信号を用いて現在の信号を線形予測したときに，予測できなかった成分が出力されます．

ホワイト・ノイズなど，互いに無相関な信号列は予測が困難なので，ほぼそのまま出力されます．一方，声帯振動を伴う音声は，繰り返し波形を持つので，比較的容易に予測できます．従ってラティス・フィルタの出力には現れません．

観測信号からラティス・フィルタ出力を減算すればノイズ除去が実現できます(本章7-4の**図7.10**参照)．予測できる成分が音声，予測できない成分がノイズです．

▶ノイズを予測してしまわないように性能を制限する

ラティス・フィルタは，信号の特性変動に対して優れた追従性能を持つので，一部のノイズをうっかり予測してしまうことがあります．この場合，ノイズ除去効果があまり得られません．そこで，ラティス・フィルタの予測性能を制限することで，ノイズ除去効果を改善します．

ラティス・フィルタの反射係数を標準よりも小さくすると，予測性能が劣化します．すると，うっかり予測してしまうノイズを予測できないノイズとして除去できます．

▶相関制御法により反射係数を更新する

相関制御法では，反射係数γを次式で与えます．

・前向き反射係数　　　　・後向き反射係数

$$\gamma_i^{(f)}(t) = -\frac{k_i(t)}{E_i^f(t)} \qquad \gamma_i^{(b)}(t) = -\frac{k_i(t)}{E_i^b(t)}$$

$$\begin{aligned} k_i(t) &= \lambda_i k_i(t-1) + f_{i-1}(t) b_{i-1}(t-1) \\ E_i^f(t) &= \lambda_2 E_i^f(t-1) + f_{i-1}^2(t) \\ E_i^b(t) &= \lambda_2 E_i^b(t-1) + b_{i-1}^2(t-1) \end{aligned} \qquad \cdots\cdots (7.2)$$

反射係数の分母が大きくなるように2つの忘却係数λ_1，λ_2で調整します．忘却係数は，$0 < \lambda_1 \leqq \lambda_2 < 1$の関係を持つように設定します．$\lambda_1 = \lambda_2$ならば通常のラティス・フィルタです．

$\lambda_1 < \lambda_2$のときに予測性能を下げる(ノイズ除去性能を高める)ことができます．一方で，音声も劣化しやすくなるので，設定には注意が必要です． 反射係数の更新アルゴリズムは，信号の相関成分をどのくらい除去するかを制御しています．よって，このアルゴリズムで更新するラティス・フィルタを，相関制御ラティス・フィルタと呼ぶことにします．

リスト7.5　相関制御ラティス・フィルタのプログラム（抜粋）

```
●冒頭の宣言部
#define  N         64                          // フィルタ次数

●信号処理用変数の宣言部 (main関数外)
double   s[MEM_SIZE+1]={0};                    // 入力データ格納用変数
double   y[MEM_SIZE+1]={0};                    // 出力データ格納用変数

int      i;                                    // forループ用変数
double   f[N+1]={0}, b0[N+1]={0}, b1[N+1]={0};
                                     // 前向き予測誤差, 後ろ向き予測誤差
double   rf[N+1]={0},rb[N+1]={0};              // 反射係数
double   k[N+1]={0},Eb0[N+1]={0}, Eb1[N+1]={0}, Ef[N+1]={0};
                                               // 係数更新用変数
double   lambda, lambda2;                      // 忘却係数

●変数の初期設定部
lambda  = 1.0 - (1.0 / N);                     // 忘却係数の設定
lambda2 = 1.0 - (0.1 / N);                     // lambda <= lambda2

●メイン・ループ内 Signal Processing部
f[0] =  b0[0] = s[t];                    // ラティス・フィルタへの入力信号
Ef[0] = Eb0[0] = lambda2* Ef[0] + (s[t] * s[t]);
                                               // 入力信号の分散の推定
for (i =1 ; i <= N; i++) {                     // 出力計算ループ
    k[i-1]   = lambda  *   k[i-1] +  f[i-1]  *  b1[i-1];
                                               // 反射係数の分子
    if (Eb1[i-1] != 0.0) rf[i] = -k[i-1] / Eb1[i-1];
                                               // 前向き反射係数の更新
    if ( Ef[i-1] != 0.0) rb[i] = -k[i-1] /  Ef[i-1];
                                               // 後向き反射係数の更新
    f[i]     = f[i-1]  + rf[i] * b1[i-1];      // 前向き予測誤差
    b0[i]    = b1[i-1] + rb[i] *  f[i-1];      // 後向き予測誤差
    Ef[i]    = lambda2*  Ef[i]   +  f[i] *  f[i];
                                               // 前向き反射係数の分母更新
    Eb0[i]   = lambda2* Eb0[i]   + b0[i] * b0[i];
                                               // 後向き反射係数の分母更新
    b1[i-1] =  b0[i-1];                        // 後向き予測誤差の信号遅延
    Eb1[i-1]= Eb0[i-1];
}
y[t]=s[t]-f[N];                      // 観測信号から予測誤差を減算(予測値)
```

●プログラム

相関制御ラティス・フィルタのプログラムを**リスト7.5**に示します．フィルタ次数がNです．反射係数の計算に用いる2つの忘却係数は，フィルタ次数と関連させた形で，lambda=1-1/N, lambda2=1-0.1/Nと設定しています．最終段の出力f[N]を観測信号s[t]から減算することで予測値を得ています．

▶改造のヒント

忘却係数lambdaとlambda2によって相関成分の除去性能を調整します．lambda ≦ lambda2のように設定します．lambda = lambda2の場合は，通常のラティス・フィルタとなります．**リスト7.5**では$1-\mu/N$のような形で両者を設定しています．この定数μの設定により出力結果が異なります．lambdaは$0<$ lambda <1なので，$0<\mu<N$です．

ダウンロード・データには，マイク入力にノイズを加算するプログラムを収録しています．効果を確認する際に使用できます．

●入出力の確認

コンパイルと実行の方法を**表7.5**に示します．

DDプログラムにおける処理結果を**図7.12**に示します．相関制御ラティス・フィルタでは，ノイズ除去性能が改善されています．

表7.5　相関制御ラティス・フィルタのプログラムのコンパイルと実行の方法

収録フォルダ		7_05_LatticeFilter_lambda2
DDプログラム	コンパイル方法	bcc32c DD_LatticeFilter_lambda2.c
	実行方法	DD_LatticeFilter_lambda2 noisy_speech.wav
RTプログラム	コンパイル方法	bcc32c RT_LatticeFilter_lambda2
	実行方法	RT_LatticeFilter_lambda2
関連プログラム	機能	マイク入力にノイズを加算する
	コンパイル方法	bcc32c RT_LatticeFilter_lambda2_noise.c
	実行方法	RT_LatticeFilter_lambda2_noise
備考：noisy_speech.wavは入力音声ファイル．任意のwavファイルを指定可能		

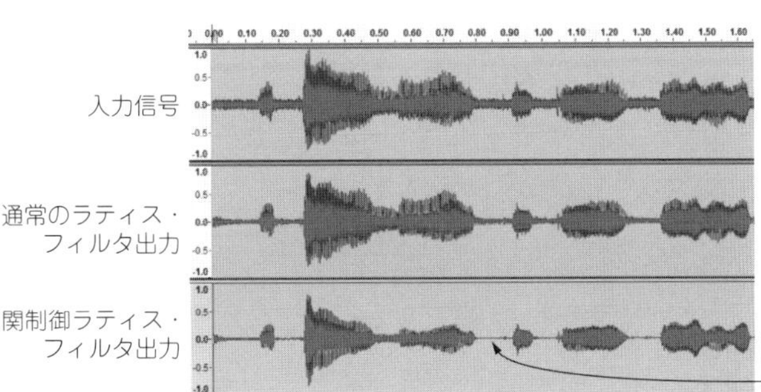

図7.12
相関制御ラティス・フィルタの結果…ノイズ除去性能が改善された

7-6 適応フィルタによるヌル生成

ステレオの音声に対して，片方の信号を適応フィルタに入力し，もう一方の信号を推定させます．そして，もう一方の観測信号から推定信号を減算すると，特定の方向に死角（ヌル）を形成することができます．ヌルが形成されると，その方向から到来する音が遮断されます．

●原 理

2つのマイクで2人の音声を観測する場合を考えます．モデルを**図7.13**に示します．話者の位置は，マイク正面方向に対して左右に存在するとします．

2つのマイクで観測される信号は，各話者に近いマイクに先に到達し，その後，遠い方のマイクで観測されます．そこで，話者Aに近いマイクLchで得られた信号$s_L(n)$に遅延を与え，適応フィルタに入力します．適応フィルタは，マイクRchにおける観測信号$s_R(n)$を推定するように動作します．

話者Aの音声は，マイクRchに遅れて到達するので，タイミングをうまく合わせれば推定信号と一致させることができます．適応フィルタは，このタイミングを合わせる働きをします．

反対側の話者Bの音声は，マイクRchに先に到達し，遅れてマイクLchに到達します．この遅れた信号が，さらに遅延して適応フィルタに入力されます．よって，信号が一致するタイミングを作ろうとすると，かなり遅れた過去のLch信号から現在のRch信号を推定しなければなりません．音声は時間とともに特性が変化するので適応フィルタでは，マイクRchで観測される話者Bの音声を推定できなくなります．

つまり，適応フィルタは，話者Aの音声だけを推定できます．従って，その出力をRch信号から減算すると，話者Aの音声だけが除去されます．結果として，話者Aの方向に死角（ヌル）を形成することになります．

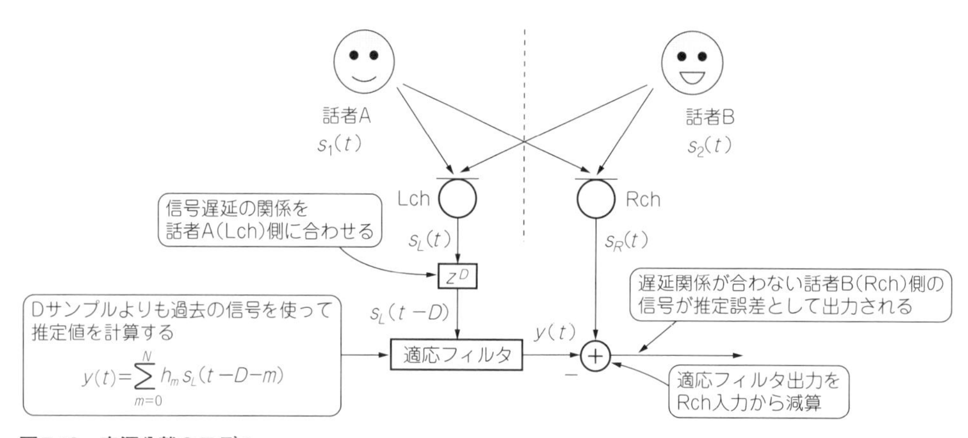

図7.13 音源分離のモデル
音源，マイク，適応フィルタの位置関係

●プログラム

適応フィルタによるヌル生成のプログラムをリスト7.6に示します．ステレオ入力なので，2つの信号を確保する変数s_L，s_Rを用意しています．

適応フィルタはLch信号のs_Lを入力とします．遅延量は1に設定しています．適応フィルタの係数更新には，ステップ・サイズmu=0.1のNLMSアルゴリズムを用いています．

▶改造のヒント

音源位置と適応フィルタの遅延の方向により，ヌルを形成できる音源が決まります．また，ステップ・サイズの値を変更することによって，適応フィルタの推定精度が変化し，出力の音質も変化します．

リスト7.6　適応フィルタにより死角（ヌル）を形成するプログラム（抜粋）

```
●冒頭の宣言部
#define  N        128                    // フィルタ次数

●信号処理用変数の宣言部
double   y[MEM_SIZE+1]={0};               // 出力データ格納用変数
int      i;                               // forループ用変数
int      D;                               // Lch ADF遅延量
double   s_L[MEM_SIZE+1]={0}, s_R[MEM_SIZE+1]={0}
                                          // 入力データ格納用
double   y0, e;                           // 観測信号，誤差信号
double   mu, norm, h[N+1];   // ステップ・サイズ，ノルム，フィルタ係数

●変数の初期設定部
D = 1;                       // Lch ADF遅延量．ヌルをつくらない方向を設定
mu= 0.1;                                  // ステップ・サイズ1

●メイン・ループ内 Signal Processing部
y0=0,norm=0;
for(i=0;i<=N;i++){
    y0=y0+s_L[(t-D-i+MEM_SIZE)%MEM_SIZE]*h[i] // Lch信号をフィルタリング
    norm=norm+s_L[(t-D-i+MEM_SIZE)%MEM_SIZE]
                                *s_L[(t-D-i+MEM_SIZE)%MEM_SIZE];
}
e = s_R[t] - y0;                          // 推定誤差
if(norm>0.00001){                         // ノルムが一定値以上で係数更新
    for(i=0;i<=N;i++){                    // NLMSアルゴリズム
        h[i] = h[i] + mu * s_L[(t-D-i+MEM_SIZE)%MEM_SIZE] * e/norm;
    }
}
y[t]=e;                                   // 推定誤差を出力とする
```

●入出力の確認

コンパイルと実行の方法を**表7.6**に示します．DDプログラムにおける処理結果を**図7.14**に示します．

入力は，前半の声はLch側の振幅が大きく，後半はRch側の振幅が大きくなっています．出力では，Lch側の音声方向にヌルが形成され，Rchの信号が強調されています．

スペクトログラムの輝度の強さから，Lch側の音声スペクトルとRch側の音声スペクトルをある程度区別できます．分離結果を見ると，前半においてLch側の音声スペクトルが大きく抑圧されています．

RTプログラムでは，ステレオ・マイクが必要です．

表7.6　適応フィルタにより死角（ヌル）を形成するプログラムのコンパイルと実行の方法

収録フォルダ		7_06_2chADF_Null
DDプログラム	コンパイル方法	bcc32c DD_2chADF_Null.c
	実行方法	DD_2chADF_Null　st_speech.wav
RTプログラム	コンパイル方法	bcc32c RT_2chADF_Null.c
	実行方法	RT_2chADF_Null
備考：st_speech.wavは入力するステレオ音声ファイル．任意のwavファイルを指定可能		

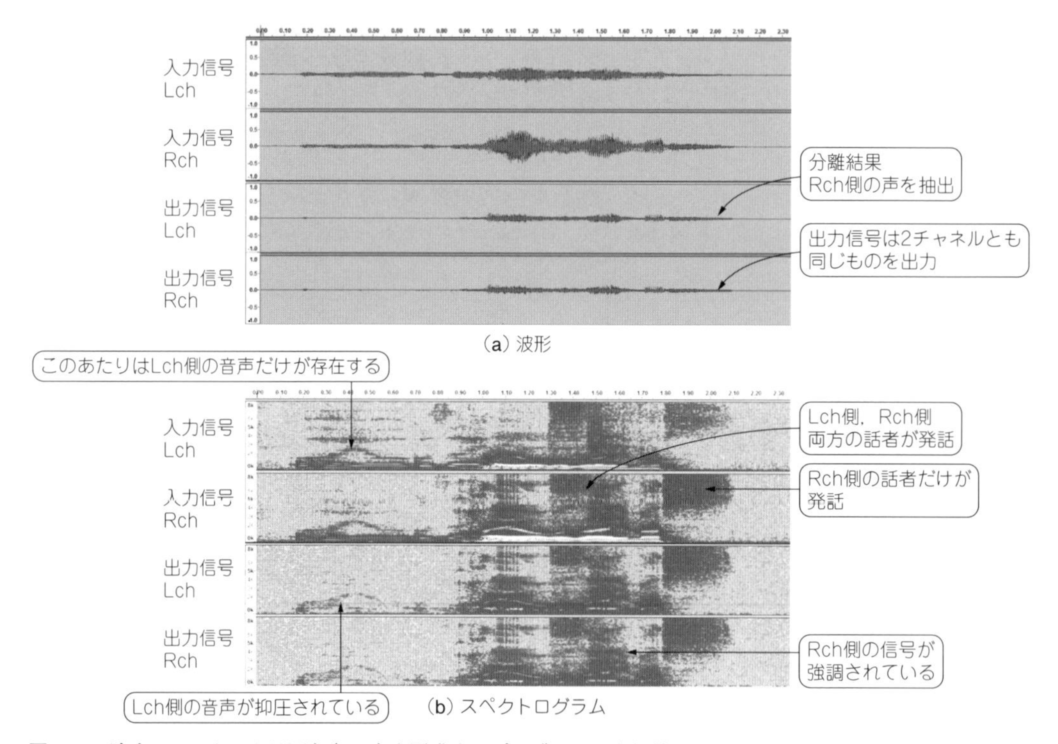

図7.14　適応フィルタにより死角（ヌル）を形成するプログラムの実行結果

7-7 適応ノッチ・フィルタ

入力信号に含まれる周波数成分のうち，最大パワーを持つ周波数成分を自動的に検出し，除去するフィルタです．この技術はハウリングの防止などに応用されます．

●原 理

適応ノッチ・フィルタは，フィルタ係数aが適応的に変化して，除去周波数（ノッチ周波数）を決定します．適応ノッチ・フィルタの構成を**図7.15**に示します．

除去したい現実の周波数をF_N[Hz]，サンプリング周波数をF_s[Hz]とすると，ディジタル信号における除去したい正規化角周波数は，

$$\omega_N = 2\pi F_N / F_s$$

となります．

除去すべき周波数ω_Nと係数aは次の関係があります．

$$a = -(1+r)\cos\omega_N$$

ここで，rは除去帯域の幅を決める1以下の正のパラメータです．rが0に近いと，ω_Nを中心に広い範囲で周波数が除去されます．rが1に近いと，除去される周波数の範囲が狭くなります．

係数aが目的の周波数を除去したとき，ノッチ・フィルタ出力パワーは最小になります．この原理から，勾配法と呼ばれる適応アルゴリズムが導出されます．勾配法による係数の自動更新式を以下に示します．

$$a(t+1) = a(t) - \mu u(t-1)\,y(t)$$

ここで，tは現在時刻を表します．また，μはステップ・サイズと呼ばれ，目的周波数への追従速度と推定精度を調整するパラメータです．μが大きいほど追従速度は速くなりますが，推定精度は低くなります．aがとりうる値には，以下の制約があります．

$$-(1+r) \leqq a \leqq (1+r)$$

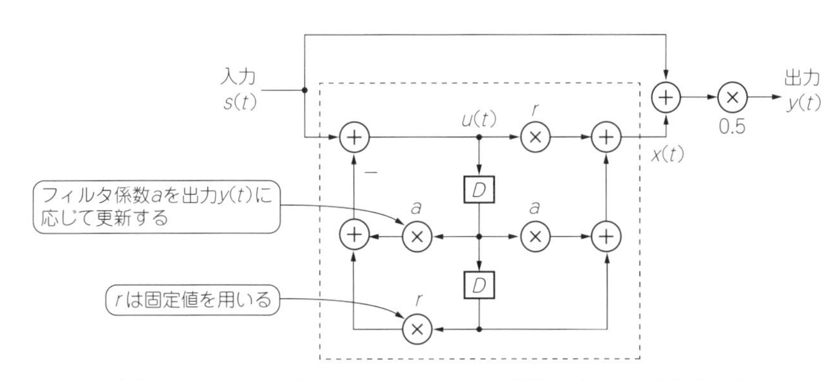

図7.15 適応ノッチ・フィルタ…ノッチ・フィルタの係数を適応的に変化させる

●プログラム

適応ノッチ・フィルタのプログラムをリスト7.7に示します.

ステップ・サイズmu(μ)は対象とする信号に応じて調整する必要がありますが, ここでは0.01と設定しています. また, r=0.9としました.

メイン・ループ内ではノッチ・フィルタ出力y(t)=eを, 係数更新アルゴリズムに組み込んでいます. また, フィルタ係数が発散した場合はフィルタ係数を初期化するようにしています.

▶改造のヒント

大雑把に言えば, ステップ・サイズmuの設定値を大きくすると, 正弦波を見つける速度, すなわち追従速度が速くなります. しかし, 大きくし過ぎると, フィルタ係数が発散したり, 収束値付近で激しく振動したりするという問題が生じ, 正弦波をうまく消すことができなくなります.

一方, rを小さめの値に設定すると, ノッチ・フィルタの特性が粗くなり, 除去周波数の周辺の

リスト7.7 適応ノッチ・フィルタのプログラム(抜粋)

```
●信号処理用変数の宣言部
double   s[MEM_SIZE+1]={0};           // 入力データ格納用変数
double   y[MEM_SIZE+1]={0};           // 出力データ格納用変数

double x,e,u0,u1,u2;                  // 各種信号
double a,r;                           // フィルタ係数
double mu;                            // ステップ・サイズ

●変数の初期設定部
r   = 0.9;                            // 極半径の2乗
a   = 0;                              // フィルタ係数
mu  = 0.01;                           // ステップ・サイズ
u1 = u2 = 0;                          // 信号の初期値

●メイン・ループ内 Signal Processing部
u0  = s[t] - a*u1 - r*u2;             // 内部信号の生成
x   = r*u0 + a*u1 + u2;               // オールパス・フィルタ出力
e   = (s[t]+x)/2.0;                   // ノッチ・フィルタ出力
a   = a - mu * e *u1;                 // 係数更新
if (fabs(a) >=  (1.0+r) ){
    a = 0;                            // 係数の発散を防ぐ
    u1=u0=0;
}
u2=u1;                                // 信号遅延
u1=u0;                                // 信号遅延
y[t] = e;                             // ノッチ・フィルタ出力
```

周波数も広い範囲で除去されます．しかし，収束値付近での不安定さは改善されます．逆に，rを1に近い値に設定すると，除去周波数以外はほとんど除去されません．ただし，出力が安定するまでに時間がかかるというデメリットが生じます．パラメータの適切な設定は，なかなか難しい問題です．

ダウンロード・データには，マイクから入力される音声に1kHzの正弦波を加算するプログラムを収録しています．効果を確認する際に使用できます．

●入出力の確認

コンパイルと実行の方法を**表7.7**に示します．

DDプログラムの実行結果を**図7.16**に示します．1kHzの正弦波を適応ノッチ・フィルタに入力しています．一定時間経過後，出力波形が消失しています［**図7.16(a)**］．スペクトログラムでは，1kHzの周波数が途中から自動的に検出され，除去されています［**図7.16(b)**］．

表7.7　適応ノッチ・フィルタのプログラムのコンパイルと実行の方法

収録フォルダ		7_07_AdaptiveNotch
DDプログラム	コンパイル方法	bcc32c DD_AdaptiveNotch.c
	実行方法	DD_AdaptiveNotch sin.wav
RTプログラム	コンパイル方法	bcc32c RT_AdaptiveNotch.c
	実行方法	RT_AdaptiveNotch
関連プログラム	機能	マイク入力に1kHzの正弦波を加算する
	コンパイル方法	bcc32c RT_AdaptiveNotch_noise.c
	実行方法	RT_AdaptiveNotch_noise
備考：sin.wavは入力音声ファイル．任意のwavファイルを指定可能		

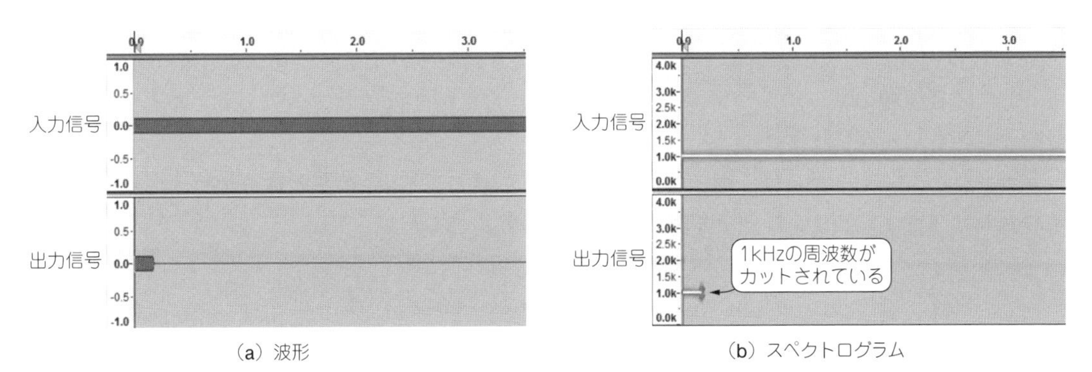

(a) 波形　(b) スペクトログラム

図7.16　適応ノッチ・フィルタの実行結果…正弦波が一定時間後に除去される

7-8 適応ノッチ・フィルタの縦続接続

入力信号に含まれる周波数成分のうち，最大の周波数成分を自動的に検出し，カットする適応ノッチ・フィルタを縦続接続します．入力信号から縦続接続の数だけ正弦波成分を除去します．

●原 理

適応ノッチ・フィルタは，除去周波数（ノッチ周波数）を決定する係数aを適応的に変化させることで実現します．ここでは，複数の除去周波数を実現するために，図7.17のように，適応ノッチ・フィルタを縦続接続します．ここで，縦続接続の数をNとしています．ノッチ・フィルタはオールパス・フィルタによって実現します．各ノッチ・フィルタの係数更新は次式で実行します．

$$a_i(t+1)=a_i(t)-\mu_i\frac{u_i(t-1)e_N(t)}{E\left[\left\{e_{i-1}(t)\right\}^2\right]} \quad (7.3)$$

●プログラム

縦続接続型適応ノッチ・フィルタのプログラムをリスト7.8に示します．縦続接続の数Nは，冒頭の宣言部にて5にしています．ステップ・サイズmuとパラメータrは，全てのノッチ・フィルタで共通とし，それぞれ0.05と0.9にします．

メイン・ループ内ではノッチ・フィルタ出力を次段への入力としています．期待値計算は，入力信号の2乗の時間平均で代用し，normで計算しています．また，係数が発散しないように，上限と下限を設定しています．

▶改造のヒント

縦続接続の数だけ正弦波を除去できます．冒頭の宣言部のNが縦続接続の数なので，これを変更して複数の正弦波を除去する実験を行うと，より理解が深まるでしょう．

muの値は，ノッチ・フィルタごとに変更できるようにしています．用途によりますが，muを大きくして追従重視のノッチ・フィルタ，muを小さくして精度重視のノッチ・フィルタなど，役割分担すると有用かもしれません．

ダウンロード・データには，マイクから入力される音声に1kHzの正弦波を加算するプログラムを収録しています．効果を確認する際に使用できます．

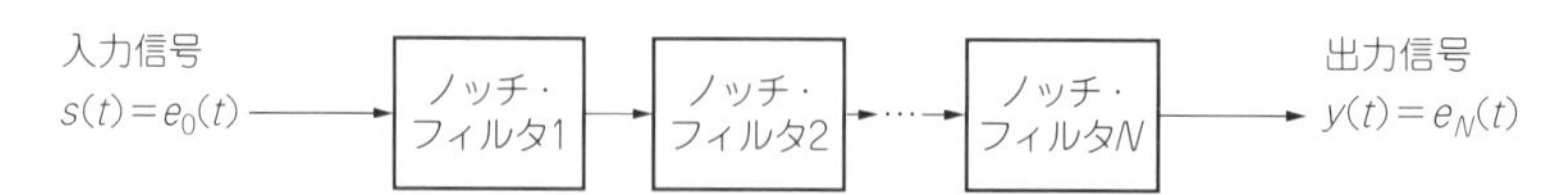

図7.17 縦続接続型適応ノッチ・フィルタ…接続数だけ正弦波をカットできる

リスト7.8 縦続型適応ノッチ・フィルタのプログラム(抜粋)

●冒頭の宣言部

```
#define  N        5                      // ノッチ・フィルタの縦続接続数
```

●信号処理用変数の宣言部

```
double   s[MEM_SIZE+1]={0};             // 入力データ格納用変数
double   y[MEM_SIZE+1]={0};             // 出力データ格納用変数

int      i;                             // forループ用変数
double   x[N+1]={0},e[N+1]={0};         // オールパス出力, ノッチ出力
double   u0[N+1]={0},u1[N+1]={0},u2[N+1]={0};      // 内部信号
double   a[N+1]={0},r[N+1]={0};                    // フィルタ係数
double   mu[N+1]={0};                              // ステップ・サイズ
double   norm[N+1]={0};                            // ノルム
```

●変数の初期設定部

```
for(i=1;i<=N;i++){
    r[i]   = 0.9;                                  // 極半径の2乗
    a[i]   = -(1+r[i])*cos(i*M_PI/N);              // フィルタ係数
    mu[i]  = 0.05;                                 // ステップ・サイズ
    norm[i]= 1000.0;                               // ノルム
}
```

●メイン・ループ内 Signal Processing部

```
e[0] = s[t];                          // 初段の入力は観測信号
for(i=1;i<=N;i++){                    // N段目までのノッチ・フィルタ出力を計算
    u0[i]  = e[i-1]     - a[i]*u1[i] -  r[i]*u2[i]; // 内部信号の計算
    x[i]   = r[i]*u0[i] + a[i]*u1[i] + u2[i];
                                      // オールパス・フィルタ出力の計算
    e[i]   = (e[i-1]+z[i])/2.0;  // ノッチ・フィルタ出力の計算
    norm[i]= 0.998*norm[i]+e[i-1]*e[i-1];          // ノルムの計算
    a[i]   = a[i] - mu[i] * e[N] *u1[i]/norm[i];   // 係数更新
    if (a[i] >  0.9*(1.0+r[i]) ) a[i]=  0.9*(1.0+r[i]);
                                                   // 係数の上限
    if (a[i] < -0.9*(1.0+r[i]) ) a[i]= -0.9*(1.0+r[i]);
                                                   // 係数の下限
    u2[i]=u1[i];                                   // 内部信号の遅延
    u1[i]=u0[i];                                   // 内部信号の遅延
}
y[t] = e[N];                           // 最終段のノッチ・フィルタ出力
```

表7.8　縦続型適応ノッチ・フィルタのコンパイルと実行の方法

収録フォルダ		7_08_MultiAdaptiveNotch
DDプログラム	コンパイル方法	bcc32c DD_CascadeAdaptiveNotch.c
	実行方法	DD_CascadeAdaptiveNotch whistle.wav
RTプログラム	コンパイル方法	bcc32c RT_CascadeAdaptiveNotch.c
	実行方法	RT_CascadeAdaptiveNotch
関連プログラム	機能	マイク入力に1kHzの正弦波を加算する
	コンパイル方法	bcc32c RT_CascadeAdaptiveNotch_noise.c
	実行方法	RT_CascadeAdaptiveNotch_noise
備考：whistle.wavは入力音声ファイル．任意のwavファイルを指定可能		

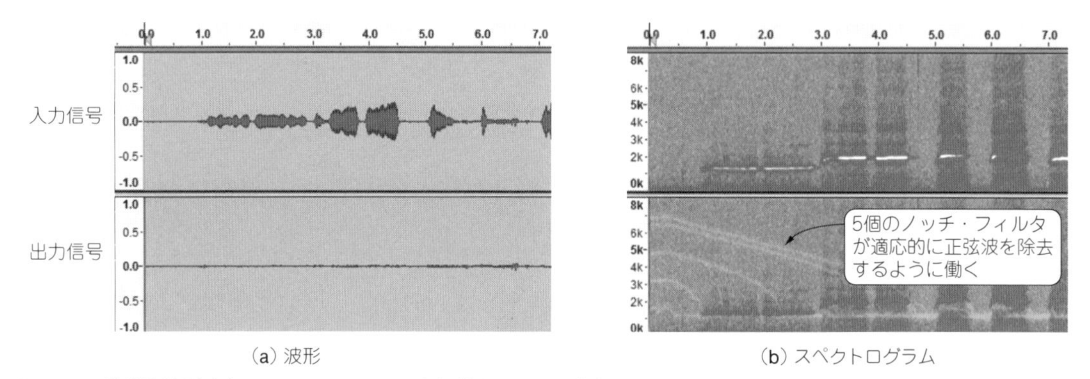

図7.18　縦続接続型適応ノッチ・フィルタの実行結果…5つの適応ノッチ・フィルタがノッチ周波数を変化させている

●入出力の確認

コンパイルと実行の方法を**表7.8**に示します．

DDプログラムの処理結果を**図7.18**に示します．5つの適応ノッチ・フィルタを縦続接続したシステムに口笛を入力しています．適応ノッチ・フィルタは，メインとなる正弦波を自動的に除去するように動きます．波形では出力がゼロに近づいています．これは，口笛が主に正弦波からなるためです．スペクトログラムでは，5つの適応ノッチ・フィルタが，口笛の周波数に向かって，ノッチ周波数を変化させている軌跡が見られます．

7-9　適応逆ノッチ・フィルタの縦続接続

逆ノッチ・フィルタは，入力信号に含まれる周波数成分のうち，最大振幅を持つ周波数を自動的に検出し，抽出することができます．ここでは，縦続接続型の適応逆ノッチ・フィルタにより入力信号から縦続接続の数だけ周波数成分，つまりは正弦波を抽出します．

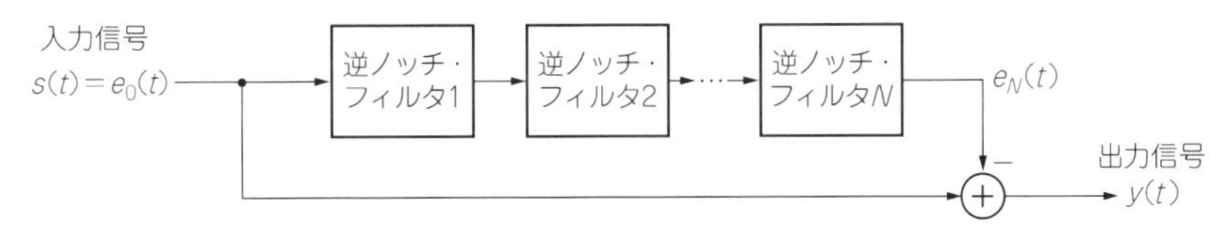

図7.19　縦続接続型の適応逆ノッチ・フィルタ…接続数だけ正弦波を抽出できる

●原 理

適応逆ノッチ・フィルタは，利得（ゲイン）が1となる中心周波数（ノッチ周波数）を適応的に変化させることで実現します．

複数の周波数を抽出するためには，適応逆ノッチ・フィルタを縦続接続します．これは，縦続接続型の適応ノッチ・フィルタ出力を入力信号から減算することと等価です．

縦続接続型の適応逆ノッチ・フィルタの等価構成を**図7.19**に示します．ここで，縦続接続の数をNとしています．ノッチ・フィルタの最終出力$e_N(t)$を入力信号$s(t)$から減算すれば，最終出力となります．i段目のノッチ・フィルタにおいて，フィルタ係数a_iの更新は，次の勾配法で実行します．

$$a_i(t+1)=a_i(t)-\mu_i\frac{u_i(t-1)e_N(t)}{E\left[\left\{e_{i-1}(t)\right\}^2\right]} \quad \cdots\cdots (7.4)$$

ここで，添え字のiは，i段目の逆ノッチ・フィルタに関する信号であることを表しています．また，$u_i(t)$は内部状態を表す信号，μ_iはステップ・サイズです．

●プログラム

縦続接続型の適応逆ノッチ・フィルタのプログラムを**リスト7.9**に示します．縦続接続の数Nは，冒頭の宣言部にて5としています．ステップ・サイズmuとパラメータrは，それぞれ0.05と0.9です．

メイン・ループ内ではノッチ・フィルタ出力を次段への入力としています．期待値計算は，時間平均で代用し，normで行っています．また，係数が発散しないように，上限と下限を設定しています．

▶改造のヒント

縦続接続の数だけ正弦波を抽出できます．冒頭の宣言部のNが縦続接続の数なので，これを変更して複数の正弦波を抽出する実験を行うと，より理解が深まるでしょう．また，muの値を逆ノッチ・フィルタごとに変更できるようにしています．用途によりますが，muを大きくして追従重視の逆ノッチ・フィルタ，muを小さくして精度重視の逆ノッチ・フィルタなど，役割分担すると有用かもしれません．

●入出力の確認

コンパイルと実行の方法を**表7.9**に示します．

リスト7.9　縦続接続型の適応逆ノッチ・フィルタのプログラム（抜粋）

```
●冒頭の宣言部
#define   N        5                         // ノッチ・フィルタの縦続接続数

●信号処理用変数の宣言部
double    s[MEM_SIZE+1]={0};                 // 入力データ格納用変数
double    y[MEM_SIZE+1]={0};                 // 出力データ格納用変数

int       i;                                 // forループ用変数
double    x[N+1]={0},e[N+1]={0};             // オールパス出力, ノッチ出力
double    u0[N+1]={0},u1[N+1]={0},u2[N+1]={0};    // 内部信号
double    a[N+1]={0},r[N+1]={0};             // フィルタ係数
double    mu[N+1]={0};                       // ステップ・サイズ
double    norm[N+1]={0};                     // ノルム

●変数の初期設定部
for(i=1;i<=N;i++){
    r[i]    = 0.9;                           // 極半径の2乗
    a[i]    = -(1+r[i])*cos(i*M_PI/N);       // フィルタ係数
    mu[i]   = 0.05;                          // ステップ・サイズ
    norm[i]= 1000.0;                         // ノルム
}

●メイン・ループ内 Signal Processing部
e[0] = s[t];                                 // 初段の入力は観測信号
for(i=1;i<=N;i++){              // N段目までのノッチ・フィルタ出力を計算
    u0[i]   = e[i-1]      - a[i]*u1[i] -  r[i]*u2[i];
                                             // 内部信号の計算
    x[i]    = r[i]*u0[i] + a[i]*u1[i] + u2[i];
                                // オールパス・フィルタ出力の計算
    e[i]    = (e[i-1]+x[i])/2.0;             // ノッチ・フィルタ出力の計算
    norm[i]= 0.998*norm[i]+e[i-1]*e[i-1];          // ノルムの計算
    a[i]    = a[i] - mu[i] * e[N] *u1[i]/norm[i]; // 係数更新
    if (a[i] >  0.9*(1.0+r[i]) ) a[i]=  0.9*(1.0+r[i]);
                                             // 係数の上限
    if (a[i] < -0.9*(1.0+r[i]) ) a[i]= -0.9*(1.0+r[i]);
                                             // 係数の下限
    u2[i]=u1[i];                             // 内部信号の遅延
    u1[i]=u0[i];                             // 内部信号の遅延
                                // 次段への入力をノッチ・フィルタ出力とする
}
y[t] = e[0]-e[N];                            // 逆ノッチ・フィルタ出力
```

表7.9　縦続接続型の適応逆ノッチ・フィルタのプログラムのコンパイルと実行の方法

収録フォルダ		7_09_MultiAdaptiveInvNotch
DDプログラム	コンパイル方法	bcc32c DD_CascadeAdaptive_Inv_Notch.c
	実行方法	DD_CascadeAdaptive_Inv_Notch whistle.wav
RTプログラム	コンパイル方法	bcc32c RT_CascadeAdaptive_Inv_Notch.c
	実行方法	RT_CascadeAdaptive_Inv_Notch
備考：whistle.wavは入力音声ファイル．任意のwavファイルを指定可能		

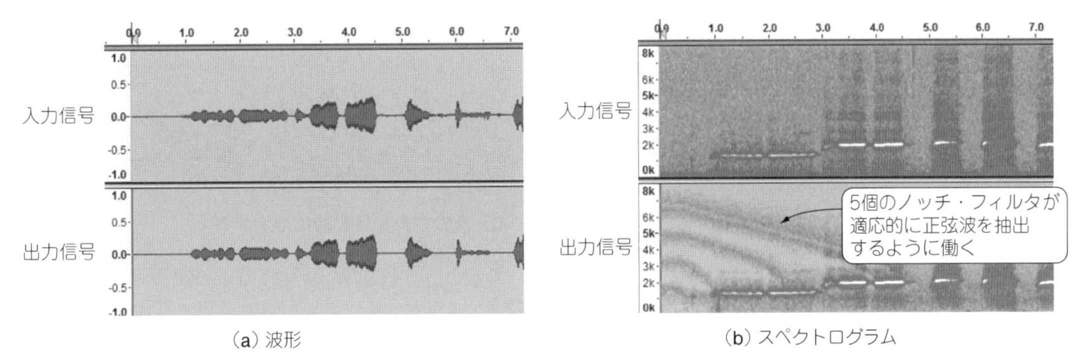

(a) 波形　(b) スペクトログラム

図7.20　縦続接続型の適応逆ノッチ・フィルタの実行結果…5つの適応ノッチ・フィルタがノッチ周波数を変化させている

DDプログラムにおける処理結果を**図7.20**に示します．5つの適応逆ノッチ・フィルタを利用しています．入力信号は，筆者が適当に吹いた口笛です

適応逆ノッチ・フィルタは，正弦波を自動的に抽出するように動きますので，口笛の主要な正弦波をとらえて出力します．一方，ノイズのような広帯域成分は抽出されません．

スペクトログラムには5つの適応ノッチ・フィルタが，口笛の周波数に向かってノッチ周波数を変化させている軌跡があります．特に高域に存在するノイズ成分が除去されています．

7-10　システム同定

入力と出力だけが観測できるブラックボックス（未知システム）の中身を，自動的に推定する適応フィルタです．うまく推定ができると，適応フィルタが未知システムに一致します．

●原 理

ある未知システムに音声が入力され出力が得られた場合，その入力と出力を監視することで，未知システムの中身を推定することができます．これは，カラオケ・システムに入力する音声と，エコーがかかった出力だけを観測して，エコーをかけるシステムを手に入れることと同じです．

このような便利な機能を実現するのが適応フィルタです．一般的には適応フィルタをFIRフィル

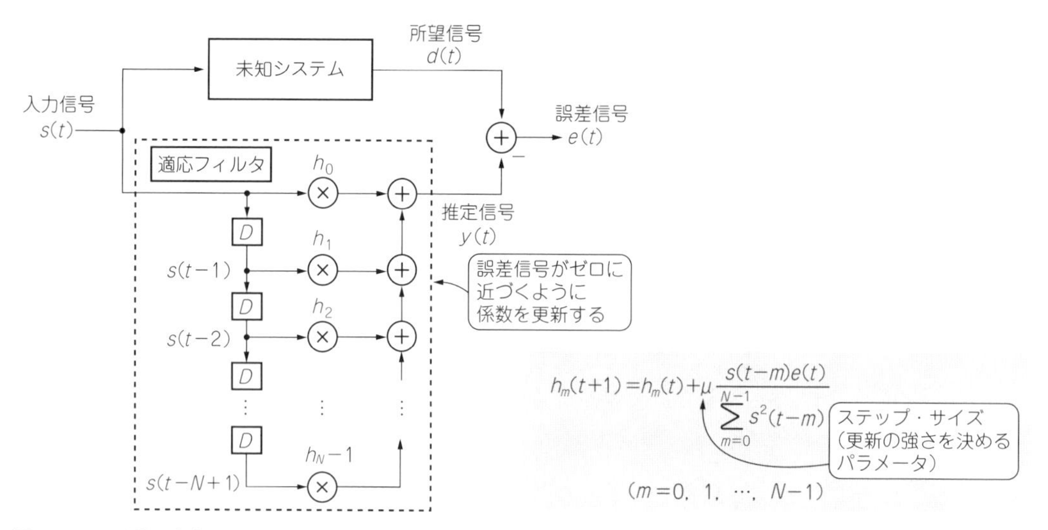

図7.21 FIR型の適応フィルタによるシステム同定…未知システムの中身を自動的に推定する

タで構成します．

FIR型の適応フィルタによるシステム同定(System Identfication)の仕組みを**図7.21**に示します．適応フィルタの係数は，推定誤差の2乗平均値がゼロに近づくように更新されます．フィルタ係数の更新には，NLMSアルゴリズムなどが利用できます．誤差信号がゼロになったとき，適応フィルタは，未知システムの中身を模擬したことになります．

●プログラム

FIR型の適応フィルタによるシステム同定のプログラムを**リスト7.10**に示します．未知システムとして，適当に作成したエコー・システムを利用しています．

初期状態は，最初の係数`h[0]`だけを1に設定することで，素通しとしています．

適応フィルタの係数は，NLMSアルゴリズムで更新します．NLMSアルゴリズムは，ステップ・サイズによって推定速度と精度を調整できます．ステップ・サイズは0.002と設定しました．このとき，推定の速度よりも精度を重視した係数更新となります．

メイン・ループ内では未知システムの出力を`d`，適応フィルタ出力を`y0`として計算しています．また，プログラムにおける出力`y[t]`は，`y0`に設定しています．つまり，未知システム出力を模擬した信号が，結果のwavファイルとして得られます．

▶改造のヒント

ステップ・サイズ`mu`の設定によって推定精度が変化します．一般的には`mu`が小さい方が推定精度が高くなります．ただし，推定が終了するまでに必要な時間は長くなります．これを推定精度と収束速度のトレードオフと呼びます．

リスト7.10　システム同定により「エコーを付加する未知システム」を推定するプログラム（抜粋）

```
●冒頭の宣言部
#define  N        2000                   // フィルタ次数

●信号処理用変数の宣言部
double   s[MEM_SIZE+1]={0};              // 入力データ格納用変数
double   y[MEM_SIZE+1]={0};              // 出力データ格納用変数

int      i;                              // forループ用
double   d, y0, e;                       // 所望, 推定, 誤差信号
double   g[N+1]={0};                     // 未知系の係数
double   h[N+1]={0};                     // 適応フィルタ係数
double   norm, mu;                       // ノルムとステップ・サイズ

●変数の初期設定部
mu=0.002;                                // ステップ・サイズ
h[0]=1.0;                                // 初期値は素通し
g[0]=1.0;g[N-1]=1.0;                     // 未知システム（エコー）

●メイン・ループ内 Signal Processing部
y0=0, d=0, norm=0;
for(i=0;i<N;i++){
    d = d + g[i] * s[(t-i+MEM_SIZE)%MEM_SIZE];  // 所望信号作成
    y0= y0+ h[i] * s[(t-i+MEM_SIZE)%MEM_SIZE];  // 適応フィルタ出力
    norm=norm+s[(t-i+MEM_SIZE)%MEM_SIZE]*s[(t-i+MEM_SIZE)%MEM_SIZE];
}                                        // ノルムの計算
e = d -y0;                               // 推定誤差
if(norm>0.00001 && t_out>N){             // ノルムが一定値以上で係数更新
    for(i=0;i<N;i++){                    // 係数更新(NLMSアルゴリズム)
        h[i] = h[i] + mu * s[(t-i+MEM_SIZE)%MEM_SIZE] * e/norm;
    }
}
y[t] = y0;                               // 推定信号を出力する
```

●入出力の確認

コンパイルと実行の方法を**表7.10**に示します.

DDプログラムにおける処理結果を**図7.22**に示します. 未知システムを推定し, その出力を模擬した波形が出力されています. 未知システムはエコーをかけるシステムとしています. 前半は入力がそのまま通過する素通しですが, 徐々に未知システムの学習が進み, エコーがかかった出力が得られます.

波形での確認は難しいので, 実際に音を聴いてみてください.

表7.10　FIR型の適応フィルタによるシステム同定のプログラムのコンパイルと実行の方法

収録フォルダ		7_10_SysId
DDプログラム	コンパイル方法	bcc32c DD_SysId.c
	実行方法	DD_SysId long_mix.wav
RTプログラム	コンパイル方法	bcc32c RT_SysId.c
	実行方法	RT_SysId
備考：long_mix.wavは入力音声ファイル．任意のwavファイルを指定可能		

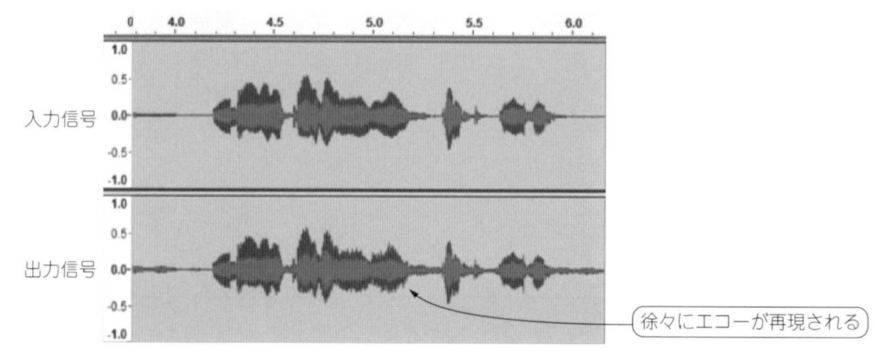

図7.22　システム同定による未知システムの推定結果…学習が進むと出力にエコーがかかるようになる

7-11　システム同定によるノイズ除去

システム同定を応用し，ノイズを除去します．このノイズ除去方式では，2つのマイクを利用します．1つのマイクで音声とノイズを観測し，もう1つのマイクではノイズだけを観測します．

●原 理

システム同定によるノイズ除去の仕組みを図7.23に示します．図7.23(a)のモデルを簡略化したものが(b)です．

▶ノイズを推測して観測信号から除去

ノイズ源$u(t)$は，壁の反射などを含む未知経路を通過して$d(t)$となり，マイク1で取得されます．同じマイクで，音声信号$s(t)$も観測されます．従って，観測信号はノイズが重畳した音声です．

マイク2でノイズ源$u(t)$が取得できるものとします．マイク1のノイズ$d(t)$は，未知経路における反射や減衰などの特性を付加されています．$d(t)$と$u(t)$は同一ではありません．しかし，反射や減衰を与える未知経路を推定できれば，$u(t)$から$d(t)$を作ることができます．これを観測信号から減算すれば，ノイズを除去できます．

▶適応フィルタを使う

未知経路を推定するためには，適応フィルタを利用できます．ここでは，未知経路を未知システ

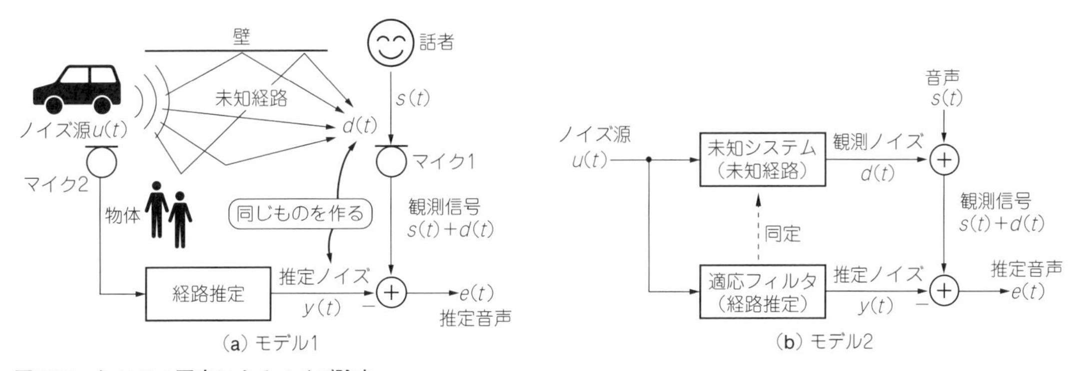

図7.23　システム同定によるノイズ除去

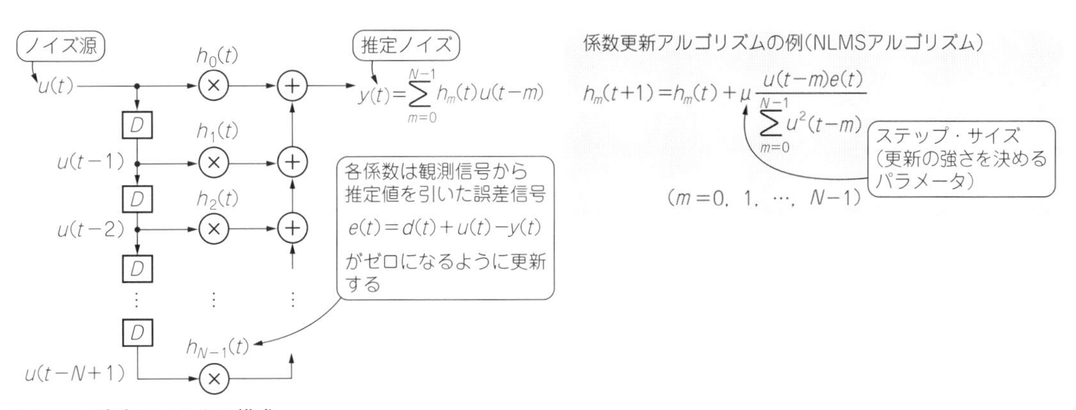

図7.24　適応フィルタの構成

ムと呼びます．

適応フィルタは，推定誤差$e(t)$が0に近づくように自動的にフィルタ係数を更新します．適応フィルタ入力はノイズ源ですので，観測されるノイズ$d(t)$を推定することは可能です．一方，適応フィルタ入力には音声が含まれていません．従って適応フィルタは，音声を推定することはできません．

結果として，誤差信号$e(t)$を推定音声として利用できます．このように適応フィルタは観測されるノイズを推定することを目的にして，実際には未知システムを推定しています．これをシステム同定と呼びます．

適応フィルタの構成を**図7.24**に示します．適応アルゴリズムとしてNLMSアルゴリズムが利用できます．

●プログラム

システム同定によるノイズ除去のプログラムを**リスト7.11**に示します．未知システムおよび適応フィルタの次数を64と設定しています．また，係数更新の大きさを決めるステップ・サイズは0.05としています．

リスト7.11　システム同定によるノイズ除去のプログラム（抜粋）

```
●冒頭の宣言部
#define  MEM_SIZE 64                      // 音声メモリのサイズ
#define  N        64                      // フィルタ次数

●信号処理用変数の宣言部
double   s[MEM_SIZE+1]={0};               // 入力データ格納用変数
double   y[MEM_SIZE+1]={0};               // 出力データ格納用変数
int      i;                               // forループ用
double   d, y0, e;                        // 所望, 推定, 誤差信号
double   u[MEM_SIZE+1]={0};               // ノイズ源
double   g[N+1]={0};                      // 未知系の係数
double   h[N+1]={0};                      // 適応フィルタ係数
double   norm, mu;                        // ノルムとステップ・サイズ

●変数の初期設定部
mu=0.05;                                  // ステップ・サイズ
srand( (unsigned int)time( NULL ) );      // 乱数の種を設定
for(i=0;i<N;i++){                         // 未知系の係数を設定
    g[i]=( (double)rand()/RAND_MAX*2-1.0 )*0.05;
                                          // -0.05から0.05の乱数
}

●メイン・ループ内 Signal Processing部
s[t] = input/32768.0;                     // 音声の最大値を1とする(正規化)
s[t]=s[t]*0.1;                            // 読み込んだ音声は外乱
u[t]=( (double)rand()/RAND_MAX*2-1.0 ) * 0.5;    // ノイズ源は乱数とする
y0=0, d=0, norm=0;
for(i=0;i<N;i++){
    d = d + g[i] * u[(t-i+MEM_SIZE)%MEM_SIZE];  // 所望信号作成
    y0= y0+ h[i] * u[(t-i+MEM_SIZE)%MEM_SIZE];  // 適応フィルタ出力
    norm=norm+u[(t-i+MEM_SIZE)%MEM_SIZE]*u[(t-i+MEM_SIZE)%MEM_SIZE];
                                          // ノルムの計算
}
e = (d + s[t]) - y0;                      // 推定誤差
if(norm>0.00001){                         // ノルムが一定値以上で係数更新
    for(i=0;i<N;i++){                     // 係数更新 (NLMSアルゴリズム)
        h[i] = h[i] + mu * u[(t-i+MEM_SIZE)%MEM_SIZE] * e/norm;
    }
}
y[t] = e;                                 // 推定誤差(=音声)を出力とする
```

▶改造のヒント

ステップ・サイズmu(>0)の設定によって未知システムの同定に関する動作が異なります．

muが小さいときは推定速度は遅くなりますが，推定精度は高く，未知システムの正確な推定が可能になります．このようにステップ・サイズによって未知システムの推定速度と推定精度のトレードオフを調整します．

muが大きいときは未知システムの推定速度を速くできますが，推定精度は劣化し，外乱(音声)にも反応しやすくなります．結果として音声が観測されるたびにフィルタ係数が大きく変化し，出力が不安定になることがあります．

●入出力の確認

コンパイルと実行の方法を**表7.11**に示します．DDプログラムにおける処理結果を**図7.25**に示します．

ノイズに対して音声パワーを小さくしているため，観測信号では音声がノイズに埋もれて確認できません．つまり，非常にSNRが低い劣悪な環境です．推定波形では，音声が抽出されています．スペクトログラムに音声スペクトルが現れています．

表7.11　システム同定によるノイズ除去のプログラムのコンパイルと実行の方法

収録フォルダ		7_11_SysId_NS
DDプログラム	コンパイル方法	bcc32c DD_SysId_NS.c
	実行方法	DD_SysId_NS long_mix.wav
RTプログラム	コンパイル方法	bcc32c RT_SysId_NS.c
	実行方法	RT_SysId_NS
備考：long_mix.wavは入力音声ファイル．任意のwavファイルを指定可能		

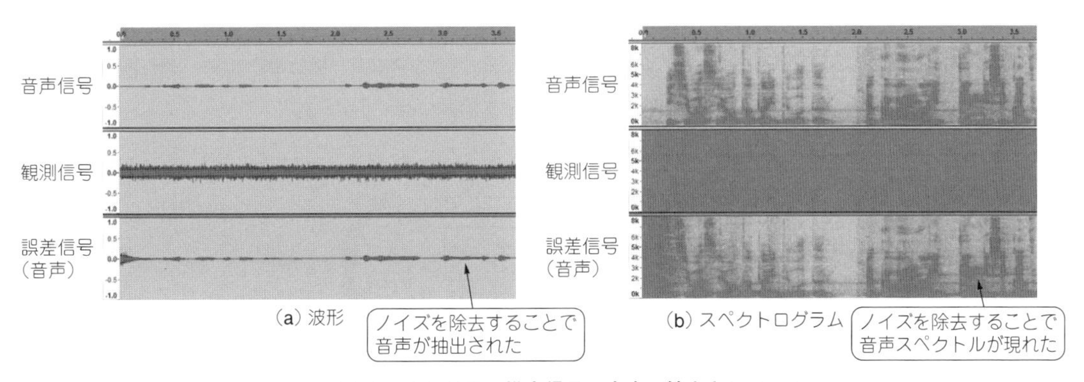

図7.25　システム同定によるノイズ除去の実行結果…推定信号で音声が抽出されている

7-12 エコー・キャンセラ

電話機のハンズフリー機能などで通話をする場合，スピーカから放射された音が近くに設置されているマイクに回り込み，エコーを生じさせます．これを除去するのがエコー・キャンセラです．

エコー・キャンセラによって音の回り込みによる影響を抑制します．

●原 理

ハンズフリー通話では，電話機のスピーカから放射された遠端話者の声が電話機のスピーカに入り込むことでエコーを生じさせます．この様子を**図7.26**に示します．

エコーを放置しておくと近端話者の声が聞き取りにくくなり，時にはハウリングが生じることもあります．そこで，適応フィルタを用いたエコー・キャンセラが考案されました．

エコー・キャンセラの構成を**図7.27**に示します．遠端話者からの音声を$u(t)$，近端話者音声を$s(t)$としています．観測信号$x(t)$には，$s(t)$とともに$u(t)$の回り込み成分$d(t)$も含まれます．

放射する信号$u(t)$は入手可能なので，これを使って適応フィルタで疑似エコーを生成します．そして，疑似エコーを観測信号から減算することで，近端話者音声だけを抽出します．

適応フィルタにはFIRフィルタを用います．エコー・キャンセラで用いる適応フィルタの構成を**図7.28**に示します．フィルタ係数は誤差信号$e(t)$がゼロに近づくように更新されます．ここで，

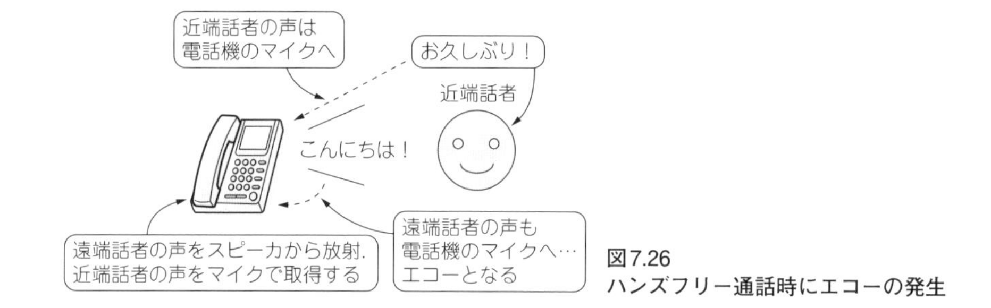

図7.26 ハンズフリー通話時にエコーの発生

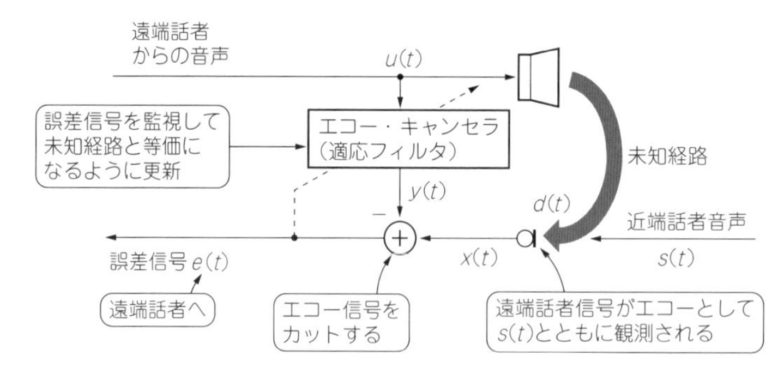

図7.27 エコー・キャンセラ…疑似エコーを観測信号から減算することで近端話者音声だけを抽出する

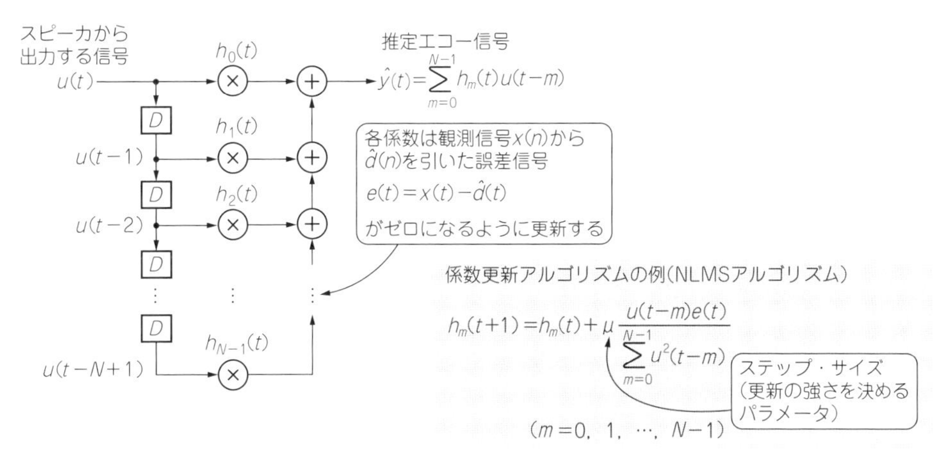

図7.28　エコー・キャンセラで用いる適応フィルタの構成

近端話者信号$s(t)$は，$u(t)$から作ることのできない成分です．従って$s(t)$は適応フィルタにとっての外乱，つまりノイズとして振る舞います．適応フィルタは$s(t)$が存在しないときに理想的な働きをします．

逆に$s(t)$が存在すると，未知経路の推定に誤差が生じたり，近端話者信号を劣化させたりという望ましくない結果が得られやすくなります．この場合は係数更新アルゴリズムのステップ・サイズを小さくするなどの対策が必要となります．

●プログラム

エコー・キャンセラのプログラムを**リスト7.12**に示します．冒頭の宣言部で，適応フィルタの次数Nを設定しています．未知経路の係数は，乱数で与えています．また，遠端話者信号`u(t)`はノイズで作成しました．近端話者信号`s(t)`を音声，`d(t)`をノイズとすることで，エコーの除去効果をノイズの除去効果として確認することができます．

▶改造のヒント

適応フィルタを用いているため，ステップ・サイズmu（＞0）の設定によってエコーの除去性能が変化します．muが大きいときはエコーを高速に除去するように動作しますが，推定精度が劣化するため，出力音質も劣化します．逆にmuが小さいときは，推定速度は遅くなりますが，推定精度は高くなり，比較的安定した出力音質が得られます．このように，ステップ・サイズによってエコー・キャンセラの推定速度と推定精度とのトレードオフを調整します．

●入出力の確認

コンパイルと実行の方法を**表7.12**に示します．

DDプログラムにおける処理結果を**図7.29**に示します．観測信号$x(t)$の波形には，遠端話者信号$u(t)$のエコー成分$d(t)$がノイズとして含まれています．一方，エコー・キャンセラ出力は，ノイ

リスト7.12　エコー・キャンセラのプログラム（抜粋）

```
●冒頭の宣言部
#define  MEM_SIZE                          // 音声メモリのサイズ
#define  N          128                    // フィルタ次数

●信号処理用変数の宣言部
double   s[MEM_SIZE+1]={0};                // 入力データ格納用変数
double   y[MEM_SIZE+1]={0};                // 出力データ格納用変数
int      i;                                // forループ用
int      D;                                // スピーカーマイク間の初期遅延量
double   u[MEM_SIZE+1]={0};                // 遠端話者信号
double   x, d, e;                          // 観測，エコー，誤差信号
double   g[N+1]={0};                       // 未知系の係数
double   h[N+1]={0};                       // 適応フィルタ係数
double   y0;                               // 適応フィルタ出力
double   norm, mu;                         // ノルムとステップ・サイズ

●変数の初期設定部
D=10;                                      // 初期遅延の大きさ
mu=0.01;                                   // ステップ・サイズ
srand( (unsigned int)time( NULL ) );       // 乱数の種を設定
for(i=0;i<N;i++){                          // 未知系の係数を乱数で設定
    g[i]=( (double)rand()/RAND_MAX*2-1.0 )*0.05;
                                           // -0.05から0.05で設定
}

●メイン・ループ内 Signal Processing部
s[t] = input/32768.0;                      // 音声の正規化
u[t]=( (double)rand()/RAND_MAX*2-1.0 ) * 0.5;    // 遠端話者信号(ノイズ)
y0=0, d=0, norm=0;
for(i=0;i<N;i++){
    d = d + g[i] * u[(t-D-i+MEM_SIZE)%MEM_SIZE];    // 遠端話者エコー
    y0= y0+ h[i] * u[(t-D-i+MEM_SIZE)%MEM_SIZE];    // 適応フィルタ出力
    norm = norm+u[(t-D-i+MEM_SIZE)%MEM_SIZE]
           *u[(t-D-i+MEM_SIZE)%MEM_SIZE];           // ノルムの計算
}
x = d + s[t];                              // 観測信号
e = x  - y0;                               // 推定誤差
if(norm>0.00001){                          // ノルムが一定値以上で係数更新
    for(i=0;i<N;i++){                      // 係数更新(NLMSアルゴリズム)
        h[i] = h[i] + mu * u[(t-D-i+MEM_SIZE)%MEM_SIZE] * e/norm;
    }
}
y[t] = e;                                  // 推定誤差を出力とする
```

表7.12　エコー・キャンセラのプログラムのコンパイルと実行の方法

収録フォルダ		7_12_Echo_Canceller
DDプログラム	コンパイル方法	bcc32c DD_Echo_Canceller.c
	実行方法	DD_Echo_Canceller long_mix.wav
RTプログラム	コンパイル方法	bcc32c RT_Echo_Canceller.c
	実行方法	RT_Echo_Canceller white_long_for_RT_Echo.wav
備考：long_mix.wavは入力音声ファイル．white_long_for_RT_Echo.wavは遠端話者信号になるホワイト・ノイズ(白色雑音)．任意のwavファイルを指定可能		

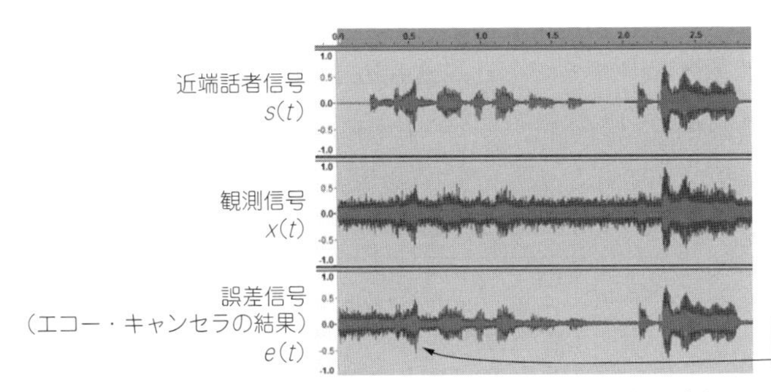

図7.29　エコー・キャンセラの実行結果…ノイズが徐々に小さくなっていく

ズが徐々に小さくなっています．これは適応フィルタが自動的に未知経路を推定し，疑似エコー信号を徐々にうまく作り出していく様子を表しています．

RTプログラムでは，遠端話者信号としてホワイト・ノイズを使います．

7-13　ボイス・スイッチを用いたエコー・キャンセラ

電話機のハンズフリー機能などで通話をする場合，適応フィルタによるエコー・キャンセラが有用です．エコー・キャンセラは同時通話時に性能が劣化するので，ボイス・スイッチを導入して，同時通話時の動作を制限します．

●原 理

ハンズフリー通話では，電話機のスピーカから放射された遠端話者の声が電話機のスピーカに入り込むことでエコーを生じさせます(本章7-12の**図7.26**参照)．これを適応フィルタでカットする方式がエコー・キャンセラです．

適応フィルタで遠端話者のエコーを除去する場合，近端話者の音声は外乱として働きます．つまり，近端話者の声がない状態がエコー・キャンセラにとって理想的です．そこで，電話での通話はどちらか一方だけが発話していると仮定します．

ボイス・スイッチを導入したエコー・キャンセラの構成を図7.30に示します.

ボイス・スイッチでは, 遠端話者と近端話者の音声パワーを比較し, パワーの小さい方をカットします. このとき, 適応フィルタは外乱がない状態で動作できるので, エコーの除去性能が劣化しません. ただし, パワー推定を誤ると, 必要な音声がカットされてしまいます. また, 原理的に同時発話には対応できず, その場合には音質が劣化します.

●プログラム

ボイス・スイッチを用いたエコー・キャンセラのプログラムをリスト7.13に示します.

未知経路の係数は乱数で与えています. また, 遠端話者信号`u(t)`はノイズで作成しました. 遠端話者信号がノイズなので, 連続発話状態となりますが, 近端話者信号`s(t)`のパワーが`d(t)`のパワーを上回るときが, 近端話者のみが発話している時間とみなされます.

リスト7.13 ボイス・スイッチを用いたエコー・キャンセラのプログラム(抜粋)

```
●冒頭の宣言部
#define  MEM_SIZE 16000                  // 音声メモリのサイズ
#define  N          128                  // フィルタ次数

●信号処理用変数の宣言部
double   s[MEM_SIZE+1]={0};              // 入力データ格納用変数
double   y[MEM_SIZE+1]={0};              // 出力データ格納用変数
int      i;                              // forループ用
int      D;                              // スピーカーマイク間の初期遅延量
double   u[MEM_SIZE+1]={0};              // 遠端話者信号
double   x, d, e;                        // 観測, エコー, 誤差信号
double   g[N+1]={0};                     // 未知系の係数
double   h[N+1]={0};                     // 適応フィルタ係数
double   y0;                             // 適応フィルタ出力
double   norm, mu;                       // ノルムとステップ・サイズ
double   d_pow, e_pow, lambda;           // 出力, 誤差パワー, 忘却係数

●変数の初期設定部
D=10;                                    // 初期遅延の大きさ
mu=0.01;                                 // ステップ・サイズ
srand( (unsigned int)time( NULL ) );     // 乱数の種を設定
for(i=0;i<N;i++){                        // 未知系の係数を乱数で設定
    g[i]=( (double)rand()/RAND_MAX*2-1.0 )*0.05;
                                         // -0.05から0.05で設定
}
d_pow  = 0.0;                            // 出力パワー
e_pow  = 0.0;                            // エコー・パワー
lambda = 0.995;                          // 忘却係数
```

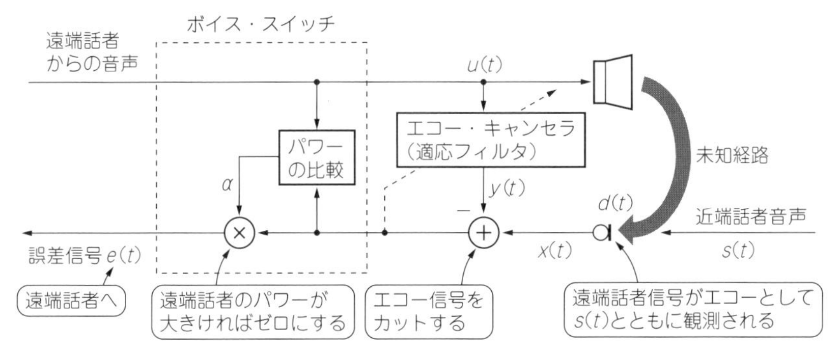

図7.30　ボイス・スイッチを用いたエコー・キャンセラ…どちらか一方だけが発話しているようにする

```
●メイン・ループ内 Signal Processing部
s[t] = input/32768.0;                          // 音声の正規化
u[t]=( (double)rand()/RAND_MAX*2-1.0 ) * 0.05;  // 遠端話者信号(ノイズ)
d_pow=lambda*d_pow+u[t]*u[t];                  // スピーカ出力パワー
y0=0, d=0, norm=0;
for(i=0;i<N;i++){
    d = d + g[i] * u[(t-D-i+MEM_SIZE)%MEM_SIZE];    // 遠端話者エコー
    y0= y0+ h[i] * u[(t-D-i+MEM_SIZE)%MEM_SIZE];    // 適応フィルタ出力
    norm = norm+u[(t-D-i+MEM_SIZE)%MEM_SIZE]
           *u[(t-D-i+MEM_SIZE)%MEM_SIZE];           // ノルムの計算
}
x = d + s[t];                                  // 観測信号
e = x  - y0;                                   // 推定誤差
if(norm>0.00001){                              // ノルムが一定値以上で係数更新
    for(i=0;i<N;i++){                          // 係数更新(NLMSアルゴリズム)
        h[i] = h[i] + mu * u[(t-D-i+MEM_SIZE)%MEM_SIZE] * e/norm;
    }
}
e_pow=lambda*e_pow+e*e;                        // 推定誤差パワー
if(d_pow>e_pow){                               // パワー比較
    e = 0;                                     // 近端話者信号をゼロにする
}
y[t] = e;                                      // 推定誤差を出力とする
```

▶改造のヒント

適応フィルタの次数とステップ・サイズmu（＞0）の設定によってエコーの除去性能が変化します．適応フィルタの次数は，未知システムのフィルタ次数と一致することが理想ですが，通常は不明なので長めに設定します．

muが大きいときはエコーを高速に除去するように動作しますが，推定精度が劣化するため出力音質も劣化します．逆にmuが小さいときは，推定速度は遅くなるものの推定精度は高くなり，比較的安定した出力音質が得られます．

ステップ・サイズによってエコー・キャンセラの推定速度と推定精度とのトレードオフを調整します．

●入出力の確認

コンパイルと実行の方法を**表7.13**に示します．

DDプログラムにおける処理結果を**図7.31**に示します．

観測信号$x(t)$には$d(t)$のエコー成分がノイズとして含まれています． エコー・キャンセラ出力$e(t)$では，近端話者音声の存在しない部分ではボイス・スイッチによって信号が完全にカットされています．

しかし，試聴すると音声の途切れが耳障りです．実際に運用するには，急激にカットするのではなく，徐々に小さくするなどの工夫が必要となります．

RTプログラムでは，遠端話者信号としてホワイト・ノイズを使用します．

表7.13　ボイス・スイッチを用いたエコー・キャンセラのプログラムのコンパイルと実行の方法

収録フォルダ		7_13_Echo_Canceller_VoiceSwitch
DDプログラム	コンパイル方法	bcc32c DD_Echo_Canceller_VS.c
	実行方法	DD_Echo_Canceller_VS long_mix.wav
RTプログラム	コンパイル方法	bcc32c RT_Echo_Canceller_VS.c
	実行方法	RT_Echo_Canceller_VS white_long_for_RT_Echo.wav
備考：long_mix.wavは入力音声ファイル．white_long_for_RT_Echo.wavは遠端話者信号になるホワイト・ノイズ（白色雑音）．任意のwavファイルを指定可能		

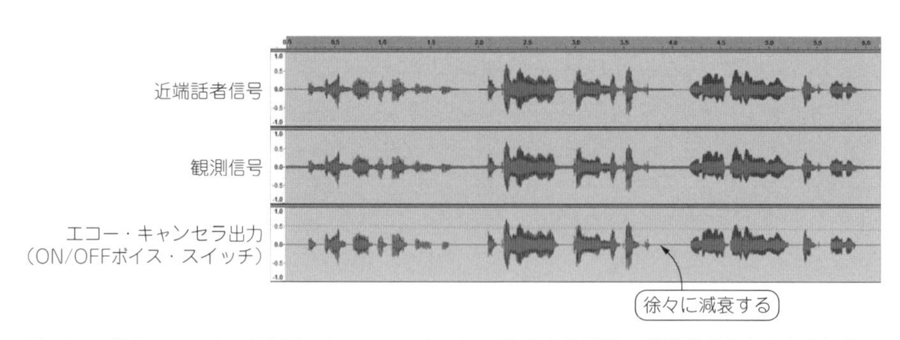

図7.31　ボイス・スイッチを用いたエコー・キャンセラの実行結果…近端話者音声の存在しない部分では信号が完全にカットされる

7-14 減衰定数を利用したソフト・ボイス・スイッチ

エコー・キャンセラに用いられるボイス・スイッチは，遠端話者と近端話者の双方の音量を見ながら，強制的に，どちらか一方だけが通話する状態を作ります．ここでは，ON/OFFの瞬時切り替えではなく，ゆるやかに減衰するソフト・ボイス・スイッチを用います．結果として，切り替え時の音の途切れが緩和されます．

●原 理

ハンズフリー通話におけるエコー・キャンセラにとっては，近端話者の声がない状態が理想的です．そこで，双方向の同時通話を禁じ，通話をどちらか1方向だけに制限するボイス・スイッチが用いられます．

ボイス・スイッチは，遠端話者と近端話者の音声パワーを比較し，パワーの小さい方をカットすることが目的です．しかし，ON/OFF制御では，音声が急に途切れるため，自然性を確保することが困難です．そこでON (1) かOFF (0) ではなく，1未満の定数αを用いて，徐々に1方向通話を実現するようにします．ここではこれをソフト・ボイス・スイッチと呼びます．

ソフト・ボイス・スイッチを用いたエコー・キャンセラの構成を**図7.32**に示します．

●プログラム

ソフト・ボイス・スイッチを用いたエコー・キャンセラのプログラムを**リスト7.14**に示します．

未知経路の係数は乱数で与えます．また，遠端話者信号`u(t)`はノイズなので，連続発話状態となります．近端話者信号`s(t)`のパワーが`u(t)`のパワーを上回るときが，近端話者のみが発話している時間とみなされます．減衰定数`alpha`の与え方は種々ありますが，今回は`a0`のべき乗として`alpha=(a0)n`で与えます．ここで`n`は時刻とともに，0, 1, 2…と増加します．`a0`を`exp(-0.0005)`にしています．

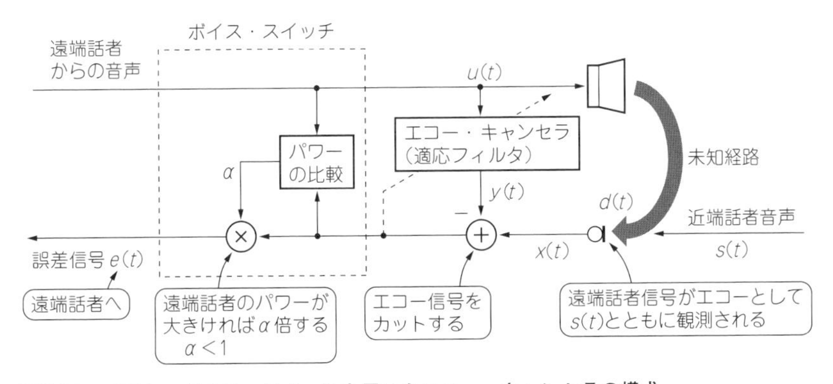

図7.32 ソフト・ボイス・スイッチを用いたエコー・キャンセラの構成

リスト7.14　ソフト・ボイス・スイッチを用いたエコー・キャンセラのプログラム（抜粋）

```
●冒頭の宣言部
#define  MEM_SIZE 16000                    // 音声メモリのサイズ
#define  N         128                     // フィルタ次数

●信号処理用変数の宣言部
double   s[MEM_SIZE+1]={0};                // 入力データ格納用変数
double   y[MEM_SIZE+1]={0};                // 出力データ格納用変数
int      i;                                // forループ用
int      D;                                // スピーカーマイク間の初期遅延量
double   u[MEM_SIZE+1]={0};                // 遠端話者信号
double   x, d, e;                          // 観測，エコー，誤差信号
double   g[N+1]={0};                       // 未知系の係数
double   h[N+1]={0};                       // 適応フィルタ係数
double   y0;                               // 適応フィルタ出力
double   norm, mu;                         // ノルムとステップ・サイズ
double   d_pow, e_pow, lambda;             // 出力，誤差パワー，忘却係数
double   alpha, a0;                        // 減衰定数，べき乗数

●変数の初期設定部
D=10;                                      // 初期遅延の大きさ
mu=0.01;                                   // ステップ・サイズ
srand( (unsigned int)time( NULL ) );       // 乱数の種を設定
for(i=0;i<N;i++){                          // 未知系の係数を乱数で設定
    g[i]=( (double)rand()/RAND_MAX*2-1.0 )*0.05;
                                           // -0.05から0.05で設定
}
d_pow  = 0.0;                              // 出力パワー
e_pow  = 0.0;                              // エコー・パワー
lambda = 0.995;                            // 忘却係数
```

▶改造のヒント

a0の値により出力の状態が変化します．a0を小さくすると近端話者音声が高速に消去され，a0を大きくするとゆっくりと消去されます．

基本はエコー・キャンセラなので，適応フィルタの次数とステップ・サイズmu（>0）の設定によってエコーの除去性能が変化します．muが大きいときは，エコーを高速に除去するように動作しますが，推定精度が劣化するため，出力音質も劣化します．逆にmuが小さいときは，推定速度は遅くなりますが，推定精度は高くなり，比較的安定した出力音質が得られます．ステップ・サイズによってエコー・キャンセラの推定速度と推定精度のトレードオフを調整します．

```
alpha = 1.0;                                    // 減衰定数の初期値
a0    = exp(-0.0005);                           // べき乗数

●メイン・ループ内 Signal Processing部
s[t] = input/32768.0;                           // 音声の正規化
u[t]=( (double)rand()/RAND_MAX*2-1.0 ) * 0.05;
                                                // 遠端話者信号(ノイズ)
d_pow=lambda*d_pow+u[t]*u[t];                   // スピーカ出力パワー
y0=0, d=0, norm=0;
for(i=0;i<N;i++){
    d = d + g[i] * u[(t-D-i+MEM_SIZE)%MEM_SIZE];   // 遠端話者エコー
    y0= y0+ h[i] * u[(t-D-i+MEM_SIZE)%MEM_SIZE];   // 適応フィルタ出力
    norm = norm+u[(t-D-i+MEM_SIZE)%MEM_SIZE]
           *u[(t-D-i+MEM_SIZE)%MEM_SIZE];          // ノルムの計算
}
x = d + s[t];                                   // 観測信号
e = x  - y0;                                    // 推定誤差
if(norm>0.00001){                               // ノルムが一定値以上で係数更新
    for(i=0;i<N;i++){                           // 係数更新(NLMSアルゴリズム)
        h[i] = h[i] + mu * u[(t-D-i+MEM_SIZE)%MEM_SIZE] * e/norm;
    }
}
e_pow=lambda*e_pow+e*e;                         // 推定誤差パワー
if(d_pow>e_pow){                                // パワー比較
    alpha = alpha *a0;                          // alphaを更新
    e = alpha * e;                              // 近端話者信号を減衰する
}
else alpha=1.0;                                 // alphaを初期化
y[t] = e;                                       // 推定誤差を出力とする
```

●入出力の確認

コンパイルと実行の方法を表7.14に示します．DDプログラムにおける処理結果を図7.33に示します．ON/OFF制御に比べて，減衰定数を用いた制御では，徐々に1方向通話に推移するため，音声の話頭部や語尾の劣化が少なくなっています．

RTプログラムでは，遠端話者信号としてホワイト・ノイズを使用します．

表7.14　ソフト・ボイス・スイッチを用いたエコー・キャンセラのプログラムのコンパイルと実行の方法

収録フォルダ		7_14_Echo_Canceller_SoftVoiceSwitch
DDプログラム	コンパイル方法	bcc32c DD_Echo_Canceller_VS2.c
	実行方法	DD_Echo_Canceller_VS2 long_mix.wav
RTプログラム	コンパイル方法	bcc32c RT_Echo_Canceller_VS2.c
	実行方法	RT_Echo_Canceller_VS2 white_long_for_RT_Echo.wav
備考：long_mix.wavは入力音声ファイル．white_long_for_RT_Echo.wavは遠端話者信号になるホワイト・ノイズ(白色雑音)．任意のwavファイルを指定可能		

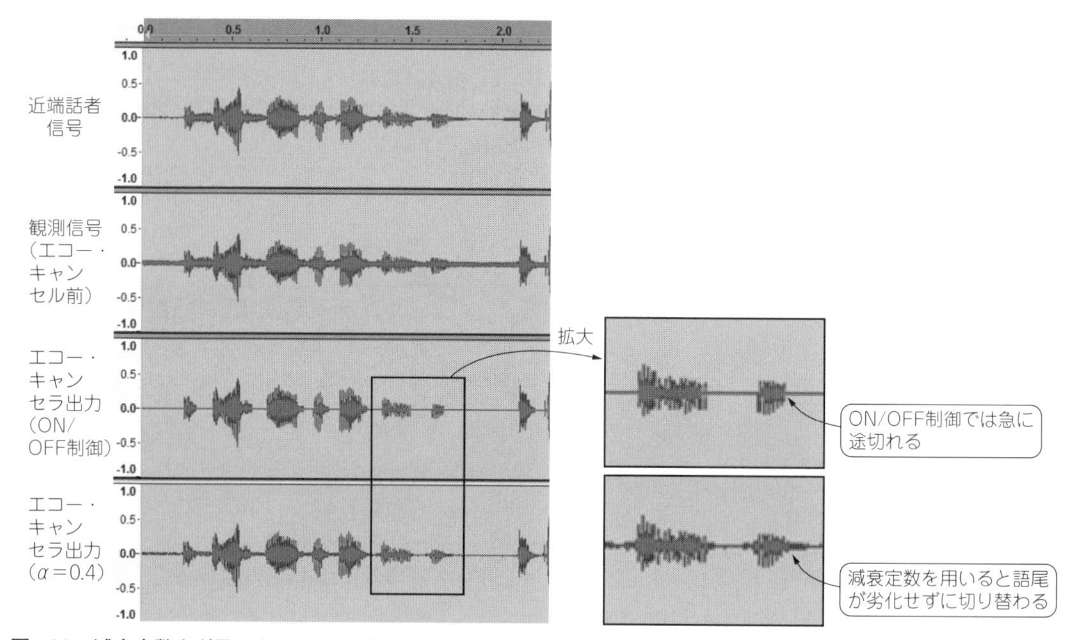

図7.33　減衰定数を利用したソフト・ボイス・スイッチによるエコー・キャンセラの実行結果…徐々に1方向通話に推移する

7-15 フィードバック・キャンセラ

マイクに入力した音声がスピーカで出力され，それが再びマイクにフィードバックされると，エコーやハウリングが生じます．補聴器などでよくある現象ですが，これをキャンセルするのがフィードバック・キャンセラです．

●原 理

カラオケのように，マイクからの入力を増幅してスピーカから出力する環境を**図7.34**に示します．ここでスピーカ出力がマイクにフィードバックして再び観測されると，音のループが形成されます．このとき，エコーやハウリングが生じます．意図しないエコーやハウリングは聴覚的に不快となることや，ひどい場合には機器を破損することもあります．

フィードバック信号を除去するために利用される適応フィルタを，フィードバック・キャンセラ

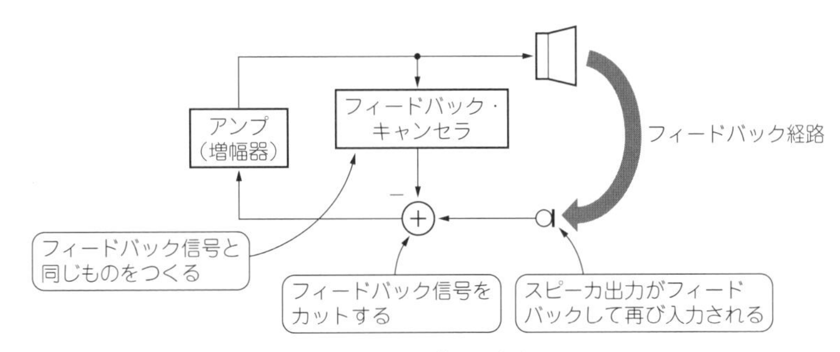

図7.34　音の回り込みがあるとハウリングが発生する

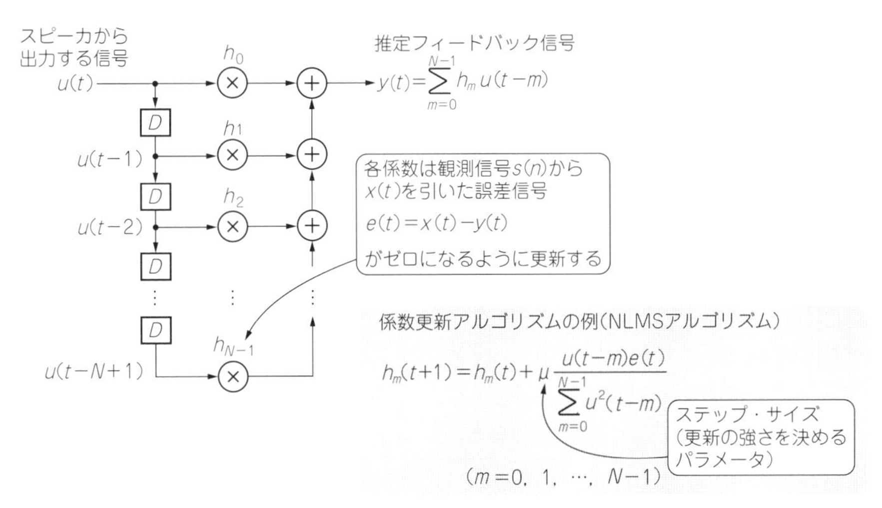

図7.35　フィードバック・キャンセラの構成

リスト7.15　フィードバック・キャンセラのプログラム（抜粋）

```
●冒頭の宣言部
#define  MEM_SIZE 16000                     // 音声メモリのサイズ
#define  N         1024                     // フィルタ次数

●信号処理用変数の宣言部
double   s[MEM_SIZE+1]={0};                 // 入力データ格納用変数
double   y[MEM_SIZE+1]={0};                 // 出力データ格納用変数
int      i;                                 // forループ用
int      D;                                 // 出力の遅延量
double   x, d, e;                           // 観測，エコー，誤差信号
double   g[N+1]={0};                        // 未知系の係数
double   h[N+1]={0};                        // 適応フィルタ係数
double   y0;                                // 適応フィルタ出力
double   norm, mu;                          // ノルムとステップ・サイズ

●変数の初期設定部
D =1000;                                    // 相関分離用の遅延
mu=0.001;                                   // ステップ・サイズ
srand( (unsigned int)time( NULL ) );        // 乱数の種を設定
norm=0;
for(i=0;i<N;i++){                           // 未知系の係数を乱数で設定
    g[i]=( (double)rand()/RAND_MAX*2-1.0 )*0.05;
                                            // -0.05から0.05で設定
```

と呼びます．フィードバック・キャンセラは，音が帰還する経路の伝達特性を同定し，フィードバック信号と同一の信号を生成することを目的としています．伝達特性の同定がうまくいけば，フィードバック信号をカットすることができ，エコーやハウリングを抑圧できます．

フィードバック信号は，スピーカ出力の遅延と減衰でモデル化できます．フィードバック・キャンセラの構成を**図7.35**に示します．これはFIRフィルタで表現できます．遅延器の数は最初に設定しておく必要があります．一方，減衰を表現するフィルタ係数は，NLMSアルゴリズムなどの適応アルゴリズムで更新します．

●プログラム

フィードバック・キャンセラのプログラムを**リスト7.15**に示します．

冒頭の宣言部で，適応フィルタの次数`N`を設定しています．実環境を考慮して長めに設定しています．また，入力に用いるwavファイルにはフィードバック信号`d`が含まれないので，観測信号を`x=d+s[t]`としています．リアルタイム処理のプログラムでは，`d`の加算は不要です．

```
        norm=norm+g[i]*g[i];
    }
    for(i=0;i<N;i++){                              // 未知系の係数を調整
        g[i]=g[i]/norm*0.1;
    }
```

●メイン・ループ内 Signal Processing部

```
    s[t] = input/32768.0;                          // 音声を正規化
    y0=0, d=0, norm=0;
    for(i=0;i<=N;i++){
        d = d + g[i] * y[(t-D-i+MEM_SIZE)%MEM_SIZE];  // フィードバック信号
        y0= y0+ h[i] * y[(t-D-i+MEM_SIZE)%MEM_SIZE];  // 適応フィルタ出力
        norm = norm + y[(t-D-i+MEM_SIZE)%MEM_SIZE]
               * y[(t-D-i+MEM_SIZE)%MEM_SIZE];         // ノルムの計算
    }
    x = d + s[t];                                  // 観測信号
    e = x  - y0;                                   // 推定誤差
    if(norm>0.00001){                              // ノルムが一定値以上で係数更新
        for(i=0;i<=N;i++){                         // NLMSアルゴリズム
            h[i] = h[i] + mu * y[(t-D-i+MEM_SIZE)%MEM_SIZE] * e/norm;
        }
    }
    y[t] = e;                                      // 推定誤差を出力とする
```

▶改造のヒント

エコー・キャンセラではFIRフィルタへの入力はフィードバック信号の音源だけでした．一方，フィードバック・キャンセラでは，所望信号とフィードバック信号が加算された信号がFIRフィルタの入力となります．従ってフィードバック・キャンセラによって所望信号が除去される可能性が高くなります．

これを防ぐには，所望信号の自己相関が十分小さくなるように，遅延器Dを大きくとることです．もちろん，ステップ・サイズmuも重要ですが，遅延器Dによって入力信号の相関をいかになくせるかが，フィードバック・キャンセラの性能を左右します．

●入出力の確認

コンパイルと実行の方法を**表7.15**に示します．

DDプログラムによるシミュレーション結果を**図7.36**に示します．フィードバック・キャンセラは主に低周波成分を推定しています．しかし，試聴するとそれほど効果を実感できません．フィードバック・キャンセラは実環境のリアルタイム処理の方が，その動作をより明確に確認できます．

表7.15　フィードバック・キャンセラのプログラムのコンパイルと実行の方法

収録フォルダ		7_15_Feedback_Canceller
DDプログラム	コンパイル方法	bcc32c DD_Feedback_Canceller.c
	実行方法	DD_Feedback_Canceller speech.wav
RTプログラム	コンパイル方法	bcc32c RT_Feedback_Canceller.c
	実行方法	RT_Feedback_Canceller
備考：speech.wavは入力音声ファイル．任意のwavファイルを指定可能		

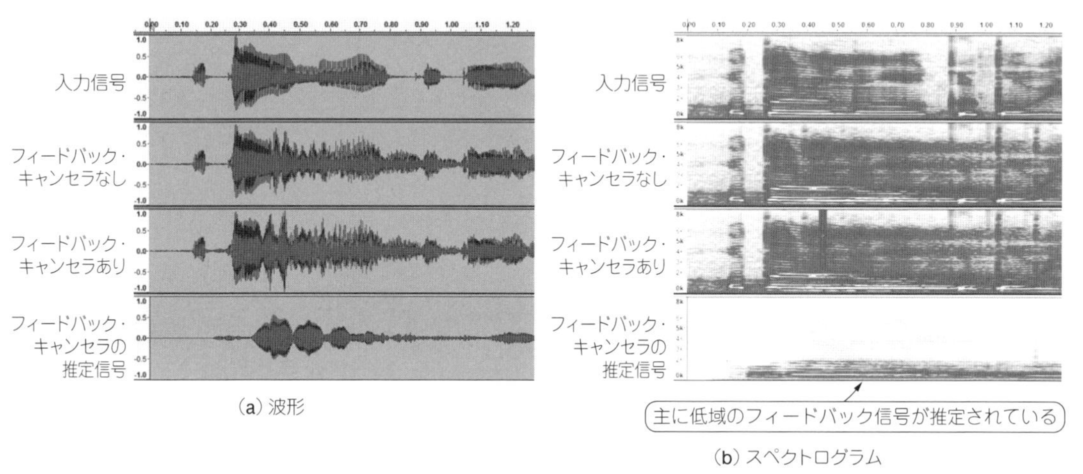

(a) 波形

(b) スペクトログラム

図7.36　フィードバック・キャンセラの実行結果

RTプログラムでは，スピーカとマイクを近づけておきます．最初は素通しモードでハウリングが生じるまでボリュームを上げていきます．スペース・キーを押して処理モードにすると，ハウリングが消失します．もちろん，声はほぼそのまま通過します．

ノート・パソコン本体に標準搭載されているマイクとスピーカを使っても実施できます．騒音は大気汚染や水質汚濁などに並び，典型7公害の1つに数えられています．周囲に十分気を付けながら実験してください．

第8章 スペクトル・ノイズ除去

本章では，FFT (Fast Fourier Transform) を用いて周波数スペクトルを処理し，ノイズ除去を実現する方法を説明します．ノイズ除去の方式は多数提案されていますが，音声とノイズを完ぺきに切り分ける手法はまだ確立されていません．このため，対象となるノイズの種類に応じて，ノイズ除去方式を使い分ける必要があります．時には音声がノイズとなるケースもあり，ノイズ除去方式の選定を誤れば，意味のない処理結果になることもあります．本章では，定常ノイズ，突発ノイズ，そして不要な音声を除去する技術について，幾つかの方式を説明します．

8-1 スペクトル・サブトラクション

ノイズが重畳した音声に対して，ノイズ除去を行います．最も基本的な方法はスペクトル・サブトラクション (Spectral Subtraction；スペクトル減算法) です．スペクトル・サブトラクションは，FFT (Fast Fourier Transform) を用いて周波数領域でノイズを除去します．

●原 理

▶ノイズが乗った信号が観測されている

観測信号に含まれるノイズには，環境ノイズに加え，マイク自体の機器ノイズもあります．ノイズの波形を正確に推定し，観測信号から減算できれば，完璧なノイズ除去となります．しかし，ノイズを波形レベルで推定することは非常に困難です．

例として，筆者のノート・パソコンに内蔵するマイクで録音した環境音を**図8.1**に示します．部

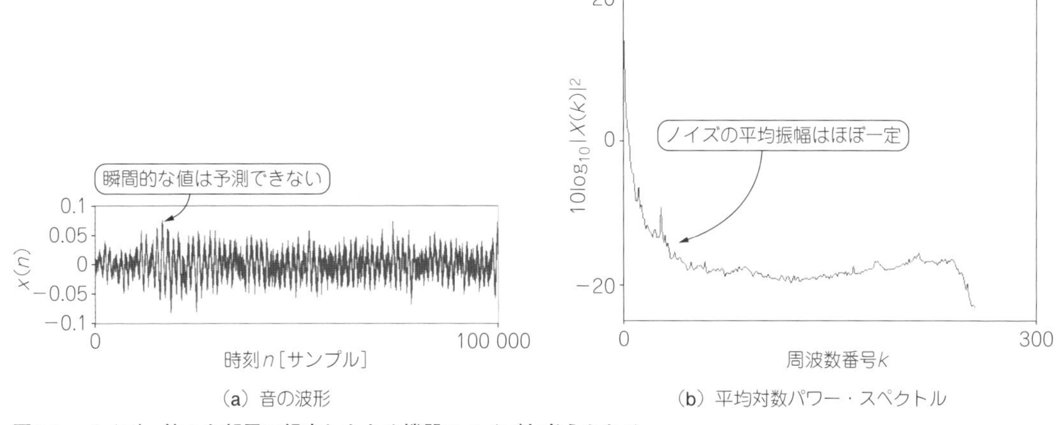

図8.1 ノイズ…静かな部屋で録音したため機器のノイズと考えられる

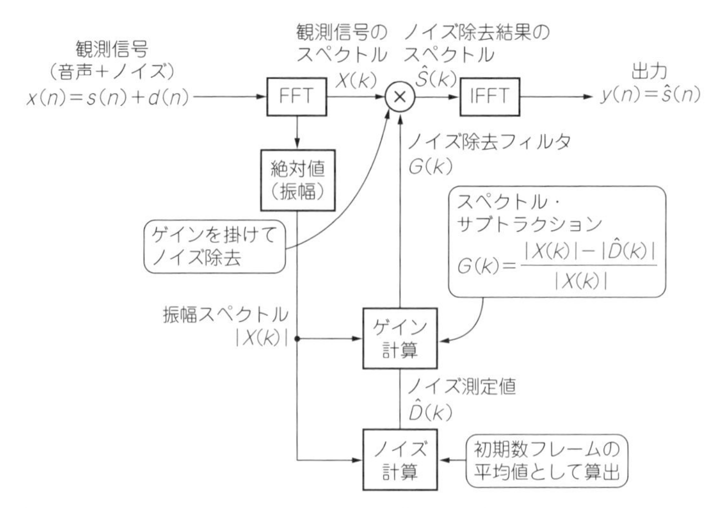

図8.2　スペクトル・サブトラクションのブロック図

屋が静かだったので，主となる音はマイク自体の機器ノイズです．**図8.1**(**a**)の波形を見ると，各時刻における波形の瞬時値を推定して減算することは，とてもできそうにありません．

一方，**図8.1**(**b**)のスペクトルは，平均的なノイズの振幅スペクトルの形状を表しています．ノイズの平均的な特性が時間によって変化しない場合，この形状は変化しません．

▶観測信号からノイズの推定値を周波数領域で減算する

平均的なノイズの振幅スペクトルならば，音声が存在しない区間から推定できます．また，これを観測信号から減算することができます．結果として，ノイズ波形の減算とはいかないまでも，ある程度のノイズ除去効果が期待できそうです．この方法をスペクトル・サブトラクションと呼びます．

周波数領域の処理では，観測信号の複素スペクトルにゲイン(スペクトル・ゲインと呼ぶ)を掛けて，出力スペクトルを作ることが主流です．

観測信号のN点FFTによって得られたk番目のスペクトルを，

$$X(k)=S(k)+D(k)$$

と書きます．ここで，kは$0\sim N-1$の整数値をとります．また，音声スペクトルを$S(k)$，ノイズ・スペクトルを$D(k)$とします．

スペクトル・ゲインを$G(k)$とすると，k番目のスペクトル$X(k)$に対するスペクトル・サブトラクションは，次式で実現できます．

$$\hat{S}(k)=\left(|X(k)|-|\hat{D}(k)|\right)\exp\left(j\angle X(k)\right) \quad (8.1)$$

スペクトル・サブトラクションの構成を**図8.2**に示します．減算するノイズの振幅スペクトルは，観測開始直後の数フレームを利用して推定します．

リスト8.1　スペクトル・サブトラクションのプログラム（抜粋）

```
●信号処理用変数の宣言部
double    z1[FFT_SIZE+1]={0};             // ハーフ・オーバラップの出力保持用

double    lambda[FFT_SIZE+1]={0};         // ノイズ推定値
double    G[FFT_SIZE+1]     ={0};         // スペクトル・ゲイン
int       NM;                             // ノイズを推定するフレームの数
int       cnt = 0;                        // フレーム番号のカウンタ

●変数の初期設定部
NM= 4;                                    // 初期ノイズ推定のフレーム数

●メイン・ループ内 Signal Processing部
fft();                                    // FFT
if(cnt<NM){                          // 初期NMフレームの平均がノイズ推定値
    for(i=0;i<FFT_SIZE;i++) lambda[i]=lambda[i]+Xamp[i]/(double)NM;
    cnt++;                                // フレーム番号更新
}
for(i=0;i<FFT_SIZE;i++){
    G[i]=1.0;
    if(Xamp[i]!=0) G[i]=1.0-lambda[i]/Xamp[i];
                                     // スペクトル・サブトラクションのゲイン
    G[i]=( G[i]+fabs(G[i]) )/2.0;         // 負の値をゼロにする
    Xr[i]=G[i]*Xr[i];                     // 実部にゲインを乗じる
    Xi[i]=G[i]*Xi[i];                     // 虚部にゲインを乗じる
}
ifft();                                   // IFFT
```

●プログラム

スペクトル・サブトラクションのプログラムを**リスト8.1**に示します．

最初のノイズ推定フレームNMは4と設定し，その平均振幅スペクトルをノイズ推定値lambdaとしています．また，スペクトル・ゲインが負にならないように制限を加えています．

▶改造のヒント

スペクトル・ゲインG[i]は0～1の値をとります．G[i]はlambda[i]によって決まります．lambda[i]はノイズの平均振幅スペクトルの大きさです．NMフレームを平均するので，NM=4の値を変化させるとlambda[i]の値も多少変化します．

lambda[i]を定数倍すると，ノイズの減算量を調整できます．lambda[i]に1より大きい定数を乗じると，ノイズを強く減算することになります．ただし，強く減算しすぎると，音質も劣化するので注意が必要です．1未満の定数を乗じると，ノイズをあまり減算しません．この場合は音質の劣化も小さくなります.

ダウンロード・データには，マイク入力にノイズを強制的に加算するプログラムを収録しています．効果を確認する際に使用できます.

●入出力の確認

コンパイルと実行の方法を**表8.1**に示します．入力信号は，ホワイト・ノイズと呼ばれるノイズを人工的に発生させ，音声に付加することで作成しました.

DDプログラムにおける処理結果を**図8.3**に示します．波形では，縦軸中心付近に存在する帯状のノイズが小さくなっています.

スペクトログラムを見ると,入力信号の周波数全体にわたりノイズが重畳しています．出力では,ある程度のノイズ除去効果が確認できますが，ノイズもまだ残留しています.

また，スペクトルを直接処理した結果，チャラチャラというような，人工的なノイズが知覚できます．これはノイズ除去処理の結果生じた,ミュージカル・ノイズと呼ばれる厄介な音です．ミュージカル・ノイズを完全に除去することは困難で，研究が続けられています.

表8.1　スペクトル・サブトラクションのプログラムのコンパイルと実行の方法

収録フォルダ		8_01_SS
DDプログラム	コンパイル方法	bcc32c DD_SS.c
	実行方法	DD_SS noisy_speech.wav
RTプログラム	コンパイル方法	bcc32c RT_SS.c
	実行方法	RT_SS
関連プログラム	機能	マイク入力にノイズを加算する
	コンパイル方法	bcc32c RT_SS_noise.c
	実行方法	RT_SS_noise
備考：noisy_speech.wavは入力音声ファイル．任意のwavファイルを指定可能		

注：第8章のデータはhttps://www.cqpub.co.jp/interface/download/onsei.htmから入手できます.

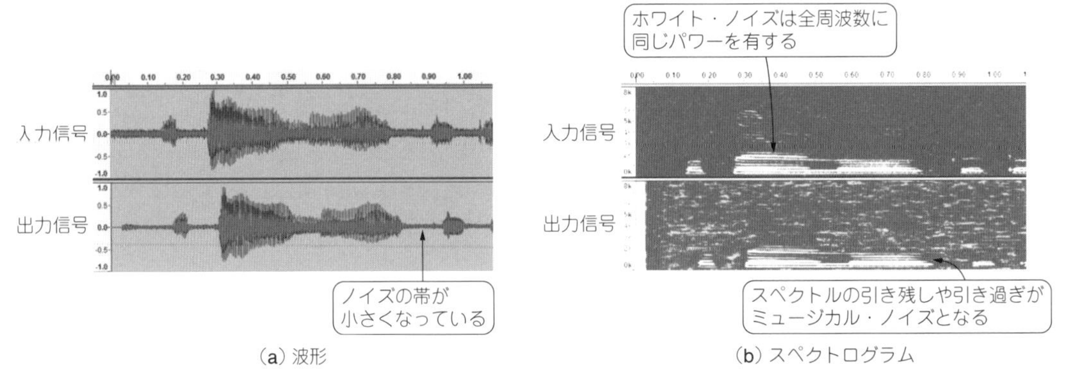

(a) 波形　(b) スペクトログラム

図8.3　スペクトル・サブトラクションの実行結果…縦軸中心付近に存在する帯状のノイズが小さくなっている

8-2 ウィーナー・フィルタ

入力音声に対して，ウィーナー・フィルタ（Wiener Filter）によるノイズ除去を行います．ウィーナー・フィルタは，安定したノイズ除去性能が得られるので，現在でも音声認識の前処理などに利用されています．

●原 理

▶ウィーナー・フィルタの理論値を導出

観測信号$x(n)$が，音声$s(n)$と環境音やマイクのノイズ$d(n)$の和で与えられると仮定します．式で書くと，

$$x(n) = s(n) + d(n) \quad \cdots\cdots (8.2)$$

です．そして，Nサンプルの観測信号をFFTすること（これをN点FFTと呼ぶ）によって得られたk番目の複素スペクトルを，

$$X(k) = S(k) + D(k) \quad \cdots\cdots (8.3)$$

と書きます．ここで，それぞれの信号のFFTを大文字で表現しています．また，周波数番号kは，$0 \sim N-1$の整数値をとります．

$X(k)$に，あるスペクトル・ゲイン$G(k)$を乗じた結果を推定音声信号とします．つまり，

$$\hat{S}(k) = G(k)X(k) \quad \cdots\cdots (8.4)$$

です．この結果が元の$S(k)$に一致すれば，推定は成功です．

推定値と真値との誤差の平均値を次のように定義します．

$$\begin{aligned} J(k) &= E[|S(k) - \hat{S}(k)|^2] \\ &= E[|S(k) - G(k)X(k)|^2] \end{aligned} \quad \cdots\cdots (8.5)$$

ここで，$E[\cdot]$の記号は期待値と呼ばれ，統計的な平均値を意味します．また，$J(k)$を評価関数と呼びます．$J(k)$は周波数番号kごとに設定されます．

音声とノイズが互いに無関係に発生しているとして，評価関数$J(k)$を最小にする$G(k)$を決定します．導出を省略して，結果だけを示すと，以下のスペクトル・ゲインとなります．

$$G(k) = \frac{E[|S(k)|^2]}{E[|S(k)|^2] + E[|D(k)|^2]} \quad \cdots\cdots (8.6)$$

このスペクトル・ゲインをウィーナー・フィルタと呼びます．

ここで，$E[|S(k)|^2]$を音声スペクトルの分散，$E[|D(k)|^2]$をノイズ・スペクトルの分散と呼びます．ただし，期待値で表されるこれらの項は，実際には手に入れることができません．

▶ノイズ・スペクトルの分散の推定

ウィーナー・フィルタを実現するためには，各期待値を何とか推定しなければなりません．ノイズ・スペクトルの分散$E[|D(k)|^2]$は，観測信号の初期ノイズ区間から推定します．ただし，ノイズの周波数特性はほぼ一定で，時間によって変化しないとしておきます．

このとき，フレーム番号をlとして，ノイズ・スペクトルの分散の推定値$\lambda(k)$を，

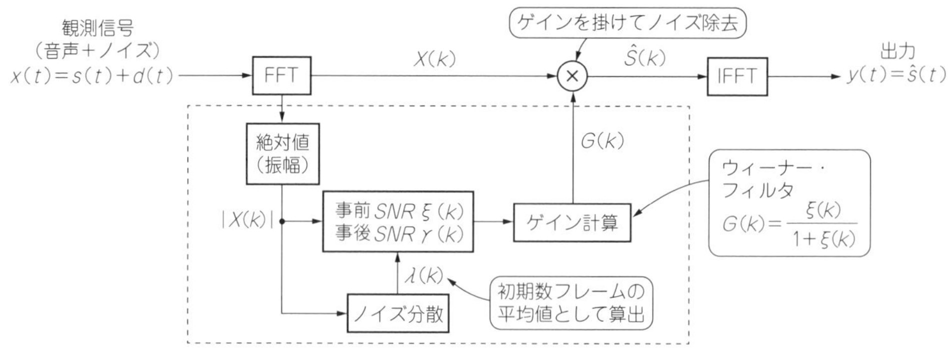

図8.4　ウィーナー・フィルタ…基本構造はスペクトル・サブトラクション法と同じ

$$\lambda(k)=\frac{1}{L}\sum_{l=1}^{L}|D_l(k)|^2 \qquad (8.7)$$

のように計算します．

▶音声スペクトルの分散の推定

最も厄介な推定は，音声スペクトルの2乗の期待値$E[|S(k)|^2]$です．音声なので，その性質は時間とともに変化すると考えるべきでしょう．1つの推定法として，Decision Directed法が提案されています．まず，事後SNRと事前SNRと呼ばれる量を導入します．それぞれ，

$$\gamma(k)=\frac{|X(k)|^2}{E[|D(k)|^2]}$$
$$\xi(k)=\frac{E[|S(k)|^2]}{E[|D(k)|^2]} \qquad (8.8)$$

で定義されます．$\gamma(k)$が事後SNR，$\xi(k)$が事前SNRです．これらはその他のスペクトル・ゲインの設計においても頻繁に利用されます．ウィーナー・フィルタも，これら2つのSNRで表現可能で，

$$G(k)=\frac{\xi(k)}{1+\xi(k)} \qquad (8.9)$$

と書けます．Decision Directed法は，$E[|S(k)|^2]$を直接求める方法ではなく，$\xi(k)$の推定法です．フレーム番号lを下付きの添え字として導入すると，推定式は次のようになります．

$$\xi_l(k)=\beta\,|G_{l-1}(k)|^2\,\gamma_{l-1}(k)+(1-\beta)\max[\,\gamma_l(k)-1,\,0\,] \qquad (8.10)$$

ここで，$max[\cdot]$は最大値を選択する演算子です．上式では[　]内が負にならないように制限しています．$\gamma(k)$は，$\xi(k)$を推定するために利用されています．

▶全体構成

ウィーナー・フィルタの構成を**図8.4**に示します．基本構造はスペクトル・サブトラクション法と同じです．

●プログラム

ウィーナー・フィルタのプログラムを**リスト8.2**に示します．最初のノイズ推定フレームNMは4

リスト8.2 ウィーナー・フィルタのプログラム(抜粋)

```
●信号処理用変数の宣言部
int       NM;                         // ノイズを推定するフレームの数
int       cnt = 0;                    // フレーム番号のカウンタ

double gamma[FFT_SIZE+1]={0},gamma1[FFT_SIZE+1]={0};   // 事後SNR
double xi[FFT_SIZE+1]={0};                             // 事前SNR

●変数の初期設定部
NM= 4;                                // 初期ノイズ推定のフレーム数

●メイン・ループ内 Signal Processing部
fft();                                            // FFT
if(cnt<NM){                           // 初期NMフレームの平均がノイズ推定値
    for(i=0;i<FFT_SIZE;i++)
                    lambda[i]=lambda[i]+Xamp[i]*Xamp[i]/(double)NM;
    cnt++;                                        // フレーム番号更新
}
for(i=0;i<FFT_SIZE;i++){
    gamma1[i] = gamma[i];                         // 過去のγを記録
    if(lambda[i]!=0){
        gamma[i]=Xamp[i]*Xamp[i]/lambda[i];       // 事後SNR γの更新
                    // 事前SNR ξの更新. Decision Directed method
        xi[i]  = 0.98*gamma1[i]*G[i]*G[i] + 0.02*( fabs(gamma[i]-1.0)
                                          + (gamma[i]-1.0) )*0.5;
    }
    G[i] = Xi[i]/(1.0+Xi[i]);
    if( G[i]>1.0 ) G[i]=1.0;
    Xr[i]=G[i]*Xr[i];                             // 実部にゲインを乗じる
    Xi[i]=G[i]*Xi[i];                             // 虚部にゲインを乗じる
}
ifft();                                           // IFFT
```

と設定し，そこからノイズ・スペクトルの分散の推定値lambdaを推定しています．また，スペクトル・ゲインが1以上，あるいは負にならないように制限を加えています．

▶改造のヒント

スペクトル・ゲインG[i]は，0～1の値をとります．G[i]は，lambda[i]によって決まります．lambda[i]はノイズの平均振幅スペクトルの大きさです．NMフレームを平均するので，NM=4の値を変化させるとlambda[i]の値も多少変化します．理論的には，NMが大きい方が良い推定値となります．しかし，NMフレーム内に音声が含まれると，正しい推定値とはならず，多くの場合，スペクトルの引き過ぎによる音質の劣化が生じます.

ダウンロード・データには，マイク入力にノイズを強制的に加算するプログラムを収録しています．効果を確認する際に使用できます.

●入出力の確認

コンパイルと実行の方法を**表8.2**に示します．DDプログラムにおけるシミュレーション結果を**図8.5**に示します．サンプルの入力信号は，音声とホワイト・ノイズの和として作成しています.

波形では，縦軸中心付近に存在する帯状のノイズがほぼ消失しています．ウィーナー・フィルタは，スペクトル・サブトラクションよりもノイズ除去性能が高いようです.

スペクトログラムでも，周波数全体にわたりノイズ除去効果が確認できます．しかし，ノイズの消し残しがあることも事実で，さらに高性能なノイズ除去性能が望まれています.

表8.2　ウィーナー・フィルタのプログラムのコンパイルと実行の方法

収録フォルダ		8_02_WF
DDプログラム	コンパイル方法	bcc32c DD_WF.c
	実行方法	DD_WF noisy_speech.wav
RTプログラム	コンパイル方法	bcc32c RT_WF.c
	実行方法	RT_WF
関連プログラム	機能	マイク入力にノイズを加算する
	コンパイル方法	bcc32c RT_WF_noise.c
	実行方法	RT_WF_noise
備考：noisy_speech.wavは入力音声ファイル．任意のwavファイルを指定可能		

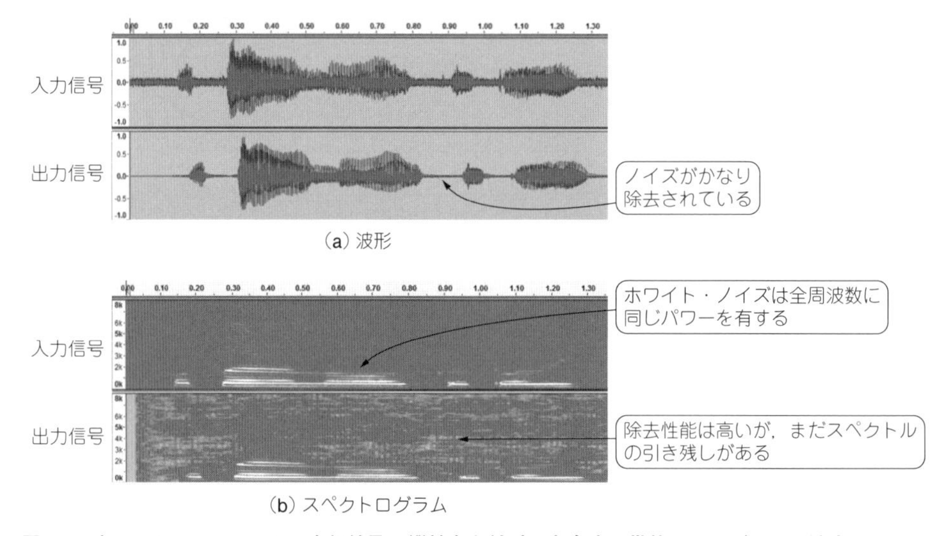

図8.5　ウィーナー・フィルタの実行結果…縦軸中心付近に存在する帯状のノイズがほぼ消失している

8-3 事後確率最大化(MAP推定)によるノイズ除去 ～レイリー分布～

入力音声に対してノイズ除去を行います．ノイズ除去は，観測信号スペクトルにスペクトル・ゲインを乗じることで実現できます．スペクトル・ゲインの決定法として，事後確率最大化(MAP：Maximum a Posteriori)という手法を用います．MAP推定とも呼ばれる方法です．

●原 理

観測信号のN点FFTによって得られた，k番目の複素スペクトルを，

$$X(k) = S(k) + D(k) \quad \cdots\cdots (8.11)$$

と書きます．ここでkは$0 \sim N-1$の整数値をとります．また，音声スペクトルを$S(k)$，ノイズ・スペクトルを$D(k)$とします．

ここでは，事後確率を利用してノイズ除去を行います．事後確率は，観測信号スペクトル$X(k)$を入手したという条件の下で，選択した値が真の$S(k)$である確率です．もちろん，確率が高いほど，真の$S(k)$に近い値を選択したと判断できます．MAP推定では，事後確率を最大化する値を，音声スペクトルの推定値として選択します．

ノイズ除去問題における事後確率を，$p(S(k) \mid X(k))$と書きます．これは，$X(k)$が生じた場合の$S(k)$の確率密度関数を表しています．確率密度関数は，その値が生じる確率を表したもので，積分すると1になるという性質を持ちます．以降，表記を簡単にするため，スペクトル番号は省略し，$p(S \mid X)$と書きます．

確率密度関数$p(S \mid X)$の例を**図8.6**に示します．この曲線は，実際の問題でもよく登場する，レイリー分布(Rayleigh Distribution)と呼ばれる曲線です．

横軸はSの値です．実際のSは複素スペクトルですが，ここでは単純に，横軸はSの実部であると考えます．

縦軸は$p(S \mid X)$の値で，大きいほど，真のSである確率が高いことを表しています．MAP推定

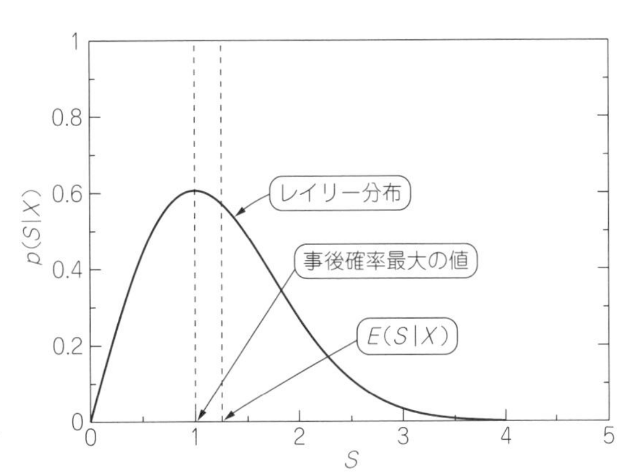

図8.6 確率密度関数$p(S \mid X)$の例…レイリー分布

では，$p(S|X)$の曲線を最大化できる横軸の値を音声スペクトルの推定値として選択します．**図8.6**では，$S=1$がそれに該当します．

参考のために，よく用いられる条件付き期待値と呼ばれる平均値も表示しておきます．大体$S=1.25$付近となりました．真のSである確率が高いのは，MAP推定であることが分かります．

MAP推定を実行するには，事後確率$p(S|X)$のグラフを得る必要があります．ベイズの定理によると，$p(S|X)$はノイズのPDF(Probability Density Function；確率密度関数)と音声のPDFの積に比例します．これらをうまく設定することで，MAP推定によるスペクトル・ゲインが得られます．

ノイズのPDFは，ガウス分布で近似することが多く，実際の信号ともよく一致します．一方，音声のPDFである$p(S)$については，統一見解が得られておらず，各研究で独自に定義されることが多くなっています．

ただし，$p(S)$のSを振幅スペクトル$|S|$と位相スペクトル$\angle S$で表現し，これらが独立で別々の確率分布に従うという仮定はよく用いられます．つまり，ノイズのPDF，音声の振幅スペクトルのPDF，音声の位相スペクトルのPDFを全て掛け合わせたものを$p(S|X)$として，これを最大化するSを探すという考え方です(**図8.7**)．

$|S(k)|$がレイリー分布，$\angle S(k)$が一様分布に従う場合，MAP推定により得られるスペクトル・

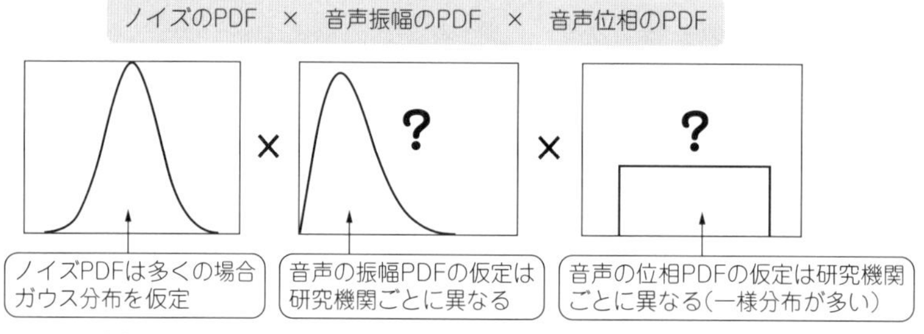

図8.7　確率密度関数を最大化するスペクトル・ゲインを選択

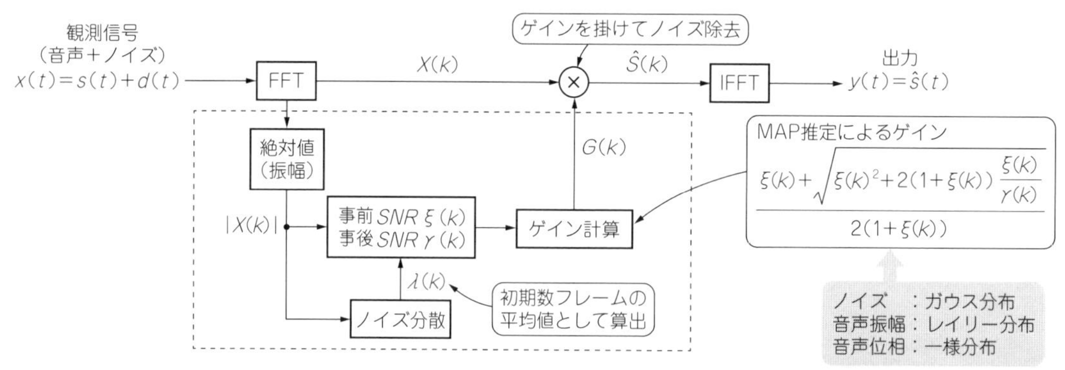

図8.8　MAP推定(レイリー分布)によるノイズ除去のブロック図

ゲインは次のようになることが報告されています．

$$G(k)=\frac{\xi(k)+\sqrt{\xi^2(k)+2(1+\xi(k))\frac{\xi(k)}{\gamma(k)}}}{2(1+\xi(k))} \quad \cdots\cdots (8.12)$$

スペクトル・ゲインは，事前SNR $\xi(k)$ と事後SNR $\gamma(k)$ で表現されます．

MAP推定を実現するブロック図を**図8.8**に示します．基本構造はスペクトル・サブトラクションやウィーナー・フィルタと同じです．

●プログラム

MAP推定によるノイズ除去のプログラムを**リスト8.3**に示します．最初のノイズ推定フレーム

リスト8.3　MAP推定(レイリー分布)によるノイズ除去のプログラム(抜粋)

```
●信号処理用変数の宣言部
double xi[FFT_SIZE+1]={0};                  // 事前SNR
double   tmp;                               // 途中計算で利用

●変数の初期設定部
NM= 4;                                      // 初期ノイズ推定のフレーム数

●メイン・ループ内 Signal Processing部
for(i=0;i<FFT_SIZE;i++){
    gamma1[i] = gamma[i];                   // 過去のγを記録
    if(lambda[i]!=0){
        gamma[i]=Xamp[i]*Xamp[i]/lambda[i];        // 事後SNR γの更新
                        // 事前SNR ξの更新. Decision Directed method
        xi[i]  = 0.98*gamma1[i]*G[i]*G[i] + 0.02*( fabs(gamma[i]-1.0)
                                           + (gamma[i]-1.0) )*0.5;
    }
    G[i]=1.0;
    if(gamma[i]!=0){                        // ゲインの根号内を計算
        tmp=xi[i]*xi[i]+2.0*(1.0+xi[i])*(xi[i]/gamma[i]);
    }
    if(tmp>0){                              // 根号内が正ならMAPゲインを計算
        G[i]=0.5*(xi[i]+sqrt(tmp))/(1.0+xi[i]);
    }
    G[i]=( fabs(G[i])+G[i] )/2.0;           // 負のゲインは0にする
    if(G[i]>1.0) G[i]=1.0;                  // ゲインの最大値は1
    Xr[i]=G[i]*Xr[i];                       // 実部にゲインを乗じる
    Xi[i]=G[i]*Xi[i];                       // 虚部にゲインを乗じる
}
```

NMは4と設定し，そこからノイズ・スペクトルの分散の推定値lambdaを推定しています．また，スペクトル・ゲインが1以上，あるいは負にならないように制限を加えています．

▶改造のヒント

スペクトル・ゲインG[i]は，事前SNR xi[i]と事後SNR gamma[i]の関数として決定されます．xi[i]はDecision-Directed法と呼ばれる時間平均法で推定しています．gamma[i]とxi[i]の組み合わせによって，さまざまなノイズ除去法を考案することができます．

ダウンロード・データには，マイク入力にノイズを強制的に加算するプログラムを収録しています．効果を確認する際に使用できます．

●入出力の確認

コンパイルと実行の方法を**表8.3**に示します．

DDプログラムにおける処理結果を**図8.9**に示します．サンプルの入力信号は，音声とホワイト・ノイズの和として作成しています．

波形では，縦軸中心付近に存在する帯状のノイズが小さくなっています．この入力信号に対するMAP推定の結果では，ウィーナー・フィルタよりもやや除去性能が低いようです．

スペクトログラムでもノイズ除去効果が得られていますが，消し残しも確認できます．

表8.3　MAP推定（レイリー分布）によるノイズ除去のプログラムのコンパイルと実行の方法

収録フォルダ		8_03_MAP_R
DDプログラム	コンパイル方法	bcc32c DD_MAP.c
	実行方法	DD_MAP noisy_speech.wav
RTプログラム	コンパイル方法	bcc32c RT_MAP.c
	実行方法	RT_MAP
関連プログラム	機能	マイク入力にノイズを加算する
	コンパイル方法	bcc32c RT_MAP_noise.c
	実行方法	RT_MAP_noise
備考：noisy_speech.wavは入力音声ファイル．任意のwavファイルを指定可能		

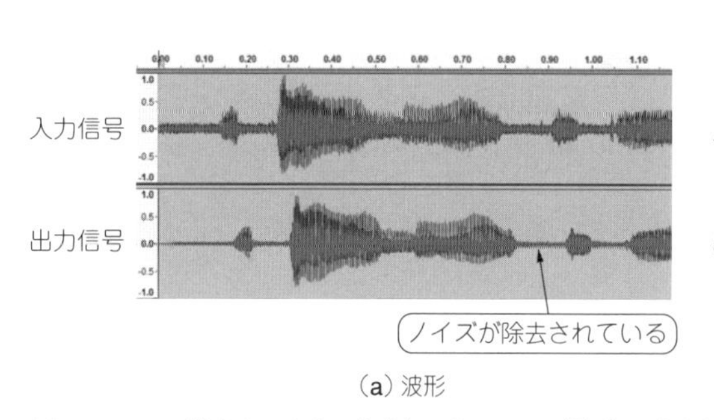

(a) 波形

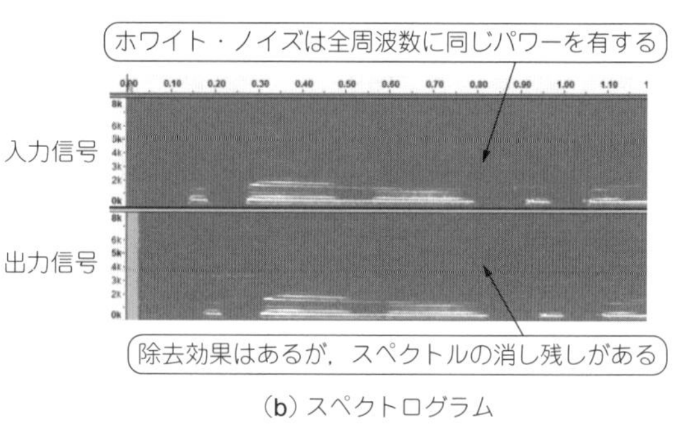

(b) スペクトログラム

図8.9　MAP推定（レイリー分布）によるノイズ除去の実行結果

8-4 事後確率最大化(MAP推定)によるノイズ除去 〜Lotterらの分布〜

入力音声に対して，MAP(Maximum a Posteriori)推定によるノイズ除去を行います．MAP推定では，仮定した確率密度関数(PDF: Probability Density Function)から，スペクトル・ゲインが導出されます．ここでは，LotterとVaryによって提案されたPDFから導出されたスペクトル・ゲインを利用します．

●原理

MAP推定を実行するには，ノイズ・スペクトルの確率密度関数と音声スペクトルの確率密度関数を仮定する必要があります．

ノイズ・スペクトルの確率密度関数は，慣例に従ってガウス分布で近似します．

音声の確率密度関数は，振幅スペクトルと位相スペクトルに分離します．まず，位相スペクトルを考えず，振幅スペクトルを，LotterとVaryが提案した以下の確率密度関数に従うと仮定します．

$$p(|S(k)|) = \frac{\mu^{\nu+1}}{\Gamma(\nu+1)} \frac{|S(k)|^{\nu}}{\sigma_s^{\nu+1}(k)} \exp\left\{-\mu \frac{|S(k)|}{\sigma_s(k)}\right\} \quad \cdots (8.13)$$

ここで，kは周波数番号，$\Gamma(\cdot)$はガンマ関数です．また，$\sigma_s(k)$は音声の標準偏差で，

$$\sigma_s{}^2(k) = E[|S(k)|^2] \quad \cdots (8.14)$$

で定義されます．さらに，μとνは確率密度関数の形状を決定するパラメータです．$\mu = 1.74, \nu = 0.126$とした場合の$p(|S(k)|)$の形状を**図8.10**に示します．これらのパラメータ値は，LotterとVaryによって導出された値です．

この仮定の下で，位相を含めないMAP推定解を求めると，スペクトル・ゲインは次のようになります．

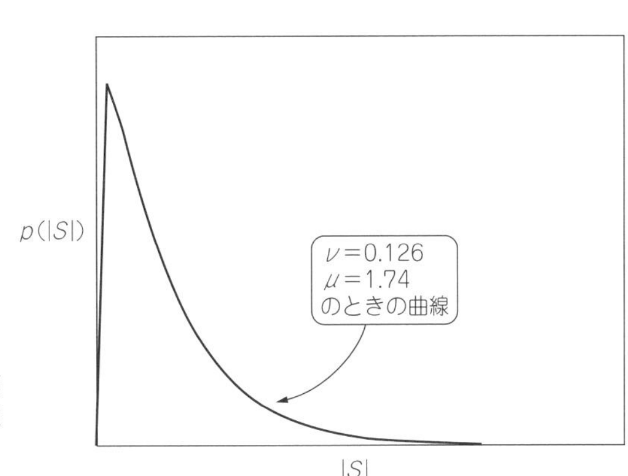

図8.10
Lotterらの提案した音声振幅スペクトルの確率密度関数(PDF)
μとνの値で形状が変化する

$$G(k)=u(k)+\sqrt{u^2(k)+\frac{\nu-\frac{1}{2}}{2\gamma(k)}}$$
$$u(k)=\frac{1}{2}-\frac{\mu}{4\sqrt{\gamma(k)\xi(k)}} \qquad (8.15)$$

ここで，事前SNR $\xi(k)$ と事後SNR $\gamma(k)$ が登場しています．

一方，音声の位相スペクトルを一様分布として，スペクトル・ゲインを求めると，

$$G(k)=u(k)+\sqrt{u^2(k)+\frac{\nu}{2\gamma(k)}} \qquad (8.16)$$

のように，根号内の－1/2以外で同じ結果が得られます．後者の導出方法は，振幅スペクトルと位相スペクトルの両方の確率密度関数を仮定していることから，結合（Joint）MAPと呼ばれます．

MAP推定を実現するブロック図を**図8.11**に示します．基本構造はウィーナー・フィルタなどと同じです．

●プログラム

LotterらのPDFを用いたMAP推定によるノイズ除去のプログラムを**リスト8.4**に示します．LotterとVaryの確率密度関数の形状を決定するパラメータは，論文で推奨されている$\nu=0.126$，$\mu=1.74$に合わせて，`v=0.126`，`mu=1.74`としています．ξとγを求める部分は紙面では省略しています．

スペクトル・ゲインは2種類示しており，一方をコメント・アウトしています．コメントを外せばJoint MAPのスペクトル・ゲインとなります．また，スペクトル・ゲインが1以上，あるいは負にならないように制限を加えています．ダウンロード・データには，結合MAPのスペクトル・ゲインによるプログラムも収録しています．

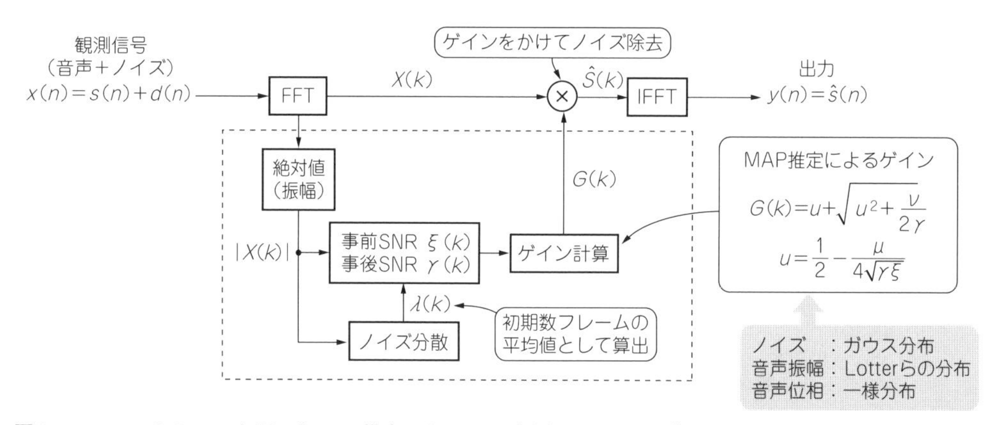

図8.11　LotterらのPDFを用いたMAP推定によるノイズ除去システムのブロック図

リスト8.4　LotterらのPDFを用いたMAP推定によるノイズ除去プログラム（抜粋）

```
●信号処理用変数の宣言部
double xi[FFT_SIZE+1]={0};                      // 事前SNR
double   tmp;                                   // 途中計算用
double   u, v, mu;                              // ゲインに用いるパラメータ

●変数の初期設定部
NM= 4;                                          // 初期ノイズ推定のフレーム数
v=0.126,mu=1.74;                       // Lotterらの分布形状を決めるパラメータ

●メイン・ループ内 Signal Processing部
if(gamma[i] * xi[i] > 0){
    u  = 0.5-0.25*mu / sqrt(gamma[i]*xi[i]);  // ゲインに用いるuの計算
    tmp= u*u+(v-0.5)*0.5/gamma[i];             // ゲインの根号内を計算
    if( tmp > 0){
        G[i] = u+sqrt(u*u+(v-0.5)*0.5/gamma[i]);
                                       // Lotterらのゲイン（振幅のみ利用）
    }
}
G[i]=( fabs(G[i])+G[i] )/2.0;                   // 負のゲインは0にする
if(G[i]>1.0) G[i]=1.0;                          // ゲインの最大値は1
```

表8.4　LotterらのPDFを用いたMAP推定によるノイズ除去プログラムのコンパイルと実行の方法

収録フォルダ		8_04_MAP_L
DDプログラム	コンパイル方法	bcc32c DD_MAP_L.c
	実行方法	DD_MAP_L noisy_speech.wav
RTプログラム	コンパイル方法	bcc32c RT_MAP_L.c
	実行方法	RT_MAP_L
関連プログラム1	機能	マイク入力にノイズを加算する
	コンパイル方法	bcc32c RT_MAP_L_noise.c
	実行方法	RT_MAP_L_noise
関連プログラム2	機能	結合MAPのスペクトル・ゲイン
	コンパイル方法	bcc32c DD_MAP_L_jMAP.c bcc32c RT_MAP_L_jMAP.c
	実行方法	DD_MAP_L_jMAP noisy_speech.wav RT_MAP_L_jMAP
備考：noisy_speech.wavは入力音声ファイル．任意のwavファイルを指定可能		

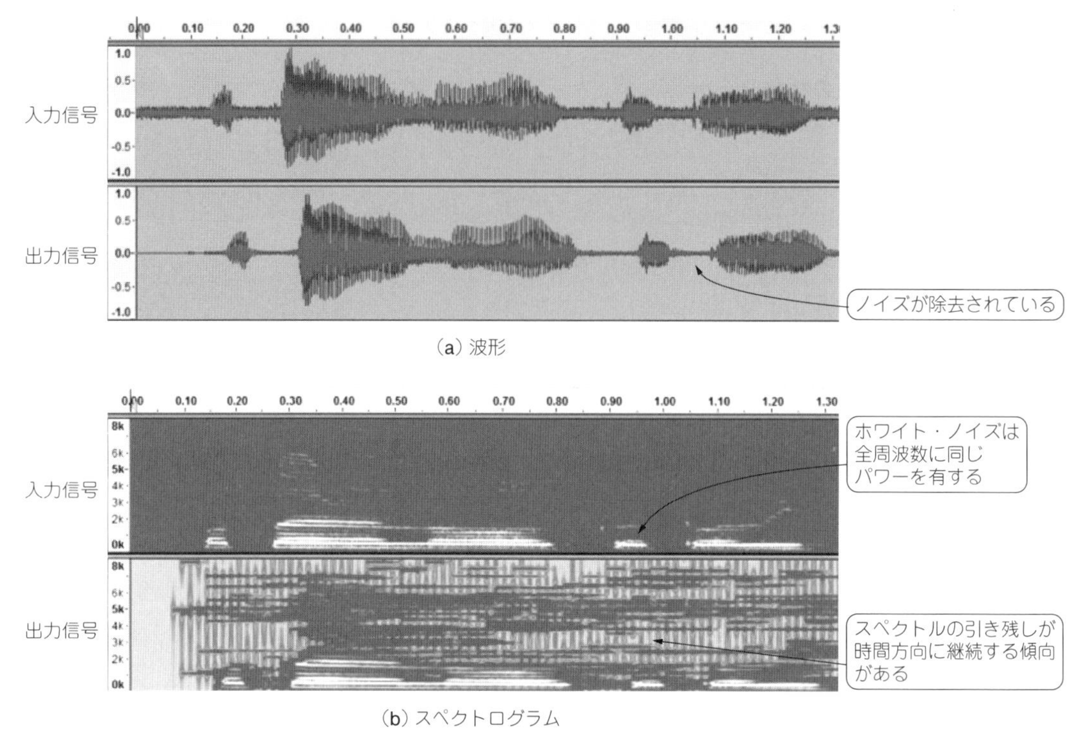

図8.12　LotterらのPDFを用いたMAP推定によるノイズ除去システムの実行結果

▶改造のヒント

LotterらのPDFはνとμによって形状が変化します．それぞれに相当する変数`v=0.126`，`mu=1.74`を変更するとノイズ除去性能が変化します．

ダウンロード・データには，マイク入力にノイズを強制的に加算するプログラムを収録しています．効果を確認する際に使用できます．

●入出力の確認

コンパイルと実行の方法を**表8.4**に示します．入力信号は，音声とホワイト・ノイズの和として作成しています．DDプログラムにおける処理結果を**図8.12**に示します．波形とスペクトログラムの両方とも，ノイズが抑圧されています．この結果では，消し残りのスペクトルが時間方向（横方向）に比較的長く継続する特徴が見られます．

8-5 事後確率最大化(MAP推定)によるノイズ除去〜可変分布〜

入力音声に対して，MAP推定によるノイズ除去を行います．ここでは，LotterとVaryが提案した音声振幅スペクトルの確率密度関数を状況に合わせて変化させることで，ノイズ除去性能を改善します．

●原 理

LotterとVaryは，音声の振幅スペクトルの確率密度関数として，

$$p(|S(k)|)=\frac{\mu^{\nu+1}}{\Gamma(\nu+1)}\frac{|S(k)|^{\nu}}{\sigma_s^{\nu+1}(k)}\exp\left\{-\mu\frac{|S(k)|}{\sigma_s(k)}\right\} \quad \cdots\cdots (8.17)$$

を提案しました．ここで，kは周波数番号，$\Gamma(\cdot)$はガンマ関数，$\sigma_s(k)$は音声の標準偏差です．また，μとνは確率密度関数の形状を決定するパラメータです．適切なパラメータ値として，$\nu=0.126$，$\mu=1.74$を推奨しました．パラメータ値を変更すると，$p(|S(k)|)$はさまざまな形状に変化します．νを変更した場合のグラフを**図8.13**に示します．νが大きくなるほど，緩やかなカーブになります．

Tsukamotoらは，音声パワーが小さいときは$\nu=0$，音声パワーが大きいときは$\nu=2$として，音声パワーに応じてνを可変にする方法を提案しました．パラメータの値が変わるだけなので，MAP推定解はLotterらが導出したものと同じです．すなわち，スペクトル・ゲインは次のようになります．

$$G(k)=u(k)+\sqrt{u^2(k)+\frac{\nu-\frac{1}{2}}{2\gamma(k)}}$$
$$u(k)=\frac{1}{2}-\frac{\mu}{4\sqrt{\gamma(k)\xi(k)}} \quad \cdots\cdots (8.18)$$

ここで，$\xi(k)$は事前SNR，$\gamma(k)$は事後SNRです．

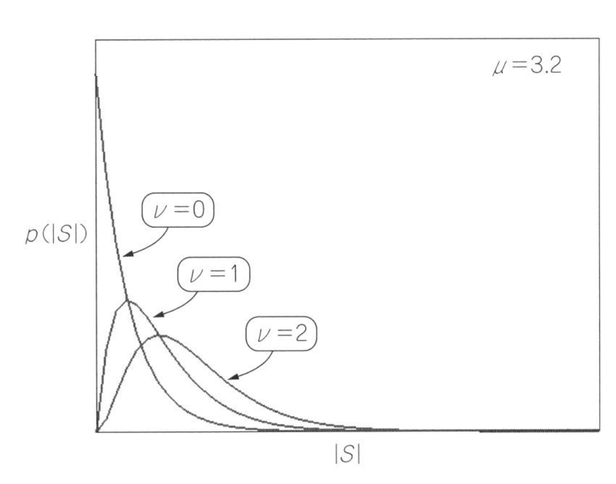

図8.13
Lotterらが提案した確率密度関数…
μとνの値によって形状が変化する

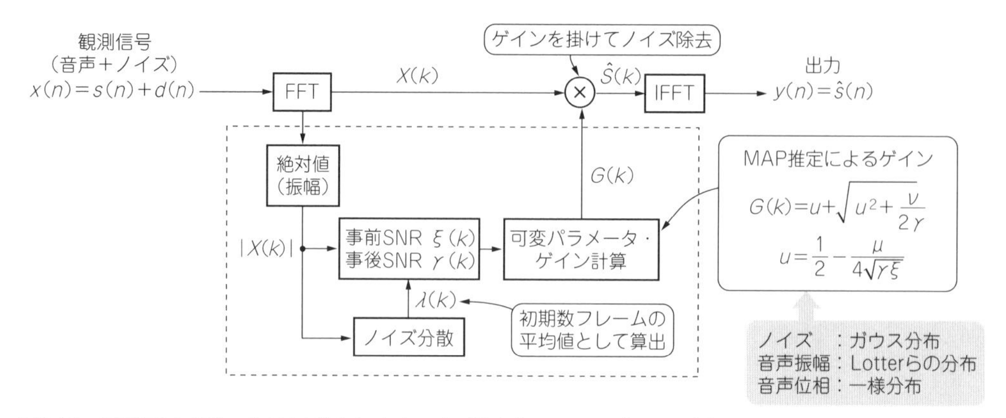

図8.14　可変PDFを用いたMAP推定によるノイズ除去システムのブロック図

一方，Joint MAP解として求めたスペクトル・ゲインも変化せず，

$$G(k)=u(k)+\sqrt{u^2(k)+\frac{\nu}{2\gamma(k)}} \quad \cdots\cdots (8.19)$$

となります．可変MAP推定を実現するブロック図を**図8.14**に示します．基本構造はLotterとVaryの方法と同じです．可変パラメータを計算する部分だけが異なります．

●プログラム

可変PDFを用いたMAP推定によるノイズ除去のプログラムを**リスト8.5**に示します．Lotterらの確率密度関数の形状を決定するパラメータは，μを3.2に固定し，νだけを変化させています．スペクトル・ゲインが1以上，あるいは負にならないように制限を加えています．

▶改造のヒント

可変パラメータvの設定法により，ノイズ除去結果が変化します．

```
v=0.05*10.0*log10(R)
```

の部分が改造ポイントです．うまく改造できれば，新しいノイズ除去法が誕生するかもしれません．

ダウンロード・データには，マイク入力にノイズを強制的に加算するプログラムを収録しています．効果を確認する際に使用できます．また，結合MAPのスペクトル・ゲインによるプログラムも収録しています．

●入出力の確認

コンパイルと実行の方法を**表8.5**に示します．DDプログラムにおけるシミュレーション結果を**図8.15**に示します．入力信号は，音声とホワイト・ノイズの和として作成しています．

波形とスペクトログラムの両方とも，ノイズが抑圧されています．パラメータを可変にした影響で，消し残りのスペクトルがLotterとVaryの方法よりも少なくなりました．

リスト8.5　可変PDFを用いたMAP推定によるノイズ除去のプログラム（抜粋）

```
●信号処理用変数の宣言部
double xi[FFT_SIZE+1]={0};                  // 事前SNR
double   tmp;                               // 途中計算用
double   u, v, mu;                          // ゲインに用いるパラメータ
double   Rn, Rd, R;                         // 平均事後SNR計算用

●変数の初期設定部
NM= 4;                                      // 初期ノイズ推定のフレーム数
mu=3.2;                                     // 分布形状を決める固定パラメータ

●メイン・ループ内 Signal Processing部

ノイズ推定部まで略

Rn=Rd=0;
for(i=0;i<FFT_SIZE;i++){
    Rn=Rn+Xamp[i]*Xamp[i];                  // 観測信号の2乗和
    Rd=Rd+lambda[i];                        // 推定ノイズの2乗和
}
if(Rd!=0){
    R=(Rn/Rd);                              // 平均事後SNR
    v=0.05*10.0*log10(R);                   // 可変パラメータ
}
if(v>2.0)v=2.0;                             // 上限値の制限
if(v<0.0)v=0.0;                             // 下限値の制限

γ, ξの計算部まで略

if(gamma[i] * xi[i] > 0){
    u  = 0.5-0.25*mu / sqrt(gamma[i]*xi[i]);    // ゲインに用いるuの計算
    tmp= u*u+ v * 0.5/gamma[i];                 // ゲインの根号内を計算
    if( tmp > 0){
       G[i] = u+sqrt(u*u+v)*0.5/gamma[i]);
                                            // Lotterらのゲイン (joint MAP)
    }
}
G[i]=( fabs(G[i])+G[i] )/2.0;               // 負のゲインは0にする
if(G[i]>1.0) G[i]=1.0;                      // ゲインの最大値は1
```

表8.5　可変PDFを用いたMAP推定によるノイズ除去のプログラムのコンパイルと実行の方法

収録フォルダ		8_05_MAP_T
DDプログラム	コンパイル方法	bcc32c DD_MAP_T.c
	実行方法	DD_MAP_T noisy_speech.wav
RTプログラム	コンパイル方法	bcc32c RT_MAP_T.c
	実行方法	RT_MAP_T
関連プログラム1	機能	マイク入力にノイズを加算する
	コンパイル方法	bcc32c RT_MAP_T_noise.c
	実行方法	RT_MAP_T_noise
関連プログラム2	機能	結合MAPのスペクトル・ゲイン
	コンパイル方法	bcc32c DD_MAP_T_jMAP.c bcc32c RT_MAP_T_jMAP.c
	実行方法	DD_MAP_T_jMAP noisy_speech.wav RT_MAP_T_jMAP
備考：noisy_speech.wavは入力音声ファイル．任意のwavファイルを指定可能		

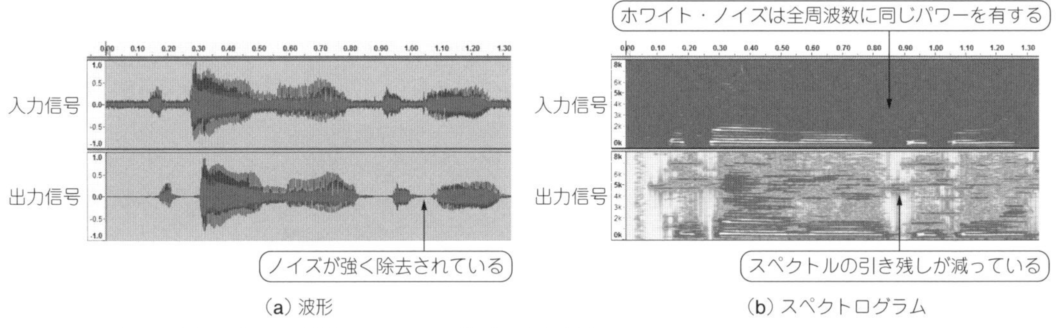

(a) 波形　　(b) スペクトログラム

図8.15　可変PDFを用いたMAP推定によるノイズ除去の実行結果

8-6 ゼロ位相信号の減算によるノイズ除去

ゼロ位相信号を用いたスペクトル・サブトラクションにより，入力音声からノイズを除去します．

●原 理

ノイズの振幅スペクトルが時間によって変化しない場合，その推定値を観測信号から減算することでノイズ除去効果が得られます．これは，スペクトル・サブトラクションと呼ばれます．

ノイズの振幅スペクトルが時間変化しないならば，そのゼロ位相信号も時間変化しません．従ってノイズの振幅スペクトルを用いる場合とまったく同じ原理で，ゼロ位相信号でもノイズ除去が実現できます．すなわち，ゼロ位相信号において，ノイズ推定値を得ておき，観測信号のゼロ位相信号から減算します．

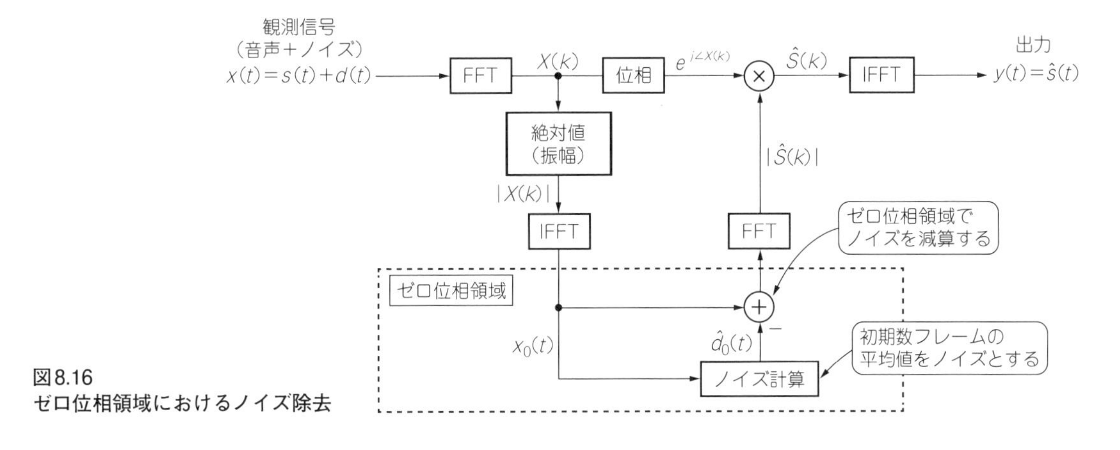

図8.16
ゼロ位相領域におけるノイズ除去

リスト8.6　ゼロ位相領域におけるノイズ除去のプログラム(抜粋)

```
●信号処理用変数の宣言部
double    d0[FFT_SIZE+1]={0};                   // 推定ノイズZPS
int       NM, cnt, L;                           // ノイズ推定フレーム数

●変数の初期設定部
init();                                          // ビット反転, 重み係数の計算
l  = 0;                                          // FFT開始時刻管理
NM = 4;                                          // ノイズ推定フレーム数
cnt= 0;                                          // 初期フレーム・カウンタ

●メイン・ループ内 Signal Processing部
zpt();                                           // ゼロ位相変換
if(cnt<NM){
    for(i=0;i<=FFT_SIZE/2;i++){                  // ノイズ推定
        d0[i]=d0[i]+s0[i]/(double)NM;            // 平均値を計算
        d0[FFT_SIZE-i]=d0[i];                    // 対称性の確保
    }
    cnt++;
}
for(i=0;i<FFT_SIZE;i++){
    s0[i]=s0[i]-d0[i];                           // ノイズ推定値を減算
}
izpt();                                          // 逆ゼロ位相変換
```

ゼロ位相領域におけるノイズ除去法のブロック図を**図8.16**に示します．ここで，破線で囲まれた部分がゼロ位相信号の処理部分です．ゼロ位相信号は振幅スペクトルの変換なので，ゼロ位相信号でノイズの推定値を減算すると，スペクトル・サブトラクションと同じ効果が得られます．位相スペクトルは観測信号と同一としています．

●プログラム

ゼロ位相領域におけるノイズ除去のプログラムを**リスト8.6**に示します．メイン部分では，フレーム数が`NM`未満の場合に，観測信号のゼロ位相信号を時間平均してノイズを推定しています．

▶改造のヒント

スペクトル減算法と同じく，ノイズの推定値`d0[i]`を定数倍すると，ノイズ除去量を調整できます．つまり，1未満の値で定数倍するとノイズ減算量は小さくなり，1より大きくすると強く減算します．ただし，ゼロ位相信号は，正と負の値をとることに注意が必要です．

ダウンロード・データには，マイク入力にノイズを強制的に加算するプログラムを収録しています．効果を確認する際に使用できます．

●入出力の確認

コンパイルと実行の方法を**表8.6**に示します．DDプログラムの処理結果を**図8.17**に示します．入力にはホワイト・ノイズを付加しています．出力波形は，ノイズが抑圧されています．

スペクトログラムでもノイズ除去効果が確認できます．スペクトル・サブトラクションと同様に，残留ノイズ・スペクトルの影響で，ミュージカル・ノイズが発生します．

表8.6　ゼロ位相領域におけるノイズ除去のプログラムのコンパイルと実行の方法

収録フォルダ		8_06_ZPS_SS
DDプログラム	コンパイル方法	bcc32c DD_ZPS_SS.c
	実行方法	DD_ZPS_SS noisy_speech.wav
RTプログラム	コンパイル方法	bcc32c RT_ZPS_SS.c
	実行方法	RT_ZPS_SS
関連プログラム	機能	マイク入力にノイズを加算する
	コンパイル方法	bcc32c RT_ZPS_SS_noise.c
	実行方法	RT_ZPS_SS_noise
備考：noisy_speech.wavは入力音声ファイル．任意のwavファイルを指定可能		

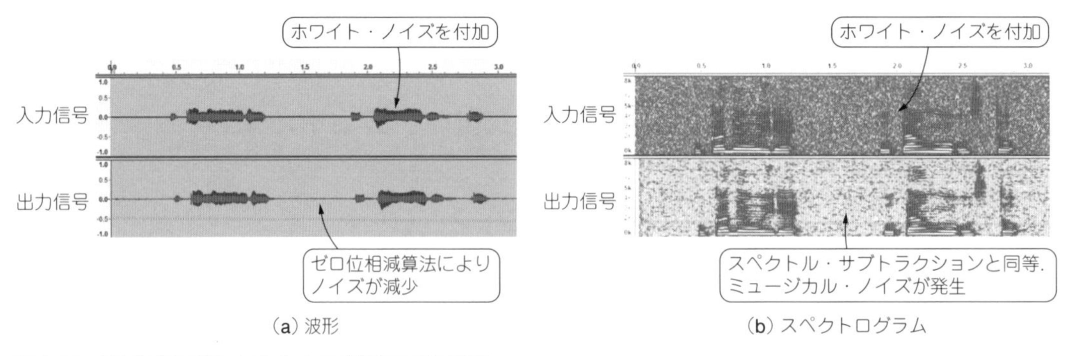

図8.17　ゼロ位相領域におけるノイズ除去の実行結果

8-7 ゼロ位相信号の原点処理によるノイズ除去

入力音声からのノイズ除去を，ゼロ位相信号の原点処理だけで実現します．ゼロ位相信号の原点処理は，ホワイト・ノイズに対して抑圧効果があります．

●原 理

ホワイト・ノイズの振幅スペクトルは，周波数に無関係に一定値となります．従って音声にホワイト・ノイズが加わると，音声の振幅スペクトルが全体的に持ち上げられ，平均値が上昇します．

一方，ゼロ位相信号の原点における値は，振幅スペクトルの平均値を表しています．そこで，ゼロ位相信号の原点を小さくすると平均値が下がり，振幅スペクトル全体を小さくできます．すなわち，ホワイト・ノイズの影響を軽減できます．その様子を**図8.18**に示します．

振幅スペクトル全体を小さくする処理が，ゼロ位相信号では原点だけの1点処理に対応しています．今回は原点から常に定数を減算するという単純な処理でノイズ除去を実現します．

ゼロ位相信号の定数減算によるノイズ除去システムを**図8.19**に示します．減算する定数Tはノイズの量に応じて決定する必要があります．基本的にはTを大きくすればするほどノイズが減ります．ただし，同時に音声成分の劣化も徐々に進行しますので，設定には注意が必要です．

●プログラム

ゼロ位相信号の原点処理によるノイズ除去のプログラムを**リスト8.7**に示します．減算量として`T`を宣言し，0.2に設定しています．サンプル音源に対しては，やや強めのノイズ除去効果が得られます．

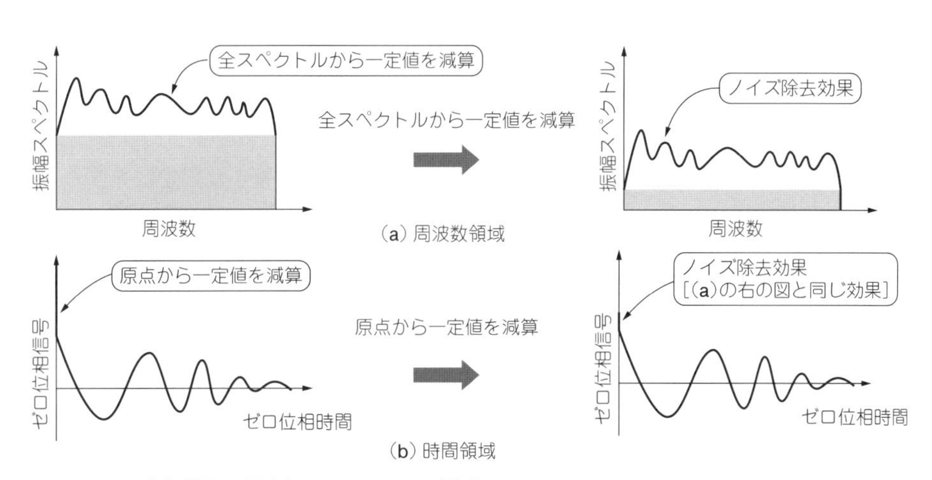

図8.18　ゼロ位相信号の原点処理によるノイズ除去

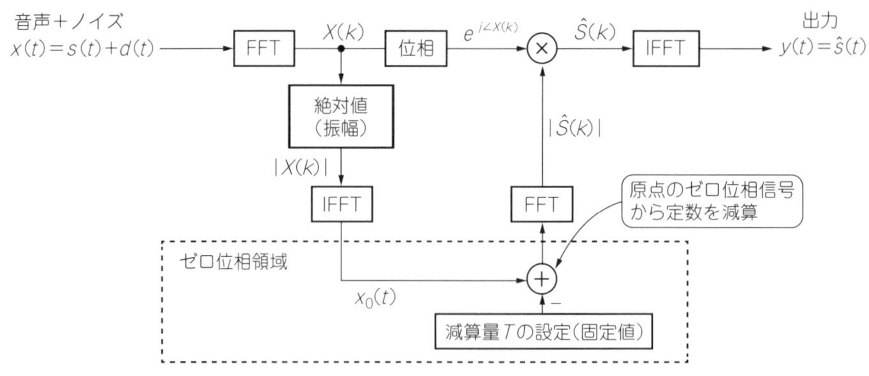

図8.19　ゼロ位相信号の原点処理によるノイズ除去システム

リスト8.7　ゼロ位相変換の原点処理によるノイズ除去のプログラム (抜粋)

```
●信号処理用変数の宣言部
double    z1[FFT_SIZE+1]={0};          // ハーフ・オーバラップの出力保持用
double    d0[FFT_SIZE+1]={0};              // 推定ノイズZPS
int       NM, cnt, L;                      // ノイズ推定フレーム数
double    T;                               // 原点から減算する量

●変数の初期設定部
init();                                    // ビット反転, 重み係数の計算
l  = 0;                                    // FFT開始時刻管理
T = 0.2;                                   // 原点から減算する量

●メイン・ループ内 Signal Processing部
zpt();                                     // ゼロ位相変換
if(cnt<NM){
    for(i=0;i<=FFT_SIZE/2;i++){            // ノイズ推定
        d0[i]=d0[i]+s0[i]/(double)NM;      // 平均値を計算
        d0[FFT_SIZE-i]=d0[i];              // 対称性の確保
    }
    cnt++;
}
s0[0]=s0[0]-T;                             // 原点から定数を減算
izpt();                                    // 逆ゼロ位相変換
```

▶改造のヒント

ゼロ位相信号の原点s0[0]からTを減算してノイズを除去します．Tは，振幅スペクトルの減算量を表すので，Tを大きくするとノイズ除去効果が高くなります．ただし，あまり強く減算すると，振幅スペクトルが負になります．負の振幅スペクトルは，プログラムで強制的にゼロにしています．つまり，Tが大きいと，ノイズとともに音声スペクトルも消失します．極端にTが大きい場合，出

表8.7　ゼロ位相変換の原点処理によるノイズ除去のプログラムのコンパイルと実行の方法

収録フォルダ		8_07_ZPS_Fixed_SS
DDプログラム	コンパイル方法	bcc32c DD_ZPS_fixed_SS.c
	実行方法	DD_ZPS_fixed_SS noisy_speech.wav
RTプログラム	コンパイル方法	bcc32c RT_ZPS_fixed_SS.c
	実行方法	RT_ZPS_fixed_SS
関連プログラム	機能	マイク入力にノイズを加算する
	コンパイル方法	bcc32c RT_ZPS_fixed_SS_noise.c
	実行方法	RT_ZPS_fixed_SS_noise
備考：noisy_speech.wavは入力音声ファイル．任意のwavファイルを指定可能		

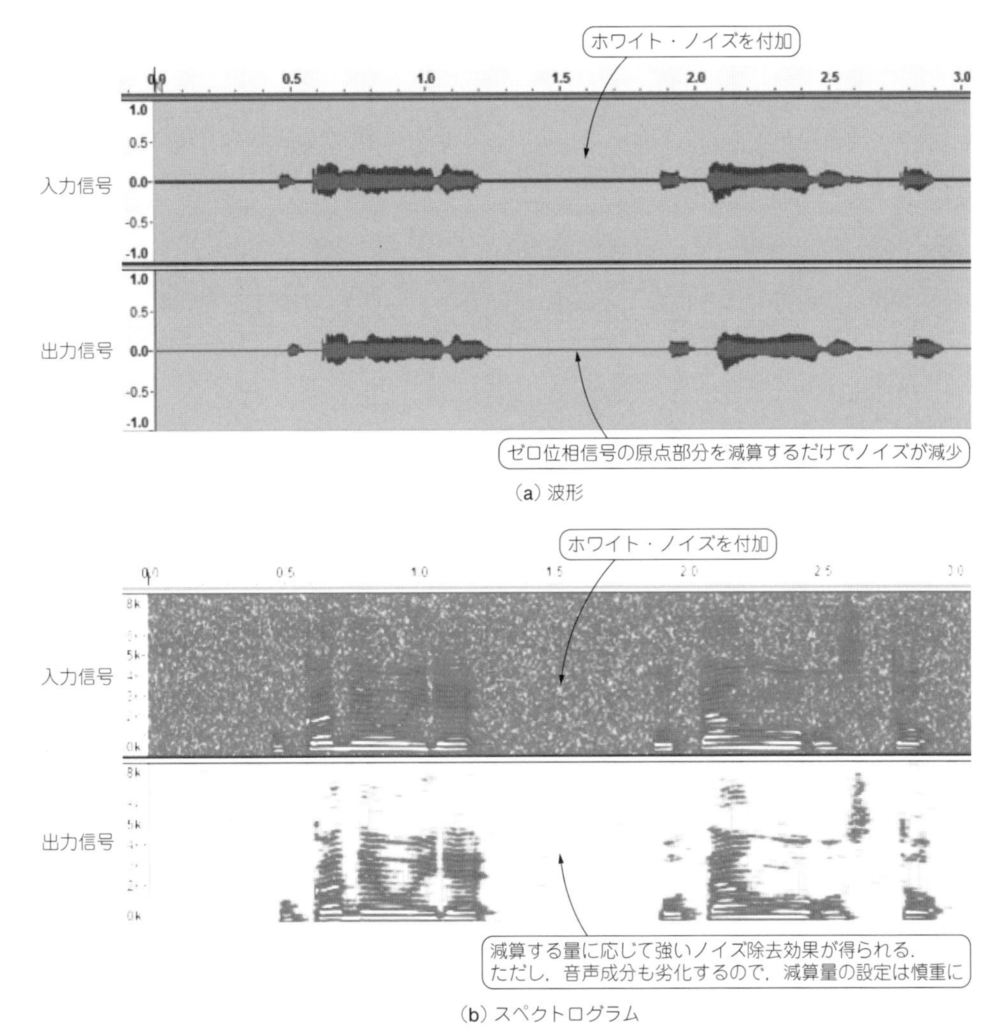

図8.20　ゼロ位相変換の原点処理によるノイズ除去の実行結果

力がゼロになります．

ダウンロード・データには，マイク入力にノイズを強制的に加算するプログラムを収録しています．効果を確認する際に使用できます．

●入出力の確認

コンパイルと実行の方法を**表8.7**に示します．

DDプログラムにおける処理結果を**図8.20**に示します．出力波形では，ノイズの帯がほぼゼロになっています．スペクトログラムでは，スペクトル全体に存在していたホワイト・ノイズが強く抑圧されています．

8-8 ゼロ位相信号の置き換えによるインパルス・ノイズ除去

入力音声からインパルス・ノイズを除去します．ノイズ除去のために，入力音声をゼロ位相信号に変換し，ノイズが含まれる一部の信号を別の値に置き換えます．

●原 理

ゼロ位相変換は，FFTにより得られた振幅スペクトルに対して，IFFTを実行することで実現できます．結果として得られるゼロ位相信号は，FFT，IFFTの性質から，原点を除き，左右対称の信号になります．

▶音声のゼロ位相信号

われわれは，多くの場合，ノドにある声帯を振動させて音声を生成します．生成された音声は，声帯振動に応じて変化する周期信号になります．周期信号は，ゼロ位相信号に変換しても周期信号です．ただし，ゼロ位相信号では，原点で最大値を持つという特徴があります．音声のゼロ位相信号の特徴を**図8.21**に示します．

声帯振動を伴う音声は周期信号なので，ゼロ位相信号に変換しても周期性を保持しています．ただし，波形の切り出しの影響で，振幅が中心に向かって減衰します．また，ゼロ位相信号の性質から，波形は左右対称です．インパルス・ノイズは時間領域での発生場所にかかわらず，ゼロ位相領域では，常に原点に値を持ちます．

▶インパルス・ノイズのゼロ位相信号

インパルス・ノイズ（特定の時刻にだけ値を持つ）をゼロ位相変換すると，インパルス・ノイズの発生位置にかかわらず，そのゼロ位相信号は，いつでも原点にだけ値を持ちます．インパルス・ノイズのゼロ位相信号の特徴を**図8.22**に示します．

▶音声の周期性を利用してインパルス・ノイズを除去

音声にインパルス・ノイズが加えられたとき，そのゼロ位相信号も音声とノイズの和であると仮定します．すると，音声の周期性を利用して，インパルス・ノイズを除去することができます．

音声が周期性を持つとすると，1周期目の波形と2周期目の波形は，減衰の影響を除けば，同じ

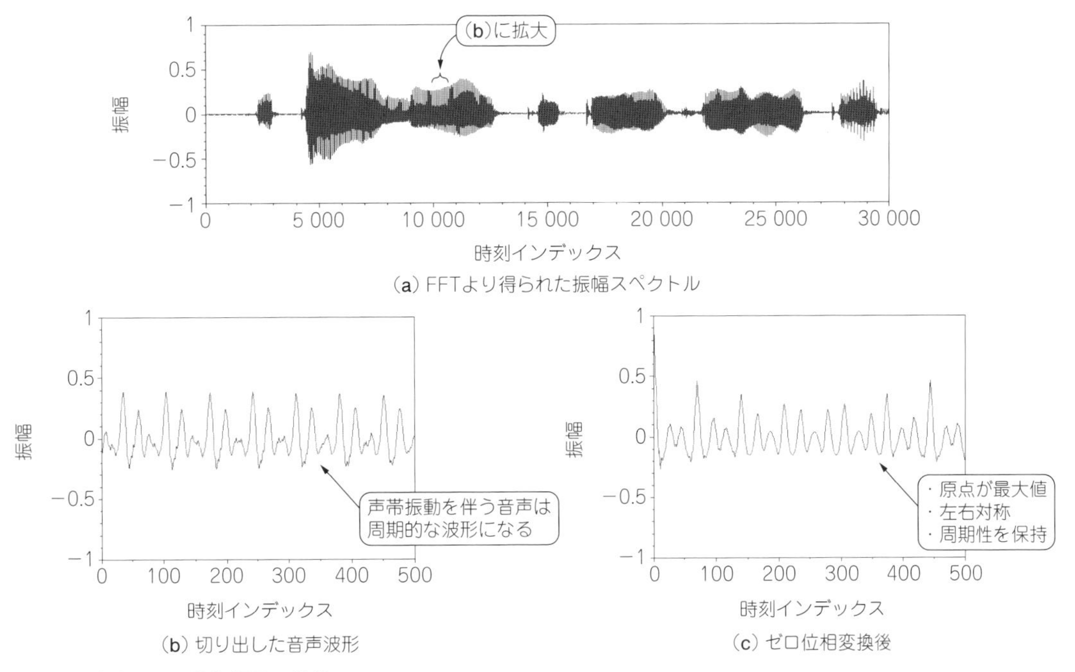

図8.21　音声のゼロ位相信号の特徴

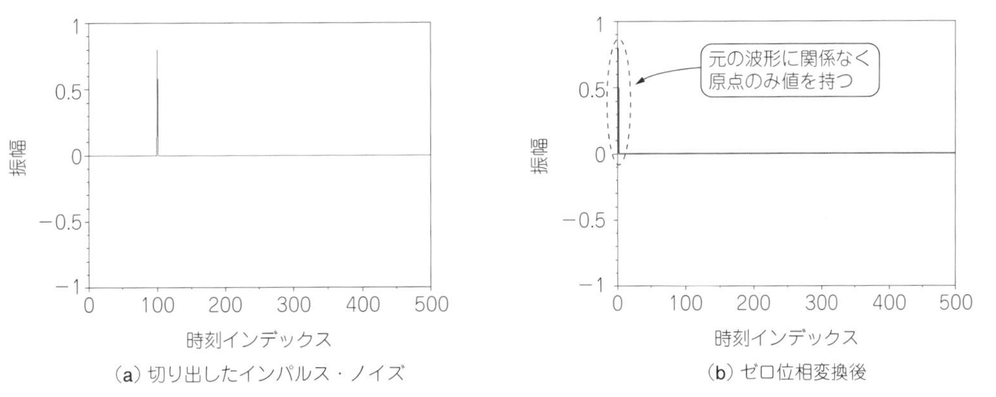

図8.22　インパルス・ノイズのゼロ位相信号の特徴

です．

インパルス･ノイズは，原点だけに値を持つので，音声の2周期目の波形には含まれません．よって，**図8.23**に示すように，1周期目の波形を，減衰を補償した2周期目の波形で置き換えれば，ノイズが含まれない音声のゼロ位相信号が得られます．

ただし，持続時間が1サンプルのインパルス・ノイズは，現実的にはほとんど存在しません．実際の応用では，置き換え点数を数十に設定して処理することが効果的です．この方法は，インパルス・ノイズが，いつ発生するか知らなくても除去できるという点で優れています．

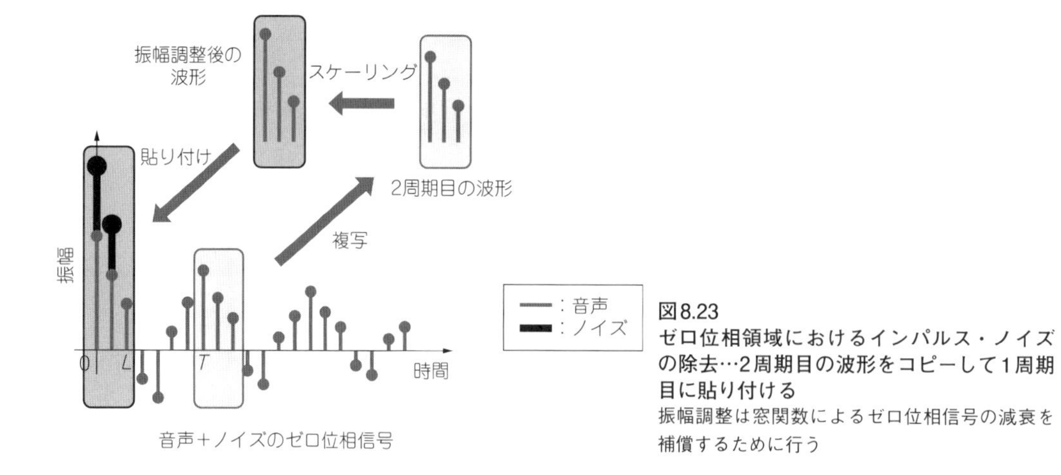

図8.23
ゼロ位相領域におけるインパルス・ノイズの除去…2周期目の波形をコピーして1周期目に貼り付ける
振幅調整は窓関数によるゼロ位相信号の減衰を補償するために行う

●プログラム

ゼロ位相領域におけるインパルス・ノイズ除去のプログラムを**リスト8.8**に示します．

ここでは置き換え点数を`L=20`として設定しています．また，2周期目の検出は，波形が減衰するという特性から，最大値を検出することで実現しています．最大値の探索範囲は，声帯振動の平均的な周波数を参考にして設定しています．波形切り出しにはハニング窓を用いているので，波形の減衰補償には，ハニング窓の逆関数を利用しています．

▶改造のヒント

置き換えの数`L`を変更するとノイズ除去効果が変化します．`L`は音声の1周期未満の値に設定する必要があります．例えば，女声の基本周期の平均は約4msなので，16kHzサンプリングであれば$16000 \times 0.004 = 64$サンプルです．従って`L`は64サンプル未満にすることが1つの目安です．また，1サンプルで消失する人工的なインパルス・ノイズに対しては`L=1`で除去できます．しかし，現実的には1サンプルではなく，数サンプルにわたってノイズが観測されるので，`L=1`では実際のノイズに対応できないでしょう．今回のプログラムでは`L=20`としていますが，ノイズの種類によって適切な`L`は異なります．

ダウンロード・データには，マイク入力にインパルス・ノイズを強制的に加算するプログラムを収録しています．効果を確認する際に使用できます．

●入出力の確認

コンパイルと実行の方法を**表8.8**に示します．

DDプログラムにおける処理結果を**図8.24**に示します．入力には，人工的に±1のインパルス・ノイズを等間隔で付加しています．出力波形からは，インパルス・ノイズが除去されています．

スペクトログラムでは，入力にはインパルス・ノイズの位置に縦線がありますが，出力では縦線が消失しています．ただし，音声スペクトルも処理の影響を受けるため，多少劣化します．

リスト8.8　ゼロ位相領域でインパルス・ノイズを除去するプログラム（抜粋）

```
●信号処理用変数の宣言部
int       L, pos;                          // 置き換え点数, 第2ピークの位置
double    max;                             // ピーク用変数
double    w0[FFT_SIZE/2+1]     = {0};      // 窓関数のゼロ位相信号
double    w0_Inv[FFT_SIZE/2+1] = {0};      // w0[i]の逆関数

●変数の初期設定部
init();                                    // ビット反転, 重み係数の計算
l = 0;                                     // FFT開始時刻管理
L = 20;                                    // 置き換えるサンプル数
for(i=0;i<FFT_SIZE;i++){                   // 窓関数の設定
    w[i]=0.5*(1.0-cos(2.0*M_PI*i/(double)FFT_SIZE));
}
for(i=0;i<FFT_SIZE/2;i++){                 // 窓関数のゼロ位相信号
    w0[i]    =0.5*(1.0+cos(2.0*M_PI*i/(double)FFT_SIZE));
    w0_Inv[i]=1.0/w0[i];                   // w0[i]の逆関数
}
●メイン・ループ内 Signal Processing部
zpt();                                     // ゼロ位相変換
max=-10;
pos=0;
for(i=Fs/300;i<Fs/100;i++){                // 100～300Hzでピーク探索
    if(s0[i]>max){
        max=s0[i];                         // ピーク値更新
        pos=i;                             // ピーク位置更新
    }
}
s0[0] = w0_Inv[pos] * s0[pos];             // 原点の置き換え
for (i=1;i<L;i++){
    s0[i] = w0[i] * w0_Inv[pos+i] * s0[pos+i];  // 振幅を調整して置き換え
    s0[FFT_SIZE-i] = s0[i];                // 対称性の確保
}
izpt();                                    // 逆ゼロ位相変換
```

表8.8　ゼロ位相領域でインパルス・ノイズを除去するプログラムのコンパイルと実行の方法

収録フォルダ		8_08_ZPS_Replacement
DDプログラム	コンパイル方法	bcc32c DD_ZPS_Replacement.c
	実行方法	DD_ZPS_Replacement speech_impulse.wav
RTプログラム	コンパイル方法	bcc32c RT_ZPS_Replacement.c
	実行方法	RT_ZPS_Replacement
関連プログラム	機能	マイク入力にインパルス・ノイズを加算する
	コンパイル方法	bcc32c RT_ZPS_Replacement_noise.c
	実行方法	RT_ZPS_Replacement_noise
備考：speech_impulse.wavは入力音声ファイル．任意のwavファイルを指定可能		

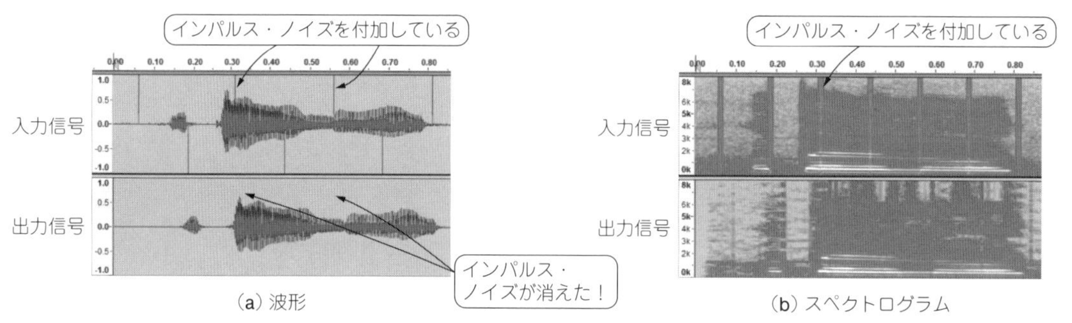

(a) 波形　(b) スペクトログラム

図8.24　ゼロ位相領域におけるインパルス・ノイズ除去の実行結果

8-9 ゼロ位相信号の置き換えによるインパルス・ノイズ除去の改善

ゼロ位相信号の置き換えにより，インパルス・ノイズを除去します．ここでは，ノイズ検出を追加します．インパルス・ノイズが存在する場合にのみ，ノイズ除去を実行します．

●原 理

ゼロ位相変換は，FFTにより得られた振幅スペクトル対して，IFFTを実行することで実現できます．結果として得られるゼロ位相信号は，声帯振動を伴う音声では周期的になります．一方，インパルスやホワイト・ノイズのようなノイズでは，原点付近にだけ値を持つゼロ位相信号が得られます．

この性質を利用すれば，音声とノイズの混在信号に対して，ゼロ位相領域でノイズ除去ができます（本章8-8の**図8.23**参照）．ゼロ位相信号の1周期目の波形を補正した2周期目の波形で置き換えることでノイズが除去できます．この方法は，例えばインパルス・ノイズがいつ発生するのか知らなくても除去できるという点で優れています．

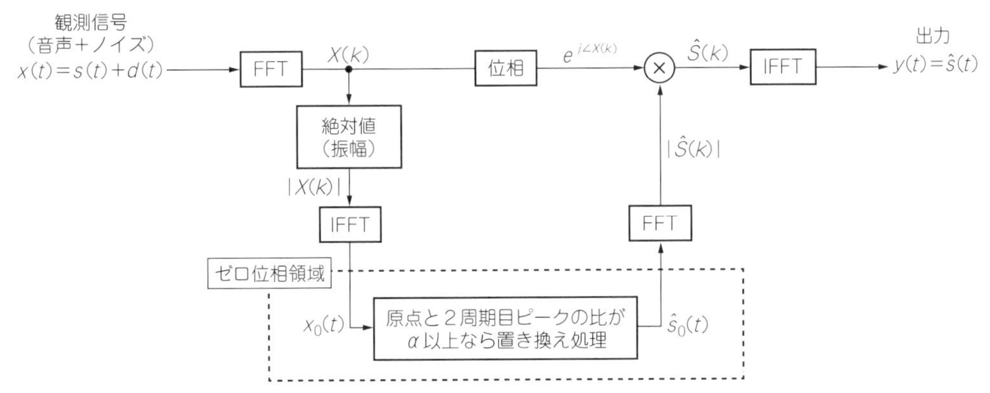

図8.25　ノイズ検出を導入したインパルス・ノイズ除去

一方で，ノイズが存在しないのに，無理に置き換え処理を行うと，音声を劣化させることがあります．できればノイズが存在する区間でのみ，ノイズ除去を実行したいところです．

ここで，原点付近の値は，ノイズが存在する場合だけ大きくなります．そこで，原点における値と，2周期目のピークの値の比を監視します．これがしきい値αよりも大きい場合にだけ，置き換え処理を実行します．

本方式のブロック図を**図8.25**に示します．ここで，位相スペクトルは観測信号から得られたものをそのまま利用します．

●プログラム

ゼロ位相信号の置き換えによるインパルス・ノイズ除去のプログラムを**リスト8.9**に示します．

置き換え点数を`L=20`，しきい値を`alpha=2`と設定しています．2周期目の検出は，最大値を検出することで実現しています．2周期目の波形を補正したピーク値と原点の値の比が`alpha`以上ならば置き換え処理を実行します．

▶改造のヒント

しきい値`alpha`を変更することでノイズ検出の精度が変化します．`alpha`が0に近いほどノイズ検出が粗くなり，多くのフレームでノイズ除去が実行されます．`alpha=0`にすると全フレームでノイズ除去が実行されます．逆に`alpha`が大きいほどノイズ検出が厳しくなり，大きいノイズ以外には反応しなくなります．

ダウンロード・データには，マイク入力にノイズを加算するプログラムを収録しています．効果を確認する際に使用できます．

●入出力の確認

コンパイルと実行の方法を**表8.9**に示します．DDプログラムにおける処理結果を**図8.26**に示します．しきい値$\alpha=2$としてノイズ除去を行っています．

入力には，人工的に±1のインパルス・ノイズを等間隔で付加しています．出力波形では，しきい値αによってノイズ検出結果が異なりますが，いずれもインパルス・ノイズが除去されています．

リスト8.9　ノイズ検出を導入したインパルス・ノイズ除去のプログラム（抜粋）

```
●信号処理用変数の宣言部
int       L, pos;                              // 置き換え点数, 第2ピークの位置
double    max;                                 // ピーク用変数
double    w0[FFT_SIZE/2+1]     = {0};          // 窓関数のゼロ位相信号
double    w0_Inv[FFT_SIZE/2+1] = {0};          // w0[i]の逆関数
double    alpha;                               // 置き換えのしきい値

●変数の初期設定部
init();                                        // ビット反転, 重み係数の計算
l = 0;                                         // FFT開始時刻管理
L = 20;                                        // 置き換えるサンプル数
alpha= 2.0;                                    // 置き換えのしきい値
for(i=0;i<FFT_SIZE;i++){                       // 窓関数の設定
    w[i]=0.5*(1.0-cos(2.0*M_PI*i/(double)FFT_SIZE));
}
for(i=0;i<FFT_SIZE/2;i++){
    w0[i]    =0.5*(1.0+cos(2.0*M_PI*i/(double)FFT_SIZE));
                                               // 窓関数のゼロ位相信号
    w0_Inv[i]=1.0/w0[i];                       // w0[i]の逆関数
}

●メイン・ループ内 Signal Processing部
zpt();                                         // ゼロ位相変換
max=-10;
pos=0;
for(i=Fs/300;i<Fs/100;i++){                    // 100～300Hzでピーク探索
    if(s0[i]>max){
        max=s0[i];                             // ピーク値更新
        pos=i;                                 // ピーク位置更新
    }
}
if(s0[0] > alpha * w0_Inv[pos] * s0[pos]){  // 原点とピーク値を比較
    s0[0] = w0_Inv[pos] * s0[pos];             // 原点の置き換え
    for (i=1;i<L;i++){
        s0[i] = w0[i] * w0_Inv[pos+i] * s0[pos+i];
                                               // 振幅を調整して置き換え
        s0[FFT_SIZE-i] = s0[i];                // 対称性の確保
    }
}
izpt();                                        // 逆ゼロ位相変換
```

表8.9 ノイズ検出を導入したインパルス・ノイズ除去のプログラムのコンパイルと実行の方法

収録フォルダ		8_09_ZPS_Replace_threshold
DDプログラム	コンパイル方法	bcc32c DD_ZPS_Replace_threshold.c
	実行方法	DD_ZPS_Replace_threshold speech_impulse.wav
RTプログラム	コンパイル方法	bcc32c RT_ZPS_Replace_threshold.c
	実行方法	RT_ZPS_Replace_threshold
関連プログラム	機能	マイク入力にインパルス・ノイズを加算する
	コンパイル方法	bcc32c RT_ZPS_Replace_threshold_noise.c
	実行方法	RT_ZPS_Replace_threshold_noise
備考：speech_impulse.wavは入力音声ファイル．任意のwavファイルを指定可能		

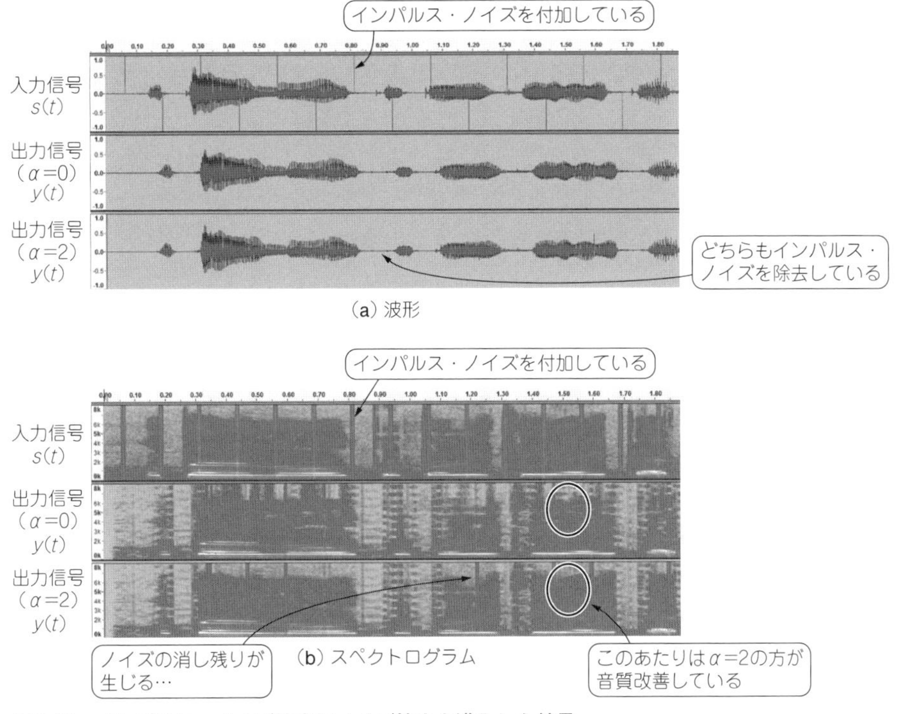

図8.26 インパルス・ノイズ除去にノイズ検出を導入した結果

スペクトログラムでは，入力にインパルス・ノイズの位置に縦線があります．しきい値$a=0$出力では十分に縦線が除去されており，ノイズの痕跡をほとんど消しています．$a=0$はノイズ検出を実行せずに，全フレームでノイズ除去を実行することを意味します．しかし，円で囲んだ部分では音質劣化が生じています．一方，$a=2$のノイズ検出を導入した結果では，円で囲んだ部分で置き換え処理を実行しておらず，音質の劣化が小さくなっています．逆に，ノイズ除去性能はやや劣っており，スペクトログラム上での縦線が確認できます．このように，出力音質とノイズ除去性能はトレードオフの関係があるので，aの値は状況によって適切に設定する必要があります．

8-10 バイナリ・マスキング

ステレオのwavファイルに対しては，2チャネルそれぞれのFFT結果を取得できます．これらの振幅スペクトルを周波数ごとに比較し，小さい方(あるいは大きい方)を除去すると，バイナリ・マスキングと呼ばれる音源分離が実現できます．

●原 理

2つのマイクで2人の音声を観測する状況を**図8.27**に示します．話者の位置がマイク正面方向に対して左右に存在するとします．2つのマイクで観測される信号は，各話者に近いマイクで大きく，遠いマイクでは減衰のため小さくなります．そこで，2つの観測信号をFFTし，得られた周波数成分の絶対値(振幅スペクトルと呼ぶ)を比較します．ここで，両者がまったく同じ時刻に同じ周波数成分で話すことはほとんどないので，各振幅スペクトルは，いずれか1人の成分とみなせます．

リスト8.10 バイナリ・マスキングによる音源分離のプログラム(抜粋)

```
●信号処理用変数の宣言部
int       SHIFT = FFT_SIZE/2;                      // FFTのシフト量
double    OV    = 2.0*SHIFT/FFT_SIZE;              // オーバラップ加算の係数
double    s_L[MEM_SIZE+1]={0},  s_R[MEM_SIZE+1]={0};
                                                          // 左右のマイク入力
double    x_L[FFT_SIZE+1]={0}, x1_L[FFT_SIZE+1]={0}; // LchのFFT用信号
double    x_R[FFT_SIZE+1]={0}, x1_R[FFT_SIZE+1]={0}; // RchのFFT用信号
double    Xamp_L[FFT_SIZE+1],  G[FFT_SIZE+1]={0};
                                              // Lchの振幅, バイナリ・マスク
double    yf[FFT_SIZE+1]={0};                 // IFFT信号格納用
double    w[FFT_SIZE+1] ={0};                 // 窓関数

●メイン・ループ内 Signal Processing部
x_L[l] = s_L[t];                                   // Lch入力をx_L[l]に格納
x_R[l] = s_R[t];                                   // Rch入力をx_R[l]に格納
l=(l+1)%FFT_SIZE;                                  // FFT用の時刻管理
if( l%SHIFT==0 ){                                  // シフトごとにFFTを実行
    // LchのFFT処理 //
    for(i=0;i<FFT_SIZE;i++){                       // LchのFFT用信号
       xin[i] = x_L[(l+i)%FFT_SIZE]*w[i];          // 窓関数を掛ける
    }
    fft();                                         // LchのFFT
    for(i=0;i<FFT_SIZE;i++){
```

分析結果の周波数はどちらかの成分とみなせます．よって，左右のマイクの振幅スペクトルの比較において，小さい方を削除すれば，それぞれのマイクに近い人の音声だけを抽出できます．FFTを用いた非常に簡単な処理ですが，結果のインパクトは強いと思います．

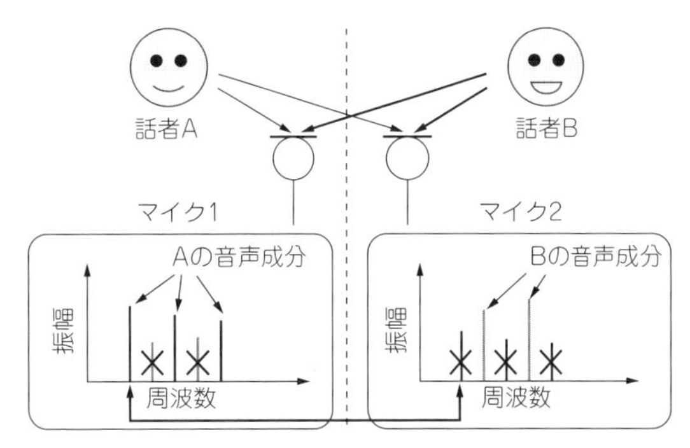

図8.27
バイナリ・マスキングによる音源分離

FFT ⇒ 各周波数で振幅比較 ⇒ 小さい方を除去

```
            Xamp_L[i]=Xamp[i];                        // Lchの振幅スペクトル
        }
        // RchのFFT処理 //
        for(i=0;i<FFT_SIZE;i++){                      // RchのFFT用信号
            xin[i] = x_R[(l+i)%FFT_SIZE]*w[i];        // 窓関数を掛ける
        }
        fft();                                        // RchのFFT
        // バイナリ・マスキング //
        for(i=0;i<FFT_SIZE;i++){
            G[i]=1.0;                            // マスクを1にする
            if(Xamp_L[i] > Xamp[i]) G[i]=0;      // Rchが小さければマスクを0にする
            Xr[i]=G[i]*Xr[i];                    // 実部にマスクを掛ける
            Xi[i]=G[i]*Xi[i];                    // 虚部にマスクを掛ける
        }
        ifft();                                  // IFFT
        for(i=0;i<FFT_SIZE;i++){                 // 出力信号作成
            if(i>=FFT_SIZE-SHIFT)
                                  yf[(l+i)%FFT_SIZE] = z[i]/FFT_SIZE*OV;
            else
                yf[(l+i)%FFT_SIZE] = yf[(l+i)%FFT_SIZE]+z[i]/FFT_SIZE*OV;
        }
    }
    y[t]=yf[l];                                  // 現在の出力
```

●プログラム

バイナリ・マスキングのプログラムを**リスト8.10**に示します．

ステレオ入力なので，2つの信号を確保する変数を用意しています．FFTはLチャネルおよびRチャネルに対して実行しますので，2回必要です．Lチャネルの振幅スペクトルを記録しておき，Rチャネルの結果と比較してバイナリ・マスキングを実現しています．

表8.10　バイナリ・マスキングによる音源分離のプログラムのコンパイルと実行の方法

収録フォルダ		8_10_BM
DDプログラム	コンパイル方法	bcc32c DD_BM.c
	実行方法	DD_BM　st_speech.wav
RTプログラム	コンパイル方法	bcc32c RT_BM.c
	実行方法	RT_BM
備考：st_speech.wavは入力nステレオ音声ファイル．任意のwavファイルを指定可能		

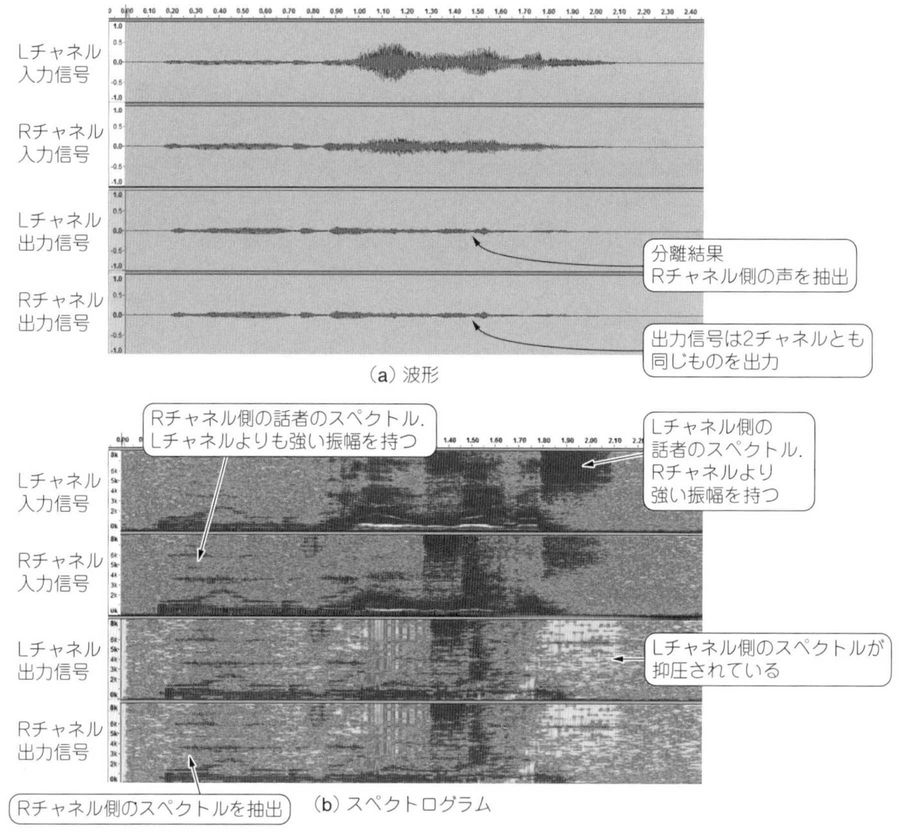

図8.28　バイナリ・マスキングによる音源分離の実行結果

▶改造のヒント

Lチャネルと Rチャネルの振幅スペクトルの大小によって音源分離を実現しています．よって，Lチャネルと Rチャネルの振幅が同じになる，正面方向から到来する音源は分離できません．正面方向の音源を分離したい場合は，Lチャネルと Rチャネルの振幅スペクトルが同じか違うかで音源分離を実行するといった工夫が必要です．

●入出力の確認

コンパイルと実行の方法を**表8.10**に示します．DDプログラムにおける処理結果を**図8.28**に示します．

入力波形は，前半の声はRチャネル側の振幅が大きく，後半はLチャネル側の振幅が大きくなっています．出力波形はRチャネル側の音声の分離・抽出結果なので，後半のLチャネル側の音声波形が抑圧されています．

スペクトログラムでは，輝度の強さから，Lチャネル側の音声スペクトルとRチャネル側の音声スペクトルをある程度区別できます．後半において，Lチャネル側の音声スペクトルが大きく抑圧されています．

RTプログラムでは，ステレオ・マイクが必要です．

第9章

分析音

音声は，その性質を調べるために，あるいは加工して望ましい音に変換するために，さまざまな方法で分析されます．分析法の代表格はフーリエ変換です．フーリエ変換の結果，振幅スペクトルと位相スペクトルが得られます．私たちは，これらのスペクトルを見て，音の性質を理解し，不要な成分を除去します．従って，音の分析結果は聴覚ではなく，視覚から直感的に理解しやすいように表現されることが普通です．

本章では，あえて分析結果を音として聞いてみることにします．また，フーリエ変換だけでなく，FM 変調の音や間引き処理の音，粗い量子化の音なども聞いてみます．分析や変換の結果，音にどのような変化が生じているのかを聴覚によって体感してみましょう．

9-1 振幅スペクトル音声

入力音声をFFT (Fast Fourier Transform) 分析すると，振幅スペクトルと位相スペクトルが得られます．

音声信号処理では，振幅スペクトルが位相スペクトルより重要視されています．実際，多くのノイズ除去法や音源分離法では，振幅スペクトルだけを処理対象としています．位相スペクトルは扱いが難しいという側面もありますが，あまり重要ではないという意見もあります．そこで，位相スペクトルの音声への貢献度はどの程度なのかを確認します．

ここでは，音声の振幅スペクトルを保持して，位相スペクトルを乱数で与えた音声を作成し，位相スペクトルを失った音声を聞いてみます．音声に対する位相スペクトルの貢献度を感じられます．

●原 理

振幅スペクトルを保持して位相スペクトルを乱数にする処理を図9.1に示します．

$s(t)$ は時刻 n における観測信号，$S(k)$ は $s(t)$ のFFTです．ここで，FFTは短時間フレームごと

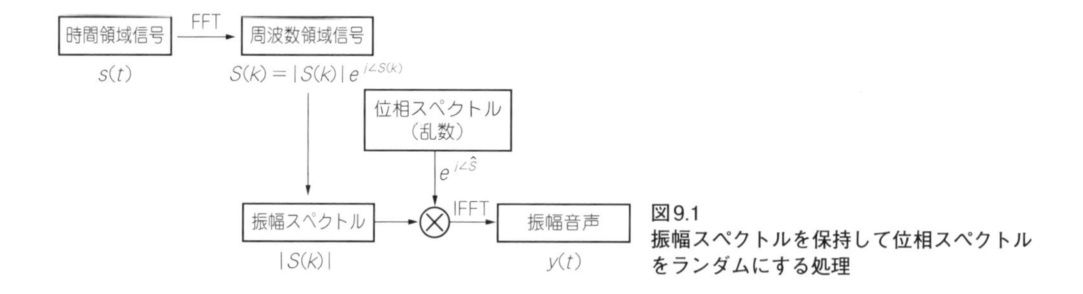

図9.1
振幅スペクトルを保持して位相スペクトルをランダムにする処理

リスト9.1　振幅スペクトルを保持して位相スペクトルをランダムにするプログラム（抜粋）

```
●冒頭の宣言部
#define  FFT_SIZE 512                          // FFT点数

●信号処理用変数の宣言部
double   s[MEM_SIZE+1]={0};                    // 入力データ格納用変数
double   y[MEM_SIZE+1]={0};                    // 出力データ格納用変数
long int l,i;                                  // FFT用変数
int      SHIFT = FFT_SIZE/2;                   // FFTのシフト量
double   OV = 2.0*SHIFT/FFT_SIZE;              // オーバーラップ加算の係数
double   x[FFT_SIZE+1] ={0};                   // FFTの入力
double   yf[FFT_SIZE+1]={0};                   // IFFT信号格納用
double   w[FFT_SIZE+1] ={0};                   // 窓関数
double Xphs[FFT_SIZE+1]={0};                   // 位相スペクトル

●変数の初期設定部
init();                                        // ビット反転, 重み係数の計算
l = 0;                                         // FFT開始時刻管理
for(i=0;i<FFT_SIZE;i++){                       // 窓関数の設定
    w[i]=0.5*(1.0-cos(2.0*M_PI*i/(double)FFT_SIZE));
}

●メイン・ループ内 Signal Processing部
x[l] = s[t];                                   // 入力をx[l]に格納
l=(l+1)%FFT_SIZE;                              // FFT用の時刻管理
if( l%SHIFT==0 ){                              // シフトごとにFFTを実行
    for(i=0;i<FFT_SIZE;i++){
        xin[i] = x[(l+i)%FFT_SIZE]*w[i];                // 窓関数を掛ける
    }
    fft();                                              // FFT
    for(i=0;i<=FFT_SIZE/2;i++){
        Xphs[i] = 2*M_PI*(double)rand()/RAND_MAX;       // 位相は乱数
        Xr[i]=Xamp[i]*cos(2*M_PI*i/FFT_SIZE+Xphs[i]); // 実部の作成
        Xi[i]=Xamp[i]*sin(2*M_PI*i/FFT_SIZE+Xphs[i]); // 虚部の作成
        Xr[FFT_SIZE-i]= Xr[i];                          // 実部は偶対称
        Xi[FFT_SIZE-i]=-Xi[i];                          // 虚部は奇対称
    }
    ifft();                                             // IFFT
    for(i=0;i<FFT_SIZE;i++){                            // 出力信号作成
        if(i>=FFT_SIZE-SHIFT)    yf[(l+i)%FFT_SIZE]
                                             = z[i]/FFT_SIZE*OV;
        else yf[(l+i)%FFT_SIZE] = yf[(l+i)%FFT_SIZE]+z[i]/
                                                  FFT_SIZE*OV;
    }
}
y[t]=yf[l];                                             // 現在の出力
```

に実行されますが，フレーム番号は省略しています．

FFTによって得られた$S(k)$は複素数です．複素数は，振幅と位相による表示が可能です．よって，

$$S(k) = |S(k)|\exp(j\angle S(k)$$

と書けます．ここで，$|S(k)|$が振幅スペクトル，$\angle S(k)$が位相スペクトルです．

振幅スペクトルはそのまま取り出し，位相スペクトルは乱数に入れ替えます．そして，IFFT（Inverse FFT）により時間領域の音声を得ます．これを振幅音声$y(n)$と表示しています．

●プログラム

振幅スペクトルを保持して位相スペクトルをランダムにするプログラムを**リスト9.1**に示します．

振幅スペクトルを`Xamp[i]`として保持し，位相スペクトル`Xphs[i]`は$0 \sim 2\pi$の一様乱数としています．作成した音声スペクトルをIFFTし，ハーフ・オーバラップで最終出力`y[t]`を得ています．

▶プログラム改造のヒント

位相スペクトル`Xphs[i]`を乱数ではなく，任意の定数として与えることもできます．ただし，IFFT結果を実数とするためには，位相スペクトルを奇対称とする必要があります．プログラムではこれを，

```
Xphs[FFT_SIZE-i]=-Xphs[i]
```

として強制的に実行しています．

●入出力の確認

コンパイルと実行の方法を**表9.1**に示します．DDプログラムにおける処理結果を**図9.2**に示します．位相は波形を決めるので，波形としてはかなり変化しています．試聴してみると，音質もかなり変化しています．

スペクトログラムでは，振幅スペクトルはそれなりに保持されています．振幅スペクトルが正確に保持されない原因は，フレームごとに独立に作成された音声波形が，ハーフ・オーバラップによって重ね合わせられる際に，さらに変形するためです．

表9.1　振幅スペクトルを保持して位相スペクトルをランダムにするプログラムのコンパイルと実行の方法

収録フォルダ		9_01_Amp_speech
DDプログラム	コンパイル方法	bcc32c DD_Amp_speech.c
	実行方法	DD_Amp_speech speech.wav
RTプログラム	コンパイル方法	bcc32c RT_Amp_speech.c
	実行方法	RT_Amp_speech
備考：speech.wavは入力音声ファイル．任意のwavファイルを指定可能		

注：第9章のデータはhttps://www.cqpub.co.jp/interface/download/onsei.htmから入手できます．

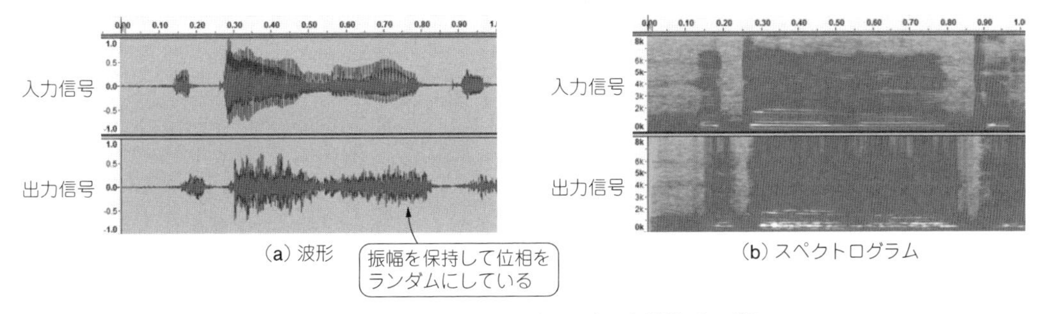

図9.2　振幅スペクトルを保持して位相スペクトルをランダムにすると波形がひずむ

9-2 位相スペクトル音声

入力音声をFFTすると振幅スペクトルと位相スペクトルが得られます．このうち，振幅スペクトルを定数に変更して，IFFTした音を聞いてみます．ここでは，512点FFTと4096点FFTから得られる位相音声の結果を比較します．

振幅スペクトルを失った音を聞くと，音声に対する振幅スペクトルの貢献度が感じられます．ある研究では，長時間のフーリエ変換ならば，位相スペクトルだけでも音声の明瞭度を確保できると報告されています．

●原 理

振幅スペクトルを定数にして，位相スペクトルを保持する処理を**図9.3**に示します．

音声$s(t)$の振幅スペクトル$|S(k)|$を定数に置き換えて，位相スペクトル$\angle S(k)$を保持します．

●プログラム

振幅スペクトルを定数にして，位相スペクトルを保持するプログラムを**リスト9.2**に示します．

振幅スペクトルを1としてスペクトルの実部と虚部を生成しています．位相スペクトルは，入力信号から得られたままの値を再利用します．

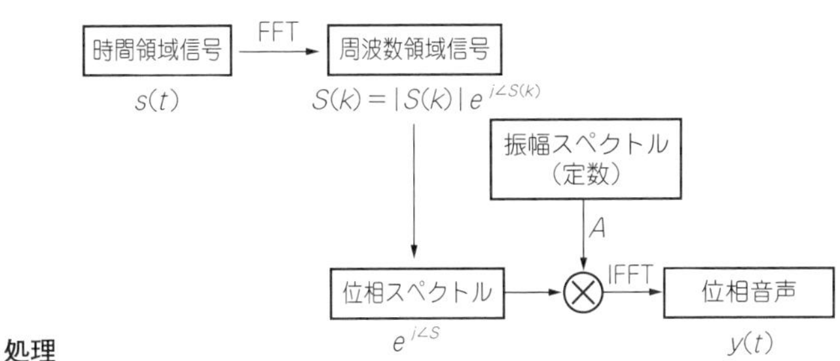

図9.3
位相スペクトルを保持して
振幅スペクトルを定数にする処理

リスト9.2　位相スペクトルを保持して振幅スペクトルを定数にするプログラム（抜粋）

```
●冒頭の宣言部
#define  FFT_SIZE 512                              // FFT点数

●信号処理用変数の宣言部
double   s[MEM_SIZE+1]={0};                        // 入力データ格納用変数
double   y[MEM_SIZE+1]={0};                        // 出力データ格納用変数
long int l,i;                                      // FFT用変数
int      SHIFT = FFT_SIZE/2;                       // FFTのシフト量
double   OV    = 2.0*SHIFT/FFT_SIZE;               // オーバラップ加算の係数
double   x[FFT_SIZE+1] ={0};                       // FFTの入力
double   yf[FFT_SIZE+1]={0};                       // IFFT信号格納用
double   w[FFT_SIZE+1] ={0};                       // 窓関数
double Xphs[FFT_SIZE+1]={0};                       // 位相スペクトル

●変数の初期設定部
init();                                            // ビット反転，重み係数の計算
l = 0;                                             // FFT開始時刻管理
for(i=0;i<FFT_SIZE;i++){                           // 窓関数の設定
    w[i]=0.5*(1.0-cos(2.0*M_PI*i/(double)FFT_SIZE));
}

●メイン・ループ内 Signal Processing部
x[l] = s[t];                                       // 入力をx[l]に格納
l=(l+1)%FFT_SIZE;                                  // FFT用の時刻管理
if( l%SHIFT==0 ){                                  // シフトごとにFFTを実行
    for(i=0;i<FFT_SIZE;i++){
        xin[i] = x[(l+i)%FFT_SIZE]*w[i];           // 窓関数を掛ける
    }
    fft();                                         // FFT
    for(i=0;i<=FFT_SIZE/2;i++){
        Xphs[i] = atan2(Xi[i], Xr[i]);             // 位相は保持
        Xr[i] = cos(2*M_PI*i/FFT_SIZE+Xphs[i]); // 振幅は一定として実部を作成
        Xi[i] = sin(2*M_PI*i/FFT_SIZE+Xphs[i]); // 振幅は一定として虚部を作成
        Xr[FFT_SIZE-i] = Xr[i];                    // 実部は偶対称
        Xi[FFT_SIZE-i] =-Xi[i];                    // 虚部は奇対称
    }
    ifft();                                        // IFFT
    for(i=0;i<FFT_SIZE;i++){                       // 出力信号作成
        if(i>=FFT_SIZE-SHIFT)  yf[(l+i)%FFT_SIZE] = z[i]/FFT_SIZE*OV;
        else yf[(l+i)%FFT_SIZE] = yf[(l+i)%FFT_SIZE]+z[i]/FFT_SIZE*OV;
    }
}
y[t]=yf[l];                                        // 現在の出力
```

▶プログラム改造のヒント

冒頭のFFT_SIZEを大きい値に設定すると音声の明瞭度が改善します．ただし，FFT_SIZEは2のべき乗で設定してください．

また，周波数ごとに振幅スペクトルの定数の値を変更することもできます．IFFT結果を実数とするためには，振幅スペクトルを偶対称とする必要がありますが，これはプログラムの中で強制的に実行しています．

●入出力の確認

コンパイルと実行の方法を**表9.2**に示します．DDプログラムにおける処理結果を**図9.4**に示します．FFTサイズが512のような短時間分析では，位相音声の発話内容はほとんど理解できません．一方，FFTサイズが4096の長時間分析ならば，発話内容を聞き取ることができます．

スペクトログラムは，512点FFTで作成しています． FFTサイズが512ではほぼ一色となっています．これは，全周波数の振幅がほとんど同じで，また，時間的にも変化しないことを表しています．これでは発話内容を理解できないでしょう．

FFTサイズが4096の結果では，スペクトログラムが復元され，元の音声に近づいています．こちらは発話内容の確認が可能です．

表9.2　位相スペクトルを保持して振幅スペクトルを定数にするプログラムのコンパイルと実行の方法

収録フォルダ		9_02_Phs_speech
DDプログラム	コンパイル方法	bcc32c DD_Phs_speech.c
	実行方法	DD_Phs_s0peech speech.wav
RTプログラム	コンパイル方法	bcc32c RT_Phs_speech.c
	実行方法	RT_Phs_speech
備考：speech.wavは入力音声ファイル．任意のwavファイルを指定可能		

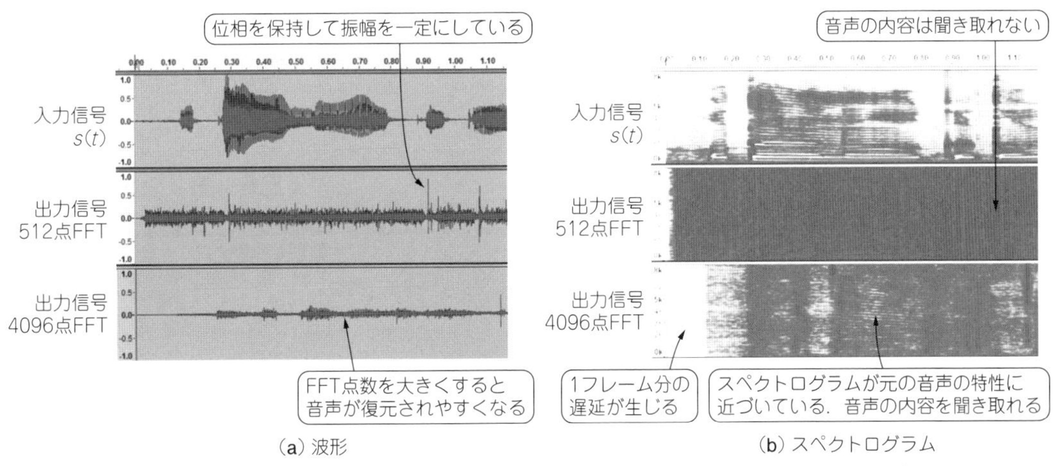

図9.4　FFTサイズが大きい位相スペクトルを保持していれば振幅スペクトルを定数にしてもある程度理解できる

9-3 短時間パワーだけの音声

短時間FFTにおいて，位相スペクトルを乱数で与え，振幅スペクトルを定数に変更した音声は，全ての情報が失われているので，当然ながら発話内容がまったく分かりません．

少し条件を緩め，振幅スペクトルの定数値をFFT分析区間ごとに，パワーを保持するように変化させてみましょう．

FFT分析により得られた各周波数の振幅スペクトルも位相スペクトルも使用しないので，壊滅的な劣化を強いられた音声になります．しかし，発話内容を事前に知っている場合には，パワーの時間変動だけでも音声を理解することができます．

●原 理

入力音声をFFTし，その位相スペクトルを乱数，振幅スペクトルを定数にします．ただし，振

リスト9.3 短時間パワーだけの音声のプログラム（抜粋）

```
●冒頭の宣言部
#define  FFT_SIZE 512                          // FFT点数

●信号処理用変数の宣言部
double   s[MEM_SIZE+1]={0};                    // 入力データ格納用変数
double   y[MEM_SIZE+1]={0};                    // 出力データ格納用変数
long int l,i;                                  // FFT用変数
int      SHIFT = FFT_SIZE/2;                   // FFTのシフト量
double   OV    = 2.0*SHIFT/FFT_SIZE;           // オーバラップ加算の係数
double   x[FFT_SIZE+1]    ={0};                // FFTの入力
double   yf[FFT_SIZE+1]   ={0};                // IFFT信号格納用
double   w[FFT_SIZE+1]    ={0};                // 窓関数
double   Xphs[FFT_SIZE+1]={0};                 // 位相スペクトル
double   Xpow;                                 // 区間パワー

●変数の初期設定部
init();                                        // ビット反転，重み係数の計算
l = 0;                                         // FFT開始時刻管理
for(i=0;i<FFT_SIZE;i++){                       // 窓関数の設定
    w[i]=0.5*(1.0-cos(2.0*M_PI*i/(double)FFT_SIZE));
}

●メイン・ループ内 Signal Processing部
x[l] = s[t];                                   // 入力をx[l]に格納
l=(l+1)%FFT_SIZE;                              // FFT用の時刻管理
```

幅スペクトルの定数は，FFT分析の区間ごとのパワーを保持するように設定します．つまり，FFT分析区間における全ての周波数の振幅は同じですが，FFTごとにその値が変化するということです．得られる合成音声は，パワー変動以外の要素を削除した信号となります．

変換方法を**図9.5**に示します．

●プログラム

短時間パワーだけの音声への変換プログラムを**リスト9.3**に示します．

振幅スペクトルは分析区間内における音声信号の2乗和の平方根としています．また，位相は一様乱数で設定しています．

▶プログラム改造のヒント

冒頭の`FFT_SIZE`でFFT分析区間を変更できます．大きくしすぎると，パワーを保持しても音声を理解できなくなります．`FFT_SIZE`は音声が定常とみなせ，30ms前後に設定する必要があります．`FFT_SIZE=512`では，512/16000 = 32[ms]です．

```
  if( l%SHIFT==0 ){                                  // シフトごとにFFTを実行
      Xpow=0;
      for(i=0;i<FFT_SIZE;i++){
          xin[i] = x[(l+i)%FFT_SIZE]*w[i];           // 窓関数を掛ける
          Xpow=Xpow+xin[i]*xin[i];                   // 区間パワー計算
      }
      Xpow=sqrt(Xpow);                               // 平方根
      fft();                                         // FFT
      for(i=0;i<=FFT_SIZE/2;i++){
          Xphs[i] = 2*M_PI*(double)rand()/RAND_MAX; // 位相を一様乱数で設定
          Xr[i] = Xpow*cos(2*M_PI*i/FFT_SIZE+Xphs[i]); // 実部の作成
          Xi[i] = Xpow*sin(2*M_PI*i/FFT_SIZE+Xphs[i]); // 虚部の作成
          Xr[FFT_SIZE-i]= Xr[i];                       // 実部は偶対称
          Xi[FFT_SIZE-i]=-Xi[i];                       // 虚部は奇対称
      }
      ifft();                                          // IFFT
      for(i=0;i<FFT_SIZE;i++){                         // 出力信号作成
          if(i>=FFT_SIZE-SHIFT)  yf[(l+i)%FFT_SIZE]
                                              = z[i]/FFT_SIZE*OV;
          else yf[(l+i)%FFT_SIZE]
                                  = yf[(l+i)%FFT_SIZE]+z[i]/FFT_SIZE*OV;
      }
  }
  y[t]=yf[l];                                          // 現在の出力
```

●入出力の確認

コンパイルと実行の方法を表9.3に示します．DDプログラムにおける処理結果を図9.6に示します．波形としてのパワー変動は保持されています．

スペクトログラムは，音声の調波構造やスペクトル包絡が消失しています．声の高さや発話内容は聞き取れない状態です．突然このような声が聞こえてきたら，われわれは内容を理解できないどころか，声であることも分からないでしょう．実際，処理音では，発話内容を事前に知らなければ，内容の理解は難しいと思います．

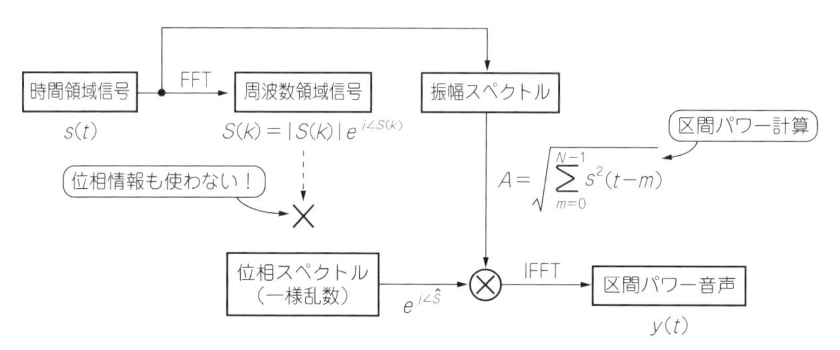

図9.5　短時間パワーだけの音声への変換…振幅スペクトルは区間内における音声信号の2乗和の平方根にする

表9.3　短時間パワーだけの音声のプログラムのコンパイルと実行の方法

収録フォルダ		9_03_Pow_speech
DDプログラム	コンパイル方法	bcc32c DD_Pow_speech.c
	実行方法	DD_Pow_speech speech.wav
RTプログラム	コンパイル方法	bcc32c RT_Pow_speech.c
	実行方法	RT_Pow_speech
備考：speech.wavは入力音声ファイル．任意のwavファイルを指定可能		

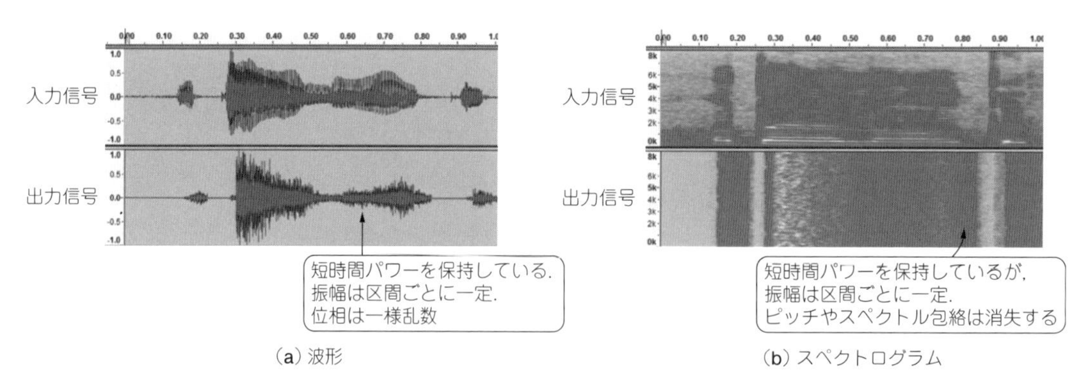

図9.6　短時間パワーだけの音声への変換結果…発話内容を知っていればある程度理解できる

しかし，原音声（つまり発話内容）を事前に知っていて試聴すると，不思議なことに，なんとなく発話内容を聞き取ることができます．これは，われわれの脳が音声を推測，補間したためです．この音だけを用いて，発話内容を抽出することは現在の音声認識技術でも不可能です．しかし，ディープ・ニューラル・ネットワークによる音声・画像の認識性能は，人間に迫る勢いがありますので，近い将来，非常に劣化した状態の音声でも認識できる時代が来るかもしれません．

9-4 微細構造だけの音声

入力音声をケプストラムに変換し，特定の部分を抽出すると，音声の微細構造およびスペクトル包絡が得られます．ここでは，ケプストラム分析の結果として得られる，微細構造だけで合成した音声を聞いてみます．

●原 理

音声の発声モデルを**図9.7**に示します．角周波数ωを持つ音声スペクトルを$S(\omega)$とすると，パルス列で近似される微細構造$G(\omega)$と，緩やかな周波数特性を持つスペクトル包絡$H(\omega)$の積としてモデル化できます．

ここでは，$G(\omega)$と$H(\omega)$を分離可能なケプストラムを用います．そして，微細構造だけの音を生成します．これはノドにある声帯付近の音を抽出した信号として解釈できます．ここで，声帯から唇までの声道特性，すなわちスペクトル包絡は，一定値として設定します．

●プログラム

ケプストラムから微細構造とスペクトル包絡を抽出し，再び逆変換するプログラムを**リスト9.4**に示します．

スペクトル包絡は，`L=13`番目までのケプストラムを利用して計算します．そして，対数振幅領域において平均値に置き換えています．合成音声は，微細構造と定数化したスペクトル包絡から計算します．

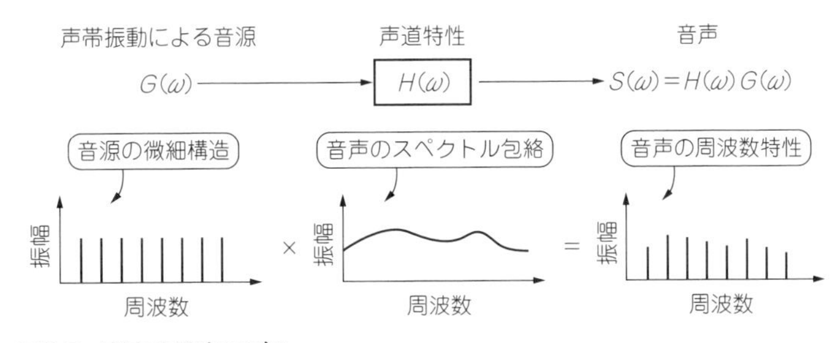

図9.7 音声の発声モデル
微細構造とスペクトル包絡の積として音声スペクトルを表現する

リスト9.4　微細構造だけの音声のプログラム（抜粋）

```
●冒頭の宣言部
#define  L    13                          // 包絡線抽出用の次数
static double c[FFT_SIZE+1]={0};          // ケプストラム
static double XFin[FFT_SIZE+1]={0};       // 対数微細構造
static double XEnv[FFT_SIZE+1]={0};       // 対数スペクトル包絡

●信号処理用変数の宣言部
double   ave_env;                         // スペクトル包絡の平均値

●変数の初期設定部
init();                                   // ビット反転，重み係数の計算
l = 0;                                    // FFT開始時刻管理

●メイン・ループ内 Signal Processing部
x[l] = s[t];                              // 入力をx[l]に格納
l=(l+1)%FFT_SIZE;                         // FFT用の時刻管理
if( l%SHIFT==0 ){                         // シフトごとにFFTを実行
    for(i=0;i<FFT_SIZE;i++){
        xin[i] = x[(l+i)%FFT_SIZE]*w[i];  // 窓関数を掛ける
    }
    cep_FE();                             // ケプストラム変換
    // 対数微細構造処理
    for(i=0;i<FFT_SIZE;i++){
        XFin[i]=XFin[i];
    }
    // 対数スペクトル包絡処理
    ave_env=0;
    for(i=0;i<FFT_SIZE;i++){
        ave_env += XEnv[i]/FFT_SIZE;      // スペクトル包絡の平均値計算
    }
    for(i=0;i<FFT_SIZE;i++){
        XEnv[i]  = ave_env;               // スペクトル包絡を定数にする
    }
    icep_FE();                            // 逆変換
    for(i=0;i<FFT_SIZE;i++){              // 出力信号作成
        if(i>=FFT_SIZE-SHIFT)  yf[(l+i)%FFT_SIZE]
                                           = z[i]/FFT_SIZE*OV;
        else yf[(l+i)%FFT_SIZE]
                         = yf[(l+i)%FFT_SIZE]+z[i]/FFT_SIZE*OV;
    }
}
y[t]=yf[l];                               // 現在の出力
```

表9.4　微細構造だけの音声のプログラムのコンパイルと実行の方法

収録フォルダ		9_04_Fine_spectrum
DDプログラム	コンパイル方法	bcc32c DD_Fine.c
	実行方法	DD_Fine speech.wav
RTプログラム	コンパイル方法	bcc32c RT_Fine.c
	実行方法	RT_Fine
備考：speech.wavは入力音声ファイル．任意のwavファイルを指定可能		

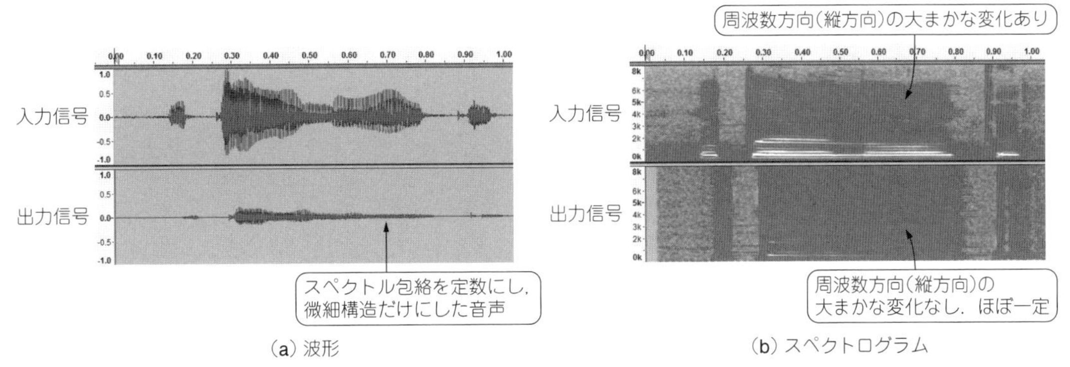

図9.8　微細構造だけの音声の出力結果…スペクトル包絡がなくなり微細構造だけになっている

▶プログラム改造のヒント

冒頭のdefineにより，Lを設定しています．これは，ケプストラムの原点からL個の値までをスペクトル包絡の成分として利用するということです．Lは10～13程度がよく用いられるようですが，これを変更すると結果が異なります．Lを0に近づけると，結果が原音声に近づきます．

●入出力の確認

コンパイルと実行の方法を**表9.4**に示します．DDプログラムにおける処理結果を**図9.8**に示します．微細構造のみを抽出しているので，声帯の基本周波数とその倍音構造が明確に得られています．一方，スペクトル包絡が一定値となり，周波数ごとの強弱の変化は不明瞭になっています．

9-5 スペクトル包絡だけの音声

ケプストラムを利用して音声から微細構造を除去し，スペクトル包絡だけの音声を作成します．声帯振動成分が消失するので，ささやき声のような音声が得られます．

●原 理

音声の発声モデル（本章9-4の図9.7参照）において，角周波数ωに対する音声スペクトル$S(\omega)$は，パルス列で近似される微細構造$G(\omega)$と，緩やかな周波数特性を持つスペクトル包絡$H(\omega)$の積としてモデル化できます．ケプストラムによる分析を行うと，これらを分離することが可能です．微細構造$G(\omega)$を除去すると，スペクトル包絡$H(\omega)$だけの音を生成できます．

ここでは声帯付近のブザーのような音源をノイズに入れ替えることで，$G(\omega)$を除去します．

●プログラム

ケプストラムから微細構造とスペクトル包絡を抽出し，再び逆変換するプログラムをリスト9.5に示します．微細構造を除去するために，`L=13`番目以降のケプストラムから得られる対数振幅スペクトルを，全て一定値に置き換えています．

▶プログラム改造のヒント

冒頭の`#define`により，`L`を設定しています．これは，ケプストラムの原点から`L`個の値までを

表9.5　スペクトル包絡だけの音声のプログラムのコンパイルと実行の方法

収録フォルダ		9_05_Envelope
DDプログラム	コンパイル方法	bcc32c DD_Envelope.c
	実行方法	DD_Envelope speech.wav
RTプログラム	コンパイル方法	bcc32c RT_Envelope.c
	実行方法	RT_Envelope
備考：speech.wavは入力音声ファイル．任意のwavファイルを指定可能		

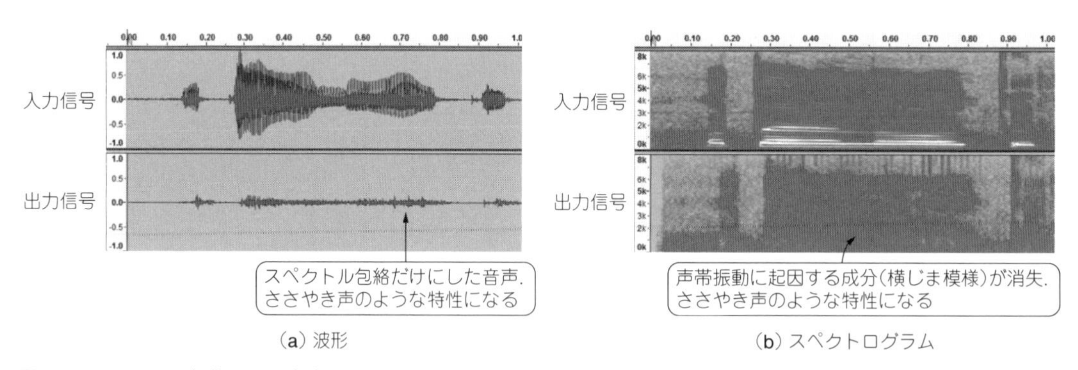

図9.9　スペクトル包絡だけの音声の出力結果…微細構造がなくなりスペクトル包絡だけになっている

リスト9.5　スペクトル包絡だけの音声のプログラム（抜粋）

```
●冒頭の宣言部
#define  L    13                           // 包絡線抽出用の次数
static double c[FFT_SIZE+1]={0};           // ケプストラム
static double XFin[FFT_SIZE+1]={0};        // 対数微細構造
static double XEnv[FFT_SIZE+1]={0};        // 対数スペクトル包絡

●信号処理用変数の宣言部
double   ave_env;                          // スペクトル包絡の平均値

●変数の初期設定部
init();                                    // ビット反転, 重み係数の計算
l = 0;                                     // FFT開始時刻管理

●メイン・ループ内 Signal Processing部
x[l] = s[t];                               // 入力をx[l]に格納
l=(l+1)%FFT_SIZE;                          // FFT用の時刻管理
if( l%SHIFT==0 ){                          // シフトごとにFFTを実行
    for(i=0;i<FFT_SIZE;i++){
        xin[i] = x[(l+i)%FFT_SIZE]*w[i];   // 窓関数を掛ける
    }
    cep_FE();                              // ケプストラム変換
    // 対数微細構造処理
    ave_fine=0;
    for(i=0;i<FFT_SIZE;i++){
        ave_fine += XFin[i]/FFT_SIZE;      // 微細構造の平均値を計算
    }
    for(i=0;i<FFT_SIZE;i++){
        XFin[i]   = ave_fine;              // 微細構造を平均値に置き換える
    }
    // 対数スペクトル包絡処理
    for(i=0;i<FFT_SIZE;i++){
        XEnv[i]=XEnv[i];
    }
    icep_FE();                             // 逆変換
    for(i=0;i<FFT_SIZE;i++){               // 出力信号作成
        if(i>=FFT_SIZE-SHIFT)   yf[(l+i)%FFT_SIZE]
                                          = z[i]/FFT_SIZE*OV;
        else yf[(l+i)%FFT_SIZE]
                              = yf[(l+i)%FFT_SIZE]+z[i]/FFT_SIZE*OV;
    }
}
y[t]=yf[l];                                // 現在の出力
```

スペクトル包絡の成分として利用するということです．従って，Lを変更すると結果が異なります．Lを$N/2$に近づけると，結果が原音声に近づきます．

●入出力の確認

コンパイルと実行の方法を**表9.5**に示します．DDプログラムにおける処理結果を**図9.9**に示します．スペクトル包絡だけで合成した音声では，調波構造を表す横方向のしま模様が消失しています．結果として声の高さ情報が失われています．ただし，「あ」や「い」などを決定するスペクトル包絡は残っていますので，言葉の判別は可能です．試聴すると，ささやき声のような効果が得られています．

9-6 周波数変調音声

音声信号を周波数変調（FM：Frequency Modulation）し，復調前の状態で音声を聞いてみます．FM信号を，復調せずにそのままボイス・チェンジャなどの用途として使うことはほとんどありませんが，FMの音も興味深いと思います．

●原 理

FMラジオで用いられる周波数変調/復調の原理を**図9.10**に示します．

変調は，搬送波周波数の位相を音声を積み上げることで変化させます．式で示すと，時刻tにおける変調信号$x_{FM}(t)$は以下のようになります．

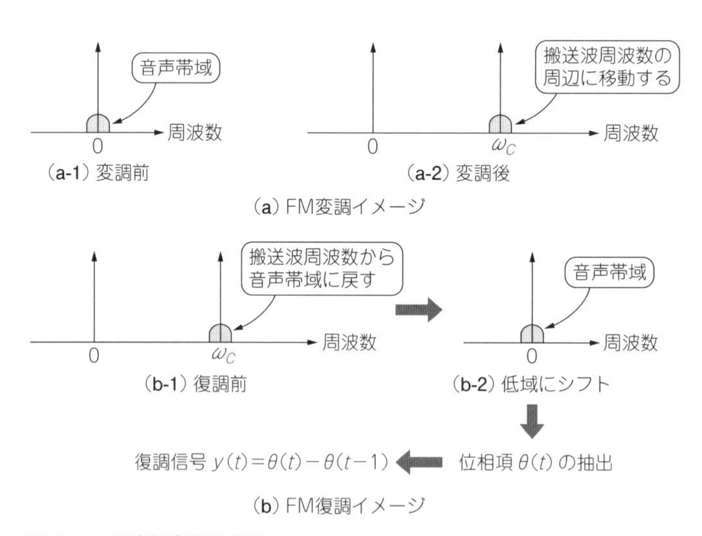

図9.10 周波数変調と復調

$$x_{\mathrm{FM}}(t) = A\cos\{\omega_C t + \theta(t)\}$$
$$\theta(t) = \sum_{\tau=0}^{t} s(\tau) \quad \cdots\cdots (9.1)$$

ここで, ω_cは搬送波周波数, $s(\tau)$は時刻τにおける音声です. 音声によって位相$\theta(t)$が変化します.

搬送波周波数は, 音声帯域に比べて非常に高い周波数(MHzオーダ)が選択されます. ただし, ここでは可聴域を利用するため12kHzとします.

搬送波から元の音声を復元することを復調と呼びます. 復調の手順を3段階に分けて説明します.

第1段階として, 高い周波数にシフトされた主要周波数成分を低域にシフトします. ここで, 元の音声帯域よりも高い周波数成分は不要となります.

第2段階では, ローパス・フィルタにより不要となった高い周波数成分をカットします.

第3段階では, 位相の差分から元の音声を抽出します. これは, 変調時に音声を積み上げた操作と逆の手順になります.

●プログラム

周波数変調/復調のプログラムをリスト9.6に示します.

表9.6　周波数変調/復調のプログラムのコンパイルと実行の方法

収録フォルダ		9_06_FM_voice
DDプログラム	コンパイル方法	bcc32c DD_FM_speech.c
	実行方法	DD_FM_speech speech48k.wav
RTプログラム	コンパイル方法	bcc32c RT_FM_speech.c
	実行方法	RT_FM_speech
備考：speech48k.wavは入力音声ファイル. 任意のwavファイルを指定可能		

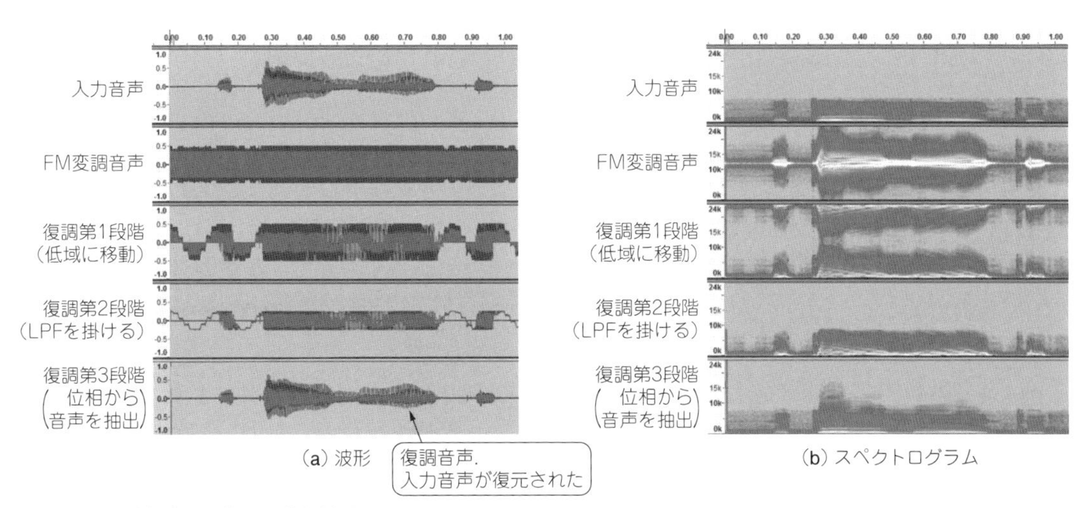

図9.11　周波数変調/復調の実行結果

リスト9.6　周波数変調/復調のプログラム(抜粋)

```
●冒頭の宣言部
#define  MEM_SIZE 48000                       // 音声メモリのサイズ

●信号処理用変数の宣言部
int      i;                                   // ループ計算用変数
int     N=64;                                 // フィルタ次数
double h[64+1]={0};                           // フィルタ係数
double Fe;                                    // 遮断周波数
double Fc;                                    // 変調周波数
double theta;                                 // 変調用位相
double x_FM;                                  // FM変調信号
double xI[64+1]={0};                          // 実部信号
double xQ[64+1]={0};                          // 虚部信号
double yI, yQ;                                // LPF出力
double phi, phi1;                             // 復調用位相
int     k;

●変数の初期設定部
Fc    = 12000.0;                              // 変調周波数[Hz]
Fe    = 8000.0;                               // 遮断周波数[Hz]
theta= 0;                                     // 変調位相の初期値
phi   = 0;                                    // 復調位相の初期値
k     = 0;                                    // 管理用時刻の初期値
Fe = Fe/Fs;                         // 遮断周波数をサンプリング周波数で正規化
for(i=-N/2;i<=N/2;i++){                       // 係数の設定
    if(i==0) h[N/2+i]=2.0*Fe;
    else{
        h[N/2+i]=2.0*Fe*sin(2.0*M_PI*Fe*i)/(2.0*M_PI*Fe*i);
    }
    h[N/2+i]=h[N/2+i]*0.5*(1.0-cos(2.0*M_PI*(N/2+i)/N));
}
```

変調周波数帯域まで考慮し，48kHzサンプリングの音声信号を利用します．元の音声の周波数は，8kHz以下としています．搬送波周波数を12kHzとして，FM変調を実行します．

変調用の位相をtheta，復調用の位相をphiで宣言しています．変調，復調の各段階における信号を選択できるようにしています．y[t]=…の行のコメント・アウトした信号が出力されます．

▶**プログラム改造のヒント**

搬送波周波数Fcを変更することは，いわゆるラジオのチャネル調整に相当します．しかし，音声帯域が8kHzで，使える周波数帯域が24kHzなので，Fcを変更すると折り返し周波数が発生して，うまく復調できない可能性があります．その場合は，サンプリング周波数を高くするか音声帯域をより狭くする必要があります．

●メイン・ループ内 Signal Processing部

```
theta = theta + s[t];
if( theta > M_PI ){                            // 位相の折り返し
    theta = theta - 2*M_PI;
}
if( theta <-M_PI ){                            // 位相の折り返し
    theta = theta + 2*M_PI;
}
x_FM = 0.5*cos(2*M_PI*Fc/Fs*t + theta);        // FM変調信号
xI[k]= x_FM *   cos(2*M_PI*Fc/Fs*t) ;          // 実部の信号
xQ[k]= x_FM * (-sin(2*M_PI*Fc/Fs*t));          // 虚部の信号
yI = 0;
yQ = 0;
for(i=0;i<=N;i++){
    yI = yI + xI[(k-i+N)%N]*h[i];              // 実部のLPF出力
    yQ = yQ + xQ[(k-i+N)%N]*h[i];              // 虚部のLPF出力
}
phi1  = phi;                                   // 過去の位相
if( yQ+yI!=0 && yI*yQ!=0){
    phi   = atan2(yQ, yI);                     // 現在の位相
}
y[t]  = phi - phi1;                            // 復調信号
if( fabs(y[t]) > M_PI ){
    y[t] = y[t] - y[t]/fabs(y[t])*2*M_PI;      // 位相の折り返し対応
}
// y[t]=x_FM;                                  // FM変調信号
// y[t]=xI[k];                                 // 復調第1段階 = 周波数シフト
y[t]=yI;                                       // 復調第2段階 = LPF
k=(k+1)%N;
```

●入出力の確認

コンパイルと実行の方法を**表9.6**に示します．DDプログラムによる結果を**図9.11**に示します．波形で見ても，かなりの変化があります．FM信号では，搬送波周波数が12kHzなので，スペクトログラムでもその周辺に主要成分が集まっています．復調の第1段階では，この主要成分を低域にシフトしています．第2段階では，ローパス･フィルタを掛けて，不要な高域の信号をカットします．そして最後に復調の第3段階として，位相の差分として音声を復元しています．最上段の入力音声のスペクトルと比較すると，ほぼ同一であることが確認できます．

RTプログラムでは，スペース・バーを押すたびに，素通し⇒FM変調信号⇒復調第1段階⇒復調第2段階⇒復調第3段階を繰り返します．復調第3段階で元の音声が復元されます．

9-7 位相変調音声

音声信号を位相変調(PM：Phase Modulation)し，復調前の音声を聞いてみます．変調，復調の各段階における音声の性質を耳で確認します．

●原 理

周波数変調に似た変調方式として位相変調があります．位相変調/復調の原理を**図9.12**に示します．

位相変調は，搬送波周波数の位相を音声そのものとする変調方式です．搬送波周波数F_c，あるいは搬送波角周波数$\omega_c = 2\pi F_c$は，音声帯域に比べて十分に高い周波数を選択します．変調すると，ω_cの周辺に音声の成分が移動します．

$$x_{\mathrm{PM}}(t) = A\cos\{\omega_C t + s(t)\} \quad \cdots\cdots (9.2)$$

搬送波から元の音声を復元するための復調では3ステップが必要です．

第1段階として，ω_c付近に存在する音声の周波数成分を低域にシフトします．これは，周波数F_cの正弦波を乗じることで実現できます．

第2段階では，ローパス・フィルタ(LPF)により不要な高域の周波数成分をカットします．

第3段階では，位相を抽出して，これを復元音声とします．

●プログラム

位相変調/復調のプログラムを**リスト9.7**に示します．

変調周波数帯域まで考慮し，48kHzサンプリングの音声信号を利用します．元の音声の周波数は8kHz以下です．搬送波周波数を12kHzとして位相変調を実行します．

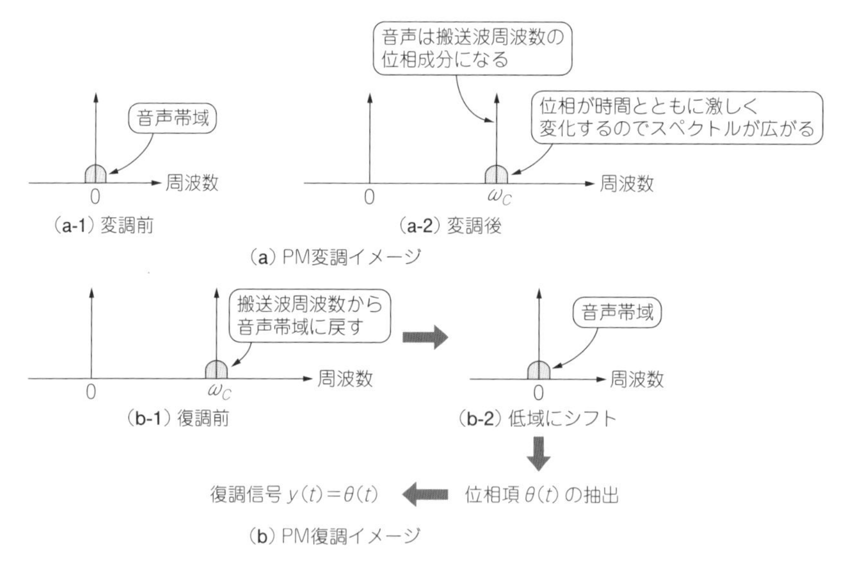

図9.12　位相変調と復調

変調，復調の各段階における信号を出力として選択できるようにしています．各段階における信号の選択は，`y[t]=…`をコメント・アウトすることで実行します．

▶プログラム改造のヒント

搬送波周波数`Fc`を変更することは，ラジオのチャネル調整に相当します．音声帯域が8kHzで，使える周波数帯域が24kHzなので，`Fc`を変更すると折り返し周波数が発生して，うまく復調できない可能性があります．`Fc`を変更したい場合はサンプリング周波数を高くするか音声帯域をより狭くする必要があります．

●入出力の確認

コンパイルと実行の方法を**表9.7**に示します．DDプログラムの実行結果を**図9.13**に示します．PM信号では，搬送波周波数が12kHzなので，その周辺に主要成分が集まっています．復調の第1段階では，この主要成分を低域にシフトしています．第2段階では，ローパス・フィルタを掛けて，不要な高域の信号をカットします．そして最後に，復調の第3段階として，位相を音声として抽出しています．

RTプログラムでは，スペース・キーを押すたびに，素通し⇒PM変調信号⇒復調第1段階⇒復調第2段階⇒復調第3段階を繰り返します．復調第3段階で元の音声が復元されます．

表9.7　位相変調/復調のプログラムのコンパイルと実行の方法

収録フォルダ		9_07_PM_voice
DDプログラム	コンパイル方法	bcc32c DD_PM_speech.c
	実行方法	DD_PM_speech speech48k.wav
RTプログラム	コンパイル方法	bcc32c RT_PM_speech.c
	実行方法	RT_PM_speech
備考：speech48k.wavは入力音声ファイル．任意のwavファイルを指定可能		

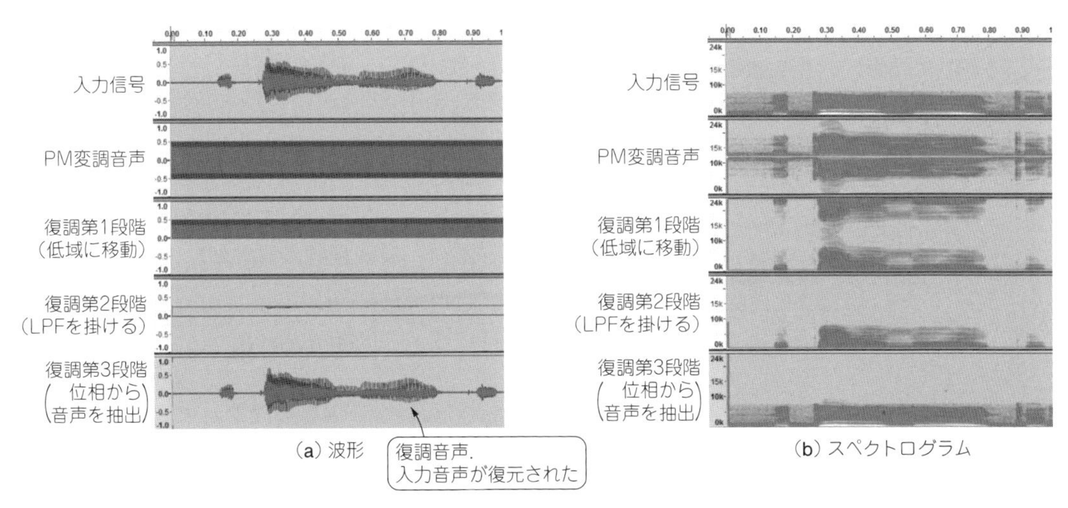

図9.13　位相変調/復調の実行結果

リスト9.7 位相変調/復調のプログラム(抜粋)

```
●冒頭の宣言部
#define  MEM_SIZE 48000                          // 音声メモリのサイズ

●信号処理用変数の宣言部
int     i;                                       // ループ計算用変数
int     N=64;                                    // フィルタ次数
double h[64+1]={0};                              // フィルタ係数
double Fe;                                       // 遮断周波数
double Fc;                                       // 変調周波数
double x_PM;                                     // PM変調信号
double xI[64+1]={0};                             // 実部信号
double xQ[64+1]={0};                             // 虚部信号
double yI, yQ;                                   // LPF出力
int     k;

●変数の初期設定部
Fc    = 12000.0;                                 // 変調周波数[Hz]
Fe    = 8000.0;                                  // 遮断周波数[Hz]
k     = 0;                                       // 管理用時刻の初期値
Fe = Fe/Fs;                            // 遮断周波数をサンプリング周波数で正規化
for(i=-N/2;i<=N/2;i++){                          // 係数の設定
    if(i==0)
        h[N/2+i]=2.0*Fe;
    else{
        h[N/2+i]=2.0*Fe*sin(2.0*M_PI*Fe*i)/(2.0*M_PI*Fe*i);
    }
    h[N/2+i]=h[N/2+i]*0.5*(1.0-cos(2.0*M_PI*(N/2+i)/N));
}

●メイン・ループ内 Signal Processing部
x_PM = 0.5*cos(2*M_PI*Fc/Fs*t + s[t]);          // PM変調信号
xI[k]= x_PM *   cos(2*M_PI*Fc/Fs*t) ;           // 実部の信号
xQ[k]= x_PM * (-sin(2*M_PI*Fc/Fs*t));           // 虚部の信号

yI = 0;
yQ = 0;
for(i=0;i<=N;i++){
    yI = yI + xI[(k-i+N)%N]*h[i];               // 実部のLPF出力
    yQ = yQ + xQ[(k-i+N)%N]*h[i];               // 虚部のLPF出力
}
if( yQ+yI!=0 && yI*yQ!=0){
    y[t] = atan2(yQ, yI);                       // 現在の位相
}
// y[t]=x_PM;                                    // PM変調信号
// y[t]=xI[k];                                   // 復調第1段階 = 周波数シフト
// y[t]=yI;                                      // 復調第2段階 = LPF
k=(k+1)%N;
```

9-8 量子化音声

一般の音楽CDは16ビット量子化の音を収録しています．これは，1つのサンプル値を2^{16}＝65536段階で表現する方法です．ここでは量子化のビット数を変更して音質の変化を確認します．

●原 理

音声はアナログ信号なので，ディジタル信号にするときに振幅を離散化します．これが量子化と呼ばれる操作です．連続値を持つ入力信号を，3ビット（＝2^3＝8段階）で量子化した場合の入出力関係を**図9.14**に示します．横軸は入力信号で，正負の連続値をとります．入力信号の値を垂直方向に見ると，8段階で示された太い実線のどこかにぶつかります．太い実線の値（縦軸）が出力信号の値です．従って全ての入力信号が8段階のいずれかの値に変換されます．

入力信号を－4～＋3の整数値に変換する場合が**図9.14**(a)です．量子化ビット数が小さい場合，小振幅の入力信号は全て0となり，音が消えてしまいます．入力信号を0を含めずに－4～＋4の整数値に変換する場合が**図9.14**(b)です．入力が小振幅であっても，＋1か－1の値が出力されます．

通常は**図9.14**(a)の方式で問題ありませんが，量子化のビット数が少なく，かつ入力の振幅が小さい場合は，両者の違いが明確に現れます．

●プログラム

量子化のプログラムを**リスト9.8**に示します．量子化のビット数をbで設定します．ここではb=3とし，3ビット＝8段階の音声を作成します．量子化には0を含めています．

▶プログラム改造のヒント

変数の初期設定部にある量子化ビット数bを変更すると，2のb乗段階で音を表現できます．

多くの入力音声は16ビットで量子化されており，また，本プログラムによる音声波形の書き込みも16ビットで実行しているので，bは16以下で設定する必要があります．

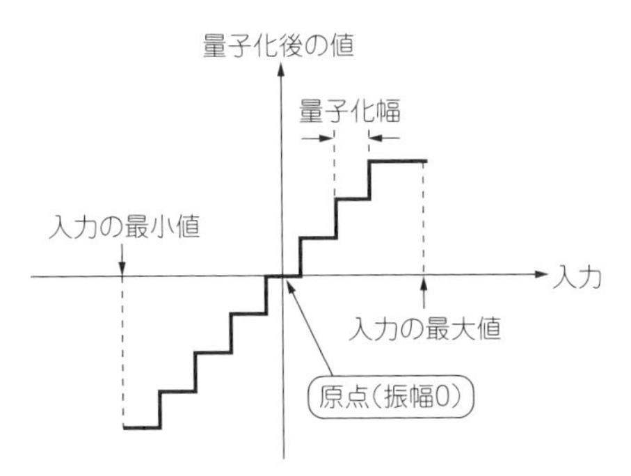

(a) －4～＋3の整数値を出力…小振幅入力0
3ビットの場合，2^3＝8段階で入力を表現

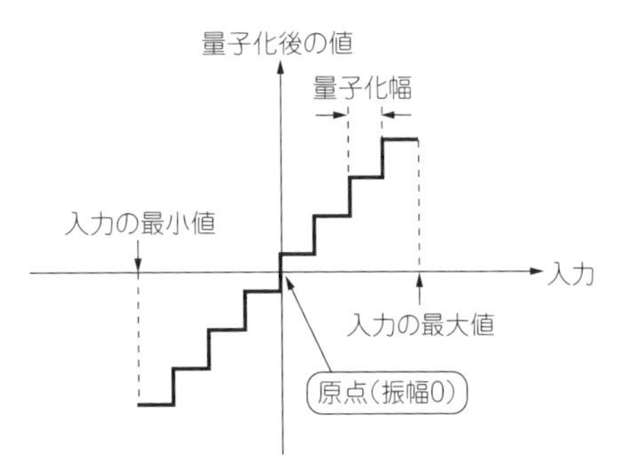

(b) 0を含めずに－4～＋4の整数値を出力
…小振幅信号に値がある

図9.14　3ビット量子化

リスト9.8　量子化のプログラム（抜粋）

```
●信号処理用変数の宣言部
double   s[MEM_SIZE+1]={0};                     // 入力データ格納用変数
double   y[MEM_SIZE+1]={0};                     // 出力データ格納用変数

int      b;                                     // 量子化ビット数

●変数の初期設定部
b=3;                                            // 量子化ビット数設定

●メイン・ループ内 Signal Processing部
s[t] = (s[t] * pow(2,b-1));        // 最大値倍する. 最大値は正負とも2^{b-1}
y[t] = floor( fabs(s[t])+0.5 );                 // 絶対値を四捨五入して整数化
if( s[t]<0 ) y[t] = -y[t];                      // s[t]の符号に合わせる
if( y[t]>pow(2,b-1)-1 ) y[t]=pow(2,b-1)-1;      // 正の最大値を1つ下げる
y[t]=y[t]/pow(2.0, b-1);                        // 正規化
```

ダウンロード・データには，ゼロを含む量子化と含まない量子化の2種類のプログラムを収録しています．ゼロを含まない量子化で，1ビットの設定（大きさは2段階のみ）にしても興味深い音声を得ることができます．

●入出力の確認

コンパイルと実行の方法を**表9.8**に示します．入力信号と3ビットで量子化した結果を**図9.15**に示します．

波形では0を含める方がきれいに見えますが，0の部分は音の変化がありませんので，声は完全に消失します．0を含めない場合は何らかの振動が残りますので，音が続いている感覚が得られます．実際にはその音が音声でなくても，脳が必要な音を拾い出して，声が途切れていないように聞こえる場合があります．とはいえ，無音を表現するためには0を含めることが望ましいので，一般的には最大値を1減らして0を含める方式が採用されます．

表9.8　量子化のプログラムのコンパイルと実行の方法

収録フォルダ		9_08_quantization
DDプログラム	コンパイル方法	bcc32c DD_PCM_zero.c
	実行方法	DD_PCM_zero speech.wav
RTプログラム	コンパイル方法	bcc32c RT_PCM.c
	実行方法	RT_PCM
関連プログラム	機能	ゼロを含まない量子化音声
	コンパイル方法	bcc32c DD_PCM_nonzero.c
	実行方法	DD_PCM_nonzero speech.wav
備考：speech.wavは入力音声ファイル．任意のwavファイルを指定可能		

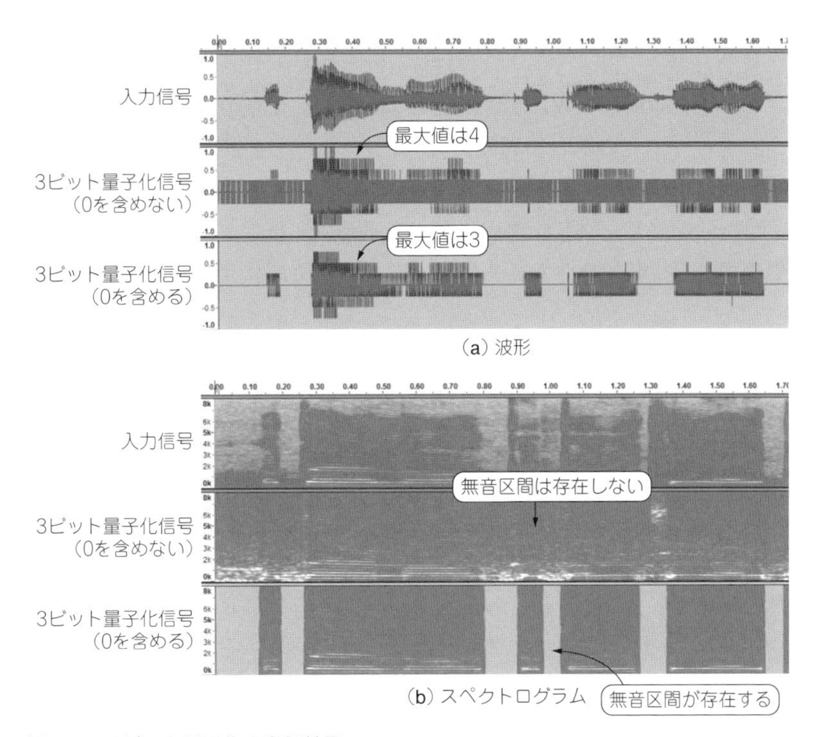

図9.15　3ビット量子化の実行結果

9-9 間引きによるエイリアシング

音声サンプルを間引いてサンプルの数を減らしてみます．ダウン・サンプリングに近い処理ですが，単にサンプルを間引くとエイリアシング（Aliasing）が生じて，音質が変化します．

●原 理

ディジタル信号は，サンプリング定理により，サンプリング周波数の半分までの周波数までしか表現できません．サンプリング周波数をF_sとすると，表現できる最大周波数は$F_s/2$です．そこで，通常はサンプリングする前に，信号の最大周波数を$F_s/2$までにしておきます．

最大の周波数が$F_s/2$のディジタル信号を間引いてみます．2点のうち1点を間引く例を**図9.16**に示します．この場合，サンプルの数が半分になるので，サンプリング周波数F_sをその半分の$F_s/2$として再生すると，再生時間は一致します．ただし，間引いた信号は再生可能な最大周波数が$F_s/4$になっています．よって，元の信号の周波数成分$F_s/4$～$F_s/2$を表現することはできません．表現できない周波数は，エイリアシングと呼ばれる周波数ひずみとして現れます．

次に，間引いた信号を，サンプリング周波数を変更せずに再生する方法を考えます．サンプリング周波数を変更せずに再生時間を合わせるには，間引いた位置にサンプルを追加する必要があります．

単純な方法として，**図9.17**のような3種類が考えられます．1つ目は，ゼロを追加する方法，2つ目は，直前の値を保持する方法，3つ目は線形補間による方法です．線形補間による方法では，直前と直後の2つのサンプルを残っている2つのサンプルを直線で結び，不足している値を決定します．

●プログラム

サンプリング周波数を変更しない場合の間引きプログラムを**リスト9.9**に示します．

間引く数はDSで指定します．DSサンプルごとに元の値が保存されますので，（DS − 1）サンプル

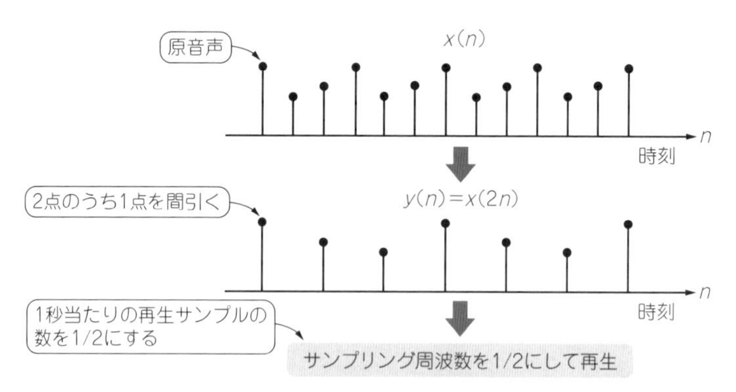

図9.16　2点のうち1点を間引く処理

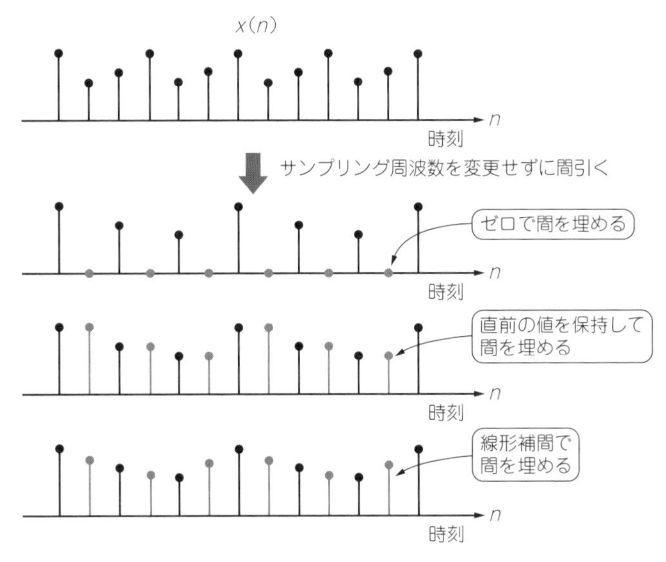

図9.17　間引いた位置にはサンプルがなくなるので何らかの値を追加する

が補間すべきサンプルの数となります．ここでは`DS=2`としています．

出力`y[t]`の設定により，サンプルの追加方法が変化します．ここでは，直前の値を保持する方法となっています．コメント・アウトにより，ゼロを追加する方法と線形補間による方法を選択できるようにしています．線形補間による方法では，出力に`DS`サンプルの遅延が生じます．メイン・ループの`if(t%DS==0){ ～ }`は，線形補間による方法以外では利用していません．

▶プログラム改造のヒント

`DS`の値が大きいほど原音声の周波数成分は失われ，さらにエイリアシングによるひずみが生じます．元の周波数成分は，(`Fs`/2)/`DS`[Hz]未満が保持されます．しかし，この周波数帯域にエイリアシングによるひずみの影響が及ぶこともあります．エイリアシングによるひずみは，0を追加する方法が最も大きく，次いで，直前の値を追加する方法，線形補間による方法の順に小さくなります．

ダウンロード・データには，単に間引くだけ（サンプリング周波数が変わる）のプログラムも収録しています．この方法はひずみが含まれているので，いわゆるダウン・サンプリングとしての利用はできません．

●入出力の確認

コンパイルと実行の方法を**表9.9**に示します．DDプログラムによる処理結果を**図9.18**に示します．波形ではそれほど変化を確認することができません．

スペクトログラムを見ると，元の信号とは明らかに異なるスペクトルが生じています．試聴するとよく分かりますが，0で補間した結果は，高域に強い成分が新たに生じ，元の信号とは知覚的に

リスト9.9　間引きと補間のプログラム（抜粋）

```
●信号処理用変数の宣言部
double    s[MEM_SIZE+1]={0};                  // 入力データ格納用変数
double    y[MEM_SIZE+1]={0};                  // 出力データ格納用変数

int       DS;                                 // (DS-1)サンプルを間引く
double    alpha, y1[MEM_SIZE+1]={0};          // 線形補間用変数
int       Li;                                 // 線形補間ループ用

●変数の初期設定部
DS=2;                                         // 量子化ビット数設定

●メイン・ループ内 Signal Processing部
if(t%DS==0){                                  // DSサンプルごとに処理
    y1[(t-DS+MEM_SIZE)%MEM_SIZE]=s[(t-DS+MEM_SIZE)%MEM_SIZE];
    alpha = (s[t]-s[(t-DS+MEM_SIZE)%MEM_SIZE])/DS;
                                              // s[t-DS]からs[t]までの傾き
    for(Li=0;Li<DS;Li++){                     // 線形補間の値を計算ループ
        y1[(t-DS+Li+MEM_SIZE)%MEM_SIZE]
                          =y1[(t-DS+MEM_SIZE)%MEM_SIZE]+Li*alpha;
    }
}
// y[t]=y1[(t-DS+MEM_SIZE)%MEM_SIZE];  // 線形補間出力(DSサンプル遅れる)
// if(t%DS!=0)y[t]=0;else y[t]=s[t];   // 0を追加して出力
if(t%DS!=0)
    y[t]=y[(t-1+MEM_SIZE)%MEM_SIZE];
else
    y[t]=s[t];                                // 過去の値を追加して出力
```

表9.9　間引きと補間のプログラムのコンパイルと実行の方法

収録フォルダ		9_09_Aliasing
DDプログラム	コンパイル方法	bcc32c DD_mabiki.c
	実行方法	DD_mabiki speech.wav
RTプログラム	コンパイル方法	bcc32c RT_mabiki.c
	実行方法	RT_mabiki
関連プログラム	機能	間引いてサンプリング周波数を変更
	コンパイル方法	bcc32c DD_mabiki_Fs.c
	実行方法	DD_mabiki_Fs speech.wav
備考：speech.wavは入力音声ファイル．任意のwavファイルを指定可能		

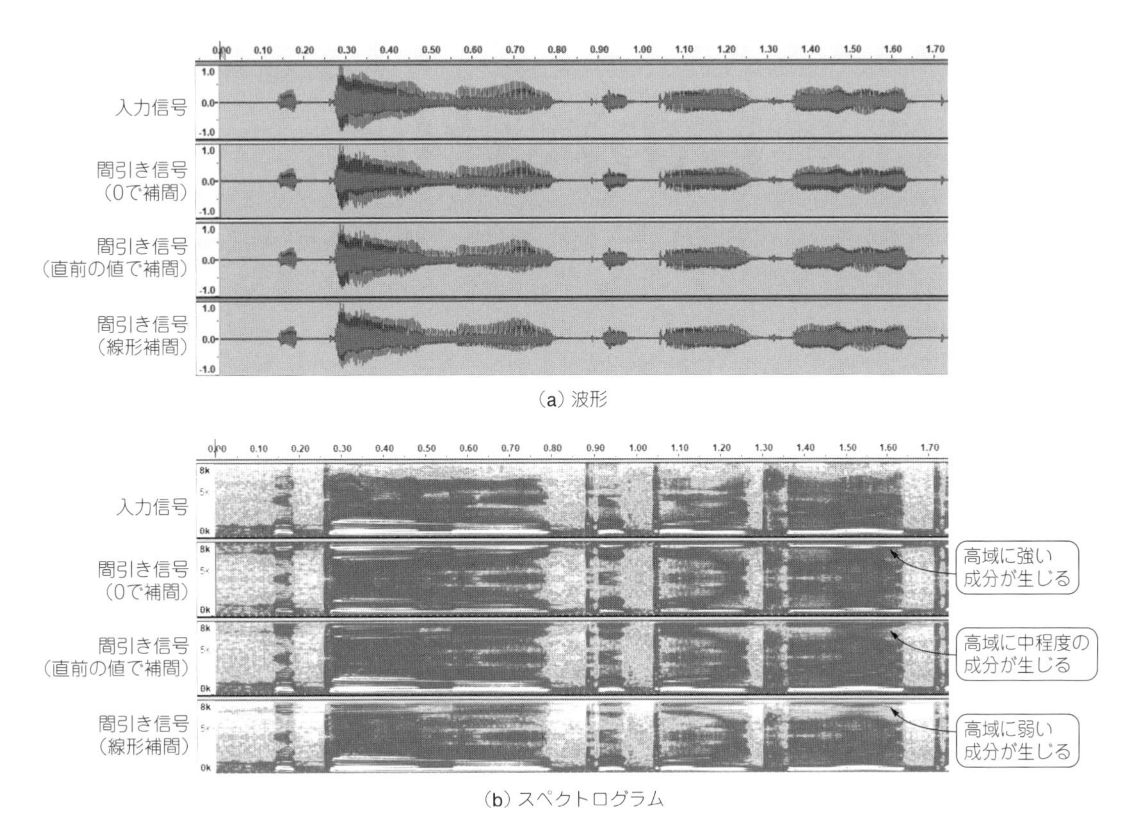

図9.18　2点のうち1点を間引いた結果

かなり異なります．これがエイリアシングによる周波数ひずみです．直前の値で補間した場合は，高域に生じる周波数ひずみが少し小さくなっています．さらに，線形補間では周波数ひずみの影響が抑えられています．

RTプログラムでは，スペース・キーを押すたびに，素通し⇒0の追加による補間⇒直前の値の追加による補間⇒線形補間を繰り返します．

第10章

音の視覚化

音声を分析するためにフーリエ変換を用います．音声は，短時間で特性が変動するため，短時間ごとにフーリエ変換を行うことが有用です．短時間ごとの分析結果を視覚的に分かりやすく表現する方法としてスペクトログラムがあります．スペクトログラムはフーリエ変換結果の振幅スペクトルを輝度として表現したものです．スペクトログラムは画像なので，本章では，画像を取り扱う方法について説明します．画像の読み書きから始め，スペクトログラムを描画してみましょう．また，スペクトログラムの逆フーリエ変換による音の合成についても説明します．この技術を応用すれば，一般的な画像をスペクトログラムとみなして，音を合成することもできます．

10-1 画像データの読み書き

音を可視化すると，音を構成する周波数成分やその時間変化が確認しやすくなります．可視化した結果は，画像として取り扱う必要があります．

ここでは，画像を扱うための基本処理であるファイルの読み書きを行います．まずは具体的には，入力するビットマップ・ファイル（拡張子が .bmp のbmpファイル）のヘッダ情報と画像データを読み出して，そのまま出力します．

●原 理

bmpファイルは，wavファイルなどと同様に，ヘッダ情報によってカラー画像なのかグレー画像なのかや，データ容量などを識別しています．bmpファイルは図10.1のようにヘッダと画像によって構成されています．最初にヘッダ情報があり，次に画像データが格納されています．

画像データを順に読み出すことで，各画素の輝度値を取得できます．輝度値は，左下が始点(0, 0)として書かれています．画像最下段（1行目）の右端の次は，2行目の左端の輝度値になります．最

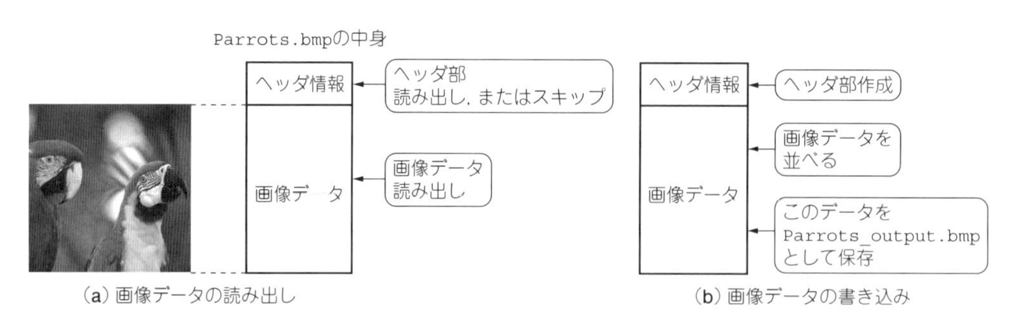

図10.1　bmpファイルのおおまかな構造…ヘッダ情報の後に画像データが並ぶ

後は画像の右上の輝度値です．また，カラー画像の場合は，1画素ごとにB(青)，G(緑)，R(赤)の順で書かれています．

●プログラム

bmpデータを読み書きするプログラムを**リスト10.1**に示します．ヘッダ情報にはさまざまな項目がありますが，ここではそのまま書き込むので，内容の説明は省きます．

画像データの読み出しは，カラー画像(変数CLが3)とグレー画像(変数CLが1)の両方に対応させています．書き込みはカラー画像に統一しています．入力がカラー画像の場合は，B，G，Rの順で読み出し，そのまま書き込みます．グレー画像だった場合は，R，G，Bに同じ値を設定して

リスト10.1　bmpデータを読み書きするプログラム(抜粋)

```
●メイン・ループ部
m=0;                                         // 行番号
n=0;                                         // 列番号
fseek(f1, DataStartPoint, SEEK_SET);         // データ先頭位置に移動
while(1){                                    // メイン・ループ
    if(fread( &xinput, sizeof(unsigned char), 1,f1) < 1) break;
                                             // 画像読み出し
    B=G=R=xinput;
    if(CL==3){                               // カラー画像は3色読み取り
        if(fread( &xinput, sizeof(unsigned char), 1,f1) < 1) break;
                                             // 緑 読み出し
        G=xinput;
        if(fread( &xinput, sizeof(unsigned char), 1,f1) < 1) break;
                                             // 赤 読み出し
        R=xinput;
    }

    // Signal Processing部
    Bout = B;                                // 青 読み出し
    Gout = G;                                // 緑 読み出し
    Rout = R;                                // 赤 読み出し
    fwrite(&Bout, sizeof(unsigned char), 1, f2);  // 結果の書き込み
    fwrite(&Gout, sizeof(unsigned char), 1, f2);  // 結果の書き込み
    fwrite(&Rout, sizeof(unsigned char), 1, f2);  // 結果の書き込み
    n=(n+1)%width;                           // 画像データ位置更新
    if(n==0){
        m=(m+1)%height;                      // 画像データ位置更新
    }
}
```

書き込みます．

▶**改造のヒント**

書き込み時にR，G，Bのいずれかを0にしたり値を変えたりすると，出力画像が変化します．例えば，

```
Bout = 0;
Gout = 0;
Rout = R;
```

とすると，赤のみで描画された結果が出力されます．

●入出力の確認

コンパイルと実行の方法を**表10.1**に示します．

実行結果を**図10.2**に示します．標準画像のParrots.bmpを読み出し，輝度値をそのまま出力した結果が**図10.2(a)**です．同一の画像を複製できたことになります．

ここで，プログラムのメイン・ループ部を次のように変更してみます．

```
Bout = 0;
Gout = 0;
Rout = R;
```

これは，青成分と緑成分を0にする処理です．結果として，**図10.2(b-2)**のように，赤だけで描かれた画像が出力されます．

表10.1　bmpデータを読み書きするプログラムのコンパイルと実行の方法

収録フォルダ		10_01_IMG_read_and_write
DDプログラム	コンパイル方法	bcc32c DD_img_read_and_write.c
	実行方法	DD_img_read_and_write Parrots.bmp
備考：Parrots.bmpは入力画像ファイル．任意のbmpファイルを指定可能		

注：第10章のデータはhttps://www.cqpub.co.jp/interface/download/onsei.htmから入手できます．

(a-1) 入力画像

(a-2) 出力画像

(a) 読み出した画像ファイルをそのまま書き込み

(b-1) 入力画像

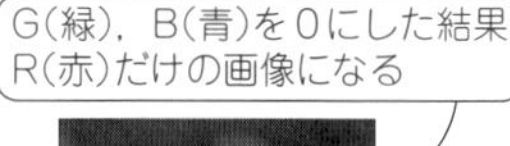

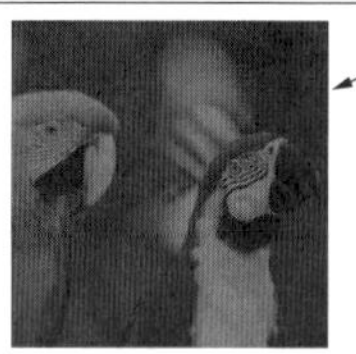

(b-2) 出力画像

(b) 読み出した画像ファイルの青成分と緑成分を0にして書き込み

図10.2　bmp画像を読み出して書き込んだ結果

10-2 任意の画像データの書き込み

設定した輝度値パターンをビットマップ・ファイル（bmpファイル）として書き込みます．作成する画像に合わせてbmpファイルのヘッダ情報を設定する必要があります．

●原 理

bmpファイルとして保存するには，最初にヘッダ情報を書き込む必要があります．

bmpファイルの構造を**図10.1**に示します．ここでは，カラー画像を対象にします．

▶ヘッダ情報

任意の画像に対応できるように，ヘッダ情報にはさまざまな項目があります．カラー画像の場合，54バイトのサイズです．

例えば，画像サイズもヘッダ情報に含まれています．ただし，画像の書き込み幅は4バイト（32ビット）の整数倍とする必要があります．4バイトの整数倍にならない場合は0を書き込みます．例えば，幅201のカラー画像なら，1行が201×3色＝603バイトなので，0を1バイトだけ追加して604バイト（＝151×4バイト）とします．ここで，書き込み幅は変更されますが，本来の画像の幅201は変更されません．

▶画像データ（輝度値）

ヘッダ情報を書き込んだ後に，画像データを並べていきます（**図10.3**）．並び順は，例えば8×8画素の画像の場合，左下端の座標（0，0）が始点で，次が1つ右の座標（1，0）です．右下端の座標（7，0）まで進んだら，1行上の左端の座標（0，1）に移ります．このような順番で画像データが並び，右上端の座標（7，7）が終点となります．

カラー画像では，1画素ごとにB（青），G（緑），R（赤）の順にデータを書き出します．各データは，輝度値を8ビット（0～255）で設定します．

*n*列　*m*行

(0, 7)	(1, 7)	(2, 7)	(3, 7)	(4, 7)	(5, 7)	(6, 7)	(7, 7)
(0, 6)	(1, 6)	(2, 6)	(3, 6)	(4, 6)	(5, 6)	(6, 6)	(7, 6)
(0, 5)	(1, 5)	(2, 5)	(3, 5)	(4, 5)	(5, 5)	(6, 5)	(7, 5)
(0, 4)	(1, 4)	(2, 4)	(3, 4)	(4, 4)	(5, 4)	(6, 4)	(7, 4)
(0, 3)	(1, 3)	(2, 3)	(3, 3)	(4, 3)	(5, 3)	(6, 3)	(7, 3)
(0, 2)	(1, 2)	(2, 2)	(3, 2)	(4, 2)	(5, 2)	(6, 2)	(7, 2)
(0, 1)	(1, 1)	(2, 1)	(3, 1)	(4, 1)	(5, 1)	(6, 1)	(7, 1)
(0, 0)	(1, 0)	(2, 0)	(3, 0)	(4, 0)	(5, 0)	(6, 0)	(7, 0)

座標（*n*, *m*）

図10.3　bmpファイルの輝度値の表

リスト10.2　パターン画像を生成してbmpファイルとして書き出すプログラム(抜粋)

●ファイル書き込み用変数の宣言部

```
FILE *f2;
unsigned long  file_size;              // ファイル・サイズ 4バイト
unsigned long  width;                  // 画像の幅
unsigned long  wbias;                  // 画像の幅調整
unsigned char  z=0;                    // 幅の調整用
unsigned long  height;                 // 画像の高さ
unsigned long  zero  = 0;              // '0'書き込み用
unsigned long  one   = 1;              // '1'書き込み用
unsigned long  FileHeaderSize=54;      // 全ヘッダ・サイズ(カラー画像用)
unsigned long  InfoHeaderSize=40;      // 情報ヘッダ・サイズ
unsigned long  data_len;               // 波形データのサンプル数
unsigned long  color = 24;             // 1画素当たりの色数
unsigned long  image_size;             // 出力画像サイズ
unsigned char  Rout, Gout, Bout;       // RGB要素の出力用
int m, n;                              // 座標の変数(m行n列)
```

●bmpファイルのヘッダ情報の設定部

```
width          = 256;                                    // 画像の幅
wbias          = ( 4-(width * 3)%4 )%4;                  // 4バイト整数倍の調整
数
height         = 256;                                    // 画像の高さ
image_size     = (width * 3 + wbias ) * height;          // 画像サイズ(3色)
file_size      = image_size + FileHeaderSize;            // 全体ファイル・サイズ
                                                                   (バイト)
```

●メイン・ループ部

```
for(m=0;m<(int)height;m++){                              // 行の更新
    for(n=0;n<(int)(width+wbias);n++){                   // 列の更新
        if(n>=(int)width){
            fwrite(&z, sizeof(unsigned char), 1, f2);    // 幅の調整
        }
        else{
            Bout = m * 255/(height-1);            // 青(下 0 --> 255 上)
            Gout = 255 - Bout;                    // 緑(下 255 --> 0 上)
            Rout = n * 255/(width -1);            // 赤(左 0 --> 255 右)
            fwrite(&Bout, sizeof(unsigned char), 1, f2);  ┐
            fwrite(&Gout, sizeof(unsigned char), 1, f2);  ├ //結果の
            fwrite(&Rout, sizeof(unsigned char), 1, f2);  ┘   書き込み
        }
    }
}
```

▶画像データの作成例

m行n列の画像を作成することを考えます．ここでは画素の座標を$(n,\ m)$として，輝度値R，G，Bを画像の座標に合わせて変更してみます．

R，G，Bは，それぞれ0～255までの値をとります．$R = n$と設定すると，赤の輝度値は左から右へ進むほど強くなります．また，$B = m$と設定すると，青の輝度値は下から上に進むほど強くなります．さらに，$G = 256 - n$などと設定すると，緑の輝度値は下から上に進むほど弱くなります．

●プログラム

プログラムをリスト10.2に示します．ヘッダには2バイト(16ビット)や4バイト(32ビット)の情報があるので，それぞれの読み取り変数を用意しています．画像サイズはwidthとheightの2つの変数で設定します．画像サイズは256×256とするので，両者とも256にしています．

画像の幅widthを256としたので4バイトの整数倍ですが，4バイトの整数倍とならないwidthにも対応しています．また，画像サイズは，R，G，Bの各要素が必要なので，width×height×3です．

メイン・ループで輝度値を書き出します．輝度値は，画像左下を(0，0)の始点として1行ずつ順に書き込みます．青が垂直上方向に増加，赤が水平右方向に増加，緑が垂直下方向に増加するように設定しています．結果として得られる画像は，左上が青，左下が緑になります．また，画像右上はマゼンタ(青＋赤)，画像右下は黄(緑＋赤)になります．

▶改造のヒント

R, G, Bの設定パターンを変更すると，出力画像が変化します．例えば，R以外を全て0にすると，左端が黒で，右方向に進むにつれて赤が増加する画像となります．

●入出力の確認

コンパイルと実行の方法を表10.2に示します．出力画像はoutput.bmpとして書き出されます．

作成したパターン画像を図10.4に示します．紙面では分かりにくいのですが，青が垂直上方向に増加，赤が水平右方向に増加，緑が垂直下方向に増加している画像が得られています．

R以外を全て0にすると，左端が黒で，右方向に進むにつれて赤が増加する画像となります．

表10.2　パターン画像を生成してbmpファイルとして書き出すプログラムのコンパイルと実行の方法

収録フォルダ		10_02_IMG_make_and_write
DDプログラム	コンパイル方法	bcc32c DD_IMG_make_and_write.c
	実行方法	DD_IMG_make_and_write

図10.4　パターン画像の生成

10-3 スペクトログラム

入力音声を短時間ごとにFFT分析し，振幅スペクトルを得ます．振幅スペクトルを輝度とみなし，時系列に並べたものがスペクトログラムです．スペクトログラムは，FFT分析の結果を視覚的に確認するために用いられます．例えば音の特性の時間変動を確認できます．

●原 理

音声や音楽を分析するにはFFTが有用です．一般に，音声や音楽は短時間で特性が変動するので，短い時間でFFT分析が実行されます．

スペクトログラムの生成方法を**図10.5**に示します．FFT結果の振幅スペクトルやパワー・スペクトルを輝度として表示し，時系列に並べます．

ここで，輝度値の取り方は，振幅スペクトル，パワー・スペクトル，対数パワー・スペクトルなどがあります．

●プログラム

パワー・スペクトルと対数パワー・スペクトルを利用してスペクトログラムを作成するプログラムを**リスト10.3**に示します．

スペクトログラムをspecという変数で設定します．画像ヘッダの設定部では，画像の幅をフレーム長とオーバラップから算出しています，また，画像の高さはFFTサイズ（＝フレーム長）の半分としています．これは，FFTの振幅スペクトルが常に偶対称で生じるためです．

メイン・ループでは，specとして得られたパワー・スペクトルを輝度として書き込みます．ここで輝度値の大きさは8ビット（256段階）としています．ただし，R，G，Bを同じ輝度値とし，グレー画像で出力します．

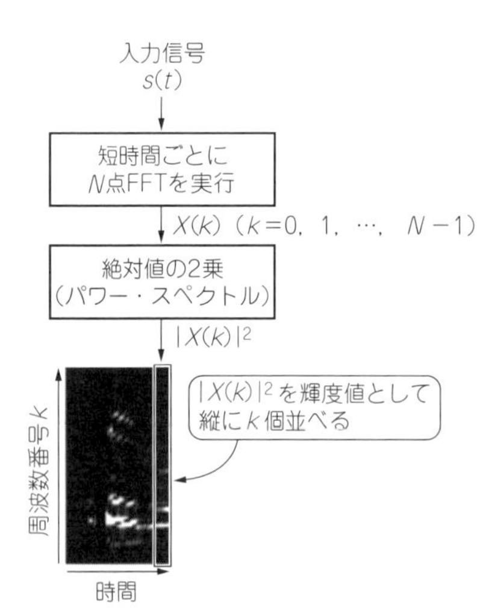

図10.5
スペクトログラムの生成…
パワー・スペクトルを輝度として表示する

リスト10.3　スペクトログラムを生成するプログラム（抜粋）

```
●冒頭の宣言部
#define  FFT_SIZE 512                              // FFT点数
#define  OL       2                                // オーバラップ率

●信号処理用変数の宣言部
long int l,i;                                      // FFT用変数
int      SHIFT = FFT_SIZE/OL;                      // FFTのシフト量
double   OV    = 2.0*SHIFT/FFT_SIZE;               // オーバラップ加算の係数
double   x[FFT_SIZE+1] ={0};                       // FFTの入力
double   yf[FFT_SIZE+1]={0};                       // IFFT信号格納用
double   w[FFT_SIZE+1] ={0};                       // 窓関数
double   spec;                                     // スペクトログラムの輝度値

●書き出し画像ヘッダの初期設定部
height          = FFT_SIZE/2;                      // 画像の高さ（FFTサイズ）
width           = len*OL/FFT_SIZE;                 // 画像の幅（フレーム長）
if(width%4  != 0)width = width  - width%4;         // 幅を4の倍数に調整
image_size     = width * height * 3;               // 画像サイズ(3色)
file_size      = image_size + FileHeaderSize;
                                                   // 全体ファイル・サイズ
                                                                  (バイト)

●メイン・ループ内 Signal Processing部
fft();                                             // FFT
for(m=0;m<FFT_SIZE/2;m++){
    if(Xamp[m]<=0.000001)Xamp[m]=0.000001;         // 振幅の最小値を制限する
    spec = Xamp[m]*Xamp[m]*256;                    // パワー・スペクトル
    //spec = 10*log10(spec);                       // 対数パワー・スペクトル
    if(spec>255)spec=255;                          // 輝度の最大値を255とする
    if(spec<0)  spec=0;                            // 輝度の最小値を0とする
    Bout=Gout=Rout = spec;                         // 輝度の設定（3色同値）
    DataWritePoint = FileHeaderSize + ( m*(int)width + n )*3;
                                                   // 3は色の数
    fseek(f2, DataWritePoint, SEEK_SET);           // データ書き込み位置に移動
    fwrite(&Bout, sizeof(unsigned char), 1, f2);      // B結果の書き込み
    fwrite(&Gout, sizeof(unsigned char), 1, f2);      // G結果の書き込み
    fwrite(&Rout, sizeof(unsigned char), 1, f2);      // R結果の書き込み
}
```

表10.3　スペクトログラムを生成するプログラムのコンパイルと実行の方法

収録フォルダ		10_03_spectrogram_gray
DDプログラム	コンパイル方法	bcc32c DD_spectrogram_gray.c
	実行方法	DD_spectrogram_gray speech.wav
備考：speech.wavは入力音声ファイル．任意のwavファイルを指定可能		

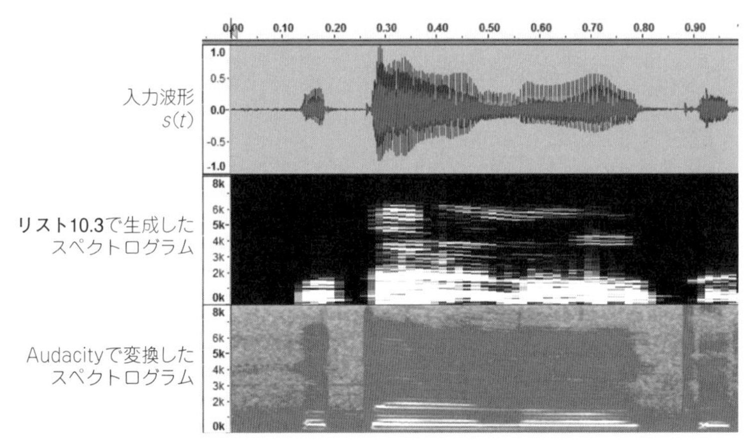

図10.6　スペクトログラムの生成結果

▶改造のヒント

specの設定を変更することで，振幅スペクトルや対数パワー・スペクトルなどを選択できます．

全体の輝度値を調整するために，定数を乗じています．この定数値は対象音声のパワーなどによって最適値が変わるので，適宜変更する必要があります．

●入出力の確認

コンパイルと実行の方法を**表10.3**に示します．

シミュレーションで用いた音声信号の波形とスペクトログラムを**図10.6**に示します．フリー・ソフトウェアのAudacityで表示したスペクトログラムを併せて示しています．Audacityはカラー表示のため，紙面では見え方が異なりますが，類似の傾向を持つ画像が得られています．

10-4 スペクトログラムのカラー表示

入力音声のスペクトログラムをカラー表示にして，画像として出力します．

●原 理

スペクトログラムは観測信号の短時間FFTのパワー・スペクトルを輝度に換算して時系列に並べ，画像として表現したものです．パワー・スペクトルをR，G，Bに変換すればさまざまな色で表現できます．

スペクトログラムをカラー表示する方法を**図10.7**に示します．人間の目は色の変化よりも明るさの変化に敏感とされているので，輝度を中心とした変換が必要です．このためにHSVやYCrCbなどの色空間が定義されています．ここでは，YCrCb色空間を利用して，スペクトログラムを表現します．Yは輝度，C_bが青系統の色差，C_rが赤系統の色差を表現します．

YCrCb空間からRGBへの変換は次式で実行できます．

$$R = Y + 1.40200 \times C_r$$
$$G = Y - 0.34414 \times C_b - 0.71414 \times C_r$$
$$B = Y + 1.77200 \times C_b$$

ここでは単純に，小さいパワー・スペクトルから順にC_b，C_r，Yと割り当てます．

●プログラム

スペクトログラムのカラー表示スペクトログラムをカラーで生成し，bmpファイルとして書き出すプログラムを**リスト10.4**に示します．

パワー・スペクトルをspecという変数で確保します．そして，specの大きさに応じて，Cb，

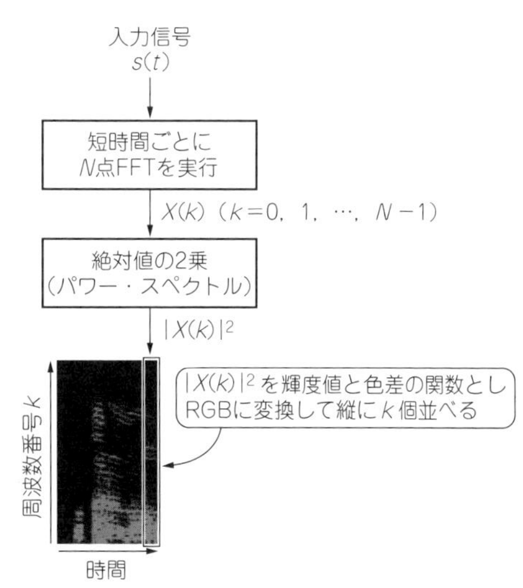

図10.7
スペクトログラムのカラー表示…
パワー・スペクトルを色として表示する

リスト10.4 スペクトログラムをカラーで生成するプログラム（抜粋）

```
●メイン・ループ内 Signal Processing部
fft();                                          // FFT
for(m=0;m<FFT_SIZE/2;m++){
    if(Xamp[m]<=0.000001)Xamp[m]=0.000001;  // 振幅の最小値を制限する
    spec = Xamp[m]*Xamp[m]*256;             // パワー・スペクトル
    if(spec < 256){          // clrY, Cr, Cb で 256×3=768の大きさを表現
        Cb   = spec;         // spec < 256 ならCbだけでspecを表現
        Cr   = 0;
        clrY= 0;
    }
    if( spec >= 256 && spec < 512 ){
                             // spec < 512 ならCbとCrでspecを表現
        Cb   = 255;
        Cr   = spec-255;
        clrY= 0;
    }
    if( spec >= 512 ){       // spec >=512 なら Cb, Cr, clrYでspecを表現
        Cb   = 255;
        Cr   = 255;
        clrY= spec-511;
        if(clrY > 255) clrY=255;
    }

    // RGB空間に変換
    R = clrY                 + 1.402    * Cr;
    if(R>=255)R=255;
    if(R<=0   )R=0;
    G = clrY - 0.34414 * Cb - 0.71414 * Cr;
    if(G>255)G=255;
    if(G<=0 )G=0;
    B = clrY + 1.772    * Cb;
    if(B>=255)B=255;
    if(B<=0   )B=0;
    Bout=B;
    Gout=G;
    Rout=R;
    DataWritePoint = FileHeaderSize + ( m*(int)width + n )*3;
                                            // 3は色の数
    fseek(f2, DataWritePoint, SEEK_SET);    // データ書き込み位置に移動
    fwrite(&Bout, sizeof(unsigned char), 1, f2);   // B結果の書き込み
    fwrite(&Gout, sizeof(unsigned char), 1, f2);   // G結果の書き込み
    fwrite(&Rout, sizeof(unsigned char), 1, f2);   // R結果の書き込み
}
```

Cr，Yの値を割り当てていきます．割り当て方として，Yに0は含めないなど細かい流儀がありますが，ここでは単に256段階ずつとしています．

▶改造のヒント

パワー・スペクトルの強弱に対する色の割り当てで，見た目がずいぶん変化します．色の割り当て方には，彩度を基準としたいろいろなバリエーションが提案されています．強いパワーには赤や黄などの暖色系を用いることが多いようです．

選択肢は多々ありますので，お気に入りの色空間パターンが見つかれば実装してみてください．

●入出力結果

コンパイルと実行の方法を**表10.4**に示します．

スペクトログラムをカラーで生成した結果を**図10.8**に示します．フリー・ソフトウェアのAudacityで表示したスペクトログラムを併せて示しています．Audacityとはカラー変換の方法が異なるため見え方が異なりますが，類似の傾向を持つ画像が得られています．

表10.4　スペクトログラムをカラーで生成するプログラムのコンパイルと実行の方法

収録フォルダ		10_04_spectrogram_color
DDプログラム	コンパイル方法	bcc32c DD_spectrogram_color.c
	実行方法	DD_spectrogram_color speech.wav
備考：speech.wavは入力音声ファイル．任意のwavファイルを指定可能		

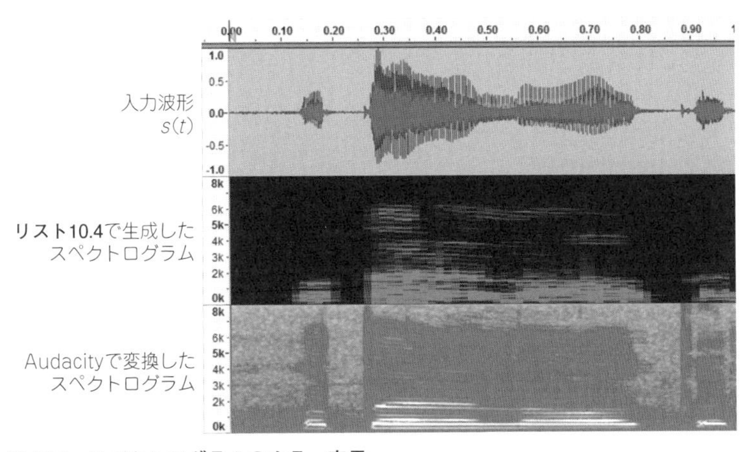

図10.8　スペクトログラムのカラー表示

10-5 パターン・プレイバック

スペクトログラムだけを利用して音声を再合成する方法はパターン・プレイバックと呼ばれることがあります.

●原 理

スペクトログラムは，音声の振幅スペクトルを輝度値として垂直方向に並べた画像です．従って1つの分析フレームで縦1列の画像ができます．これを分析フレームごとに並べるとスペクトログラムとなります．ここで振幅スペクトルの代わりに対数パワー・スペクトルやパワー・スペクトルを用いることもあります．また，音声を分析フレームごとにフーリエ変換した結果は，振幅スペクトルと位相スペクトルに分割できますが，スペクトログラムでは位相スペクトルが表現されていない点に注意が必要です.

パターン・プレイバックの方法を**図10.9**に示します．音声のスペクトログラムだけを利用して，再び音声を合成します．パターン・プレイバックでは，スペクトログラムの各列から振幅スペクトルを取り出して，逆フーリエ変換によって波形を生成します.

スペクトログラムは画像です．垂直方向の位置が周波数を表し，水平方向の位置がフレーム番号を表しています．従って任意の画像をスペクトログラムとみなして各列を逆フーリエ変換すれば，時間領域の波形信号を得ることができます.

パターン・プレイバックを一般化すると，どのような画像であっても音声化できます．こうして生成された音のスペクトログラムには，元の画像が現れます.

本方法によると，どのような画像でも音として聞くことができます．また，生成された音のスペクトログラムには，元の画像が現れます.

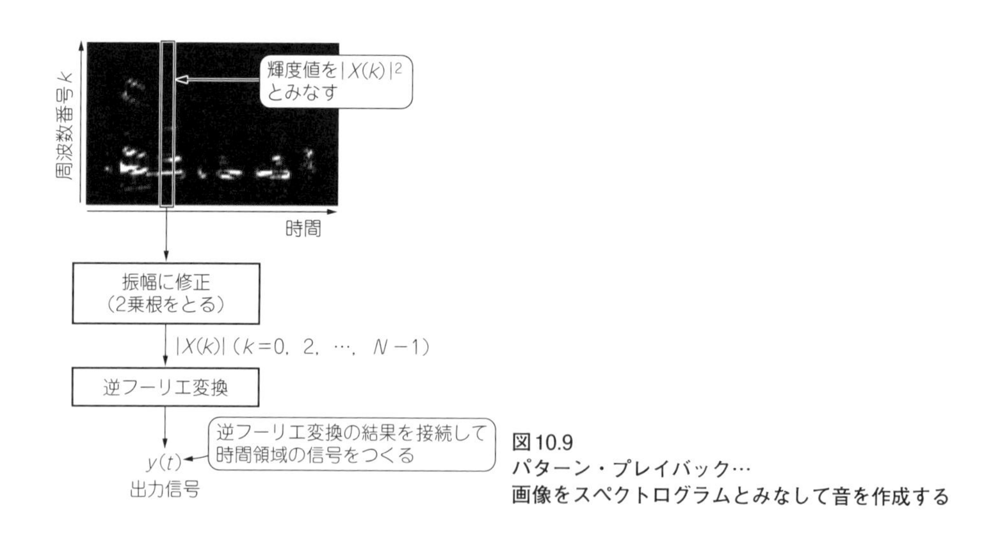

図10.9
パターン・プレイバック…
画像をスペクトログラムとみなして音を作成する

リスト10.5 パターン・プレイバックのプログラム(抜粋)

```
●メイン・ループ内 Signal Processing部
fseek(f1, DataStartPoint, SEEK_SET);          // データ先頭位置に移動
while(1){                                     // メイン・ループ
    if(t>=(hi*2)){
        for(m=0;m<hi;m++){
            DataGetPoint=DataStartPoint + ( m*wd + n )*CL;
                                              // データ取得位置
            fseek(f1, DataGetPoint, SEEK_SET);
                                              // データ取得位置に移動
            if(fread( &xinput, sizeof(unsigned char),
                            1,f1) < 1) break;  // 画像読み出し
            B=G=R=xinput/255.0;
            if(CL==3){                        // カラー画像は3色読み取り
                if(fread( &xinput, sizeof(unsigned char),
                            1,f1) < 1) break;  // 緑 読み出し
                G=xinput/255.0;
                if(fread( &xinput, sizeof(unsigned char),
                            1,f1) < 1) break;  // 赤 読み出し
                R=xinput/255.0;
            }
            Xamp[m] = sqrt( (B+G+R)/3.0 );
                        // スペクトログラムをパワー・スペクトルとみなす
        //  Xamp[m] = exp( (B+G+R)/3.0/20.0 )-1;
                        // スペクトログラムを自然対数とみなす
        //  Xamp[m] = pow( 10, (B+G+R)/3.0/20.0 )-1;
                        // スペクトログラムを常用対数とみなす
        }
        t=0;
        n++;
        if(n>=wd)break;
    }
    y[t]=0;
    for(i=0;i<hi;i++){                        // 出力音の作成
        y[t] = y[t] + Xamp[i]/hi * cos(2*M_PI*i/(2*hi)*t);
    }
    output = y[t]*32767;                      // 出力振幅調整
    fwrite(&output, sizeof(short), 1, f2);    // 結果の書き込み
    if(channel==2){                           // ステレオ入力の場合
        fwrite(&output, sizeof(short), 1, f2); // Rch書き込み (=Lch)
    }
    t=(t+1)%MEM_SIZE;                         // 時刻 t の更新
}
```

表10.5　パターン・プレイバックのプログラムのコンパイルと実行の方法

収録フォルダ		10_05_PatternPlayback_phs_zero
DDプログラム	コンパイル方法	bcc32c DD_PatternPlayback_phs_zero.c
	実行方法	DD_PatternPlayback_phs_zero LENNA_gray.bmp
関連プログラム	機能	スペクトログラムの確認
	コンパイル方法	bcc32c DD_SpecCheck.c
	実行方法	DD_SpecCheck LENNA_gray_output.wav
備考：LENNA_gray_output.bmpは入力画像ファイル．任意のbmpファイルを指定可能		

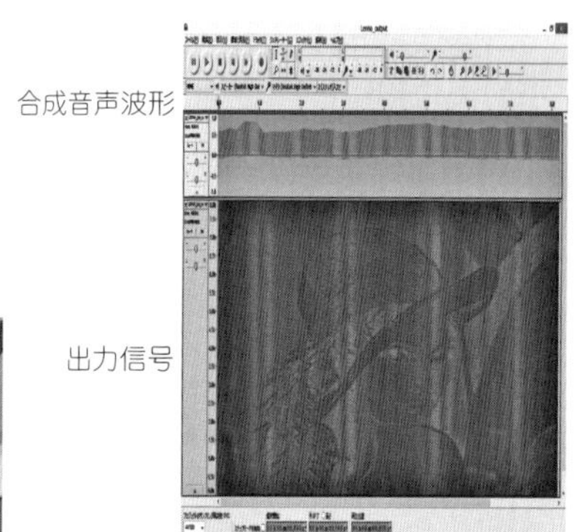

(a) 入力画像

(b) 輝度を振幅として正弦波を合成

図10.10
パターン・プレイバックの結果…画像から音を作成するとスペクトログラムが元画像のようになる
フリー・ソフトウェアAudacityで上の波形のスペクトログラムを表示すると，入力画像が現れた

●プログラム

パターン・プレイバックのプログラムを**リスト10.5**に示します．プログラムでは，画像の輝度値をパワー・スペクトルとみなしています．

波形信号は，逆フーリエ変換を用いずに，直接cos波の振幅を指定することで生成しています．位相スペクトルは定義されていないので，生成するcos波の位相はゼロです．

グレー画像やカラー画像にも対応しています．カラー画像の場合はR，G，Bを平均した輝度値を利用しています．

▶改造のヒント

振幅スペクトルは画像から取得していますが，位相スペクトルは0にしています．このとき，生成音はパルス列のようになります．位相スペクトルを変化させると，生成される音の波形も変化します．

●入出力結果

コンパイルと実行の方法を**表10.5**に示します．標準画像のLena.bmpを読み込んで音声化した結果を**図10.10**に示します．画質は悪いものの，入力画像がスペクトログラムとして現れています．

10-6 ランダム位相を利用したパターン・プレイバック

前述のように，スペクトログラムから音声を再合成する方法はパターン・プレイバックと呼ばれることがあります．パターン・プレイバックでは位相スペクトルが定義されていないので，乱数を用いて音声を合成します．

●原 理

ランダム位相を利用したパターン・プレイバックの方法を**図10.11**に示します．

パターン・プレイバックは，音声のスペクトログラムだけを利用して再び音声を合成する方法です．このときスペクトログラムは画像として扱われ，その輝度値が利用されます．輝度値は，対数パワー・スペクトル，パワー・スペクトル，振幅スペクトルなどとみなして，逆フーリエ変換することで波形を合成します．ここで位相スペクトルについては定義されていません．

位相スペクトルの設定によって生成される波形および音色が変化します．例えば，位相スペクトルを全てゼロとすると，パターン・プレイバックによって生成される音はパルス列のような波形となります．そこで，位相スペクトルを一様乱数で設定し，パルス列とは異なる音を生成してみましょう．位相スペクトルの設定とは無関係に，生成した音のスペクトログラムには元の画像が現れます．

●プログラム

ランダム位相を利用したパターン・プレイバックのプログラムを**リスト10.6**に示します．

画像の輝度値をパワー・スペクトルとみなしています．また，波形信号は，逆フーリエ変換を用いずに直接cos波の振幅と位相を指定します．cos波の位相は，$0 \sim 2\pi$の一様乱数として生成しています．グレー画像とカラー画像のいずれの入力も可能ですが，カラー画像は8ビットのグレー画像として処理されます．

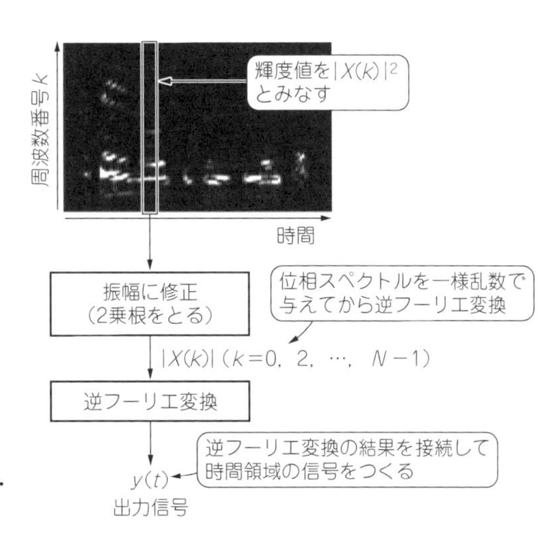

図10.11
ランダム位相を利用したパターン・プレイバックの原理

リスト10.6　ランダム位相を利用したパターン・プレイバックのプログラム（抜粋）

```
●信号処理用変数の宣言部
int       t      = 0;                        // 時刻の変数
int       i;                                 // forループ用変数
short     output;                            // 読み出し変数と書き込み変数
double    y[MEM_SIZE+1]={0};                 // 出力データ格納用変数
double    Xamp[Fs+1]={0};                    // 振幅スペクトル
double     phs[Fs+1]={0};                    // 初期位相

●変数の初期設定部
for(i=0;i<hi;i++){
    phs[i]=2*M_PI*(double)rand()/RAND_MAX; // 初期位相を乱数で設定
}

●メイン・ループ内 Signal Processing部
fseek(f1, DataStartPoint, SEEK_SET);         // データ先頭位置に移動
while(1){                                    // メイン・ループ
    if(t>=(hi*2)){
        for(m=0;m<hi;m++){
            DataGetPoint=DataStartPoint + ( m*wd + n )*CL;
                                             // データ取得位置
            fseek(f1, DataGetPoint, SEEK_SET);
                                             // データ取得位置に移動
            if(fread( &xinput, sizeof(unsigned char),
                                  1,f1) < 1) break;  // 画像読み出し
            B=G=R=xinput/255.0;
            if(CL==3){                       // カラー画像は3色読み取り
                if(fread( &xinput, sizeof(unsigned char),
                                  1,f1) < 1) break;  // 緑 読み出し
```

▶改造のヒント

cos波の位相phs[i]の設定を一様乱数としています．乱数にもガウス乱数などいろいろな種類があるので，乱数の生成法を変化させると生成される音の波形も変化します．

●入出力結果

コンパイルと実行の方法を**表10.6**に示します．

標準画像のLena.bmpを読み込んで音声化した結果を**図10.12**に示します．位相をゼロとした場合と乱数で与えた出力と比較すると，明らかに波形が異なります．一方，スペクトログラムはいずれも高精度に元の画像を表現しています．

なお，このスペクトログラムは，窓関数とオーバラップを含まないFFT結果から作成したもの

```
                G=xinput/255.0;
                if(fread( &xinput, sizeof(unsigned char),
                                      1,f1) < 1) break;  // 赤 読み出し
                R=xinput/255.0;
            }
            Xamp[m] = sqrt( (B+G+R)/3.0 );
                            // スペクトログラムをパワー・スペクトルとみなす
        //  Xamp[m] = 10*exp( (B+G+R)/3.0/20.0 )-1;
                            // スペクトログラムを自然対数とみなす
        //  Xamp[m] = 10*pow( 10, (B+G+R)/3.0/20.0 )-1;
                            // スペクトログラムを常用対数とみなす
        }
        t=0;
        n++;
        if(n>=wd)break;
    }
    y[t]=0;
    for(i=0;i<hi;i++){                          // 出力音の作成
        y[t] = y[t] + Xamp[i]/hi * cos(2*M_PI*i/(2*hi)*t+phs[i]);
                                                // 初期位相を含めて出力を作成
    }
    output = y[t]*32767;                        // 出力振幅調整
    fwrite(&output, sizeof(short), 1, f2); // 結果の書き込み
    if(channel==2){                             // ステレオ入力の場合
        fwrite(&output, sizeof(short), 1, f2);  // Rch書き込み (=Lch)
    }
    t++;                                            // 時刻 t の更新
}
```

表10.6 ランダム位相を利用したパターン・プレイバックのプログラムのコンパイルと実行の方法

収録フォルダ		10_06_PatternPlayback_phs_rand
DDプログラム	コンパイル方法	bcc32c DD_PatternPlayback_phs_rand.c
	実行方法	DD_PatternPlayback_phs_zero LENNA_gray.bmp
関連プログラム	機能	スペクトログラムの確認
	コンパイル方法	bcc32c DD_SpecCheck.c
	実行方法	DD_SpecCheck LENNA_gray_output.wav
備考：LENNA_gray_output.wavは入力音声ファイル．任意のwavファイルを指定可能		

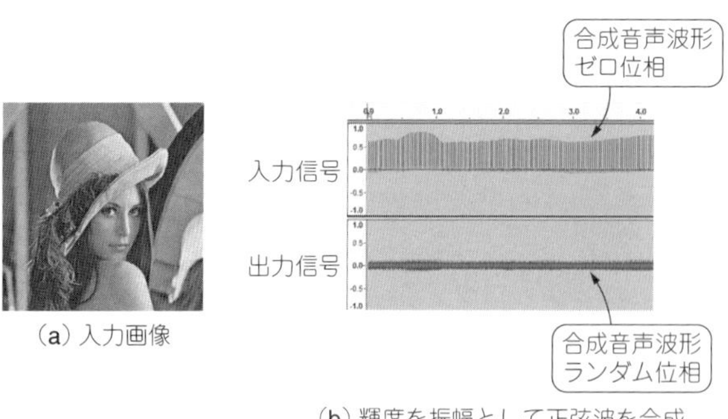

(a) 入力画像

(b) 輝度を振幅として正弦波を合成

(c) ゼロ位相波形のスペクトログラム
（窓関数，オーバーラップなしの
FFTスペクトル）

(d) ランダム位相波形のスペクトログラム
（窓関数，オーバーラップなしの
FFTスペクトル）

図10.12　ランダム位相を利用したパターン・プレイバックの結果…画像から音を作成するとスペクトログラムが元画像のようになる

です．これはパターン・プレイバックの逆の手順に相当します．本スペクトログラム作成プログラムをダウンロード・データに収録していますので，パターン・プレイバックの確認用にご利用ください．

10-7　垂直方向エッジのパターン・プレイバック

スペクトログラムを画像とみなし，その垂直方向のエッジを抽出して音を作成するパターン・プレイバックを実現します．

●原 理

画像は，**図10.13**に示すように，輝度変化の少ない平たん部と急激に輝度値が変化するエッジ部を持ちます．

垂直方向の輝度の差分をとると，平たん部はほぼゼロとなり，エッジ部は大きな値を持ちます．

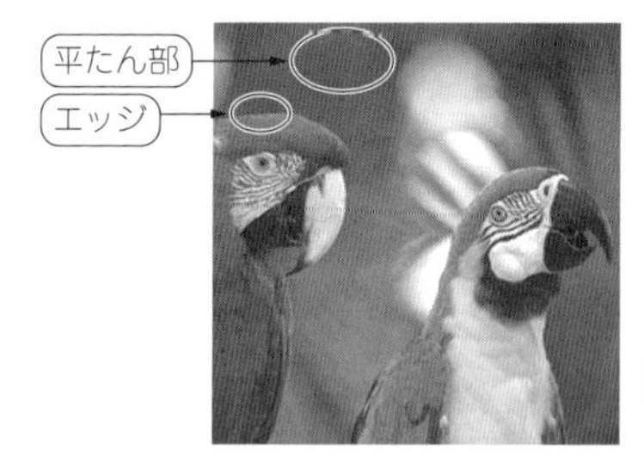

**図10.13
自然画像におけるエッジと平たん部**

リスト10.7　垂直方向エッジのパターン・プレイバックのプログラム（抜粋）

```
●メイン・ループ内 Signal Processing部
while(1){                                        // メイン・ループ
    if( t >= hi*2 ){
        for(m=0;m<hi;m++){
            DataGetPoint=DataStartPoint + ( m*wd + n )*CL;
                                                 // データ取得位置
            fseek(f1, DataGetPoint, SEEK_SET);
                                                 // データ取得位置に移動
            if(fread( &xinput, sizeof(unsigned char),
                                1,f1) < 1) break;   // 画像読み出し
            B=G=R=xinput/255.0;
            if(CL==3){                           // カラー画像は3色読み取り
                if(fread( &xinput, sizeof(unsigned char),
                                1,f1) < 1) break;   // 緑 読み出し
                G=xinput/255.0;
                if(fread( &xinput, sizeof(unsigned char),
                                1,f1) < 1) break;   // 赤 読み出し
                R=xinput/255.0;
            }
            Xamp[m] = sqrt( (B+G+R)/3.0 );  // スペクトログラムを
                                               パワー・スペクトルとみなす
        }
         for(i=0;i<2*hi;i++){                    // 出力計算
            zv[i]=0;
            for(k=0;k<hi;k++){
                zv[i]= zv[i] + (Xamp[k+1]-Xamp[k])/hi
             * cos(2.0*M_PI*k/(2.0*hi)*i);   // 垂直方向の差分を振幅とする
            }
        }
        t=0;
        n++;
        if(n>=wd)break;
    }
    y[t] = zv[t];                                   // 出力信号
//  y[t] = atan(y[t])/(M_PI/2.0);                   // クリップ防止
    output = y[t]*32767;                            // 出力振幅調整
    fwrite(&output, sizeof(short), 1, f2);          // 結果の書き込み
    if(channel==2){                                 // ステレオ入力の場合
        fwrite(&output, sizeof(short), 1, f2); // Rch書き込み (=Lch)
    }
    t++;
}
```

従って垂直方向の差分をとれば，垂直方向のエッジが入手できます．

垂直方向で生じるエッジとは，水平方向に走る境界線を意味します．結果の画像に対してパターン・プレイバックを適用すれば，水平方向に走る境界線が強調された画像の音が作成されます．

●プログラム

垂直方向エッジのパターン・プレイバックのプログラムを**リスト10.7**に示します．合成する正弦波の位相は全て0としています．また，垂直方向は周波数方向に対応するので，周波数方向で差分を計算しています．

▶改造のヒント

垂直方向に隣接するサンプルの差分をとりましたが，差分をとる距離を増やすとエッジ抽出の結果が異なります．

●入出力結果

コンパイルと実行の方法を**表10.7**に示します．標準画像`Parrots.bmp`に対する結果を**図10.14**に示します．垂直方向のエッジを抽出しているので，鳥の頭頂部など水平方向に走る境界線が強調されています．

表10.7　垂直方向エッジのパターン・プレイバックのプログラムのコンパイルと実行の方法

収録フォルダ		10_07_PatternPlayback_vEdge
DDプログラム	コンパイル方法	bcc32c DD_PatternPlayback_vEdge_dif.c
	実行方法	DD_PatternPlayback_vEdge_dif Parrots.bmp
関連プログラム	機能	スペクトログラムの確認
	コンパイル方法	bcc32c DD_SpecCheck.c
	実行方法	DD_SpecCheck Parrots_dif_output.wav
備考：Parrots_dif_output.wavは入力音声ファイル．任意のwavファイルを指定可能		

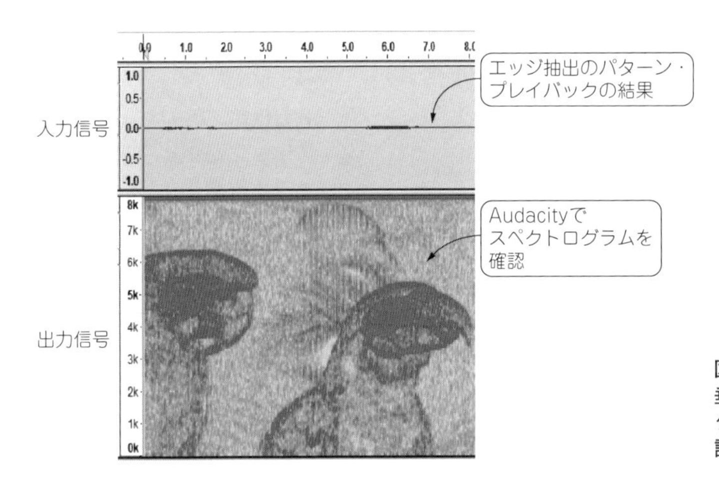

図10.14
垂直方向エッジのパターン・プレイバックの結果…水平方向に走る境界線が強調されている

10-8 水平方向エッジのパターン・プレイバック

スペクトログラムを画像とみなし，その水平方向のエッジを抽出して音を作成するパターン・プレイバックを行います．

●原 理

水平方向の差分によるエッジ抽出の原理を**図10.15**に示します．黒と白が途中で変化する画像において，輝度が急激に変化する部分(カラー画像では色が変わる部分)をエッジと呼びます．

水平方向に隣接する画素の輝度値を引き算し，その絶対値をとると，エッジ部分だけが大きい値を持ち輝度が変化しない平坦な部分は全てゼロとなります．よって，輝度の差分をとることでエッジを抽出できます．水平方向に隣接する画素の差分は，パターン・プレイバックでは隣接フレーム間の差分をとることで得られます．

●プログラム

水平方向のエッジを抽出し，パターン・プレイバックを実行するプログラムを**リスト10.8**に示します．合成する正弦波の位相を全て0としています．また，水平方向は時間(フレーム)方向に対応するので，フレーム間の差分を計算しています．

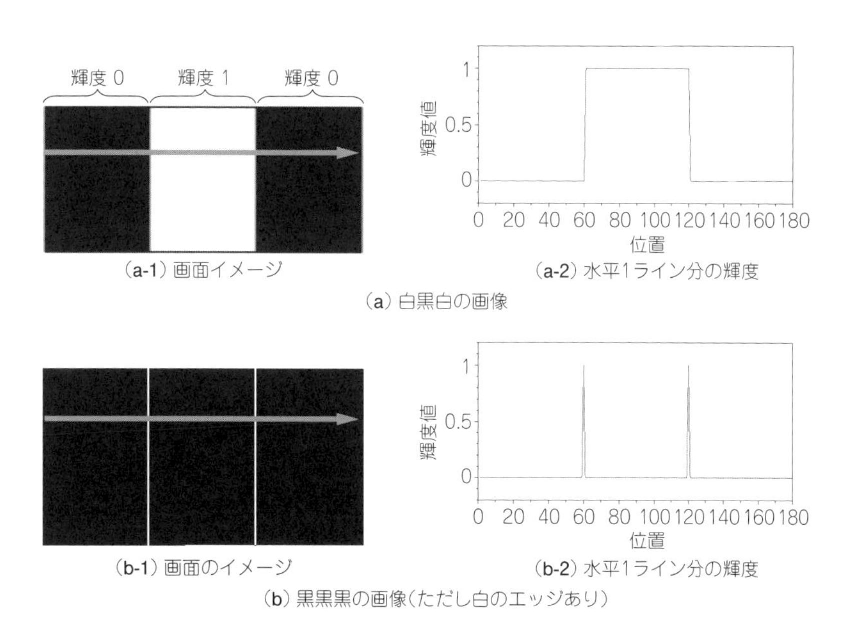

(a-1) 画面イメージ　(a-2) 水平1ライン分の輝度

(a) 白黒白の画像

(b-1) 画面のイメージ　(b-2) 水平1ライン分の輝度

(b) 黒黒黒の画像(ただし白のエッジあり)

図10.15　水平方向の差分によるエッジ抽出

リスト10.8　水平方向のエッジのパターン・プレイバックのプログラム（抜粋）

```
●メイン・ループ内 Signal Processing部
while(1){                                    // メイン・ループ
    if( t >= hi*2 ){
        for(m=0;m<hi;m++){
            DataGetPoint=DataStartPoint + ( m*wd + n )*CL;
                                             // データ取得位置
            fseek(f1, DataGetPoint, SEEK_SET);
                                             // データ取得位置に移動
            if(fread( &xinput, sizeof(unsigned char),
                                  1,f1) < 1) break;   // 画像読み出し
            B=G=R=xinput/255.0;
            if(CL==3){                       // カラー画像は3色読み出し
                if(fread( &xinput, sizeof(unsigned char),
                                  1,f1) < 1) break;   // 緑 読み出し
                G=xinput/255.0;
                if(fread( &xinput, sizeof(unsigned char),
                                  1,f1) < 1) break;   // 赤 読み出し
                R=xinput/255.0;
            }
            Xamp[m] = sqrt( (B+G+R)/3.0 ); // スペクトログラムを
                                              パワー・スペクトルとみなす
        }
        for(i=0;i<2*hi;i++){                 // 出力計算
            z1[i]=z[i];                      // 1フレーム前の信号を記録
```

表10.8　水平方向エッジのパターン・プレイバックのプログラムのコンパイルと実行の方法

収録フォルダ		10_08_PatternPlayback_hEdge
DDプログラム	コンパイル方法	bcc32c DD_PatternPlayback_hEdge.c
	実行方法	DD_PatternPlayback_hEdge Parrots.bmp
関連プログラム	機能	スペクトログラムの確認
	コンパイル方法	bcc32c DD_SpecCheck.c
	実行方法	DD_SpecCheck Parrots_output.wav
備考：Parrots_output.wavは入力音声ファイル．任意のwavファイルを指定可能		

▶改造のヒント

水平方向に隣接するフレーム間の差分をとりましたが，差分をとる距離を増やすと0エッジ抽出の結果が異なります．

```
            z[i]=0;
            for(k=0;k<hi;k++){
                z[i]=z[i] + Xamp[k]/hi * cos(2.0*M_PI*k/(2.0*hi)*i);
            }
        }
        for(k=0;k<hi/5;k++){
            z[k]=z[2*hi-k+1]=0;              // zの両端からそれぞれ
                                                  hi/5までを全て0にする
        }
        t=0;
        n++;
        if(n>=wd)break;
    }
    y[t] = z[t]-z1[t];                       // フレーム間差分を
                                                       出力信号とする
//  y[t] = atan(y[t])/(M_PI/2.0);            // クリップ防止
    output = y[t]*32767;                     // 出力振幅調整
    fwrite(&output, sizeof(short), 1, f2); // 結果の書き込み
    if(channel==2){                          // ステレオ入力の場合
        fwrite(&output, sizeof(short), 1, f2);  // Rch書き込み（=Lch）
    }
    t++;
}
```

(a) 原画像

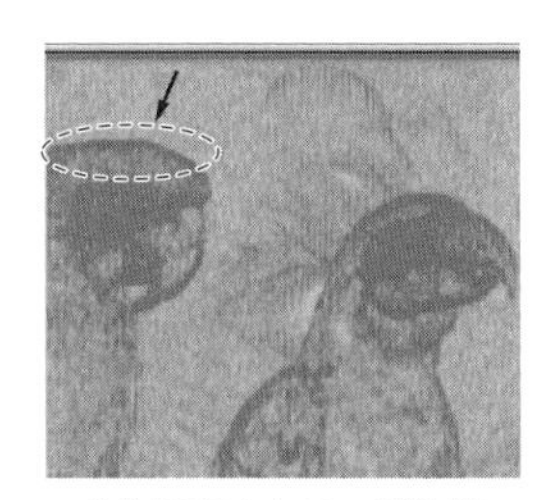

(b) 垂直方向エッジ抽出

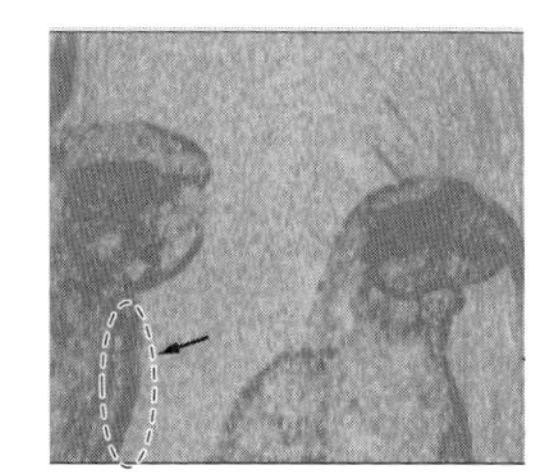

(c) 水平方向エッジ抽出

図10.16　水平方向エッジのパターン・プレイバックの結果…垂直方向に走る境界線が強調されている

●入出力結果

コンパイルと実行の方法を**表10.8**に示します．標準画像Parrots.bmpに対して水平方向のエッジを抽出し，パターン・プレイバックを実行した結果を**図10.16**に示します．垂直方向のエッジ抽出では，鳥の頭頂部など水平方向に走る境界線が強調されていることに対し，水平方向のエッジ抽出では，垂直方向に走る鳥の胸部付近の境界線が強調されています．

10-9 水平垂直方向エッジのパターン・プレイバック

スペクトログラムを画像とみなし，その水平垂直方向のエッジを抽出して音を作成するパターン・プレイバックを行います．

●原 理

水平方向のエッジと垂直方向のエッジの両方をまとめて表現し，そのエッジ画像から音を合成します．水平方向のエッジは隣接フレーム間の差分をとることで得られます．また，垂直方向のエッジは周波数方向の隣接振幅値の差分をとることで得られます．ここでは水平方向と垂直方向のエッジ抽出をそれぞれ実行し，両者の和をとることで，垂直水平方向エッジを表現するスペクトログラムを得ます．そして，得られたスペクトログラムから音を合成します．

リスト10.9 水平垂直方向エッジのパターン・プレイバックのプログラム（抜粋）

```
●メイン・ループ内 Signal Processing部
while(1){                                           // メイン・ループ
    if( t >= hi*2 ){
        for(m=0;m<hi;m++){
                DataGetPoint=DataStartPoint + ( m*wd + n )*CL;
                                                    // データ取得位置
            fseek(f1, DataGetPoint, SEEK_SET);      // データ取得位置に移動
            if(fread( &xinput, sizeof(unsigned char),
                             1,f1) < 1) break;      // 画像読み込み
            B=G=R=xinput/255.0;
            if(CL==3){                          // カラー画像は3色読み取り
                if(fread( &xinput, sizeof(unsigned char),
                                1,f1) < 1) break; // 緑 読み込み
                G=xinput/255.0;
                if(fread( &xinput, sizeof(unsigned char),
                                1,f1) < 1) break; // 赤 読み込み
                R=xinput/255.0;
            }
            Xamp[m] = sqrt( (B+G+R)/3.0 );          // スペクトログラムを
                                                //パワー・スペクトルとみなす
        }
        for(i=0;i<2*hi;i++){                        // 出力計算
            z1[i]=z[i];                         // 1フレーム前の信号を記録
```

●プログラム

水平垂直方向のエッジを抽出し，パターン・プレイバックを実行するプログラムを**リスト10.9**に示します．水平方向のエッジ抽出信号に，垂直方向のエッジ抽出信号`zv[t]`を加算することで最終出力を得ています．

▶改造のヒント

水平垂直方向に隣接するフレーム間と周波数間の差分をとりましたが，差分をとる距離を増やすとエッジ抽出の結果が異なります．

●入出力結果

コンパイルと実行の方法を**表10.9**に示します．

水平垂直方向のエッジを抽出し，パターン・プレイバックを実行した結果を**図10.17**に示します．水平垂直方向それぞれのエッジが混合されています．

```
                z[i]=0, zv[i]=0;
                for(k=0;k<hi;k++){
                    z[i] =  z[i] + Xamp[k]/hi
                                              * cos(2.0*M_PI*k/(2.0*hi)*i);
                    zv[i]= zv[i] + (Xamp[k+1]-Xamp[k])/hi
                                              * cos(2.0*M_PI*k/(2.0*hi)*i);
                                                // 垂直方向の差分を振幅とする
                                                // (垂直エッジ抽出)
                }
            }
            t=0;
            n++;
            if(n>=wd)break;
        }
        y[t] = z[t]-z1[t]+zv[t];                // 水平エッジに垂直エッジを加算
//      y[t] = atan(y[t])/(M_PI/2.0);           // クリップ防止
        output = y[t]*32767;                    // 出力振幅調整
        fwrite(&output, sizeof(short), 1, f2);        // 結果の書き出し
        if(channel==2){                         // ステレオ入力の場合
            fwrite(&output, sizeof(short), 1, f2);  // Rch書き込み (=Lch)
        }
        t++;
    }
```

表10.9　水平垂直方向エッジのパターン・プレイバックのプログラムのコンパイルと実行の方法

収録フォルダ		10_9_PatternPlayback_wEdge
DDプログラム	コンパイル方法	bcc32c DD_PatternPlayback_wEdge_dif.c
	実行方法	DD_PatternPlayback_wEdge_dif Parrots.bmp
関連プログラム	機能	スペクトログラムの確認
	コンパイル方法	bcc32c　DD_SpecCheck.c
	実行方法	DD_SpecCheck　Parrots_output.wav
備考：Parrots_output.wavは入力音声ファイル．任意のwavファイルを指定可能		

(a) 原画像

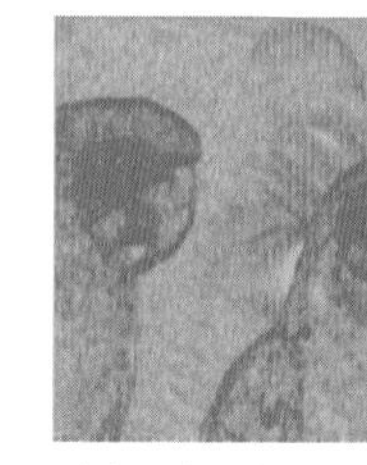

(b) 垂直方向エッジ抽出

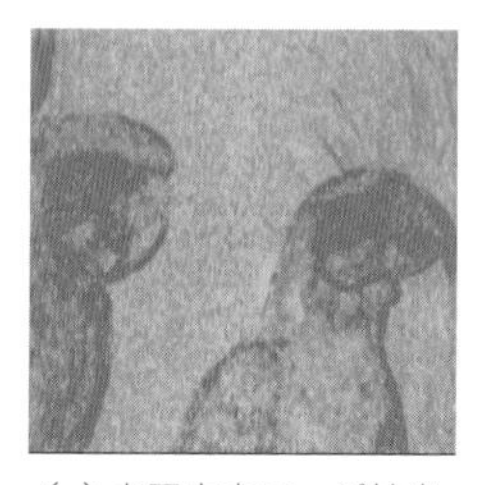

(c) 水平方向エッジ抽出

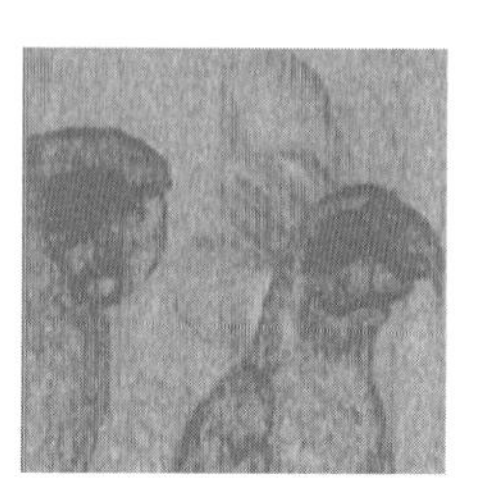

(d) 水平垂直方向エッジ抽出

図10.17　水平垂直方向のエッジのパターン・プレイバックの結果…水平垂直方向それぞれのエッジが混合されている

付録

音声信号の基礎知識

音声の発生機構

人の音声の発生機構を図Aに示します. 声帯振動で作る音源と, 声帯から唇までの声道で作るフィルタに分けて考えることができます. 声帯振動は音声の高さを決定し, 声道の形は共振周波数を決定しています. 共振周波数によって音声の種類が変化します.

●音声発生の基本モデル…音源信号×フィルタ特性

このように単純化した音声の発生機構は, ソース・フィルタ・モデルと呼ばれます.

音声のソース・フィルタ・モデルでは, 図Bのように, 声帯振動の周期を持つパルス列で音源を近似することがあります. パルス列は周期ごとに一定値を持ち, そのほかはゼロとなる信号です.

▶その1：音源信号を表す微細構造

音源信号のパルス列$g(t)$をフーリエ変換すると, 音声の微細構造$G(f)$になります. 直感的には, パルス列のフーリエ変換はパルス列です.

▶その2：フィルタ特性を表すスペクトル包絡

フィルタは, $H(f)$のようにゆるやかな周波数特性を持ちます. これを音声のスペクトル包絡と呼びます.

ソース・フィルタ・モデルでは, 音声の周波数特性を微細構造とスペクトル包絡の積で表します.

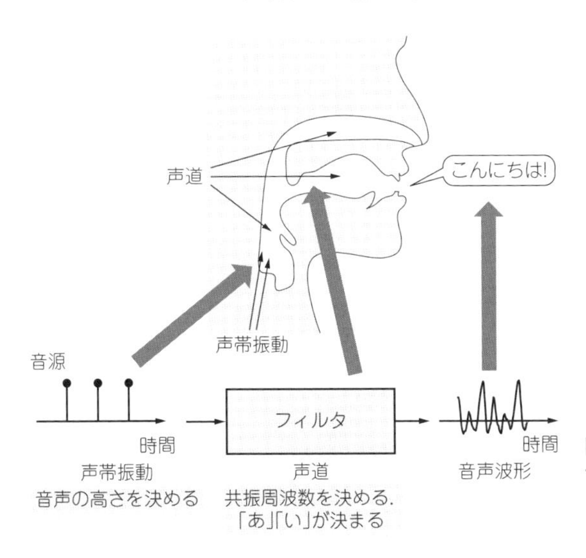

図A
音声の発生機構は声帯振動と音道で作るフィルタに分けられる

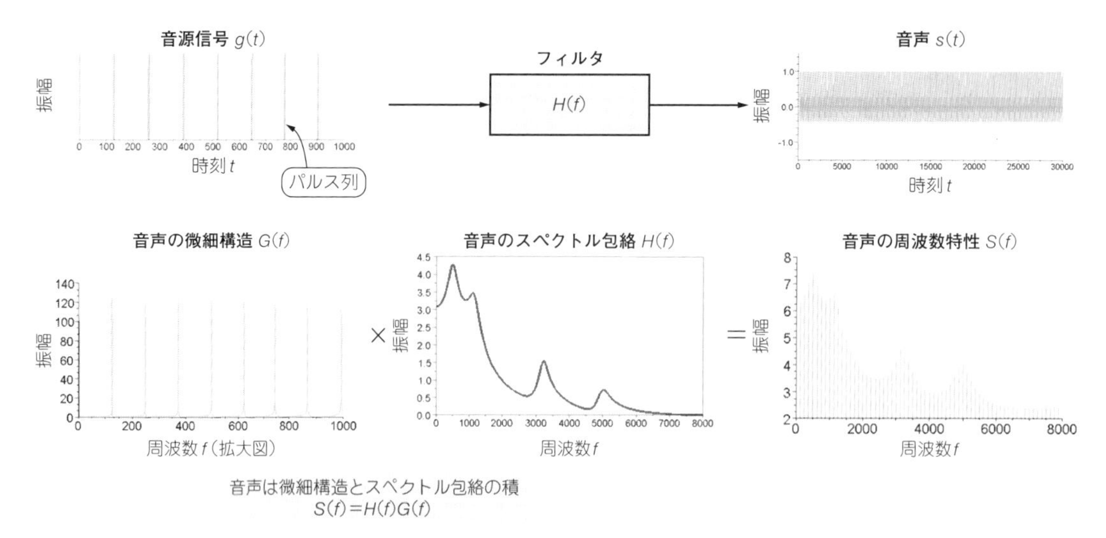

図B　音声信号スペクトラムは音源信号（微細構造）とフィルタ特性（スペクトラム包絡）の積で表される

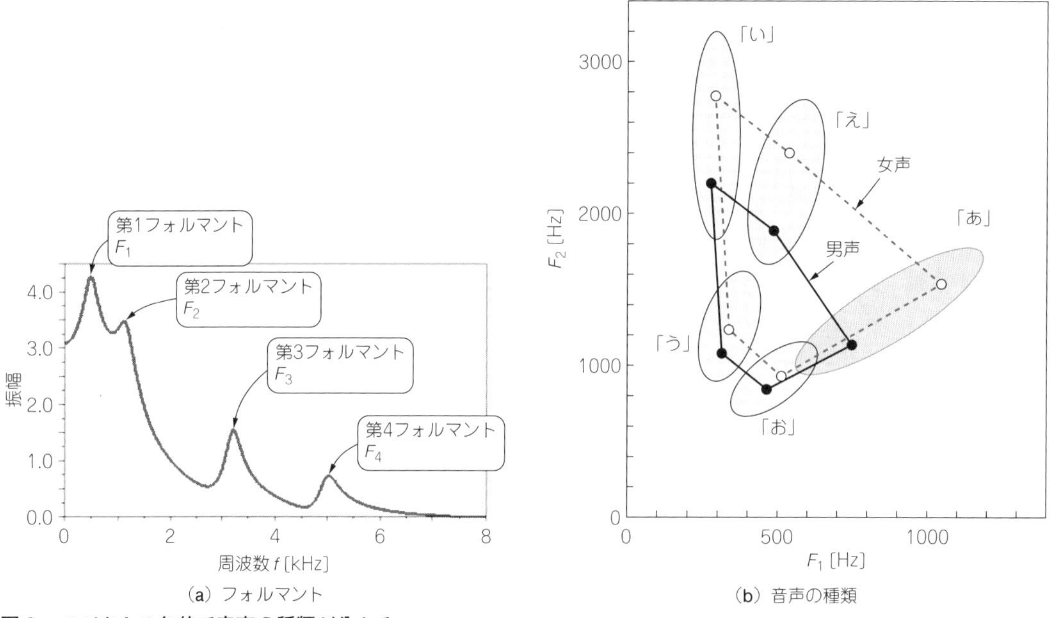

図C　スペクトル包絡で音声の種類が分かる

●フィルタ特性（スペクトル包絡）で音声の種類が分かる

図C(a)に示すように，スペクトル包絡は低い方から順に第1フォルマント（$=F_1$），第2フォルマント（$=F_2$），…，と呼ばれるピークを持ちます．フォルマントは，ピークの大きさの順ではなく，周波数の低い順です．

第1フォルマントと第2フォルマントに対する母音の分布の例を**図C**(b)に示します．第1フォルマントと第2フォルマントが分かれば，「あ」，「い」などの音声の種類も分かります．**図C**(a)のスペクトル包絡では，第1フォルマントが約300Hz，第2フォルマントが約1100Hzなので，「う」と発話しています．

声の特徴を表す波形「ケプストラム」

●目的：音声波形から発話内容を知る

音声からスペクトル包絡を抽出できれば，音声の種類が分かり，発話内容を知ることができます．つまり，スペクトル包絡を得る方法が欲しくなります．

ケプストラム(cepstrum)は，スペクトル包絡を得るための代表的な変換技術の1つです．ケプストラムは，スペクトラム(spectrum)をもじって作られた造語です．

ケプストラムは，対数振幅スペクトルの逆フーリエ変換として定義されます(**図D**)．微細構造とスペクトル包絡をそれぞれ逆フーリエ変換して，その結果を足したものとして解釈できます．

●ケプストラムの低周波成分がスペクトル包絡

音声の微細構造はパルス列なので，急しゅんに変化します．よって微細構造は，高い周波数数成分から成る信号です．

一方，スペクトル包絡はゆるやかに変化するスペクトルの概形です．低い周波数成分から成る信号です．

両者の逆フーリエ変換の和がケプストラムなので，ケプスラムの「低域」はスペクトル包絡，「高域」は微細構造を与えます．

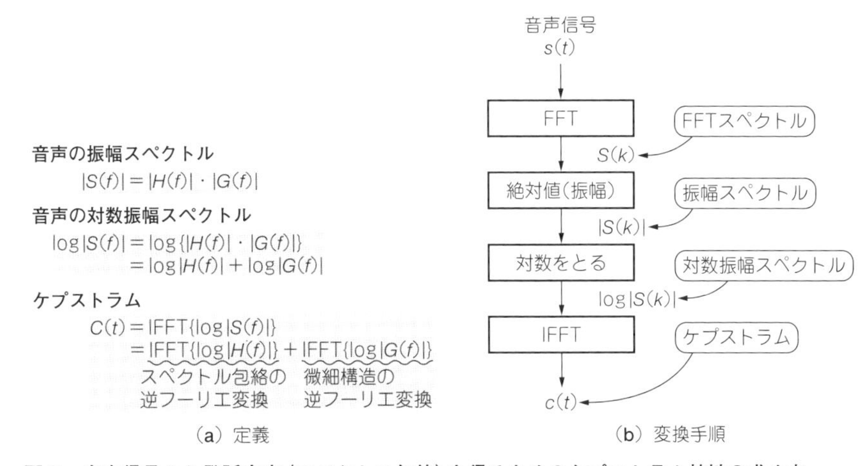

図D　音声信号から発話内容(スペクトル包絡)を得るためのケプストラム特性の求め方

ここで低域というのは，低い周波数成分という意味ですが，ケプストラムは一応，時間領域の信号になるので，「時刻0に近い領域」とも同じ意味になります．分かりにくいかもしれませんが，ケプストラムにおいては，「低域」=「低い周波数成分」=「時刻0に近い領域」になります．

●ケプストラムの低周波成分を抽出

図Eのように，ケプストラムの低域だけをフーリエ変換すると，スペクトル包絡が得られます．

具体的な手順は以下のようになります．

①ケプストラム変換[**図D(b)**]

②時刻0に近い領域を抽出

③FFT⇒スペクトル包絡を抽出完了

スペクトル包絡が与えるフォルマントを解析すれば，音声の種類を知ることができます．

音声認識では，声の高さではなく発話内容を知りたいので，もっぱら低域のケプストラムが利用されています．

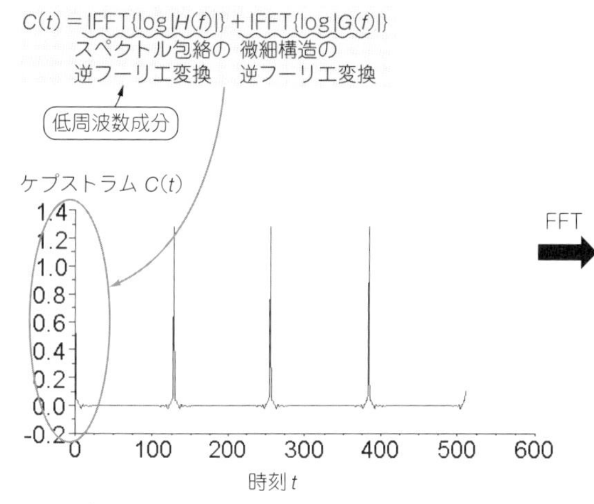

(a) ケプストラム…時刻(サンプル)値の小さい方(低域)がスペクトル包絡情報を持っている

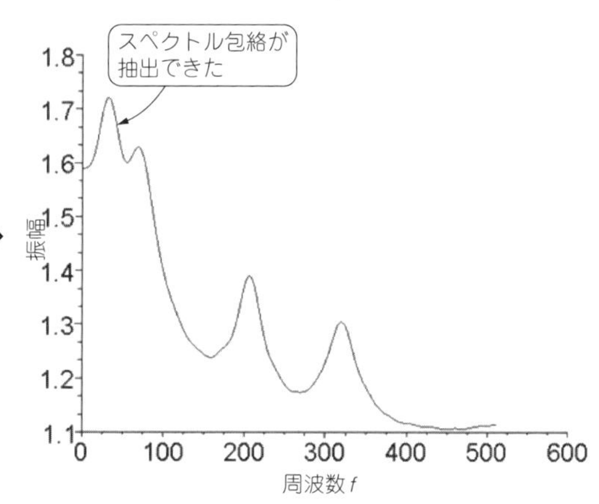

(b) 例えばケプストラムの低域40サンプルをFFTするとスペクトル包絡が抽出できるのでフォルマント周波数から発話内容が分かる

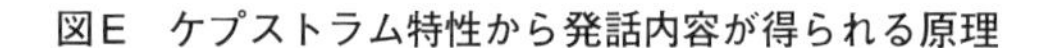

図E　ケプストラム特性から発話内容が得られる原理

参考文献

●第1章の参考文献

(1) C++ Compiler，EMBARCADERO（BCC32C/BCC32Xコンパイラの入手先）．
`https://www.embarcadero.com/jp/free-tools/ccompiler`

(2) 川村 新；体感！全集CD付き！音声信号処理，インターフェース，2016年4月号，pp.23-35，CQ出版社．

●第2章の参考文献

(1) 北山 洋幸；WAVプログラミング―C言語で学ぶ音響処理，カットシステム，2008年．

(2) 青木 直史；サウンドプログラミング入門―音響合成の基本とC言語による実装，技術評論社，2013年．

(3) 川村 新；体感！全集CD付き！音声信号処理，インターフェース，2016年4月号，pp.36-42，CQ出版社．

●第3章の参考文献

(1) 高橋 進一，池原 雅章；ディジタルフィルタ，培風館，1999年．

(2) 飯國 洋二；基礎から学ぶ信号処理，培風館，2004年．

(3) 尾知 博（監修），川村 新，黒崎 正行；ディジタル音声＆画像の圧縮/伸張/加工技術，CQ出版社，2013年．

(4) 川村 新；体感！全集CD付き！音声信号処理，インターフェース，2016年4月号，pp.43-53，CQ出版社．

●第4章の参考文献

(1) 古井 貞熙；ディジタル音声処理，東海大学出版会，1985年．

(2) 尾知 博（監修），川村 新，黒崎 正行；ディジタル音声＆画像の圧縮/伸張/加工技術，CQ出版社，2013年．

(3) 青木 直史;C言語ではじめる音のプログラミング―サウンドエフェクトの信号処理，オーム社，2008年．

(4) 釜森 勇樹，川村 新，飯國 洋二；ゼロ位相信号解析とその雑音除去への応用，電子情報通信学会論文誌A，pp.658-666，2010年．

(5) J.M. Kates and K.H. Arehart；*Multichannel Dynamic-Range Compression Using Digital Frequency Warping*，EURASIP Journal on Applied Signal Processing 2005，pp.3003-3014．

●第5章の参考文献

(1) 古井 貞熙；ディジタル音声処理，東海大学出版会，1985年．

(2) 飯國 洋二；適応信号処理アルゴリズム，培風館，2000年．

(3) M.P. Portnoff；*Implementation of the Digital Phase Vocoder Using the Fast Fourier Transform*，IEEE Transactions on Acoustics, Speech, and Signal Processing，pp.243-248，1976年．

(4) 川村 新；体感！全集CD付き！音声信号処理，インターフェース，2016年4月号，pp.69-84，CQ出版社．

●第6章の参考文献

(1) 青木 直史;C言語ではじめる音のプログラミング―サウンドエフェクトの信号処理，オーム社，2008年．

(2) 青木 直史；サウンドプログラミング入門―音響合成の基本とC言語による実装，技術評論社，2013年．

(3) 川村 新；体感！全集CD付き！音声信号処理，インターフェース，2016年4月号，pp.85-95，CQ出版社．

●第7章の参考文献

(1) シモン・ヘイキン（著），武部 幹（翻訳）；適応フィルタ入門，現代工学社，1987年．

(2) 川村 新，片濱 孝司；相関制御アルゴリズムを用いたラティスフィルタによる音声強調，電子情報通信学会論文誌A，pp.84-93，2009年．

(3) J. Okello，S. Arita，Y. Itoh，Y. Fukui，M. Kobayashi；*An Adaptive Algorithm for Cascaded Notch Filter with Reduced Bias*，Communications and Computer Sciences，IEICE Transactions on Fundamentals of Electronics，pp.589-596，2001年．

(4) 川村 新；体感！全集CD付き！音声信号処理，インターフェース，2016年4月号，pp.96-106，CQ出版社．

●第8章の参考文献

(1) S.F. Boll；*Suppression of Acoustic Noise in Speech Using Spectral Subtraction*，IEEE Transactions on Acoustics, Speech, and Signal Processing，pp.113-120，1979年．

(2) P.J. Wolf and S.J. Godsill；*Efficient alternatives to the Ephraim and Malah suppression rule for audio signal enhancement*，EURASIP Journal on Applied Signal Processing，pp.1043-1051，2003年．

(3) T. Lotter and P. Vary；*Speech Enhancement by MAP Spectral Amplitude Estimation Using a Super-Gaussian Speech Model*，EURASIP Journal on Applied Signal Processing，pp.1110-1126，2005年．

(4) 川村 新；周波数領域の音声強調法，システム制御情報学会誌，pp.481-486，2007年．

(5) 尾知 博（監修），川村 新，黒崎 正行；ディジタル音声＆画像の圧縮/伸張/加工技術，CQ出版社，2013年．

(6) W. Thanhikam，Y. Kamamori，A. Kawamura，Y. Iiguni；*Stationary and Non-stationary Wide-Bnad Noise Reduction Using Zero Phase Signal*，Communications and Computer Sciences，IEICE Transactions on Fundamentals of Electronics，pp.843-852，2012年．

●第9章の参考文献

(1) 古井 貞熙；ディジタル音声処理，東海大学出版会，1985年．

(2) 尾知 博（監修），川村 新，黒崎 正行；ディジタル音声＆画像の圧縮/伸張/加工技術，CQ出版社，2013年．

(3) 青木 直史；サウンドプログラミング入門―音響合成の基本とC言語による実装，技術評論社，2013年．

(4) 滑川 敏彦，奥井 重彦，衣斐 信介；通信方式（第2版），森北出版，2012年．

●第10章の参考文献

(1) 画像情報教育振興協会；ディジタル画像処理，画像情報教育振興協会，2006年．

(2) P.B.L. Meijer；*An Experimental System for Auditory Image Representations*，IEEE Transactions on Biomedical Engineering，pp.112-121，1992年．

(3) T. Arai，K. Yasu，T. Goto；*Digital pattern playback : Converting spectrograms to sound for educational purposes*，Acoustical Science and Technology，pp.393-395，2006年．

索引

英字

ア行

カ行

サ行

タ行

ナ行

ハ行

マ行

ヤ行

ラ行

ワ行

略　歴

川村 新（かわむら・あらた）

1971年　兵庫県尼崎市に生まれる
2001年　鳥取大学大学院工学研究科博士前期課程修了
2003年　大阪大学大学院基礎工学研究科 助手
2005年　工学博士（大阪大学）取得
2012年　大阪大学大学院基礎工学研究科 准教授
現在　京都産業大学情報理工学部 教授
専門　音声音響信号処理

プログラム101付き 音声信号処理

2021年1月1日　初版発行
2021年5月1日　第2版発行

著　者　川村 新
発行人　小澤 拓治
発行所　CQ出版株式会社
〒112-8619　東京都文京区千石4-29-14
電話　編集　03-5395-2122
販売　03-5395-2141

ISBN978-4-7898-3147-5

乱丁，落丁本はお取り替えします．
定価はカバーに表示してあります．

編集担当者　野村 英樹
DTP　クニメディア株式会社
印刷・製本　三共グラフィック株式会社
Printed in Japan